粉体表面改性

(第四版)

郑水林　王彩丽　李春全　编著

中国建材工业出版社

北　京

图书在版编目（CIP）数据

粉体表面改性/郑水林，王彩丽，李春全编著．--4版．--北京：中国建材工业出版社，2019.6（2024.1重印）

ISBN 978-7-5160-2573-4

Ⅰ.①粉… Ⅱ.①郑…②王…③李… Ⅲ.①粉体—表面改性 Ⅳ.①TB44

中国版本图书馆CIP数据核字（2019）第107617号

内 容 简 介

本书在2011年出版的《粉体表面改性》（第三版）的基础上根据近年来粉体表面改性科学研究、技术研发的新进展和新成果以及产业的新发展修订而成。本书主要内容涉及粉体表面改性的方法与原理、表面改性工艺与设备、表面改性剂与应用、表面改性产品性能评价方法以及粉体表面的有机改性、无机改性、插层改性等。全书包括绪论、表面改性的方法与原理、改性工艺、改性设备、改性剂、改性产品的评价方法以及粉体表面有机改性、无机改性、插层改性9章。

本书可供从事粉体制备与处理、矿物加工与非金属矿深加工、矿物材料、无机材料、高分子材料、复合材料、纳米材料加工与应用以及化工、轻工、涂料、颜料、油墨、化妆品、无机填料等专业的高等院校师生以及科研院所和企业的工程技术人员参考。

粉体表面改性（第四版）

FENTI BIAOMIAN GAIXING（DISIBAN）

郑水林　王彩丽　李春全　编著

出版发行：中国建材工业出版社

地　　址：北京市海淀区三里河路11号

邮　　编：100831

经　　销：全国各地新华书店

印　　刷：北京雁林吉兆印刷有限公司

开　　本：787mm×1092mm　1/16

印　　张：19.5

字　　数：440千字

版　　次：2019年6月第4版

印　　次：2024年1月第3次

定　　价：60.00元

本社网址：www.jccbs.com，微信公众号：zgjcgycbs

请选用正版图书，采购、销售盗版图书属违法行为

本书如有印装质量问题，由我社市场营销部负责调换，联系电话：（010）57811387

序

本书在《粉体表面改性》（第三版）的基础上修订而成。

日月交替，时光荏苒，《粉体表面改性》（第一版）问世至今已有24年。虽于2003年和2011年两次修订再版，但第三版出版至今又有8年。很欣喜的是8年来粉体表面改性仍是当今研究最为活跃、进展最快的粉体科技领域之一。8年来，一方面粉体表面改性科技进展迅速，新的原理与方法、工艺与装备、改性剂与应用、新型改性粉体材料等不断涌现；另一方面《粉体表面改性》（第三版）虽多次重印，但已不能满足广大读者的需要。

基于上述背景，新版《粉体表面改性》从结构和内容上对《粉体表面改性》（第三版）进行了如下修订：①将原第2章“粉体的表面物理化学性质”，改为“粉体表面改性方法与原理”，同时将第3章改为“表面改性工艺”。②对原第2章粉体表面改性方法进行了较大修订，将改性方法和原理融合，突出表面改性方法的科学原理。③将表面改性工艺单独成章，同时将表面改性主要工艺因素对改性效果的影响规律与改性工艺融合，突出不同表面改性工艺的技术基础和优化技术。④在“表面改性剂”一章中，增加了插层改性剂；在“表面改性设备”一章中增加了新型多功能改性设备。⑤第7～9章，增补了第三版出版以来的表面改性方法、工艺和改性粉体材料，特别是无机表面改性和插层改性以及复合改性研究的新进展和新成果。修订的目的是使《粉体表面改性》（第四版）更科学、严谨和实用，内容更新，能更好地满足广大读者的需要。

本版的第1～6章由中国矿业大学（北京）郑水林教授修订；第7章由太原理工大学王彩丽副教授修订；第8、9章由中国矿业大学（北京）李春全博士修订；并由李春全整理图表、参考文献；最后由郑水林统一定稿。

编者在修订过程中参阅了大量国内外相关学科专家学者和工程技术人员8年来的著作和论文以及表面改性剂和表面改性设备生产厂家的技术资料，在新版《粉体表面改性》付梓之时，一并致以诚挚的谢意！同时要特别感谢中国建材工业出版社矢志不渝的厚爱和支持！24年来我们和出版社以及广大读者共同见证了《粉体表面改性》伴随我国粉体表面改性科学技术的初创和成长。

虽然《粉体表面改性》（第四版）的修订酝酿了较长时间，修订过程中也做了很大努力，但肯定还存在不足甚至错误之处，一如既往地恳请专家学者和广大读者批评指正！

编　者

2019年3月于北京

《粉体表面改性》（第三版）序

本书是在《粉体表面改性》（第二版）的基础上，根据近年来粉体表面改性技术的发展修订而成。

《粉体表面改性》（第二版）出版至今已有8年。8年来在粉体加工技术领域，粉体表面改性是研发最为活跃、发展最快的技术之一。主要体现在粉体表面改性原理、方法、工艺、设备、表面改性剂及各种粉体的表面改性实践的研究以前所未有的速度向深度和广度推进，申报的发明专利和发表的论文逐年增多；表面改性粉体在塑料、橡胶、胶黏剂、功能化纤等高聚物基复合材料、功能涂料和涂层材料、吸附、催化和环保材料、生物化工材料及无机复合材料等领域中的应用也日趋广泛；粉体表面改性技术已成为与现代高技术和新材料发展密切相关的功能粉体原料及非金属矿物材料重要深加工技术之一。同时，伴随近年来纳米粉体与纳米材料制备及应用技术的发展，纳米粉体的表面处理、粉体材料的无机纳米复合以及层状结构粉体材料的插层改性也已成为研究开发的热点。

基于上述背景，新版《粉体表面改性》从结构和内容上对《粉体表面改性》（第二版）进行了修订。结构上由11章修订为9章。将原第6、7、9、10章合并为“无机粉体的表面有机表面改性”和“粉体的无机表面改性与复合”两章。内容上第1章修订了粉体表面改性的目的和粉体表面改性技术的发展趋势；第3章修订了表面改性方法与改性工艺，补充了层状结构粉体的插层改性以及表面改性方法选择与工艺设计的内容；第4章增加了SLG连续粉体表面改性机国家“十一五”科技支撑计划研究成果；第5章增加了对国产表面改性剂的介绍及表面改性剂配方的选择方法；第6章与第7章分别从表面有机改性、无机改性及复合两个方面系统介绍了粉体的改性方法、工艺、设备、配方、影响因素和表面改性实例。将原版填料的表面改性、颜料的表面改性、吸附与催化材料的表面改性以及纳米粉体的表面改性的相应内容分类归入该两章，同时根据这几年的研究进展和技术发展补充了新内容和新的研究成果；第8章根据近几年的研究进展进行了修订，特别是补充了无机柱撑膨润土与黏土层间化合物；第9章增加了吸油值、比表面积和孔径分布以及纳米粉体团聚度等表征内容。目的是使新版《粉体表面改性》除了原有的科学和实用外，内容更新，能更好地满足广大读者的需要。

本版的第1～5章以及8.1和8.2由中国矿业大学（北京）郑水林教授编写，第6、7、9章以及8.3、8.4和8.5由太原理工大学王彩丽博士编写，由王彩丽整理参考文献和附录内容，郑水林统一定稿。编者在编著和修订过程中参阅了大量国内外相关学科专家学者和工程技术人员的著作和论文以及表面改性剂和改性设备生产厂家的产品样本，在《粉体表面改性》（第三版）出版之际，一并致以诚挚的谢意！

虽然在《粉体表面改性》（第三版）的编著过程中，编者酝酿了较长时间，也尽了最大努力，但肯定还存在不足甚至错误之处，一如既往地恳请专家学者和广大读者批评指正！

编　者

2011年3月于北京

目　　录

第1章　绪　论

粉体表面改性（Surface Modification 或 Surface Treatment of Powder）是指用物理、化学、机械等方法对粉体表面进行处理，根据应用的需要有目的地改变粉体表面的物理化学性质或赋予其新的功能，以满足现代新材料、新工艺或新技术发展的需要。对于非金属矿加工与应用来说，表面改性是最重要的深加工技术之一。

1.1　粉体表面改性的目的

在塑料、橡胶、胶黏剂等高分子材料及高聚物基复合材料领域中，无机填料占有很重要的地位。这些无机填料，如轻质碳酸钙（PCC）和重质碳酸钙（GCC）、高岭土、滑石、云母、硅灰石、叶蜡石、重晶石、氢氧化铝、氢氧化镁、硅微粉、硅藻土、白炭黑等，不仅可以降低材料的生产成本，还能提高材料的硬度、刚性或尺寸稳定性，改善材料的力学性能并赋予材料某些特殊的物理化学性能，如耐腐蚀性、耐候性、阻燃性和绝缘性等。但由于无机填料与基质，即有机高聚物或树脂的表面或界面性质不同，相容性较差，难以在基质中均匀分散，直接或过多地填充往往容易导致材料的某些力学性能下降，并造成易脆化等缺点。因此，除了粒度和粒度分布的要求之外，还要对无机填料表面进行改性，以改善其表面的物理化学特性，增强其与基质，即有机高聚物或树脂的相容性和在有机基质中的分散性，以提高材料的力学性能及综合性能。表面改性是无机填料由一般增量填料变为功能性填料所必需的加工技术之一，同时也为高分子材料及有机/无机复合材料的发展提供了新的技术方法，这是粉体表面改性的主要目的之一。

提高涂料或油漆中颜料的分散性并改善涂料的光泽、着色力、遮盖力和耐候性、耐热性、抗菌防霉性和保色性等是粉体表面改性的第二个主要目的。涂料的着色颜料和体质颜料，如钛白粉、锌钡白、氧化锌、碳酸钙、碳酸钡、重晶石、硅微粉、白炭黑、云母、滑石、高岭土、氧化铝等多为无机粉体，为了提高其在油漆或涂料基质中的分散性，要对其进行表面改性，以改善其表面的湿润性，增强与基质的结合力。在新发展的具有电、磁、声、热、光、抗菌防霉、防腐、防辐射、特种装饰等功能的所谓特种涂料中的填料和颜料不仅要求粒度超细，而且要求具有一定的“功能”。因此，必须对其进行表面改性处理。此外，为提高某些颜料的耐候性、耐热性以及遮盖力和着色力等，用一些性能较好的无机物包覆它们，如用氧化铝、二氧化硅包覆二氧化钛或钛白粉可改善其耐候性等性能。

在成为当今流行化趋势之一的环保型水性建筑装饰涂料中，除了与其他组分的相容性之外，还要求无机颜料和填料具有较长时间的分散稳定性和良好的流变性，这也是水性涂料中应用的颜料和填料必须要进行表面改性处理的原因之一。

当今许多高附加值产品要求有良好的光学效应和视觉效果，制品更富色彩。这就需要对一些粉体原料或填料进行表面处理，使其赋予制品良好的光泽和装饰效果。如白云母粉经氧化钛、氧化铬、氧化铁、氧化锆等金属氧化物进行表面改性后用于化妆品、塑料制品、浅色橡胶、油漆、特种涂料、皮革等的颜料，以赋予这些制品珠光效果并显著提高其品质和价值。

在无机/无机复合新材料中，无机组分之间的分散性对于材料的最终性能有很大的影响。特别是当小组分陶瓷颜料在大组分陶瓷坯料中分散（如在彩色陶瓷地砖中添加的陶瓷颜料）时，其分散性的好坏直接影响陶瓷制品色彩的均匀性和产品的档次。使用分散性能好的陶瓷颜料，不仅可以使最终产品的色泽好，而且可减少价格高的颜料的用量。因此，用于无机复合材料体系颜料的表面改性处理对无机/无机复合材料的发展具有重要意义。

在许多层状晶体结构的粉体材料中，利用晶体层之间较弱的分子键连接或层间离子的可交换性而进行的插层改性，可制备新型的层间插层矿物材料，如黏土层间化合物和石墨层间化合物。这些层间化合物具有原矿物所不具有的新的物化性质或功能。如石墨经过插层改性后的层间化合物，其性质显著优于石墨，具有耐高温、抗热震、防氧化、耐腐蚀、润滑、密封、储能性优良等性能或功能，是新型导电材料、电极材料、储氢材料、柔性石墨、高温密封材料等的重要组成部分，其应用范围已扩大到冶金、石油、化工、机械、航空航天、原子能、新型能源等领域。膨润土经有机铵盐插层改性制取的有机膨润土在非极性和弱极性溶剂中具有良好的膨胀、吸附、触变和黏结等特性，广泛应用于石油、化工、油漆涂料等领域；经聚合物插层改性制备的蒙脱石/聚合物复合材料具有良好的应用前景。

对于吸附和催化材料，为了提高其吸附和催化活性以及选择性、稳定性、机械强度等性能，也需要对其进行表面改性处理。例如，在活性炭、硅藻土、氧化铝、硅胶、海泡石、沸石等粉体表面通过浸渍法负载金属氧化物（如纳米 TiO_2）、碱或碱土金属、稀土氧化物以及 Cu、Ag、Au、Mo、Co、Pt、Pd、Ni 等金属或贵金属。

纳米粉体是在微米粉体基础上发展的新型粉体材料，具有良好的应用前景。但是纳米粉体的比表面积大，表面原子数多，表面能高，在制备、储运和使用过程中很容易团聚形成二次、三次或更大的颗粒，从而不能发挥其应有的纳米效应。表面改性处理是防止纳米粒子团聚和提高其分散性的主要方法之一，对改善和提高纳米粉体的应用性能、加速其工业应用具有至关重要的意义。

此外，对某些用作精细铸造、油井钻探的石英砂进行表面涂敷以改善其黏结性能；对用作保温材料的珍珠岩等进行表面涂敷以改善其在潮湿环境下的防水和保温性能；对煅烧高岭土进行有机表面改性以提高其在潮湿环境下的电绝缘性能；对化肥、农药、灭火剂等进行表面有机改性处理（在其表面包覆表面活性剂、偶联剂、有机高分子材料等）以降低表面极性、减少从空气中吸附水，防止团聚并改善其流动性；对造纸填料，如滑石、碳酸钙、硅灰石进行表面改性处理以提高其留着率和纸张强度；等等。

综上所述，虽然粉体表面改性的目的因应用领域的不同而异，但总的目的是改善或提高粉体材料的应用性能或赋予其新的功能以满足新材料、新技术发展或新产品开发的需要。

1.2 粉体表面改性的研究内容

粉体表面改性处理与诸多学科，如粉体工程、物理化学、表面与胶体化学、有机化学、无机化学、高分子化学、无机非金属材料、高分子材料、复合材料、结晶学与矿物学、化学工程、矿物加工工程、环境工程与环境材料、光学、电学、磁学、微电子、现代仪器分析与测试技术等学科密切相关。可以说，粉体表面改性是粉体工程或颗粒制备技术与其他众多学科，特别是与材料学科相关的交叉学科。粉体表面改性主要包括以下四个方面的研究内容。

1.2.1 表面改性的方法和原理

粉体表面改性的方法和原理是粉体表面改性技术的基础。它主要包括：①粉体（包括改性前后的粉体）的表面与界面性质及与应用性能的关系；②粉体表面或界面与表面改性处理剂的作用机理和作用模型，如吸附或化学反应的类型、作用力或键合力的强弱、热力学性质的变化等；③表面改性方法的基本原理或理论基础，如粉体表面改性处理过程的热力学和动力学以及改性过程的数学模拟和化学计算等。这些是粉体表面改性处理主要的研究内容。

1.2.2 表面改性剂

多数情况下，粉体表面性质的改变或新功能的产生是依靠各种有机或无机化学物质（表面改性剂）在粉体粒子表面的作用来实现的。因此，表面改性剂是粉体表面改性技术的关键所在，它还关系到粉体改性后的应用性能，与应用领域或应用对象密切相关。表面改性剂的研究内容涉及表面改性剂的种类、结构、性能或功能及其与颗粒表面基团的作用机理或作用模型；表面改性剂的分子结构、分子量大小或烃链长度、官能团或活性基团等与其性能或功能的关系；表面改性剂的用量和使用方法；经表面改性剂处理后粉体的应用特性，如表面改性填料对塑料或橡胶力学性能等的影响，改性颜料对其湿润性、分散稳定性及对涂料遮盖力、耐候性、抗菌性、耐热性和光学效果等的影响以及新型、特效表面改性剂的制备或合成工艺。

1.2.3 表面改性工艺与设备

工艺与设备是最终实现按应用需要改善粉体表面性质的关键因素。其主要研究内容包括：不同类型和不同用途粉体表面改性的工艺流程和工艺条件；影响表面改性效果的主要因素；表面改性剂的配方（品种、用量、用法）；设备类型与操作条件；高性能表面改性设备的结构、性能与应用及其研制等。表面改性工艺与设备是互相关联的，先进的表面改性工艺必然包括高性能的表面改性装备。

1.2.4 表面改性过程控制与产品表征评价技术

表面改性过程控制与产品表征评价技术涉及表面改性或处理过程温度、浓度、酸度、时间、表面改性剂用量等工艺参数以及表面包覆量、包覆率或包膜厚度等结果参数的监控技术；表面改性产品的湿润性、分散性、团聚特性、表面形貌、比表面能、表面改性剂的吸附或反应类型、表面包覆量、包覆率、包膜厚度、表面包覆层的化学组成、晶体结构、电性能、光性能、热性能等的检测表征方法；此外，还包括建立控制参数与主要技术指标或性能之间的对应关系以及改性过程的计算机仿真和自动控制等。

1.3 粉体表面改性的主要科学和技术问题

粉体表面改性的主要科学问题是表面改性的原理与技术基础，包括：①表面改性方法的基本原理与工艺基础，改性剂与粉体表/界面及基料的作用机理和作用模型；②改性剂结构、官能团与改性粉体界面结构和性能的关系及其调控规律；表面改性粉体的表面结构、组分与其应用性能的关系及其调控规律。

粉体表面改性的主要技术问题包括：①表面改性剂配方：不同用途粉体的表面改性剂的品种、用量和用法；②专用表面改性剂的制备或合成；③表面改性工艺：粉体表面改性工艺流程和工艺参数；表面改性效果的主要影响因素；④表面改性设备：高性能和专用改性设备的研制开发和选型；⑤过程控制与产品检测技术：改性产品性能检测表征方法，改性剂用量、包覆率或包膜厚度等的在线控制，改性过程的智能化控制技术等。

1.4 表面改性技术的发展趋势

粉体表面改性是应现代高技术、新材料产业，特别是无机矿物功能材料产业发展而兴起的新技术；无机粉体表面改性产品适应现代社会环保、节能、安全、健康的需求，是最具发展前景的功能粉体材料。未来粉体表面改性技术的主要发展趋势如下：

(1) 发展适用性广、分散性能好、粉体与表面改性剂的作用机会均等、表面改性剂包覆均匀、改性温度和停留时间可调、单位产品能耗和磨耗较低、无粉尘污染的先进工艺与装备集成及大型化表面改性设备，并在此基础上采用人工智能技术对主要改性工艺参数和改性剂用量进行在线自动调控。

(2) 充分利用非金属矿物的天然禀赋，借鉴现代无机纳米粉体制备与纳米材料组装技术，研发表面纳米改性复合功能粉体材料，特别是具有环保、节能或新能源、光电、填充增强、阻燃、隔热、隔声等功能的高性能复合粉体材料。

(3) 石墨及层状结构硅酸盐矿物（膨润土、高岭土、蛭石等）的插层改性将是纳米复合功能新材料和非金属矿物材料的前沿科学研究及重要技术发展领域。其中石墨的插层改性复合材料已经实现了产业化生产和商业化应用，今后还将不断创新发展；膨润土与高岭土的有机插层改性已部分实现产业化，今后将在深化科学研究的基础上，加快应用技术研究以及成果的产业化。

（4）在现有表面改性剂的基础上，采用先进技术降低生产成本，尤其是各种偶联剂的成本；同时采用先进化学、高分子、生化和化工科学技术及计算机技术，研发应用性能好、成本低、在某些应用领域有专门性能或特殊功能，并能与粉体表面和基质材料形成牢固结合的新型表面改性剂。

（5）在多学科综合的基础上，根据目的材料的性能要求“设计”粉体表面；运用现代科学技术，特别是先进计算技术及智能技术辅助粉体表面改性工艺和改性剂配方设计，以减少实验室工艺和配方试验的工作量，提高表面改性工艺和改性剂配方的科学性和实用性。

（6）科学规范表面改性产品的直接表征和测试方法；应用已有的相关国家或行业标准，根据表面改性的目的和用途建立评价指标、评价标准和评价方法。

第 2 章　表面改性方法与原理

根据粉体表面改性原理，矿物粉体表面改性常用的方法可以分为有机表面改性、无机表面改性、机械力化学改性、插层改性以及复合（无机/有机复合、机械力化学/有机或无机复合）改性等几种。

2.1　粉体表面有机改性

有机改性是采用有机化合物或聚合物作为表面改性剂，利用有机物分子结构中的官能团在无机颗粒表面的物理吸附、化学吸附或化学反应改变无机颗粒表面性质的方法。

根据所用的有机表面改性剂的种类，无机粉体表面有机改性可以分为偶联剂改性、表面活性剂改性、有机硅改性、聚合物或树脂改性、不饱和有机酸改性和水溶性高分子改性等。

2.1.1　偶联剂改性

偶联剂改性法是无机粉体表面改性中应用最广、发展最快的一种方法。偶联剂的分子中通常含有一个以上与无机粉体表面作用的基团和一个以上与有机聚合物亲和的基团，能够改善无机粉体与聚合物之间的相容性或亲和性，并增强填充复合体系中无机粉体与有机聚合物基料之间的界面相互作用。

目前，无机粉体表面改性中常用的偶联剂是钛酸酯、硅烷、铝酸酯、锆铝酸盐。

1. 钛酸酯改性机理

钛酸酯偶联剂与无机粉体的主要作用机理是钛酸酯分子结构中亲无机基团 $(RO)_m$ 与无机粉体颗粒表面的羟基或质子发生化学吸附或化学反应，偶联到无机粉体颗粒表面形成单分子层，同时释放出异丙醇。图 2-1～图 2-5 所示分别为单烷氧基钛酸酯、焦磷酸酯型钛酸酯、螯合 100、螯合 200 和配位型钛酸酯偶联剂与无机粉体填料的作用机理示意图。

$$3\ \mathrm{{>}Ti{-}O{-}CH(CH_3){-}CH_3} + 3\ \mathrm{HO{-}[填料]} \longrightarrow 3\ \mathrm{HO{-}CH(CH_3){-}CH_3} + 3\ \mathrm{{>}Ti{-}O{-}[填料]}$$

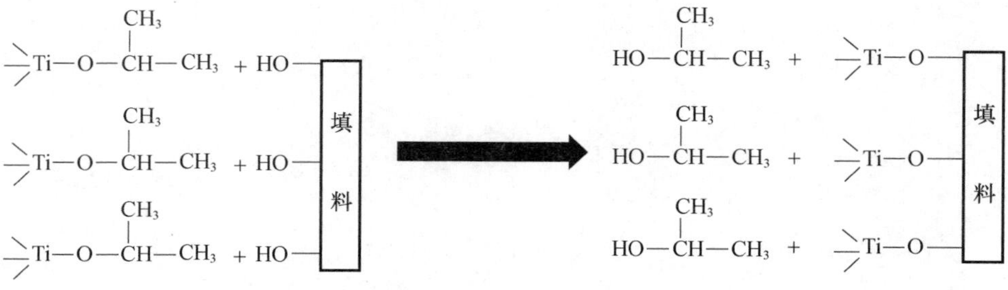

图 2-1　单烷氧基钛酸酯偶联剂与无机填料的作用机理示意图

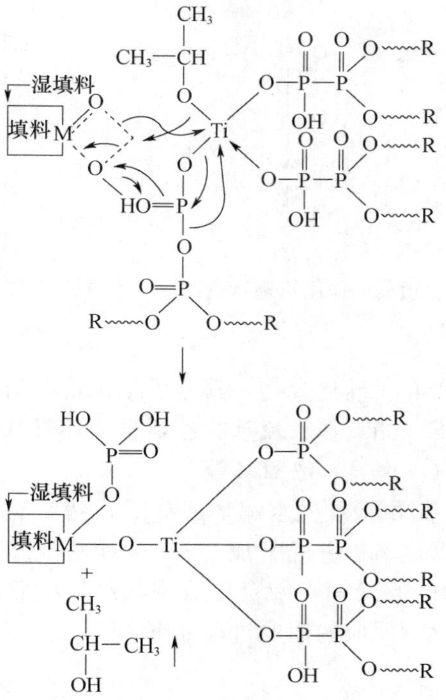

图 2-2　焦磷酸酯型钛酸酯处理湿填料的吸湿与作用机理示意图

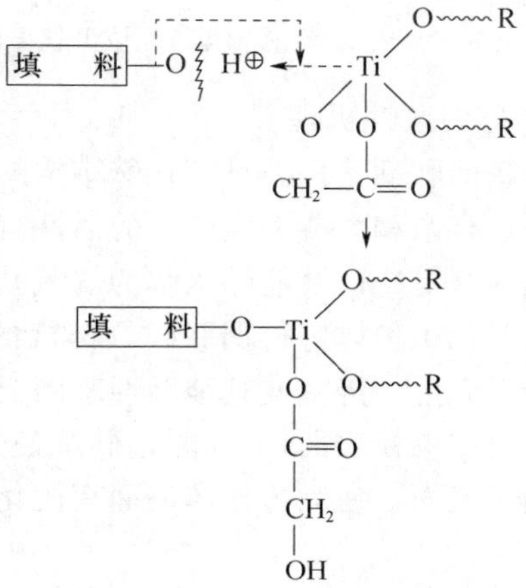

图 2-3　螯合 100 型钛酸酯与无机填料的作用机理示意图

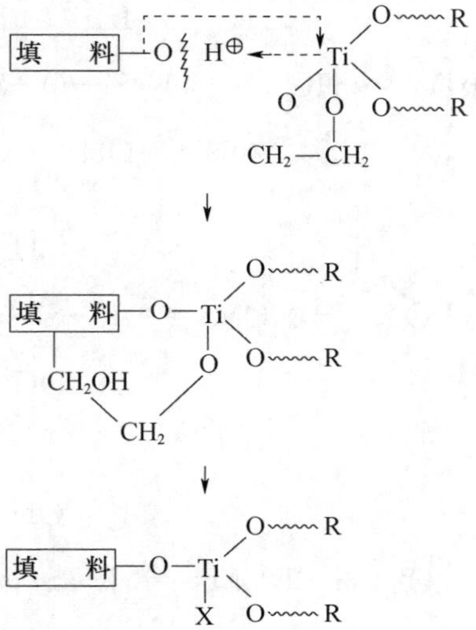

图 2-4　螯合 200 型钛酸酯与无机填料的作用机理示意图

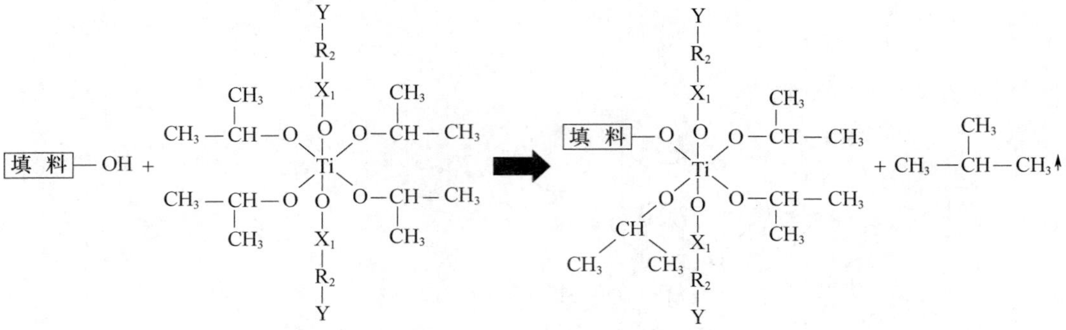

$$\boxed{\text{填料}}-OH + Ti(O\text{-}X_1\text{-}R_2\text{-}Y)_2(O\text{-}CH(CH_3)_2)_4 \longrightarrow \boxed{\text{填料}}-O-Ti(O\text{-}X_1\text{-}R_2\text{-}Y)_2(O\text{-}CH(CH_3)_2)_3 + CH_3-CH(CH_3)-CH_3\uparrow$$

图 2-5　配位型钛酸酯与无机填料的作用机理示意图

2. 硅烷改性机理

硅烷偶联剂是一类具有特殊结构的低分子有机硅化合物，其分子结构含有与有机聚合物分子有亲和力或反应能力的活性官能团 R（如氧基、巯基、乙烯基、环氧基、酰胺基、氨丙基等）以及能够水解的烷氧基团 X（如卤素、酰氧基等）。

在对无机粉体进行偶联时，硅烷的烷氧基团 X 首先水解形成硅醇，然后与无机粉体颗粒表面上的羟基或其他活性基团反应，形成氢键并缩合成—SiO—M 共价键（M 表示无机粉体颗粒表面）。同时，硅烷各分子的硅醇又相互缔合形成网状结构的膜覆盖在粉体颗粒表面，使无机粉体表面有机化。其化学反应的简要过程如下：

水解：

$$RSiX_3 + 3H_2O \xrightarrow[\text{催化剂}]{\text{pH 值}} RSi(OH)_3 + 3HX$$

（通常 HX 为醇或酸）

缩合：

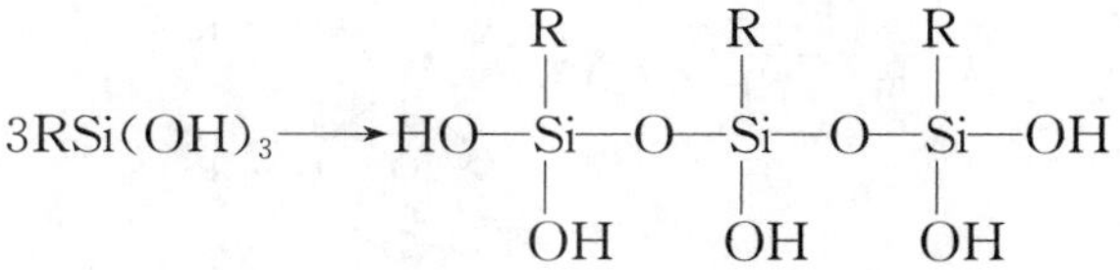

$$3RSi(OH)_3 \longrightarrow HO-Si(R)(OH)-O-Si(R)(OH)-O-Si(R)(OH)-OH$$

氢键形成：

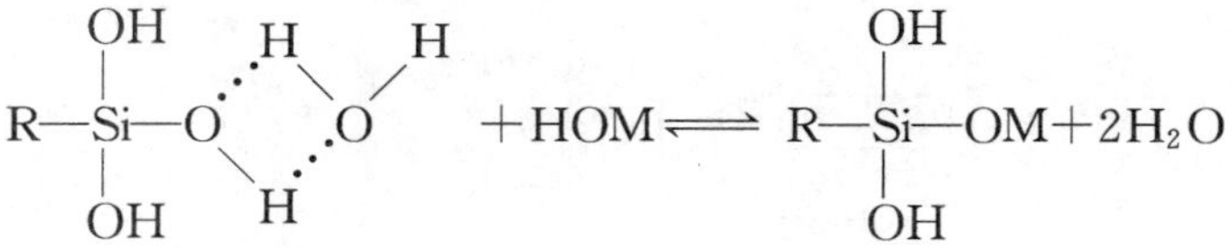

$$R-Si(OH)_2-O\cdots H_2O\cdots + HOM \rightleftharpoons R-Si(OH)_2-OM + 2H_2O$$

共价键形成：

$$R-Si(OH)_2-O\cdots H-O-H + HOM \rightleftharpoons R-Si(OH)_2-OM + 2H_2O$$

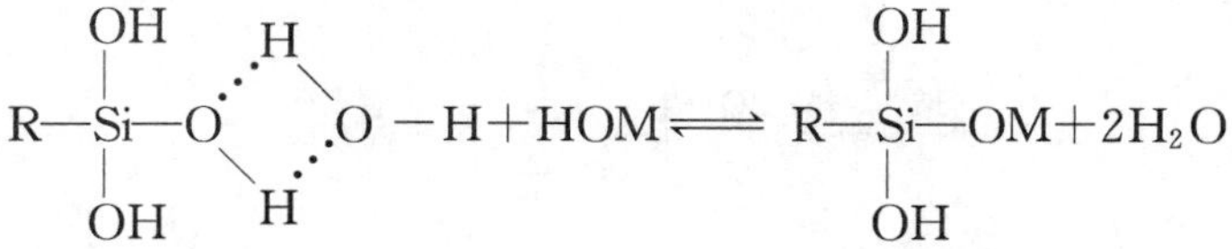

硅烷偶联剂改性粉体时，是从硅烷低聚物与粉体表面的羟基作用开始的，因此表面

上具有活性羟基的无机物粉体，如玻璃粉、石英粉、高岭土、云母等硅酸盐粉体具有很强的亲和性和反应性，而对表面上无羟基或极性很小的无机物，如碳酸钙、炭黑等，硅烷偶联剂的处理效果较差。在结构通式中，不同的 X 基团将影响硅烷偶联剂的水解速度和聚合速度，实际上就影响了偶联效果。当 X 为 Cl 时，在过量水存在下，$RSiCl_3$ 能很快水解，形成的 HCl 又是水解产物 $RSi(OH)_3$ 的缩合催化剂，故使水解产物很快自行缩合成高分子，从而不能再在粉体表面形成牢固的均匀薄膜；当 X 为甲酰氧基 CH_3COO^- 时，与上述情况类似，因此这两种偶联剂必须在溶剂中使用。由于这两类偶联剂水解时释放的酸腐蚀性很大，目前已很少采用。当 X 为甲氧基和乙氧基时，水解速度比较缓慢，水解释放出的甲醇和乙醇都是中性物质，又比较稳定，可以在以水为介质的情况下对粉体进行表面改性处理。为了提高偶联剂在水中的溶解度，可将 X 换成亲水基团，如—$OCH_2CH_2OCH_3$，这样使用起来更方便。硅烷偶联剂的有机基对聚合物的反应也具有选择性。含有乙烯基和甲基丙烯酰氧基的硅烷偶联剂，对不饱和聚酯树脂和丙烯酸树脂特别有效，偶联剂中的不饱和双键和树脂中的不饱和双键在引发剂和促进剂作用下可发生化学反应，但是含这两种基团的偶联剂用于环氧树脂和酚醛树脂时，偶联剂中的不饱和键不参与环氧树脂和酚醛树脂的固化反应，效果不明显。含有环氧基的硅烷偶联剂适用于环氧树脂，由于环氧基可与不饱和树脂中的羟基反应，含环氧基的硅烷对不饱和聚酯也适用。含有氨基的硅烷偶联剂能与环氧树脂和聚氨酯树脂发生化学反应，对酚醛树脂和三聚氰胺树脂的固化也有催化作用，适用于环氧、酚醛、三聚氰胺、聚氨酯等树脂。

硅烷偶联剂在高聚物基复合材料中的作用机理主要有以下几种理论[1]：

(1) 化学键理论。认为硅烷偶联剂含有两种不同的化学官能团，其一端能与无机材料，如玻璃纤维、硅酸盐、金属氧化物等表面的硅醇基团反应生成共价键；另一端又能与高聚物基料或树脂生成共价键，从而将两种不相容的材料偶联起来。

(2) 表面浸润理论。认为硅烷偶联剂提高了玻璃纤维或其他无机材料的表面张力，甚至使它们的表面张力大于树脂基体的表面张力，从而有利于树脂在无机物表面的浸润与展开，改善了树脂对无机增强填料的润湿能力，使树脂与无机增强填料较好地黏合在一起。

(3) 变形层理论。认为硅烷偶联剂在界面中是可塑的，它可以在界面上形成一个大于 10nm 的柔性变形层，这个变形层在遭受破坏时具有自行愈合的能力，不仅能够松弛界面的预应力，而且能阻止裂纹的扩展，因此可改善界面的黏结强度。

(4) 拘束层理论。认为复合材料中高模量增强填料与低模量树脂之间存在着界面区，而硅烷偶联剂不仅能与无机填（材）料表面产生黏合，而且有可以与树脂反应的基团，能将聚合物“紧束”在界面上。当此界面区的模量介于无机增强填料的模量与树脂模量之间时，应力可以被均匀地传递。

(5) 可逆水解理论。认为有水存在时硅烷偶联剂和玻璃纤维间受应力作用而产生断裂，但又能可逆地重新愈合。这样，在界面上既有拘束层理论的刚性区域（由树脂和硅烷偶联剂交联生成），又可允许应力松弛，将化学键理论、拘束层理论和变形层理论调和起来。此机理不但可以解释界面偶联作用机理，而且可以说明松弛应力的效应以及抗水保护表面的作用。

无机粉体在涂料液态有机相中的分散可分为润湿、解聚及稳定化（抗絮凝）三个阶段。由于这些无机粉体天然亲水，表面易吸附一层水，因此非极性的疏水基难以使其润湿和分散。用硅烷偶联剂对无机粉体进行表面改性，硅烷就会取代粉体表面的水，包覆颗粒，使得 R 基团朝外，变得亲油、疏水，而易于被基料润湿。经过润湿，基料分子插入无机粉体颗粒之间，将它们隔开，使之分散稳定，防止了沉淀和结块。无机粉体表面经硅烷偶联剂改性处理后，降低了与漆基间的结构化作用，使涂料的黏度大幅度降低，消除了絮凝，即使增大粉体的添加量也不会影响涂料的流动性，而且粉体颗粒的良好分散使最终漆膜的遮盖力、显色力和着色力均获得提高。

3. 铝酸酯改性机理

铝酸酯偶联剂的分子式中含有 N、O 等配位基团和与无机颗粒表面活泼质子或官能团（如羟基、羰基等）作用的基团 RO 以及与高聚物基料作用的基团 COR′。铝酸酯偶联剂与无机粉体表面的作用机理如图 2-6 所示。

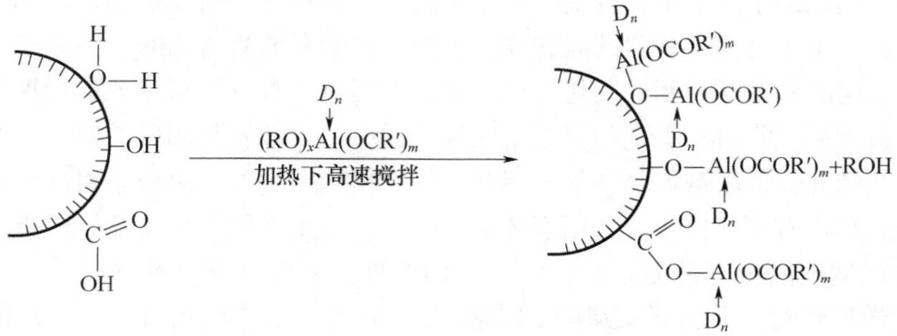
H
O—H
—OH
C=O
OH
D_n
$(RO)_xAl(OCR')_m$
加热下高速搅拌
D_n
$Al(OCOR')_m$
O—Al(OCOR′)
D_n
O—$Al(OCOR')_m$+ROH
D_n
C=O
O—$Al(OCOR')_m$
D_n

图 2-6　铝酸酯偶联剂与粉体颗粒表面的作用机理示意图

4. 锆铝酸盐改性机理

锆铝酸盐偶联剂分子结构中含有两个无机部分（锆和铝）和一个有机功能配位体，分子中的无机特性部分比重大，一般为 57.7%～75.4%。因此，与其他偶联剂相比，锆铝酸盐偶联剂分子具有更多的无机反应点，可强化与无机颗粒表面的作用[2]。

锆铝酸盐偶联剂通过氢氧化锆和氢氧化铝基团的缩合作用可与羟基化的表面形成共键连接。这种作用的过程和机理如图 2-7 所示。

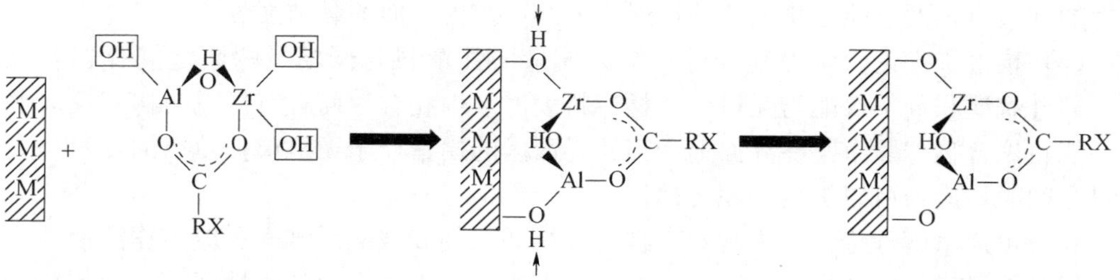
M
M
M
+
OH
H
O
OH
Al
Zr
O
O
OH
C
RX
H
—O
Zr—O
HO
C—RX
Al—O
—O
H
—O
Zr—O
HO
C—RX
Al—O
—O

图 2-7　锆铝酸盐偶联剂与无机颗粒表面的作用机理示意图

5. 有机铬偶联剂改性机理

有机铬偶联剂是由不饱和有机酸与铬原子形成的配价型金属络合物。其主要品种是甲基丙烯酸氯铬络合物和反丁烯二酸硝酸铬络合物，它们一端含有活泼的不饱和基团，可与高聚物基料反应，另一端依靠配价的铬原子与颗粒的硅氧键结合，如图 2-8 所示。

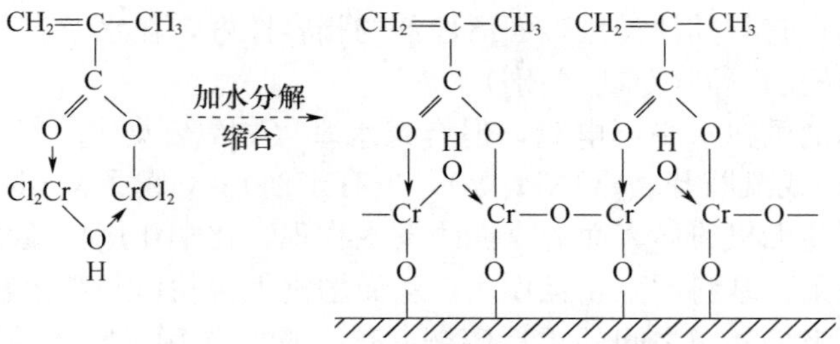

加水分解
缩合

图 2-8　有机铬偶联剂与颗粒表面的作用机理示意图

2.1.2　表面活性剂改性

表面活性剂分子中一端为亲水性的极性基因，另一端为亲油性的非极性基因，用它对无机粉体进行表面改性，如用各种脂肪酸，脂肪酸盐、酯、酰胺等对碳酸钙粉体进行表面改性时，由于脂肪酸及其衍生物对钙离子具有较强的亲和性，所以能在表面进行物理、化学吸附或化学反应，覆盖于粒子表面，使处理后的碳酸钙亲油疏水，与有机聚合物或树脂有良好的相容性，提高其在塑料、橡胶、胶黏剂等高聚物基复合材料填充时的分散性和加工性能。

根据表面活性剂的类型，表面活性剂改性可以进一步细分为阴离子表面活性剂改性、阳离子表面活性剂改性和非离子表面活性剂改性。阴离子表面活性剂改性又可以分为高级脂肪酸及其盐、磺酸盐及其酯以及高级磷酸酯盐改性；非离子表面活性剂改性也可以分为聚乙二醇型（也称聚氧乙烯型）和多元醇型表面活性剂改性。

1. 阴离子表面活性剂改性

无机粉体表面改性中最常用的表面活性剂是以硬脂酸和硬脂酸盐为代表的阴离子表面活性剂，特别是碳酸盐矿物粉体，如重质碳酸钙和轻质碳酸钙的表面改性。高级脂肪酸及其分子式 RCOOH（Me）中 R 为长链烷基，其结构和聚合物相似，因而与聚合物有一定的相容性；Me 代表金属离子，如 Na^+，分子另一端的羧基可与无机粉体表面发生物理、化学吸附作用。因此，高级脂肪酸及盐，如硬脂酸处理无机粉体的机理类似偶联剂，不仅可改善无机粉体与高聚物基料的亲和性，提高其在高聚物基料中的分散度，而且由于高级脂肪酸及其盐类本身具有润滑作用，还可使复合体系内摩擦力减小，改善复合体系的加工性能。

磺酸盐及其酯类表面改性剂和高级磷酸酯盐表面改性剂与无机粉体的作用机理同高级脂肪酸及其盐相似。区别只是与颗粒表面发生物理、化学吸附的基团是磺酸基和磷酸基。

2. 阳离子表面活性剂改性

无机粉体表面改性中应用的阳离子表面活性剂一般为高级胺盐，包括伯胺、仲胺、叔胺和季铵盐。分子结构中至少有 1 个长链烃基（C_{12}～C_{22}）。与高级脂肪酸一样，高级胺盐的烷烃基与聚合物的分子结构相近，与高聚物基料有一定相容性。其作用机理是分子另一端的氨基与无机粉体表面发生物理、化学吸附作用。

3. 非离子表面活性剂改性

非离子表面活性剂在溶液中不是离子状态，不易受强电解质无机盐类的影响，也不易受酸、碱的影响；它与其他类型表面活性剂的相容性好，在水及有机溶剂中皆有较好的溶解性能（视结构的不同而有所差别）。

这类表面活性剂虽在水中不电离，但有亲水基（如氧乙烯基—CH_2CH_2O—、醚基—O—、羟基—OH 或酰胺基—$CONH_2$等），也有亲油基（如烃基—R）。其表面改性的机理是，亲水基团与无机粉体表面的官能团发生物理、化学作用，覆盖于颗粒表面；应用时亲油基团和高聚物基料发生相互作用，从而增进无机粉体与高聚物基料之间的相容性。表面活性剂两极性基团之间的柔性碳链起增塑润滑作用，赋予体系韧性和流动性，使体系黏度下降，从而改善复合材料的加工性能。

2.1.3 有机硅改性

有机硅是分子结构中含有硅元素且硅原子上连接有机基的聚合物。以重复的 Si—O 键为主链、硅原子上连接聚有机硅氧烷，是有机硅高分子的主要代表和结构形式。有机硅是以硅氧烷链为憎水基，聚氧乙烯基、羧基、酮基或其他极性基团为亲水基的一类特殊类型的表面活性剂。

粉体表面改性常用的有机硅主要是硅油；从分子主链结构来说，主要有聚二甲基硅氧烷、有机基改性聚硅氧烷以及有机硅与有机化合物的共聚物，特别是带活性基的聚甲基硅氧烷，其硅原子上接有若干氢基或羟基封端。有机硅对无机粉体进行表面改性的机理是，其聚氧乙烯基、羧基、酮基或其他极性基团与粉体表面的官能团发生物理、化学吸附，包覆于颗粒表面，显著提高粉体表面的亲油性或降低粉体的吸油值；应用时，其硅氧烷链与有机物基料发生缠绕作用。

2.1.4 聚合物或树脂改性

用于粉体表面改性的聚合物或树脂包括低聚物和高聚物，以低聚物居多。

将分子量几百到几千的低聚物和交联剂或催化剂溶解或分散在一定溶剂中，配成一定浓度的溶液对粉体进行表面改性处理，实现粉体表面的有机聚合物包覆改性，如用2%聚乙二醇包覆改性 $CaCO_3$、硅灰石等。

聚烯烃低聚物（如无规聚丙烯和聚乙烯蜡），其分子结构和聚烯烃相近，可以和无机粉体较好地浸润、黏附、包覆，可用作涂料消光剂的沉淀二氧化硅的表面改性剂以及在聚烯烃类复合材料中填充的无机填料的表面改性。

精细铸造砂的涂敷改性一般采用酚醛树脂或呋喃树脂，改性后的铸造砂可以显著提高其黏结性能和铸件质量；油井钻探用的石英砂一般也用呋喃树脂作为改性剂，用呋喃树脂涂敷的石英砂用于油井钻探可提高油井产量。聚合物涂敷改性方法有干法和湿法两种。

聚合物或树脂改性剂的作用机理一般是物理吸附或黏结作用。

2.1.5 不饱和有机酸改性

不饱和有机酸（如丙烯酸等）与含有活泼金属离子（含有 SiO_2、Al_2O_3、K_2O、

Na_2O 等化学成分）的粉体（如石英、红泥、玻璃微珠、煅烧高岭土等）在一定条件下混合时，粉体表面的金属离子与有机酸上的羧基发生化学反应，以稳定的离子键包覆于无机粉体表面。由于有机酸的另一端带有不饱和双键，具有较强的反应活性。在生产复合材料时，用这种带有反应活性的无机填料与基体树脂混合，在加工成型时，由于热或机械剪切的作用，基体树脂就会产生游离基与活性填料表面的不饱和双键反应。在使用过程中，复合材料中的大分子在外界的力、光、热的作用下，也会分解产生游离基，这些游离基首先与活性填料残存的不饱和双键反应，形成稳定的交联结构。

2.1.6　水溶性高分子改性

水溶性高分子又称水溶性树脂或水溶性聚合物，是一种亲水性的高分子材料，在水中能溶解形成溶液或分散液。水溶性高分子结构与表面活性剂相似，按其电化学性质，也可分为阴离子型、阳离子型和非离子型三种。

水溶性高分子的亲水性，来自其分子中含有的亲水基团。最常见的亲水基团是羧基、羟基、酰胺基、胺基、醚基等。在粉体表面改性中，水溶性高分子主要用于改善和提高无机粉体在水溶液、无机基料以及亲水性高聚物或树脂中的分散性、相容性及其他性能，所用的水溶性高分子主要是聚丙烯酸及其盐类（聚丙烯酸钠、聚丙烯酸铵）、聚丙烯酰胺、聚乙二醇、聚乙烯醇、聚马来酸酐及马来酸-丙烯酸共聚物等。

丙烯酸聚合物有使固体颗粒稳定分散在水中的能力。聚丙烯酸及其盐类通过分子结构中极性基与颗粒表面的官能团作用而实现无机粉体的有效分散。其作用机理主要是离子的结合、范德华力和氢键作用等；颗粒因吸附聚合物分子而产生静电排斥和空间位阻，从而达到分散稳定化。图 2-9 为丙烯酸聚合物与氧化铁粒子的作用机理示意图。

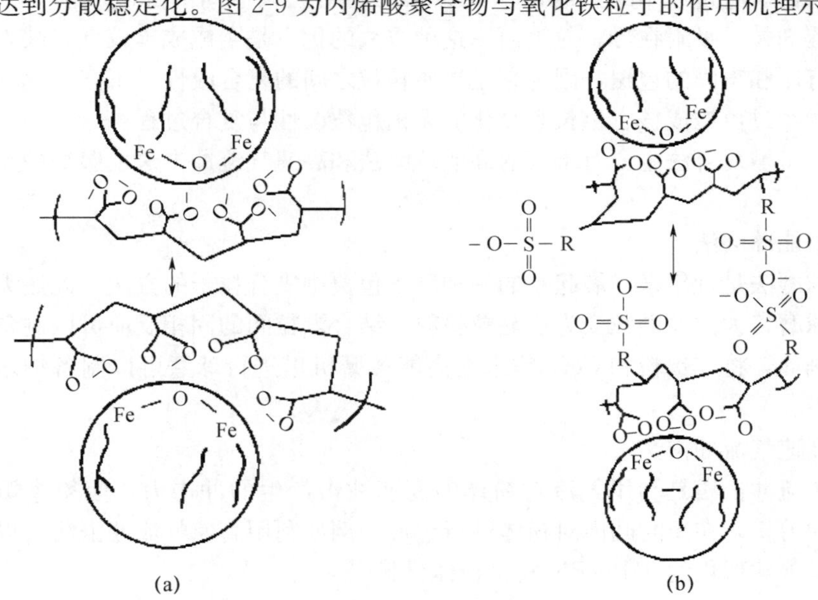

图 2-9　丙烯酸聚合物与氧化铁粒子的作用机理示意图

(a) PAA（聚丙烯酸）；(b) AA/S（丙烯酸三元共聚物）

2.2 粉体表面无机改性

粉体的表面无机改性与复合是指通过在一种粉体表面包覆或复合金属、无机氧化物、氢氧化物等优化粉体材料的性能或赋予粉体材料新功能的方法；这也是无机/无机复合功能粉体材料，即所谓“核-壳”型无机复合粉体材料的制备方法；这种复合粉体材料表面包覆或复合的无机物（金属、无机氧化物、氢氧化物等）一般是超微颗粒、纳米粒子或纳米晶粒，因此，也称纳米/微米复合材料或纳米/纳米复合材料。

粉体表面无机包覆改性的方法有多种。现有的方法大体可分为物理法和液相化学法两种。物理法包括机械复合（所谓机械力化学复合）、超临界流体快速膨胀、气相沉积、等离子体等；液相化学法主要是化学沉淀、溶胶-凝胶、醇盐水解、非均相成核、浸渍等。

2.2.1 物理法

1. 机械复合法

机械复合法是指在一定温度下，利用挤压、剪切、冲击、摩擦等机械力使两种或两种以上的粒子进行黏附复合，将作为包覆剂的无机颗粒附着或吸附在被改性颗粒（母粒）表面。

机械复合法的基本原理是机械力化学效应和物理吸附（静电作用力和范德华力）。一方面高强度和长时间的机械作用激活颗粒表面，导致粉体表面晶格结构的变化、无定形化或在表面形成新相以及两种物料在一起研磨时产生机械化学反应，生成新产物。另一方面，通过研磨过程 pH 值的调节或添加助剂增强颗粒间的静电吸引力、凝聚作用力，使包覆剂粒子吸附在母颗粒表面。这种方法的优点是生成成本较低，缺点是很难实现均匀、有序和牢固的包覆，因为它是异质颗粒之间的复合改性，不同于化学法的颗粒表面包覆物经过可控成核、生长和晶化的无机包覆改性与复合过程。

目前，机械复合法主要有干法的高能球磨法和高速气流冲击法及湿法的超细搅拌研磨法。

（1）高能球磨法

高能球磨法是近年来发展起来的一种制备包覆型复合粒子的方法。此法无须外部加热，通过球磨将大晶粒颗粒变为小晶粒颗粒，结合颗粒间的固相反应可以制备包覆型复合粒子。例如，将纯铝粉和 CeO_2 粉末在高能球磨机里进行球磨可以制备纳米 CeO_2/Al 复合粉末[4]。

（2）高速气流冲击法

高速气流冲击法是利用气流对粉体的高速冲击产生的冲击力，使粉体颗粒相互压缩、摩擦和剪切，在短时间内对粉体进行包覆。例如利用高速气流冲击法可以制备出表面光滑、显著球形化的 TiB_2/BN 复合粉体材料[5]。

（3）超细搅拌研磨法

超细搅拌研磨法是通过调节研磨矿浆 pH 值和利用化学助剂调节粉体颗粒的表面性质，特别是表面电性和吸附特性，采用高能搅拌磨或砂磨机对两种以上粉体材料进行复合的方法。其工艺过程包括超细研磨和粉体（包括母粒子和表面包覆物粒子）表面性质的调节、浆液过滤、干燥与解聚分级等。其中，颗粒表面性质的调节是关键。这种方法已用于白色矿粉基钛白粉复合粉体材料的制备，如 TiO_2/煅烧高岭土、TiO_2/碳酸钙、TiO_2/滑石，此外，还有氧化铁红/煅烧硅藻土等[6-9]。

2. 超临界流体快速膨胀法

超临界流体快速膨胀法制备包覆颗粒是指利用超临界流体快速膨胀过程中，从超临界相中向气相的快速转变，引发溶质在超临界溶剂中溶解度的急剧变化，瞬间析出溶质微核，膨胀气流载带大量微核与流化床中颗粒碰撞接触，从而在颗粒表面形成包覆。通过控制膨胀前温度、包覆时间来控制包覆层密度与包覆厚度。据报道，含有包覆剂石蜡的超临界二氧化碳流体通过微细喷嘴快速膨胀到装有细颗粒的流化床中，膨胀射流中所产生的微核在细颗粒表面均匀沉积，从而形成表面细颗粒薄层包覆[10]。

3. 气相沉积法

气相沉积法是指利用过饱和体系中的改性剂在颗粒表面聚集对粉体颗粒进行包覆改性。主要包括气相化学沉积法和雾化液滴沉积法。气相化学沉积法是指通过气相中的化学反应生成改性杂质分子或微核，在颗粒表面沉积或与其表面分子化学键合，形成均匀致密的薄膜包覆。例如，利用化学气相沉淀制备出具有核壳结构的碳包覆铁粉的复合材料[11]。雾化液滴沉积法是指通过雾化喷嘴将改性剂产生的微细液滴分散在颗粒表面，经过热空气或冷空气的流化作用，溶质或熔融液在颗粒表面沉积或凝集结晶而形成表面包覆。

气相化学沉积法包覆改性要经历原料的气相化学反应、成核、在目的改性颗粒表面的沉积、生长和成膜等过程。该过程的关键是粒子成核及其在异相颗粒表面的沉积和生长。

（1）粒子成核

气相合成中超微或纳米粒子生成的关键在于是否能在均匀气相中自发成核。如果不考虑反应器内壁及被改性粉体对成核的影响，体系显然没有任何其他外来表面存在，那么从相变角度考虑，该过程有点像晶体生长时从熔体或液相中自发结晶成核。在气相情况下，有两种不同的成核方式：直接从气相中生成固相核，或先从气相中生成液滴核然后从中结晶。化合物结晶过程本身要比单质复杂得多，直接从气相到固相成核应该比较困难，因此，从化学气相合成体系出发，首先从气相中均匀出现大量液滴核是合理的。实际上，液滴核在过饱和蒸气中的形成分几个阶段，初始生成一些原子或分子簇团作为胚胎，然后胚胎长大或聚集成液核，直至液滴。也即蒸气分子 $A \rightarrow A_n$ 分子小簇团（胚胎）→具有临界半径的簇团（液核）→液滴，其中前两个过程是可逆的，微粒形成速率取决于临界半径簇团的形成速率，即首先涉及胚胎形成速率。倘若体系没有能使上述过程进行的外来表面存在，整个过程需要表面自由能 ΔG，所以胚胎形成速率 $= ZA\exp(-\Delta G/RT)$。式中，Z 为频率因子，与该胚胎表面的蒸气分子碰撞次数有关；A 为蒸气分子碰撞胚胎的表面积。TiO_2 成核过程的研究表明，当用蒸气的液滴核化理论计算临界簇的大小时，只需若干 TiO_2 分子便可形成稳定的团簇晶核。这里，ΔG 主要由两项组成，即 $\Delta G=\Delta G_S+\Delta G_V$，其中 ΔG_S 和 ΔG_V 分别为伴随液滴生成的界面自由能和体积自由能，假设液滴为半径 r 的球，则

$$\Delta G=4\pi r^2\sigma+(4/3)\cdot\pi r^3\Delta G/v \tag{2-1}$$

式中，σ 和 $\Delta G/v$ 分别为液滴球单位表面积的界面能和从蒸气液化出单位体积液滴球的自由能变化。前者显然为正，后者相当于单个原子从蒸气相转变成液滴相的相变驱动力 Δg 与单个原子体积 Ω 之比。由于体系从气相过饱和亚稳态转变成液滴凝聚相将要释放出亚稳相比稳定相高的那一部分吉布斯自由能，所以 $\Delta G/v$ 应为负值。这样，式（2-1）第二项 $(4/3)\cdot\pi r^3\Delta G/v$ 实际是形成液滴球前后蒸气液化自由能变化 $(4/3)\cdot\pi r^3(2\sigma/r)$。由此可以看出，$\Delta G$、$\Delta G_S$ 和 ΔG_V 随液滴球半径 r 的变化趋势（图 2-10），并可估算成核半径大小。定义 $\Delta G(r)$ 曲线极大值 ΔG_C 所对应的液滴球半径 r_C 为临界晶核半径，$r_C=\Delta G_C/(4\pi\sigma)^{1/2}=2M\sigma/(\rho\Delta g)$；而 $\Delta G(r)$ 为零时所对应的液滴球半径 r_0 为晶粒临界半径，$r_0=3M\sigma/(\rho\Delta g)$，式中，$M$ 和 ρ 分别为产物相对分子质量和液滴球密度。此处，ΔG_C 实际上就是临界晶核所对应的成核功，如果把临界晶核半径 r_C 代入，即可求得 $\Delta G_C(r_C)$，相当于临界晶核界面能的 1/3。这意味着在形成临界晶核时，所释放的体积自由能仅可补偿界面自由能增高的 2/3，还有 1/3 的界面自由能必须从体系能量涨落中求得补偿。显然，这份能量也就是过饱和气相体系自发液滴成核的关键。鉴于液滴球很小，其球面率很大，液体曲率和蒸气压的 Kelvin 关系为

$$\ln(p_r/p_0)=2M\sigma/(RT\rho r) \tag{2-2}$$

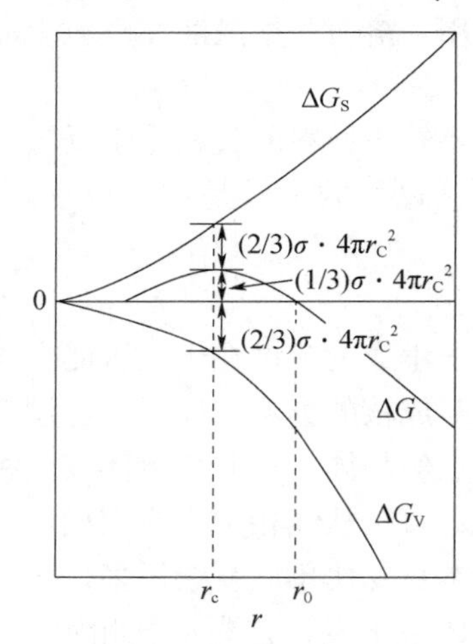

图 2-10　液滴球半径 r 与自由能的关系

式中，R 为气体常数；p_r/p_0 为温度 T 时半径为 r 的液滴和大块液体（或水平液面）蒸气压之比，液滴越小，相应的蒸气压越大。显然，$\ln(p_r/p_0)$ 也相当于过溶解度或过饱和比，直接理解为该气相体系的 p/p_0（体系实际蒸气压 p 大于该温度下的平衡蒸气压 p_0），由此得到 $r=16\pi\sigma^3M^2/3[RT\rho\ln(p/p_0)]^2$。因此，当 r 不到晶核临界半径 r_C 时，液滴球会蒸发消失，或者说，平衡状态（$p/p_0=1$）就意味着自发生长液滴核的概率为零；反之，继续长大。所以，只要适当控制整个反应体系的过饱和度就有可能最终控制粒子的成核过程。

（2）粒子生长

在被改性粉体（所谓母颗粒）存在的情况下，核的生长可能存在两种情况：一是在母颗粒表面沉积生长，也即在异相粒子表面生长；二是单独（同相）生长。关于第一种生长环境下成核粒子的生长机理，目前尚缺乏研究。但在第二种情况下，核通过碰撞继续长大为初级粒子，因此，合成中最重要的是产物粒径控制，其途径是通过物料平衡条件进行调控，或通过反应条件控制成核速率进而控制产物粒径。当气相反应平衡常数很大时，反应率很大，由此可根据物料平衡估算生成粒子的尺寸，即

$$(4/3)\ \pi r^3 N = C_0 M/\rho \tag{2-3}$$

式中，N 为每立方厘米所生长的粒子数；C_0 为气相金属源浓度，mol/cm^3；ρ 和 M 分别为生成物密度和相对分子质量。所以

$$D = 2r = (6C_0 M/\rho\pi N)^{1/3} \tag{2-4}$$

这表明粒子的大小可通过原料源浓度加以控制。随着反应进行，气相过饱和度急剧降低，核成长速率就会大于均匀成核速率，晶核和晶粒的析出反应必将优先于均相成核反应。因此，从均相成核一开始，由于过饱和度变化，超微或纳米粒子的反应就受自身控制，致使气相体系中的超微粉体粒径分布变窄，不过，不同体系粒径的控制情况有所不同。

（3）粒子沉积/凝聚

气相合成的初级粒子粒径也就是几个纳米左右，由于全部粒子在整个体系中处于浮游状态，加上粒子本身的比表面能高，它们的布朗运动会使粒子相互碰撞凝聚或者与体系中的母颗粒碰撞，沉积在母粒子表面，由于母颗粒粒径大于初级粒子，因此单位时间内与初级粒子碰撞的次数或概率应该多于初级粒子。显然，这种粒子间凝聚与初生粒子长大的概念有所区别，前者实际是在反应初期以后颗粒间的合并，下面的预测能定性说明粒子相互碰撞凝聚效应十分明显。按分子运动理论，其碰撞频率

$$f = 4\ (\pi \mathrm{k} T/m)^{1/2} \times d_p^2 N^2 \tag{2-5}$$

式中，N 为粒子浓度；m 和 d_p 分别为粒子的质量和粒径；k 为玻尔兹曼常数。

以合成 TiO_2 为例，当气相摩尔浓度为 1% 时，为获得粒径均匀的 100nm 粒子，则全部粒子通过互相碰撞完成这一过程需要 0.53s；如果要制得 10nm 的粒子，则只需要 1.7×10^{-3}s。实际影响因素当然复杂得多，不过粒子相互碰撞凝聚应该是粒子后期长大的主要原因。

综合比较上述气相合成中化学反应成核、粒子生长和凝聚的基本过程，它们对温度的依赖关系是不同的，其中碰撞频率与温度的关系较小，高温对气相合成十分有利，短时间内即可迅速完成反应、成核、初级粒子生长和原料分子消失等一系列过程而可完全忽略碰撞问题，只是在后期，碰撞凝聚才起支配地位。为简单起见，假设构成气相源的全部原料分子都是单分子，那么可以形象地估计，完全按初期粒子生长方式长成 10nm 粒子所需要的时间远远大于按碰撞凝聚长成 10nm 粒子所需要的时间。这种估计的具体计算比较复杂。为简单起见，假定初期反应（经过 10^{-6}s 反应时间）以后，体系中全部粒子均为等径球，粒子无孔，也无电荷影响，则碰撞频率虽为式（2-5）所示，但每次碰撞并不一定实际引起凝聚长大，须定义一个凝聚因子 S_f，由此模型即可给出粒子浓度 N、比表面积 S 和粒径 d_p 的表述式：

$$N=Z\ (S_f T^{1/2} C^{1/6} t)^{-5/6} \quad (2\text{-}6)$$

$$S=Z'\ (S_f T^{1/2} Ct)^{-2/5} \quad (2\text{-}7)$$

$$d_p=Z''\ (S_f T^{1/2} Ct)^{2/5} \quad (2\text{-}8)$$

式中，Z、Z'和Z''分别为取决于粒子密度、相对分子质量、阿伏加德罗常数的玻尔兹曼常数因子；C为构成气相中每单位体积的单分子数，正比于原料浓度；t为反应滞留时间。

由 $TiCl_4$ 制备 TiO_2 微粉的试验显示，粒径 d_p与 $TiCl_4$ 入口浓度呈直线关系，直线斜率为 0.34，接近 2/5。同样，由 $TiCl_4$ 制备 SiO_2 微粉的试验表明，随着滞留时间的增加，SiO_2粒子的比表面积 S 减少，即 S 正比于 $t^{-2/5}$，与预测一致，此时 S_f为 0.004，即每 250 次碰撞中只有 1 次引起有效凝聚，所以，当在熔点温度以上反应时，具有几纳米的液滴合并可能性不大。另外，由于碰撞凝聚，粒子的黏度对其长大应有影响。总之，粒子经初期生长后，粒子粒径随着滞留时间的增加经碰撞凝聚均衡长大，其他化学反应速率并不影响这种凝聚机制。

2.2.2 液相化学法

液相化学法是利用液相环境中的化学反应生成表面无机改性剂对颗粒或母粒子表面进行包覆改性。常用的液相化学包覆改性方法有沉淀法、溶胶-凝胶法、溶胶法、醇盐水解法、异相凝固法、非均匀形核法和化学镀法等。

1. 化学沉淀法

化学沉淀法是通过向溶液中加入沉淀剂或引发沉淀剂的生成，使金属离子发生沉淀反应并在母粒子表面异相沉积和生长，从而实现对颗粒表面的包覆改性。通过调节沉淀物前驱体浓度或过饱和度、体系温度、pH 值可以控制金属离子的水解反应，进行沉淀包覆改性[12]。

用化学沉淀法进行包覆的关键在于控制溶液中的离子浓度、沉淀剂的释放速度和剂量，使反应生成的包覆物（或其前驱体）在体系中既有一定的过饱和度，又不超过临界饱和浓度，从而被包覆颗粒以非均匀成核析出，否则将生成大量游离沉淀物，而不是均匀包覆于目标颗粒表面。

化学沉淀法包括直接沉淀法、均相沉淀法和并流沉淀法。直接沉淀法是通过加入沉淀剂使溶液中的离子产生沉淀直接生成包覆物。均相沉淀法不需外加沉淀剂，而是在溶液内部均匀缓慢地生成沉淀剂，通过调节化学反应条件控制沉淀剂的释放速度，避免局部沉淀剂浓度不均匀，从而形成均匀致密的颗粒包覆。并流沉淀法是将沉淀剂（通常是碱溶液和盐溶液）同时加入含有被包覆颗粒的悬浮液中生成沉淀包覆物，例如，利用尿素、硫酸钛和硫酸锌等为反应剂可以在 TiO_2颗粒表面包覆氧化锌[13]。

用化学沉淀法对粉体进行表面包覆改性一般是在分散的一定固含量浆料中加入需要的无机表面改性剂，在适当的 pH 值和温度下使无机改性剂以氢氧化物或水合氧化物的形式在颗粒表面进行沉淀反应，形成一层或多层包覆，然后经过洗涤、过滤、干燥、焙烧等工序使包覆层牢固地固定在颗粒表面。用作粉体表面沉淀反应改性的无机表面改性剂一般是金属氧化物、氢氧化物的前驱体，即金属氧化物的盐类或水解产物。

以二价金属离子（用 Me^{2+} 表示）为例，金属盐水解沉淀包覆改性的原理如下。

在分散有粉体的浆料中，存在以下几种反应：

（1）水解

$$Me^{2+}+H_2O=Me(OH)^{+}+H^{+} \quad (2\text{-}9)$$

$$Me^{2+}+2H_2O=Me(OH)_2+2H^{+} \quad (2\text{-}10)$$

$$Me^{2+}+3H_2O=Me(OH)_3^{-}+3H^{+} \quad (2\text{-}11)$$

$$Me^{2+}+4H_2O=Me(OH)_4^{2-}+4H^{+} \quad (2\text{-}12)$$

$$2Me^{2+}+H_2O=Me_2OH^{3+}+H^{+} \quad (2\text{-}13)$$

$$4Me^{2+}+4H_2O=Me_4(OH)_4^{4+}+4H^{+} \quad (2\text{-}14)$$

$$Me^{2+}+2H_2O=Me(OH)_2(s)+2H^{+} \quad (2\text{-}15)$$

其中 $Me(OH)_2$（s）为固态金属氢氧化物。

（2）与粉体表面的反应

设 SOH 代表粉体表面，其可能的反应类型如下：

$$SOH+Me^{2+}=SOMe^{+}+H^{+} \quad (2\text{-}16)$$

$$SOH+2Me^{2+}+2H_2O=SOMe_2(OH)_2^{+}+3H^{+} \quad (2\text{-}17)$$

$$SOH+4Me^{2+}+5H_2O=SOMe_4(OH)_5^{2+}+6H^{+} \quad (2\text{-}18)$$

$$SOH+Me^{2+}+2H_2O=(SOH)\cdots\cdots Me(OH)_2(s) \quad (2\text{-}19)$$

$$SOH+Me^{2+}+H_2O=SOMeOH+2H^{+} \quad (2\text{-}20)$$

$$2SOH+Me^{2+}=(SO)_2Me+2H^{+} \quad (2\text{-}21)$$

$$SOH+4Me^{2+}+3H_2O=SOMe_4(OH)_3^{4+}+4H^{+} \quad (2\text{-}22)$$

其中式（2-19）为表面沉淀反应。对于 Co^{2+} 与 α-Al_2O_3 粉体表面的作用，其表面沉淀反应和多核配位基吸附反应的模型如图 2-11（a）和（b）所示。

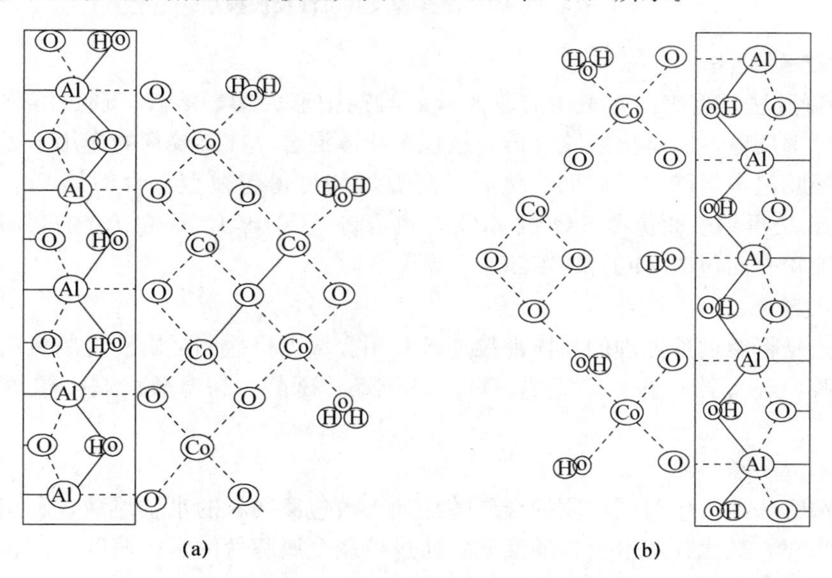

图 2-11　Co^{2+} 在 α-Al_2O_3 表面的沉淀反应和多核配位基吸附反应模型

（a）沉淀反应；（b）多核配位基吸附反应

粉体颗粒表面在浆液中也可能发生某些水解，以α-Al_2O_3为例，其可能的反应如下：

$$Al^{3+} + H_2O = Al(OH)^{2+} + H^+ \quad (2\text{-}23)$$

$$Al^{3+} + 2H_2O = Al(OH)_2^+ + 2H^+ \quad (2\text{-}24)$$

$$Al^{3+} + 3H_2O = Al(OH)_3^- + 3H^+ \quad (2\text{-}25)$$

$$Al^{3+} + 4H_2O = Al(OH)_4^- + 4H^+ \quad (2\text{-}26)$$

如图 2-12 所示，这些水解产物可与水合金属氧化物（如 CoO_2）在粉体表面发生共沉淀反应。

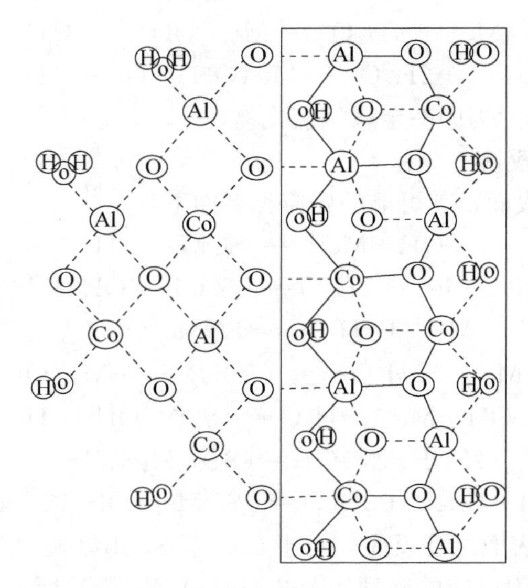

图 2-12　粉体表面溶解及共沉淀反应模型

2. 溶胶-凝胶法

溶胶-凝胶法是将表面包覆物前驱体溶入溶剂中形成均匀溶液，通过溶质与溶剂发生水解或醇解反应，制备出溶胶后再与被包覆粉体混合，在凝胶剂的作用下，溶胶经反应转变成凝胶包覆于母粒子表面，然后经高温煅烧可得包覆型复合粉体[14]。例如，通过溶胶-凝胶法得到表面包覆 SiO_2的 ZrO_2，也可将 SiO_2均匀沉积在 Au 的表面，还可用此方法在镍粉表面包覆 TiO_2和 $BaTiO_3$，等等[15-17]。

3. 溶胶法

溶胶法是将经过预处理的基体颗粒加入利用金属无机盐和金属醇盐制备出的包覆层物质的溶胶，经搅拌、静置、清洗、过滤、干燥、研磨、高温煅烧制得包覆型的复合颗粒。

4. 醇盐水解法

醇盐水解法是将包覆层物质的金属醇盐加入被包覆颗粒的水悬浮液，利用金属醇盐遇水分解为醇、氧化物和水合物的性质，通过控制金属醇盐的水解速度，使包覆层物质在被包覆颗粒表面生长，从而制备得包覆颗粒。

5. 非均匀形核法

非均匀形核法是以被包覆颗粒为形核基体，控制溶液中包覆层物质反应浓度在非均匀形核和均匀形核所需的临界值之间，实现颗粒的包覆改性。由于非均匀成核所需的动力要低于均匀成核，因此包覆层颗粒优先在被包覆颗粒上成核，形成包覆。非均匀形核法属于沉淀包覆法中的一种特殊方法。该法要求加入的微粒子浓度很低和反应速度较慢，如果加入的微粒子浓度过高或反应速率偏快，将难以得到均匀和致密的粒子包覆层，而且表面包覆层很可能不是单个均匀的粒子而是团聚的粒族。

6. 化学镀法

化学镀法是在无外加电源的情况下，镀液中的金属离子在催化剂作用下被还原剂还原成金属元素沉积在基体表面，形成金属或合金镀层，是一个液-固复相的催化氧化-还原反应。由于反应是一个自动催化的过程，因此可获得所需厚度的均匀金属镀层。该方法所形成的镀层厚度均匀，孔隙率低，因此得到了较为广泛的应用。目前，已有金、银、铜、铁、镍、铬、锡等 10 多种化学镀层，如纳米铜-银双金属粉末、钛-锆储氢合金粉末表面包覆铜、Ni 包覆 ZrO_2 微粉、镍包覆金刚石、镍包覆石墨、镍包覆硅藻土、镍包覆碳化硅等包覆颗粒制备的报道[18]。

2.2.3　浸渍法

浸渍法是一种广泛采用的催化剂载体表面改性方法，其基本方法是将载体放进含活性组分的溶液中浸泡，称为浸渍，当浸渍平衡后取出载体，再进行干燥、焙烧分解和活化。

浸渍可分为湿法和干法两种。湿法也称浸没法，它是将经过预处理的载体放在含有活性组分的溶液中浸渍。湿法还可分为间歇浸渍和连续浸渍。间歇浸渍是将载体置于不锈钢网篮，将其浸没在装有活性组分溶液的浸渍槽中，经一定时间后吊起网篮，多余溶液从网孔中流出，然后进行干燥及焙烧分解处理。连续浸渍则在带式浸渍机中进行，在不断循环的运输带上悬挂多个由不锈钢制成的网篮，内装载体，随运输带移动，网篮提起，沥去多余浸液后再干燥。

干法浸渍又称喷洒法或喷淋拌合法，它是将载体放入转鼓或捏合机，然后将浸渍液不断喷洒到翻腾的载体上。这种方法易于控制活性组分的含量，又可省去多余浸液的沥析操作。干法浸渍又可分为间歇与连续操作式。工作时，装有搅拌桨的捏合机中两个螺旋桨按相反方向旋转，一个方向用于装料与浸渍，另一方向用于卸料，浸渍液通过计量泵连续送入。

2.2.4　异相凝聚法

异相凝聚法是根据表面带有相反电荷的颗粒会相互吸引而凝聚的原理制备包覆粉体。即如果一种颗粒的粒径远大于另一种带异种电荷的粒径，那么在凝聚过程中，小颗粒将会在大颗粒的外围形成一层包覆层。其关键步骤是调整颗粒的表面电荷。

2.2.5　各种无机表面改性方法比较

针对不同的应用背景可以有针对性地对粉体表面包覆方法进行选择。机械力化学复合法、超临界流体快速膨胀法、异相凝聚法虽然简便，但是其主要用于粉体表面的物理包覆，包覆层和基体间结合强度不高；均相沉淀法反应周期较长，反应过程不易控制；溶胶-凝胶法反应成本较高，过程控制也较为复杂；溶胶法简单、易操作，但是包覆层厚度及均匀性难以控制；化学镀法可使粉体表面获得结构均匀、厚度可控制的包覆层，但是其主要用于粉体的表面金属镀层；气相沉积法可以在母颗粒表面形成均匀致密的薄膜包覆，但控制较难；液相化学沉淀法具有易形成核壳结构、可以精确控制包覆层物质浓度与厚度、工艺简单等特点，易实现工业生产。液相化学沉淀包覆方法与制备包覆粉体的化学工艺相似，但化学工艺制备粉体时，一般希望沉淀反应为均匀成核生长，而液相沉淀包覆改性时，理想的是控制沉淀反应和非均匀成核生长，即控制包覆层物质以被包覆颗粒为成核基体均匀生长，从而实现在被包覆颗粒表面形成均匀包覆层的目的。

2.3 机械力化学改性

机械力化学改性是利用超细粉碎过程及其他强烈机械作用有目的地对粉体表面进行激活，在一定程度上改变颗粒表面的晶体结构（表面结构重组和非晶质化）和物理化学性质、化学吸附和反应活性（增加表面活性点或活性基团）等。显然，仅仅依靠机械激活作用进行表面改性还难以满足应用领域对粉体表面物理化学性质的要求。但是，机械化学力一方面激活了粉体颗粒表面，可以提高颗粒与其他无机物或有机物的作用活性；另一方面新生表面产生的游离基或活性基团可以引发苯乙烯、烯烃类进行聚合，形成聚合物接枝的复合粉体。因此，如果在粉体超细粉碎过程中的某个环节添加适量的表面改性剂，那么机械激活作用可以促进表面改性剂分子在粉体表面的化学吸附或化学反应，达到在粉碎过程中使粉体表面有机改性的目的。此外，可在一种矿物的粉碎过程中添加另一种无机物或金属粉，使矿粉颗粒表面包覆金属粉或另一种无机粉体，或进行机械化学反应生成新相，如将石英和方解石一起研磨时生成 CO_2 和少量 $CaSiO_3$；以煅烧高岭土、滑石、重质碳酸钙等粉体为核心颗粒，钛白粉为包覆物，进行超细研磨、复合、干燥后可以制得煅烧高岭土、滑石、重质碳酸钙为“核”、钛白粉为“壳”的复合粉体材料。这种方法的不足之处是难以实现钛白粉在“核”颗粒表面的均匀、牢固包覆。

机械力化学改性方法还可用于实施粉体的接枝改性。如以聚苯乙烯作为改性剂，在搅拌磨中对重质碳酸钙进行超细研磨的同时，完成聚合物（聚苯乙烯）对超细重质碳酸钙粉体的接枝改性。可用作机械力化学接枝改性的聚合物和单体种类如下：

（1）与树脂本体一致的高聚物、聚合物单体或者低分子量聚合物。如聚乙烯、聚苯乙烯、丙烯酸、聚乙烯蜡、苯乙烯等。

（2）树脂接枝改性的产品、含树脂单体的共聚物、改性单体、带双键的偶联剂等。如聚乙烯接枝马来酸酐的产品、丙烯酸-（甲基）丙烯酸酯共聚物、芳香族衍生物的聚氧乙烯醚、聚乙烯醇、硬脂酸聚氧乙烯酯、丙烯酸甲酯、丙烯酸丁酯、硬脂酸乙烯酯、A-151 硅烷偶联剂、A-172 硅烷偶联剂、A-174 硅烷偶联剂等。

（3）能与树脂反应生成交联聚合物的聚合物或者单体。如丙烯腈、丙烯酸铵、羧丙基（甲基）纤维素等。

对粉体材料进行机械激活的设备主要是各种类型的球磨机（旋转筒式球磨机、行星球磨机、振动球磨机、搅拌球磨机、砂磨机等)、气流粉碎机、高速机械冲击磨及离心磨机等。

2.4　插层改性

插层改性是指利用层状结构矿物晶体层之间结合力较弱（如分子键或范德华力）或存在可交换阳离子的特性，通过离子交换反应或化学吸附改变粉体的界/表面性质和其他性质的改性方法。因此，用于插层改性的粉体一般来说具有层状或似层状晶体结构，如蒙脱土、高岭土、蛭石等层状结构的黏土矿物或硅酸盐矿物以及晶质石墨等。用于插层改性的改性剂大多为有机物，也有无机物。

以下以石墨和黏土矿物，特别是膨润土（蒙脱石）插层改性为例介绍插层改性的原理和方法。

2.4.1　石墨插层改性

1. 石墨插层改性方法

石墨插层改性方法可以分为两类：一类是碱金属离子插入法，主要用于制备离子型层间化合物；另一类是化学氧化法和电解法，主要用于制备共价型层间化合物[19]。

（1）离子插入法

离子插入法主要用于制备离子型石墨层间化合物，包括碱金属、卤素及金属卤化物等离子插入生成的石墨层间化合物。离子插入法又可以分为蒸气吸附法、粉末冶金法、浸溶法、加热混合法。

① 蒸气吸附法。这是制备层间化合物的最经典方法，尤其适用于碱金属-石墨层间化合物的合成。金属盐被加热至汽化，金属蒸气被石墨吸收，碱金属离子进入石墨层间，从而生成石墨盐。控制不同温度，可得不同产物。如金属钾温度控制在300℃，石墨温度分别控制在308℃和435℃时，即可分别得到Ⅰ阶和Ⅱ阶钾-石墨层间化合物，即KC_8和KC_{24}。调整石墨和金属的配方还可以制备Ⅱ阶以上层间化合物。所用石墨原料须预先加热和排气处理。最终产物种类和反应速度除与石墨和金属钾的温度有关外，也与容器的结构有关。

碱金属、碱土金属、稀有金属及卤素、金属卤化合物夹层均可用类似方法。

② 粉末冶金法。将一定数量的金属和石墨粉末，在真空条件下混合均匀，挤压成型，然后在惰性气体中热处理，可以合成Ⅰ～Ⅵ阶层间化合物，例如，Ⅰ阶碳化锂、石墨钡化合物和石墨钠化合物。将钠和石墨混合后，在400℃加热1h，即得深紫色NaC_{64}化合物。

③ 浸溶法。将金属盐溶于某些非水溶剂，然后与石墨反应。常用的溶剂有液氨、$SOCl_2$和有机溶剂（如苯、萘、菲等芳香烃）、二甲氧基乙烷、二苯甲酮甲萘、苄腈甲萘、甲胺、六甲基磷酰胺等。例如在碱金属和芳香烃络合物四氢呋喃溶液中放入一定量石墨粉，可生成碱金属-石墨-有机物三元层间化合物。又如，将石墨粉加入Li、Na的六甲基磷酰胺（HNPA）溶液中浸泡，即能生成一种三元层间化合物LiC_{32}（HNPA）

和 NaC_{27}（HNPA），石墨层间距扩大到 7.62Å。

④ 加热混合法。将一定数量的金属卤化物和石墨混合均匀，一起加热反应。如将石墨粉、三氯化铝粉均匀混合，通入氯气加热至 265℃时，活化的氯与三氯化铝粉一起进入石墨层间，生成Ⅰ～Ⅳ阶石墨层间化合物，如 C_9AlCl_3（Ⅰ阶）、$C_{18}AlCl_3$（Ⅱ阶）、$C_{36}AlCl_3$（Ⅳ阶）。将Ⅰ阶化合物 C_9AlCl_3 加热至 440℃时，$AlCl_3$ 可部分逸出，形成类似Ⅲ阶的化合物（$C_{24}AlCl_3$）。

（2）电化学氧化法

电化学氧化法包括强酸氧化法、强氧化剂法、过硫酸铵法及电解氧化法等。这种方法主要用来制备共价型石墨层间化合物。

① 强酸氧化法。用混合比例（1～9）：1（质量比）的浓硫酸和浓硝酸混合浸泡石墨，可在石墨层间生成石墨氧化物。将这种石墨氧化物脱酸、洗净、干燥，即得产品。目前工业上广泛应用的可膨胀石墨（酸化石墨）即主要由此法制得。

② 强氧化剂法。将石墨浸入浓硝酸、硝酸盐、铬酸钾、重铬酸钾、高氯酸及其盐类等氧化剂，生成石墨层间化合物。经过脱酸、洗涤至中性并干燥后即得产品。

③ 过硫酸铵法。用过硫酸二铵盐类［$(NH_4)_2S_2O_8$］（称过硫酸铵）和浓硫酸的混合液浸泡石墨，其混合质量比为 10：90～40：60。硫酸波美度为 66°，密度为 1.856g/cm³。将石墨粉浸入上述溶液中 10～60min，石墨层间化合物即可形成。经过脱液、水洗、过滤和干燥即得产品。

④ 电解氧化法。上述的强酸氧化法和强氧化剂氧化法虽然工艺简单、处理量大，但存在酸性污染。电解氧化法则可以解决强酸污染问题。电解氧化法在特制的电解槽内进行。将石墨粉与含层间浸入剂的电解液放入电解槽，将电极通以直流电，同时搅拌槽内溶液，石墨层间化合物即可形成。常用的电解液有硫酸、硝酸、高氯酸、三氯乙酸等。

2. 石墨层间化合物生成机理

如图 2-13 所示，石墨是主要成分为碳的典型层状结构化合物，同一层面间的碳原子以共价键结合，层与层之间的碳原子依靠范德华力连接。根据分子轨道理论，每一个层面中的碳原子都以 sp2 杂化轨道形成 3 个相等的σ键，彼此连成正六边形，再由无数个正六边形组成一个网状平面。同一平面内 C—C 键长 1.42Å，键合力很强。碳原子的第 4 个电子组成 π 键。π 键属于层间共用，可在层间自由移动，具有半金属的性质，键力较弱，层间 C—C 距离为 3.35Å。

石墨的这一结构特点为形成或制备层间化合物提供了可能，即：

（1）虽然同一层面内的碳原子间以很强的共价键连接，但处于层面边缘上的碳原子，由于存在未配对电子，具有不饱和键，活性较大，成为化学反应的活性中心区域。

（2）层与层之间结合力较弱，空隙较大，石墨各层间可以相对滑动，给其他化学物质进入层间空隙并进行化学反应提供了条件。以离子型层间化合物为例，石墨与碱金属反应，金属原子插入石墨层间，形成石墨/金属层间化合物，石墨晶格中的 π 电子体系里增加了一些金属电子，如 $K \longrightarrow K^+ + e$，使石墨导电性能有所增加，层间距从 3.35Å 扩大到 6.71Å。当石墨与 Br_2、Cl_2、Fe_2O_3、MoO_3 等具有氧化性的物质反应时，它们能

从石墨中得到 π 电子，使晶格中增加易移动的阴离子和带正电的“孔穴”或生成石墨盐。最普通的石墨盐 $C_{24}HSO_4 \cdot 2H_2O$ 是一种不稳定的深蓝色化合物。

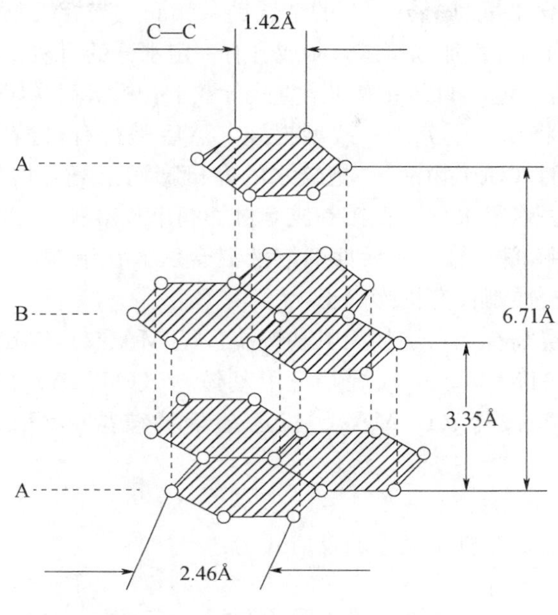

图 2-13　石墨晶体结构示意图

石墨和强氧化剂硫酸、硝酸、高氯酸、氯酸钾或高锰酸钾、双氧水等反应时，生成石墨酸，也叫氧化石墨。氧原子与碳原子形成了共价键，使石墨层间距扩大。推测其结构为每个氧原子与相邻的两个碳原子结合，形成 —C—C— （两个 C 之间以 O 桥连）基团。按基团结构计算，碳原子与氧原子结合时，其 C∶O=2∶1，但实际测得的 C∶O=（2.4～3.5）∶1，说明反应时氧原子不足。氧原子插入量主要取决于氧化剂的性质、浓度、温度和反应时间，还与石墨结晶完整程度有关。结晶越完整，氧原子插入量越多。

2.4.2　黏土矿物/膨润土插层改性

黏土矿物/膨润土或蒙脱石的插层方法根据插层物质或插层材料可以分为季铵盐或铵盐插层改性、无机物插层及聚合物插层。其中，聚合物插层又可以分为聚合物单体原位插层聚合和聚合物直接插层。

1. 季铵盐或铵盐插层

（1）插层方法

季铵盐插层改性方法主要有湿法、干法、预凝胶法三种。近年来又发展了微波插层方法。

① 湿法插层。湿法插层包括制浆和提纯、改型、插层和后处理几个步骤：第一，将膨润土在水中充分分散，并除去砂粒及杂质（提纯）；第二，对提纯后的膨润土改型或活化，包括用 Na_2CO_3 进行钠化和用适量的无机酸（硫酸或盐酸）或氢离子交换树脂

对膨润土进行活化处理；第三，在一定温度和不断搅拌下，加入有机季铵盐或铵盐进行插层改性。第四，将插层改性产物过滤、洗涤、烘干并粉磨。

② 干法插层。将含水量20%～30%的精选钠基膨润土与有机季铵盐直接混合，用专门的加热混合器混合均匀，再加以挤压，制成含有一定水分的有机膨润土；也可以进一步加以干燥和粉磨或将含一定水的有机膨润土直接分散于有机溶剂（如柴油），制成凝胶。

③ 预凝胶法。先将膨润土分散、改型提纯，然后进行有机插层。在有机插层过程中，加入疏水有机溶剂（如矿物油），把疏水的有机膨润土复合物萃取进入有机相，分离出水相，再蒸发除去残留水分，直接制成有机膨润土预凝胶。

④ 微波插层。将膨润土与表面活性剂溶液混合后，在谐振腔式微波反应器中用微波辐射进行有机插层改性制备有机膨润土。

常用的季铵盐插层剂有十六烷基三甲基铵盐（CTMA或CTMAB或HDTMA）、十二烷基三甲基铵盐（DTMA）、十八烷基三甲基铵盐（OTMA）以及三甲基苯基铵盐（TMPA）、三甲基苄基铵盐（BTMA）、三乙基苯基铵盐（BTEA）、十六烷基吡啶（HDPY）等。

（2）插层原理

季铵盐插层改性制备有机膨润土的反应式为：

$$\text{膨润土}\,X + \left[R_1-\underset{\substack{|\\R_3}}{\overset{\substack{R_2\\|}}{N}}-R_4\right]Y \longrightarrow \text{膨润土}\left[R_1-\underset{\substack{|\\R_3}}{\overset{\substack{R_2\\|}}{N}}-R_4\right] + XY$$

式中，X为Na^+、Ca^{2+}、H^+；Y为Cl^-（Br^-）；$R_{1\sim4}$为含1～25个碳的烷基，R_4可为芳香基。

对于钙基膨润土，插层改性分两步进行，首先将其进行钠化，由钙基膨润土改型为钠基膨润土；然后用季铵盐进行插层改性，制备有机膨润土。其反应过程如下：

$$Ca-Benton + Na^+ \longrightarrow Na-Benton + Ca^{2+} \tag{2-27}$$

$$Na-Benton + [NH_{4-n}R_{4-n}]\,Cl \longrightarrow BentonNH_nR_{4-n} + NaCl \tag{2-28}$$

式中，$NH_{4-n}R_{4-n}$为季铵盐，Benton为膨润土；$n=1\sim4$。

图2-14所示为插层改性示意图。

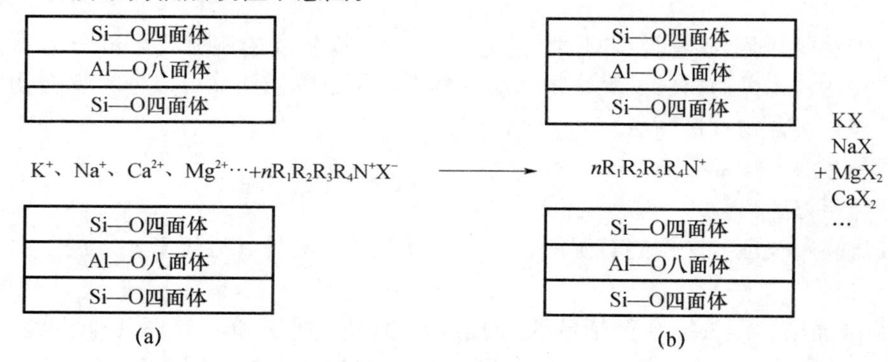

图2-14　有机季铵盐插层改性膨润土制备示意图

（a）膨润土；（b）插层改性产物（有机膨润土）

蒙脱石结构中的铝氧八面体层的部分 Al^{3+} 被 Mg^{2+} 所取代，使蒙脱石层带上负电荷，为了平衡这些负电荷，常有一些金属离子（如 Na^+、K^+、Ca^{2+} 等）嵌入蒙脱石层间，这些离子能与有机离子（如季铵盐离子）发生离子交换反应，将其引入蒙脱石层间。有机阳离子的引入，使蒙脱石层间距增大（图 2-15）。

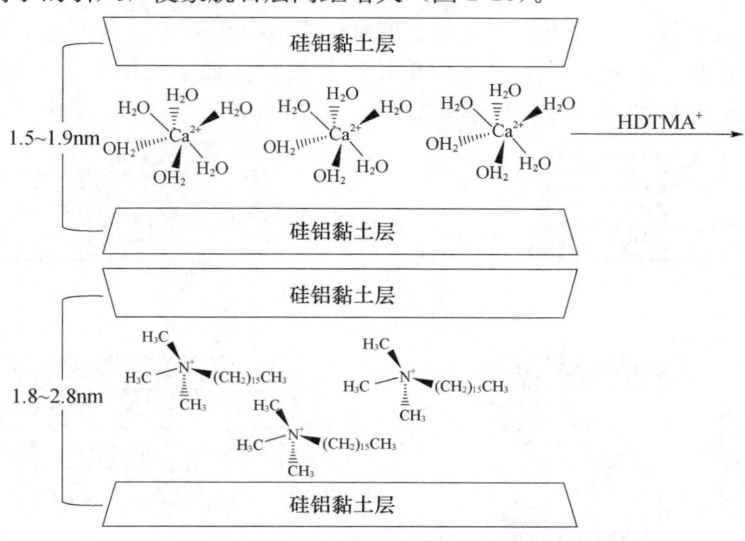

图 2-15　HDTMA$^+$ 交换蒙脱石层间 Ca^{2+} 示意图

① 有机阳离子-蒙脱石的层间距及排列方式。蒙脱石层间距 d_{001} 随水分子和（或）有机阳离子含量的增加而增大，其变化范围为 0.96 ~2.05nm；随着有机铵盐加入量的增加，进入蒙脱石层间的有机阳离子增多，层间距增大；有机大分子/离子进入层间时，层间距可增大到 4.8nm，此时层间会形成有吸附胶束组成的、具有表面活性剂单层、双层等结构的层间有机相[20]。

阳离子表面活性剂的结构对蒙脱石的层间距有显著影响[21]。如用不同碳链长度的季铵盐离子对蒙脱石插层，其层间距满足如下关系式：

$$d_{001}=1.27\ (n-1)\ +2r_{M}+r_{C-N}\ (1+\sin\theta) \tag{2-29}$$

式中，d_{001} 为该型蒙脱石的层间距；$(n-1)$ 为季铵盐链中亚甲基的数目；r_M 为端甲基的范德华氏半径（0.3nm）；r_{C-N} 为 C—N 键长（0.14nm）；θ 为 C—N—C 键角。

蒙脱石与不同链长的有机胺进行插层时，蒙脱石的层间距随着烷基碳链长度的增加而增大。如用十二烷基铵和十八烷基铵盐在同样条件下分别插层蒙脱石，得到 C_{18} 改性蒙脱石的 $d_{001}=2.254$nm；而 C_{12} 改性蒙脱石的 $d_{001}=1.796$nm。

插层改性膨润土的层间距一般随改性时季铵盐的用量增加而增大，但当加入的季铵盐摩尔量超过原土的阳离子交换容量（74.64mmol/100g 土）时，层间距就不再随季铵盐加入量的增加而增大。

有机阳离子在蒙脱石层间的排列方式与烷基链长度及层间电荷密度等有关。长链烷基铵阳离子（如十六烷基三甲基铵阳离子，HDTMA$^+$）在蒙脱石层间的排列比较复杂，如图 2-16 所示，有机相可以呈单层平卧［图 2-16（a)］、双层平卧［图 2-16（b)］、倾斜单层［图 2-16（c)］、假三层［图 2-16（d)］和倾斜双层［图 2-16（e)］等排列方式。排列方式随 HDTMA^{+}浓度的增大呈单层平卧→双层平卧→倾斜单层→假三层→倾斜双层方式演化。而且在高浓度条件下，还可以有一种以上的排列方式存在，这可能是层间电荷密度不同所致。例如，HDTMA 的烷基链可以平卧的单层（0.41nm）、双层（0.81nm）、准三层（1.21nm），甚至倾斜、立式等方式排列在黏土层间。对于常见的低电荷密度的蒙脱石，有机相最多由两层烷基链组成，但高电荷密度的蒙脱石可形成准三层烷基链有机相。同样条件下，当用单长链季铵盐（如十八烷基三甲基铵）插层时，碳链在层间作斜向排列，而双长链季铵盐可垂直于硅酸盐层片作直向排列。

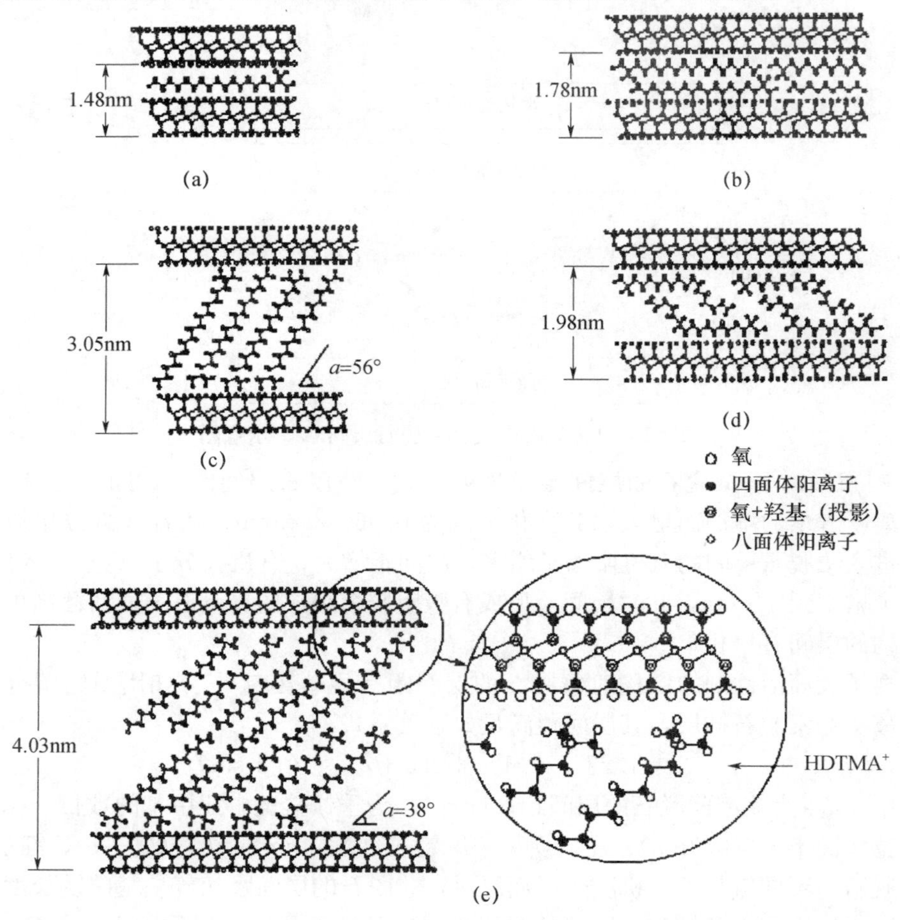

图 2-16　季铵盐阳离子在蒙脱石层间的排列方式示意图

利用长链季铵盐有机阳离子（如十六烷基三甲基铵阳离子，HDTMA^{+}）制成的有机土中，阳离子的 N 端被吸附在带负电荷的黏土表面，烷基链相互挤在一起形成一有机相。这一有机相的厚度取决于黏土矿物的层电荷及 R 基团的相对大小。如十六烷基三甲基铵阳离子可以单层（$d_{001}=1.37$nm）、双层（$d_{001}=1.77$nm）、准三层（$d_{001}=2.17$nm）或倾斜方式（$d_{001}=2.21$nm）排列。单层排列的有机铵阳离子两面都与黏土层接触，双层排列的有机铵阳离子只有一面与黏土层相接触，而三层或倾斜排列的有机铵阳离子大部分与黏土层没有直接接触。

有机阳离子被吸附在蒙脱石层间的上下层面上，带正电荷的一端指向被吸附的层面，非极性的一端背离层面。有机铵阳离子上下层面夹角 θ 及链长 L 与层间距离 d_{001} 之间的关系为 $d_{001}=L\sin\theta+0.96$。据此可以判断不同碳链的季铵盐离子在有机膨润土中的排列方式（表 2-1）。

表 2-1　三种季铵盐离子在有机膨润土中的排列方式

式样	A	B	C
L（nm）	2.35	2.60	4.75
d_{001}（nm）	2.003	2.246	4.013
θ（°）	26.53	29.64	39.99
季铵盐离子在有机土中的排列方式	平躺	半斜立	斜立
有机土的形貌	稍有结块	疏松	疏松

注：A（十六烷基三甲基铵）、B（十八烷基三甲基铵）、C（十八烷基二甲基铵）

总之，有机铵阳离子进入矿物层间，使蒙脱石 d_{001} 层间距增大，增大的程度取决于有机铵阳离子在层间排列的方式和层电荷密度，对于常见低电荷密度的蒙脱石，有机相最多由两层烷基链组成。

② 蒙脱石与有机铵阳离子的作用机理。有机阳离子与蒙脱石进行离子交换反应时，在有机阳离子足够多时，进入蒙脱石层间的量可能大于蒙脱石的阳离子交换容量（CMC）。研究发现，十六烷基三甲基铵阳离子（$HDTMA^+$）经离子交换进入蒙脱石层间后，蒙脱石对水溶液中的苯、二甲苯、全氯乙烯等有机物的吸附量比原来的蒙脱石多10～30倍。据此推测，有机阳离子进入蒙脱石包括离子交换吸附和分配吸附两个吸附阶段或吸附方式。

离子交换吸附是指有机铵阳离子与蒙脱石层中的金属离子进行等物质的量的离子交换形成中性复合物。

分配吸附是指所有蒙脱石层中金属离子被完全置换后有机铵阳离子仍能继续进入蒙脱石层间。这是由于经过离子交换进入蒙脱石层间的有机铵阳离子在蒙脱石层间形成了分配相，有机物之间产生非库仑力的相互作用，使有机铵阳离子与蒙脱石中的金属离子交换完全后能继续对有机铵阳离子进行吸附，产生所谓的分配吸附，这种分配吸附使蒙脱石吸附有机阳离子的量大于其阳离子交换容量（CEC）。

分配相与有机物的相互作用和季铵盐的烷基大小有关，烷基越大，额外的吸附量越大。另外，季铵盐离子在蒙脱石层间所形成的分配相随季铵盐阳离子的增加对中性有机分子的吸附也会增加。分配吸附的机理也许是解释蒙脱石能对有机阳离子进行两阶段吸附的原因。

也有学者将这种分配吸附称为疏水吸附，认为蒙脱石对有机物的吸附有离子交换吸附和疏水吸附两种。通常有机阳离子与蒙脱石的离子交换反应在水溶液中进行。当加入的有机铵阳离子量小于或者等于蒙脱石的 CEC 时，所有的有机阳离子基本上都是通过离子交换吸附在蒙脱石中，即使在高浓度的盐溶液中也很难置换出有机铵阳离子。而当加入的有机铵阳离子量大于蒙脱石的 CEC 时，已存在于蒙脱石层间的有机物通过疏水吸附溶液中的有机物形成带电复合物。这种吸附作用与有铵机阳离子在黏土矿物层间的排列方式有关。

蒙脱石吸附有机季铵盐的量与蒙脱石的离子交换容量（CEC）及所含离子的种类有关，也与有机铵阳离子的种类有关。例如，用相当于 CEC150％的十六烷基三甲基铵阳离子（$HDTMA^+$）可以将钠基蒙脱石中 95％的 Na^+ 交换出来，但只能将钾基蒙脱石中 75％左右的 K^+ 交换出来。如果用结晶紫（CV）染料与蒙脱石进行离子交换反应，只要用相当于 CEC 的量就能将所有的无机阳离子交换出来，这是因为 CV 染料对蒙脱石的吸附系数显著大于无机离子。

2. 聚合物插层改性

（1）插层方法

经有机插层改性的黏土，如蒙脱土，由于体积较大的有机铵盐离子交换了原来的 Na^+，层间距离增大，同时因片层表面被有机阳离子覆盖，黏土由亲水性变为亲油性，称为有机黏土。当有机黏土与单体或聚合物作用时，单体或聚合物分子向有机黏土的层间迁移并插入层间，使黏土层间距进一步胀大，得到插层复合材料。插层路径或方法主要有单体原位插层聚合和聚合物直接插层两种。

能够在黏土层间插入并进行原位聚合的有机单体主要有以下几种：采用氧化还原反应机理进行聚合的单体，如苯胺、吡咯、呋喃、噻吩等；阳离子或阴离子引发聚合的单体，如环内酯、内酰胺、环氧烷等环状化合物。这些单体插入黏土层间，用阳离子或阴离子引发剂引发开环聚合。还有可进行自由基聚合的烯类单体，如苯乙烯、甲基丙烯酸甲酯、丙烯酸丁酯等丙烯酸系列单体；配位聚合单体，如乙烯、丙烯等；与催化剂形成配位络合物的单体，在黏土层间同时插入可聚合单体和 Ziegler-Natta 催化剂。

可直接插层的聚合物大致有以下几类：烯类均聚物或共聚物、聚醚、聚酰胺、聚酯、弹性体等。

单体原位插层聚合法是利用有机物单体通过扩散和吸引等作用力进入有机黏土片层，然后在黏土层间引发聚合，利用聚合热将黏土片层进一步打开，形成纳米复合材料；聚合物直接插层法是利用溶剂的作用或通过机械剪切等物理作用使聚合物分子插入黏土的片层，形成纳米复合材料，具体的插层方法又可以细分为聚合物溶液插层、聚合物熔融插层和聚合物乳液插层。在黏土层间插层的有机化合物可以是高分子的聚合物或预聚体，也可以是可聚合的单体。

① 单体原位插层聚合法。先将聚合物单体分散、插入有机蒙脱土的层状硅酸盐片层中，然后引发进行原位聚合。利用聚合时放出的大量热量，克服硅酸盐片层结构之间的库仑力将其剥离，使得硅酸盐片层结构与聚合物能够以纳米尺度复合。

按聚合反应类型的不同，插层聚合法又可分为插层缩聚和插层加聚两种聚合复合方法。

插层缩聚是有机单体被插入蒙脱石层间，单体分子链中功能基团互相反应，发生缩聚。

插层加聚是有机单体被插入蒙脱石层间，单体进行加聚聚合。该聚合反应涉及自由基的引发、链增长、链转移和链终止等自由基反应历程，自由基的活性受蒙脱石层间阳离子、pH 值及杂质影响较大。

单体原位插层聚合法的特点是纳米复合材料的性能可以通过控制聚合物的分子量加以调节，蒙脱石片层在聚合物基体中的分散比较均匀；但在聚合过程中，由于片层的限制，单体在层间比在主体中的聚合速度慢，大多得到插层型纳米复合材料。

② 聚合物插层法。将聚合物熔体或溶液与有机蒙脱土混合，将聚合物分子插入蒙脱石的片层间，层状蒙脱石为主体，聚合物为客体，利用化学作用破坏蒙脱石的片状叠层结构，使蒙脱石片层剥离并均匀分散在聚合物基体中，实现聚合物和蒙脱石在纳米尺度上的复合。这种方法又可分为聚合物溶液插层法、聚合物熔融插层法和聚合物乳液插层法。

聚合物溶液插层法：可分两步，即溶剂分子插层和聚合物对插层溶剂分子的置换。通过有机溶剂降低蒙脱土硅酸盐片层间的表面极性，从而增加与聚合物的相容性，然后使这种有机改性的蒙脱石与聚合物溶液共混，聚合物大分子在溶液中借助于溶剂而插入蒙脱石的片层间，然后挥发掉溶剂。

该方法的特点是简化了复合过程，其中聚合物是通过吸附、交换作用（对具有层间可交换离子而言）等插入蒙脱石层间，所制得的材料性能更稳定。但此方法不一定能找到既能溶解聚合物又能分散黏土的溶剂，而且大量使用溶剂会对人体有害，污染环境。

聚合物熔融插层法：将聚合物在高于其软化温度下加热，静止条件或在剪切力作用下直接插入有机蒙脱石的硅酸盐片层。由于聚合物熔融插层法没有用溶剂，加工方便，并且可以减少对环境的污染，但是该法不适合某些分解温度低于熔融温度的聚合物。

聚合物乳液插层法：与溶液插层法类似，将用溶剂溶解的乳液和有机蒙脱土搅拌，使两者充分混合，并借助溶剂的作用，使乳液大分子插入蒙脱土硅酸盐片层间，真空下挥发掉溶剂。

（2）原位单体插层聚合原理

关于原位单体插层聚合原理，目前主要提出了三种机理[22]。

① 自由基聚合机理。自由基聚合机理是聚合物形成的主要聚合机理之一，一般是在引发剂、光辐射、热等条件下进行的。它包括三个基本阶段：链引发、链增长、链终止。烯类单体是发生自由基聚合的主体物质，甲基丙烯酸甲酯、苯乙烯等是常见的单体。实际上烯类单体在插层自由基聚合时，会受到黏土中很多金属离子的影响。这些金属离子会钝化或捕捉自由基，造成自由基聚合的诱导期延长，产生动力学链转移，甚至不能完成聚合。在黏土层间空隙中的插层聚合相当于本体聚合，只要聚合物单体没有或很少发生自由链基转移反应，形成高相对分子质量聚合物是可以达到的。

在插层自由基聚合中，单体聚合速度快，瞬间内放出大量的热，这种热效应足以使层间结合较弱的黏土片层逐层分离剥落，容易形成剥离型黏土复合材料。不同的聚合物单体，其热效应不同，对黏土的剥离影响程度不同。用于原位聚合的常见单体聚合热效应列于表 2-2。

从表 2-2 可见，单体放热有利于黏土的剥离。单体热值高，放热迅速，只要在黏土层间聚合就能将片层剥离；但单体的聚合体积收缩又使黏土的层间扩张受到消极影响。综合两方面，前者占主导地位，剥离的黏土片层随聚合体系的热运动而分散，因此，原位插层自由基聚合是形成聚合物/纳米黏土复合材料的重要方法之一。

表 2-2　25℃时单体聚合热、熵变和体积收缩率

单体	$-\Delta H$（kJ/mol）	$-\Delta S$［J/（mol·K）］	体积收缩率（%）
苯乙烯	73	104	14.5
氯乙烯	72	—	34.4
丙烯腈	76.5	109	31.0
乙酸乙烯酯	88	110	21.6
丙烯酸甲酯	78	—	22.1
甲基丙烯酸甲酯	56	117	20.6

② 离子聚合机理。采用己内酰胺在黏土层间原位插层聚合时，通常是在质子酸催化条件下，以阳离子聚合机理进行的。反应的主要步骤是酸催化亲核取代反应。

质子酸会电离出质子：$HX \longrightarrow H^+ + X^-$，$H^+$ 与己内酰胺的羰基氧结合形成质子化单体，反应步骤如下：

HN—R—CO（环）$+ H^+ \longrightarrow$ HN—R—C^+—O—H（环）

（质子化单体）

其中的 R 为 $(CH_2)_4$。

这种质子化单体上的 C^+ 易受到另一分子单体中的氮原子亲核取代，发生开环，与此同时，—OH 上的质子转移到同分子的氮原子上，形成铵盐正氮离子，作为亲核试剂的己内酰胺保持环状结构，如此这样，形成了铵盐型二聚体。

HN—R—C＝O（环）＋ HN—R—C^+—O—H（环）$\longrightarrow$ O＝C（—$NCORN^+H_3$，—R，环）

质子化的二聚体将其质子转化给小分子单体，形成质子化的小分子单体和二聚体：

O＝C（—$NCORN^+H_3$，—R，环）＋ HN—R—C＝O（环）$\longrightarrow$ HN—R—C^+—OH（环）＋ O＝C（—$NCORNH_2$，—R，环）

质子化单体可以与小分子单体形成二聚体，也可以与二聚体形成三聚体，在反应初期，基本上是小分子单体间的缩聚，单体转化率很高，但体系中聚合物的相对分子质量较小。

O＝C（—$NCORNH_2$，—R，环）＋ HN—R—C^+—OH（环）$\longrightarrow$ O＝C（—$NCORNHCORN^+H_3$，—R，环）

（铵盐型三聚体）

随着反应的进行，铵盐型三聚体增多，像铵盐型二聚体一样，转移质子形成三聚体和新的质子化小分子单体或质子化二聚体、三聚体等。低聚体之间随着各自集聚浓度的增加，会发生缩聚反应，体系中聚合物的相对分子质量随之逐步增大。

$$O{=}C\begin{cases}N(CORNH)_2H\\ |\\ R\end{cases} + H(HNROC)_2N\begin{cases} |\\ R\end{cases}C^{+}{-}OH \rightarrow O{=}C\begin{cases}N(CORNH)_4CORN^{+}H_3\\ |\\ R\end{cases}$$

（铵盐型低聚体）

③ 氧化还原聚合机理。在氧化还原剂作用下，一些电子共轭单体体系，如苯胺、吡咯等能够发生聚合反应。其中在黏土层间插层聚合的典型单体是苯胺。在弱酸性条件下，苯胺可以形成质子化苯胺阳离子，如同季铵盐阳离子一样，与黏土进行阳离子交换反应，插入黏土层间。

苯胺在化学氧化或电氧化条件下，能在较短的时间内完成聚合反应。氧化条件不同，聚苯胺的结构式不同。处于硅酸盐片层间的苯胺单体的氧化聚合存在着温室效应，当聚合温度控制在 0～5℃时，反应需 18h；室温下需要 11h；45℃时需要 8h。通过光电子能谱跟踪研究苯胺在蒙脱土片层间的引发聚合全过程发现，在阳离子自由基生成、偶合及成盐三个过程中，阳离子自由基的生成是慢过程，是该聚合反应的控制步骤，而阳离子自由基的生成在很大程度上受引发剂向黏土硅酸盐纳米片层的扩散所控制，因此该插层聚合是一种动力学扩散控制过程。

（3）聚合物插层热力学

黏土矿物的聚合物插层改性包括插层和层间膨胀两个关键步骤，以下采用热力学方法讨论几种典型制备方法的热力学驱动力，从而揭示在什么条件下有利于聚合物插层黏土复合材料的制备。

聚合物对有机黏土的插层及层间膨胀过程能否进行，取决于该过程中自由能的变化（ΔG）是否小于零，若$\Delta G<0$，则此过程能自发进行。对于等温过程：

$$\Delta G=\Delta H-T\Delta S \tag{2-30}$$

要使$\Delta G<0$，则需：

$$\Delta H<T\Delta S \tag{2-31}$$

满足式（2-30）的条件有如下两类过程和三种方式：

放热过程：（a）$\Delta H<0$，且$\Delta S>0$；（b）$\Delta H<T\Delta S<0$；

吸热过程：（c）$0<\Delta H<T\Delta S$。

其中焓变ΔH 主要由单体或聚合物分子与有机黏土之间相互作用的强弱程度及单体在层间聚合所产生的焓变决定，而熵变ΔS 和溶剂分子、单体分子以及聚合物分子的约束状态以及单体在层间聚合所产生的熵变有关。只有综合分析聚合物插层过程中的焓变和熵变以及外界条件的影响，才能对某一特定的材料选择适宜的制备方法和实施途径。

以下对聚合物熔融直接插层、溶液直接插层、单体熔融插层聚合及溶液插层聚合这四个典型插层过程逐一进行热力学分析。

① 聚合物熔融直接插层。初始状态是聚合物熔体和有机黏土，终态为聚合物插层黏土复合材料。由于部分高分子链从自由状态的无规线团构象成为受限于层间准二维空间的受限链构象，熵变$\Delta S<0$，链柔顺性越大，ΔS 负值越小。因此，要使此过程自发进行，应按放热过程$\Delta H<T\Delta S<0$ 进行，由此可知聚合物熔融插层是由焓变控制的。高

分子链与有机土之间的相互作用程度是决定插层能否成功的关键，它必须强于两个组分自身的内聚作用，并能补偿插层过程中熵的损失。另外，温度升高不利于插层的进行，所以尽量选择略高于聚合物软化点的温度来进行插层。

② 聚合物溶液直接插层。聚合物溶液直接插层分为溶液分子插层和高分子对插层溶剂分子的置换两个步骤。对于溶剂分子插层过程，部分溶剂分子从自由状态变为层间受约束状态，熵变$\Delta S<0$，因此有机土的溶剂化热$\Delta H<0$是决定溶剂步骤插层的关键，若$\Delta H<T\Delta S<0$成立，则溶剂分子插层可自发进行。在高分子对插层溶剂分子的置换过程中，由于高分子链受限损失的构象熵小于溶剂分子解约束获得的熵，所以熵变$\Delta S>0$，只有满足放热过程$\Delta H<0$或吸热过程$0<\Delta H<T\Delta S$两者条件之一，高分子插层才会自发进行。高分子的溶剂选择应考虑对有机阳离子溶剂化作用适当，太弱不利于溶剂分子插层步骤；温度升高有利于高分子插层而不利于溶剂分子插层，所以最好在溶剂分子插层步骤选择较低温度，而在高分子插层步骤选择较高温度并同时将溶剂蒸发。

③ 单体熔融插层聚合。单体熔融插层聚合分为单体熔融插层和原位聚合两个步骤。对于单体熔融插层步骤的热力学分析与溶剂分子插层的热力学分析一样。而对于单体原位聚合反应，因$\Delta S<0$，所以$\Delta H<0$，并满足$\Delta H<T\Delta S<0$，在等温等压下该聚合反应释放出的自由能以有用功的形式反抗有机土片层间的吸引力而做功，使层间距大幅度增加而形成解离型黏土复合材料。温度升高不利于单体插层和单体聚合反应。

④ 单体溶液插层聚合。单体溶液插层聚合也可以分为溶剂分子和单体插层以及单体溶液原位聚合反应两个步骤。第一步在②中已进行了分析，溶剂的作用就是对层间有机阳离子和单体两者之间的溶剂化作用，是单体插入层间，所以溶剂化的选择至关重要，它要求自身能插层且与单体的溶剂化作用要大于与有机阳离子的溶剂化作用，还应是聚合反应生成的高分子的溶剂。第二步单体溶液原位聚合反应的热力学分析与上述③单体原位聚合的分析相似，只是溶剂的存在使聚合反应放出的热量需要散失，而起不到促进层间膨胀的作用，所以一般难以得到解离型聚合物纳米黏土复合材料。

3. 无机物插层

黏土矿物膨润土的无机物插层，又称柱撑，是指用无机阳离子柱撑剂或交联剂插入蒙脱石层间，制备呈“柱状”撑大蒙脱石晶层间距的复合材料的方法。无机物插层/柱撑后的膨润土复合材料具有大孔径、大比表面积、微孔比例高、表面酸性强、耐热性好等特点，是一种新型的类沸石层柱状催化剂[23]。

(1) 插层原理

蒙脱石的插层柱撑利用了蒙脱石在极性分子作用下层间距所具有的可膨胀性及层间阳离子的可交换性，将大的无机阳离子柱撑剂或交联剂引入其层间，像柱子一样撑开黏土的层结构，并牢固地连在一起，使膨润土层间域环境改变为呈“柱”状支撑的新型层状铝硅酸盐矿物，形成各种具有一定特殊性能（如选择吸附和催化）的柱撑膨润土复合材料[24]。其过程如图 2-17 所示。

一般未处理过的蒙脱石层间水化离子主要是Na^{+}、K^{+}、Ca^{2+}、Mg^{2+}等，由于层间的作用力为较弱的范德华力、静电力和氢键等，水化离子较易被其他更大的无机复杂水化离子所交换，从而制得各种类型的柱撑型蒙脱石。离子交换是在溶液中进行的，含多核离子的溶液称为柱撑溶液，与蒙脱石发生离子交换后，层间插入的多核离子在加热到400℃以上，开始脱水和脱羟基，最终转化为稳定的氧化物柱，稳定地固定在蒙脱石层间，将蒙脱石层永久地撑开，形成稳定的二维微孔体系。

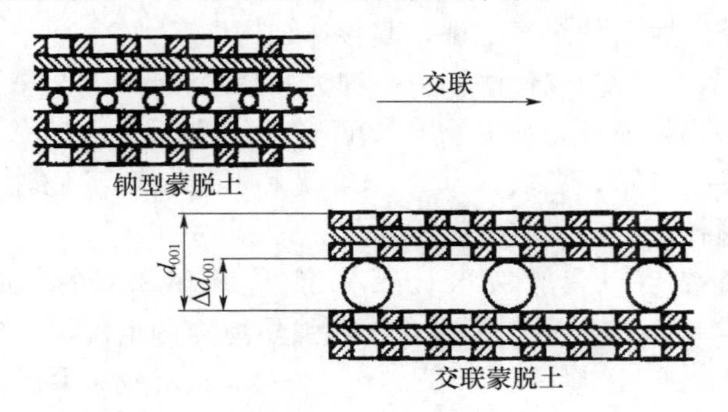

图 2-17　蒙脱石柱撑过程示意图

作为新型的耐高温催化剂载体——柱撑蒙脱石必须在一定温度下保持足够的强度，即高温下，“柱子”不“塌陷”，也就是热稳定性好。柱撑蒙脱石经焙烧后，水化的柱撑体逐渐失去所携带的水分子，形成更稳定的氧化物型大阳离子团，固定于蒙脱石的层间域，并形成永久性的空洞或通道。

（2）插层方法

将蒙脱石矿物用沉降法提纯，并充分钠化改型；取小于 2μm 粒级的提纯后的蒙脱石黏土，配制成较稀的悬浮液，使蒙脱石在水中充分分散，层间水化膨胀；然后在不断搅拌的条件下将聚合羟基阳离子柱撑剂加入蒙脱石悬浮液中进行插层反应，反应完毕后，洗涤、过滤、干燥，最后在一定温度下煅烧制得。其主要制备步骤是：①将膨润土高度分散于水中并使其膨胀；②用水化无机聚合物或者低聚金属离子混合物交换蒙脱土的层间阳离子，进入其层间域（柱撑反应）；③将（柱撑反应）产物过滤、洗涤、干燥和煅烧，使层间多核金属离子与硅四面体片形成共价键，转变为固/稳定的氧化物柱，将蒙脱石的晶层永久撑开。步骤②也可采用不同的方法处理后再进行离子交换反应，然后继续步骤③。

制备无机柱撑膨润土采用的无机阳离子插层剂，一般是聚合羟基多核阳离子，它包括 Al、Zr、Ti、Cr、Fe、Si、Ni、Cu、V、Co、Ce、Ca、Ru、Ta、La 的各种离子，或者是把其中的几种离子复合等[25]。目前研究最多的是具有较大体积和较高电荷的 Al 离子和 Zr 离子，其聚合羟基阳离子分别为 $[Al_{13}O_4(OH)_{24}(H_2O)_{12}]^{7+}$（$Al_{13}$Keggin 离子）和 $[Zr_4(OH)_{14}(H_2O)_{10}]^{2+}$。

① Al-柱化剂。Al-柱化剂的制备方法主要有铝盐水解、电解 $AlCl_3$ 溶液、盐酸溶解金属铝等。

决定柱化液中铝离子种类及组成的关键因素是温度、Al^{3+} 浓度、OH/Al、pH 值和老化时间。老化时间过短，溶液中柱化剂的聚合尚未完全；过长会引起聚合离子的解聚。溶液的 pH 值过低不利于金属水解，难以形成大结构聚阳离子；过高则易于引起金属离子的絮凝，产生沉淀。研究表明，$AlCl_3$溶液在$OH^-/Al^{3+}=2.4$时，水解生成的Keggin离子最多，且最稳定。

② 多核金属阳离子柱化剂。多核金属阳离子是比较理想的柱化剂，这种柱化剂是多个金属阳离子携带多个阴离子基团所形成的笼状复合型离子。特别是稀有金属离子的引入，可以提高柱撑蒙脱石的热稳定性，改善孔结构。

制备方法有两种：一种为取代法；另一种为共聚法。

取代法是先制备出羟基铝溶液，其中OH^-/Al^{3+}为2.0～2.5，再将一定浓度、一定pH值的其他金属盐（如$NiCl_2$、$LaCl_3$、$CeCl_3$和$FeCl_3$等）溶液按一定比例加入羟基铝柱撑液，在强力搅拌下反应一定时间，老化。

共聚法是将一定浓度（一般为0.1mol/L或0.2mol/L）的$AlCl_3$溶液和$FeCl_3$或$NiCl_2$、$LaCl_3$、$CeCl_3$溶液按一定比例混合，在强烈搅拌的情况下，缓慢滴加NaOH溶液，使OH/（Al+La或Ni或Ce或Fe）为1.8～2.0，反应结束后再老化一定时间。

自1997年Brindly和Sempels用羟基铝作柱化剂成功研制出柱撑蒙脱石（Al-PILC）以来，多核金属阳离子已成为最主要的柱化剂，先后研制出Zr-PILC（以羟基锆作柱作剂），羟基铬、羟基钛、羟基Al-Cr、羟基Al-Zr、羟基Al-M（M为过渡金属阳离子）、羟基Al-Ga、羟基Nb-Ta等做柱化剂的柱撑黏土复合材料。

第3章　表面改性工艺

3.1　表面改性工艺的分类

表面改性工艺根据改性介质环境可以分为干法表面改性工艺和湿法表面改性工艺两种；根据改性方法的组合可以分为单一表面改性工艺和复合表面改性工艺。

3.1.1　干法表面改性工艺

干法表面改性工艺是指粉体在干态下或干燥后在表面改性设备中进行分散，同时加入配制好的表面改性剂，在一定温度下进行表面改性或复合的工艺。无机粉体的表面有机改性（特别是高聚物或树脂涂敷改性）、机械力化学改性和机械复合改性等方法常常采用这种表面改性工艺。

根据生产方式，干法表面改性工艺可以分为间歇式和连续式两种。

间歇式表面改性工艺是将计量好的无机粉体和配制好的表面改性剂同时加入表面改性设备，在一定温度下进行一定时间的表面改性处理，然后卸出处理好的物料，再加料进行下一批粉体的表面改性。由于粉体物料是批次进行表面改性的，因此，间歇式表面改性工艺的特点是可以在较大范围内灵活地调节表面改性时间。但是由于粉体的表面改性是极少量表面改性剂在大批量粉体表面的吸附和反应过程，为了使表面改性剂较均匀地在粉体物料表面进行包覆，除了改性时间较长以外，常常还要对表面改性剂进行稀释。这种工艺劳动强度较大，生产效率较低，粉尘污染及物料损失较大、生产能力小，难以大规模工业化生产，而且产品质量稳定性差。本法一般适用于小规模工业化生产和实验室进行表面改性剂配方试验研究。

连续式表面改性工艺是指连续加料和连续添加表面改性剂的工艺。在连续式粉体表面改性工艺中，除了改性主机设备外，还有连续给料装置、改性剂预热、计量给药（添加表面改性剂）、集料和收尘装置。连续式表面改性工艺的特点是：表面改性剂可以不稀释，粉体与表面改性剂的分散性较好，粉体表面可以在较短时间内均匀包覆表面改性剂；可以连续给料和添加表面改性剂，劳动强度小，生产效率高；密闭负压运行和设置收尘装置，粉尘污染小；改性不用有机溶剂稀释，不仅生产成本较低，而且安全生产性好，适用于大规模工业化生产。在有机表面改性中，干法表面改性工艺常常设置于粉体干法制备（如超细粉碎）工艺之后，大批量连续生产各种表面有机改性粉体，特别是用于塑料、橡胶、胶黏剂等高聚物基复合材料以及油漆、涂料的无机活性填料和颜料。

干法表面改性工艺适用于各种有机表面改性剂，特别是非水溶性的各种表面改性剂。在干法改性工艺中，主要控制参数是改性温度、粉体与表面改性剂的作用或停留时间。干法表面改性工艺中表面改性剂的分散和表面包覆的均匀性在很大程度上取决于表面改性设备。

3.1.2 湿法表面改性工艺

湿法表面改性工艺是在一定固液比或固含量的浆料中添加配制好的表面改性剂及助剂，在搅拌分散和一定温度条件下对粉体进行表面改性的工艺。无机表面改性方法中的液相化学法，包括化学沉淀、溶胶-凝胶、溶胶、醇盐水解、非均匀形核以及浸渍与异相凝结，特别是广泛应用的沉淀法和浸渍法一般均采用湿法表面改性工艺。表面有机改性和机械力化学改性及无机粉体机械力复合改性在某些情况下也采用湿法工艺。例如，超细轻质碳酸钙和纳米碳酸钙，因为前段粉体制备为湿法碳化，为了避免在干燥后形成硬团聚体，常采用湿法有机改性工艺改性后再进行干燥。

湿法表面沉淀包覆改性工艺、湿法表面有机改性工艺和湿法机械力化学改性工艺是三种不同性质的湿法表面改性工艺。其主要特点和区别列于表 3-1。

表 3-1 湿法表面改性工艺的分类和特点

分类	特点	
	表面改性剂	主要工艺流程
湿法表面沉淀包覆改性	各种无机表面改性剂	改性剂水解→沉淀反应→过滤→干燥→焙烧
湿法表面有机改性	各种水溶性或乳化、铵化有机表面改性剂	改性→过滤→干燥
湿法机械力化学改性	有机或无机表面改性剂	高强或超细研磨→过滤→干燥

湿法有机表面改性与相应的干法工艺相比具有表面改性剂分散好、表面包覆均匀等特点，但需要后续脱水（过滤和干燥）作业，适用于各种可水溶或水解或乳化、铵化的有机表面改性剂以及前段为湿法制粉工艺而后段又需要干燥的场合，如轻质碳酸钙和纳米碳酸钙的表面改性一般采用湿法化学包覆工艺，这是因为碳化反应后的碳酸钙浆料即使不进行湿法表面改性处理也要进行过滤和干燥，在过滤和干燥之前进行表面改性，还可防止物料干燥中形成硬团聚，改善其分散性。对于前段为湿法超细粉碎而后需要进行表面改性的情况，如果所选用的表面改性剂可水溶或水解，则可以在超细粉碎工艺后、干燥前设置湿法表面改性工艺。

在湿法有机表面改性工艺中，主要控制参数是浆料浓度或液固比、改性温度、改性时间、改性后浆料干燥温度和干燥时间等。由于有机表面改性剂的分解温度一般较低，过高的干燥温度和过长的干燥时间将导致表面改性剂的破坏或失效，因此，要根据表面改性剂的物理化学特性，严格控制干燥工艺参数，特别是干燥温度和停留时间。

湿法表面无机沉淀包覆或包膜改性的工艺参数较多，除了浆料浓度、反应温度、反应时间、陈化时间、干燥温度和干燥时间等因素之外，还有浆液的 pH 值、晶型转化剂、表面改性剂（金属盐）的水解条件以及焙烧（晶化）温度、时间和气氛等。

3.1.3 复合表面改性工艺

1. 机械力化学与有机表面改性复合工艺

机械力化学与有机表面改性复合工艺是一种在机械粉磨或超细粉碎过程中添加表面

改性剂，在粉体颗粒粒度减小的同时进行表面改性的工艺。这种复合改性工艺可以干法进行，即在干式粉磨或超细粉碎过程中实施，也可以湿法进行，即在湿式研磨或超细研磨过程中实施。

这种复合表面改性工艺的特点是可以简化工艺，某些表面改性剂具有一定的助磨作用，可在一定程度上提高粉碎效率[26]。不足之处是温度不好控制，难以满足表面有机改性的工艺技术要求，另外，由于粉碎过程中粉体表面改性或包覆好的颗粒不断被粉碎，产生新的表面，颗粒包覆难以均匀，要设计好表面改性剂的添加方式才能确保均匀包覆和较高的包覆率；此外，如果粉碎设备的散热不好，粉磨过程中局部的过高温升可能在一定程度上使表面改性剂分解或分子结构被破坏。

2. 干燥与表面有机改性复合工艺

干燥与表面有机改性复合工艺是一种在湿粉体干燥过程中添加有机表面改性剂，在湿粉体脱水的同时进行表面有机改性的工艺。

这种复合表面改性工艺的特点也是可以简化工艺，但干燥温度一般在200℃以上，干燥过程中加入的低沸点表面改性剂可能还来不及与粉体表面作用就随水分子一起蒸发，在水分蒸发后出料前添加表面改性剂可以避免表面改性剂的蒸发，但停留时间太短难以确保均匀牢固的表面包覆。湿法表面有机改性工艺虽然也要经过干燥，但是干燥之前表面改性剂已吸附于颗粒表面，排挤了颗粒表面的水化膜，因此在干燥时，首先蒸发掉的是颗粒外围的水分。这是与干燥过程中添加表面改性剂进行表面有机改性的区别之处。

3. 表面无机包覆改性与有机改性复合工艺

表面无机包覆改性与表面有机改性复合工艺，如化学沉淀包覆改性与表面有机改性复合工艺，是在无机包覆改性之后再进行表面有机改性处理，目的是得到能满足某些特殊用途要求的复合型功能粉体材料。例如，微细二氧化硅先在溶液中沉淀包覆 Al_2O_3 膜，然后用有机改性剂进行表面改性，便得到一种表面有机改性的复合无机粉体材料[27]。钛白粉在用化学沉淀法包覆 SiO_2、Al_2O_3 二元薄膜的基础上，再用钛酸酯偶联剂、硅烷偶联剂及三乙醇胺、季戊四醇等对其进行表面有机包覆改性，不仅提高了 TiO_2 的耐候性，而且还提高了其在涂料基料或体系中的润湿性、分散性以及涂料的遮盖力[28]。

3.2 影响粉体表面改性效果的主要因素

3.2.1 有机表面改性

影响无机粉体物料表面有机改性效果的主要因素包括粉体的表面性质、表面改性剂的配方、表面改性工艺条件三个方面。现分述如下：

1. 粉体的表面性质

粉体的比表面积、粒度大小和粒度分布、比表面能、表面官能团、表面酸碱性、表面电性、润湿性、溶解或水解特性、水分含量、团聚性等均对有机表面改性效果有影响，是选择表面改性剂配方、工艺方法和设备的重要考虑因素。

在忽略粉体孔隙率的情况下，粉体的比表面积与其粒度大小呈反比关系。也即，粒度越细，粉体的比表面积越大。在要求一定单分子层包覆率和使用同一种表面改性剂的情况下，粉体的粒度越细，比表面积越大，表面改性剂的用量也越大。

比表面能大的粉体物料，一般倾向于团聚。这种团聚体如果不能在表面改性过程中解聚，就会影响表面改性的效果及改性产品的应用性能。因此，团聚倾向很强的粉体最好在与表面改性剂作用前进行解团聚。

粉体的表面物理化学性质，如表面电性、润湿性、官能团或基团、溶解或水解特性等直接影响其与表面改性剂的作用，从而影响其表面改性的效果。因此，粉体表面物理化学性质也是选择表面改性剂和表面改性方法和工艺条件的重要考虑因素之一。

粉体表面官能团的类型影响有机表面改性剂与其表面的作用或作用的强弱，能与有机改性剂分子中极性基团产生化学键合或化学吸附的无机粉体，表面改性剂在其颗粒表面的包覆较牢固；仅靠物理吸附与无机颗粒表面作用的表面改性剂的表面作用力较弱，在颗粒表面包覆不牢固，在一定条件下（如强力剪切、搅拌、洗涤）可能脱附。所以，选择表面改性剂时要考虑无机颗粒表面官能团的性质。例如，对含硅酸较多的石英粉、黏土、硅灰石、云母、水铝石等酸性或中性硅酸盐矿物粉体，选用硅烷偶联剂效果较好，对碳酸钙等碱性矿物粉体，用硅烷偶联剂效果欠佳。这是因为硅烷偶联剂分子与硅酸盐矿物粉体表面官能团的作用较强，而与碳酸钙表面官能团的作用较弱。颗粒表面的酸碱性也对颗粒表面与表面改性剂分子的作用有影响。用表面活性剂对无机粉体进行表面改性时，粉体颗粒表面与各种有机官能团作用的强弱顺序大致是：当表面呈酸性时（如 SiO_2），胺>羧酸>醇>苯酚；当表面呈中性时（如 Al_2O_3、Fe_2O_3 等），羧酸>胺>苯酚>醇；当表面呈碱性时（如 MgO、CaO 等），羧酸>苯酚>胺>醇。

无机颗粒表面的含水量也对粉体与某些表面改性剂的作用产生影响，例如单烷氧基型钛酸酯的耐水性较差，不适合于含湿量（吸附水）较高的无机粉体；而单烷氧基焦磷酸酯型和螯合型钛酸酯偶联剂则能用于含湿量或吸附水较高的无机粉体，如陶土、滑石粉等的表面改性。

2. 表面改性剂的配方

粉体的表面有机改性在很大程度上是通过表面改性剂在粉体颗粒表面的作用来实现的，因此，表面改性剂的配方（品种、用量和用法）是表面改性技术的核心，对粉体表面的改性效果和改性产品的应用性能有重要影响。

（1）表面改性剂的品种

表面改性剂的品种是实现粉体表面改性预期目的的关键，具有很强的针对性。从有机表面改性剂与无机粉体表面作用的角度来考虑，应尽可能选择能与粉体颗粒表面发生化学吸附的表面改性剂，这是因为物理吸附在其后应用过程中的强烈搅拌或挤压作用下容易脱附。但是，在实际选用时还必须考虑产品用途或基料种类、产品质量标准或要求、改性工艺条件以及成本、环保等。

产品的用途或应用体系、基料种类是选择表面改性剂品种最重要的考虑因素。不同的应用领域或体系对粉体的性能或技术要求不同，如表面润湿性、分散性、pH 值、电性、耐候性、光泽、抗菌性等，这就是要根据用途来选择表面改性剂品种的原因之一。例如，用于各种塑料、橡胶、胶黏剂、油性涂料的无机粉体（填料或颜料）要求与有机高聚物基料有良好的亲和性或相容性，需要选择能使无机粉体表面亲有机的表面改性剂；在选择用于电缆绝缘材料填料的煅烧高岭土改性剂时，还要考虑表面改性剂对介电性能及体积电阻率的影响；对于无机阻燃填料（氢氧化镁和氢氧化铝）既要考虑与有机树脂的相容性，还要考虑阻燃性和填充材料的力学性能（与树脂有较强的作用）；对于陶瓷坯料中使用的无机颜料不仅要求其在干态下有良好的分散性，而且要求其与无机坯料的亲和性要好，能够在坯料中均匀分散；对于水性漆或涂料中使用的无机粉体（填料或颜料）的表面改性剂则要求改性后粉体在水相中的分散性、沉降稳定性好。此外，选择表面改性剂品种时还要考虑应用时的工艺条件，如温度、压力以及环境因素。所有的有机表面改性剂都会在一定的温度下分解，如硅烷偶联剂的沸点依品种不同介于 150～310℃之间。因此，所选择的表面改性剂的分解温度或沸点最好高于应用时的加工温度。

改性工艺也是选择表面改性剂品种的重要考虑因素之一。目前的表面改性工艺主要有干法和湿法两种。对于干法工艺不必考虑其水溶性的问题，但对于湿法工艺要考虑表面改性剂的水溶性，因为只有能溶于水才能在水溶液中与粉体颗粒充分地接触和作用。例如碳酸钙粉体干法表面改性时可以用硬脂酸（直接添加或用有机溶剂溶解后添加均可），但在湿法表面改性时，如直接添加硬脂酸，不仅难以达到预期的表面改性效果（主要是物理吸附），而且利用率低，过滤后表面改性剂流失严重，滤液中有机物排放超标。其他类型的有机表面改性剂也有类似的情况。因此，对于不能直接水溶而又必须在水溶液中使用的有机表面改性剂，必须预先将其皂化、铵化或乳化，使其能在水溶液中溶解和分散。

最后，选择表面改性剂还要考虑价格和环境因素，在满足应用性能要求或应用性能优化的前提下，尽量选用价格较低的表面改性剂，以降低表面改性的成本。同时要注意选择不对环境造成污染的表面改性剂。

（2）表面改性剂用量

理论上在颗粒表面达到单分子层包覆所需的表面改性剂用量为最佳用量，该用量与粉体原料的比表面积和表面改性剂分子的截面面积有关，但这一用量不一定是 100％覆盖时的表面改性剂用量，实际最佳用量要通过改性剂用量试验和改性后粉体的应用性能试验来确定。这是因为表面改性剂的用量不仅与表面改性时表面改性剂的分散和包覆的均匀性有关，还与应用体系对粉体原料的表面性质和技术指标的具体要求有关。

对于湿法改性，表面改性剂在粉体表面的实际包覆量不一定等于表面改性剂的用量，因为总是有一部分表面改性剂未能与粉体作用，在过滤脱水环节流失了。因此，实际用量要大于达到单分子层吸附所需的用量。

表面改性剂的用量与包覆率存在一定的对应关系，一般来说，在开始时，随着用量的增加，粉体表面包覆率提高较快，但随后增势趋缓，至一定用量后，表面包覆率不再增加。因此，用量过多是不必要的，从经济角度来说用量过多既无必要，又增加了生产成本。

（3）表面改性剂的使用方法

表面改性剂的使用方法是表面改性剂配方的重要组成部分之一，对粉体的表面改性效果有重要影响，正确的使用方法可以提高表面改性剂的分散程度和与粉体的作用效果；反之，使用方法不当就可能达不到预期的改性目的。

表面改性剂的用法包括配制、分散和添加方法以及使用两种以上表面改性剂时加药顺序。

表面改性剂的配制方法要依表面改性剂的品种、改性工艺和改性设备而定。

不同的表面改性剂需要不同的配制方法，例如，对于硅烷偶联剂，与粉体表面起键合作用的是硅醇，因此，要达到好的改性效果（化学吸附），最好在添加前进行水解。对于使用前需要稀释和溶解的其他有机表面改性剂，如钛酸酯、铝酸酯、硬脂酸等要采用相应的有机溶剂。对于在湿法改性工艺中使用的硬脂酸、钛酸酯、铝酸酯等不能直接溶于水的有机表面改性剂，要预先将其皂化、铵化或乳化，使其能溶于水。

添加表面改性剂的最好方法是使表面改性剂与粉体均匀和充分的接触，以达到表面改性剂的高度分散和表面改性剂在颗粒表面的均匀包覆。因此，最好采用与粉体给料速度联动的连续喷雾或滴加方式，当然只有采用连续式的粉体表面改性机才能方便做到连续添加有机表面改性剂。

由于用户对改性粉体应用性能要求的多样性，单一的表面改性剂往往难以一一满足，因此需要使用两种或两种以上表面改性剂。例如，氨基硅烷改性氢氧化镁阻燃填料可以显著提升其填充电缆绝缘料的拉伸强度和阻燃性能，但导致填充材料断裂伸长率下降；硬脂酸改性氢氧化镁阻燃填料难以提高填充材料的拉伸强度和阻燃性能，但可以显著提高其断裂伸长率。因此，配合使用氨基硅烷和硬脂酸两种表面剂改性后的氢氧化镁填料既可以达到填充电缆绝缘料的阻燃性能、拉伸强度指标要求，也能满足断裂伸长率指标的要求。但是，在选用两种以上的表面改性剂对粉体进行处理时，加药顺序对最终表面改性效果有一定影响。在确定表面改性剂的添加顺序时，首先要分析两种表面改性剂各自所起的作用和与粉体表面的作用方式（是物理吸附为主还是化学吸附为主）。一般来说，先加起主要作用或以化学吸附为主的表面改性剂，后加起次要作用或以物理吸附为主的表面改性剂，如果两种表面改性剂的作用相同或相近，也可以同时添加。使用两种或两种以上表面改性剂时，最好不要将几种改性剂混合后添加，除非确定几种改性剂混合后不会发生结构改变和化学变化。

3. 表面改性工艺

表面改性剂配方确定以后，表面改性工艺和工艺条件就是决定表面有机包覆改性效果重要的影响因素。改性工艺要满足表面改性剂的应用要求或应用条件，对表面改性剂的分散性好，能够实现表面改性剂在粉体表面均匀且牢固的包覆；同时要求工艺参数可控性好、产品质量稳定，而且能耗低、污染小。因此，选择表面改性工艺和工艺条件时至少要考虑以下因素：

（1）表面改性剂的特性，如水溶性、水解性、沸点或分解温度等。

（2）前段粉碎或粉体制备作业是湿法还是干法，如果是湿法作业可考虑采用湿法改性工艺。

(3) 表面改性温度和改性（粉体在改性机内的停留）时间等。

为了达到良好的表面有机改性效果，一定的表面改性温度和时间是必需的。选择改性温度应首先考虑表面改性剂对温度的敏感性，以防止表面改性剂因温度过高而分解、挥发。但温度过低，改性剂与粉体颗粒作用时间较长，效率较低。对于通过溶剂溶解的表面改性剂来说，温度过低，溶剂挥发不完全，将影响表面改性的效果。改性时间对粉体表面改性效果的影响对不同的改性工艺是不同的。从有机表面改性剂分子与无机粉体表面活性基团的吸附或化学反应角度来讲，在合适的温度下一般需要的时间是很短的。但是对于间歇式表面改性工艺，时间太短，只有部分颗粒表面吸附了表面改性剂（可能是多层吸附），另有部分或大部分颗粒没有机会与表面改性剂作用，也即改性剂与粉体的作用不够均匀，因此需要一定或较长的时间使大多数颗粒覆盖上表面改性剂；间歇式干法表面改性，如用高速加热混合机进行干法表面改性时，一般随着时间的延长，粉体表面包覆率增加，到一定时间达到最大值，此后，继续延长反应时间，包覆率不再增加；因此，间歇式表面改性工艺所述的改性时间实质上是使无机粉体均匀作用或包覆有机表面改性剂所需的时间。对于连续式表面改性工艺设备，因表面改性剂是按粉体质量的一定配比、与粉体同步连续分散加入，容易实现有机表面改性剂与粉体的均匀作用，因此，与间歇式工艺相比，改性时间可以显著缩短，这已为生产实践所证明。

4. 表面改性设备

在表面改性剂配方和表面改性工艺确定的情况下，表面改性设备就成为影响粉体表面有机包覆改性的关键因素。

表面改性设备性能的优劣，不在于其转速的高低或结构复杂与否，关键在于对粉体及表面改性剂的分散性、使粉体与表面改性剂的接触或作用机会的均等性、改性温度和停留时间的可调性、单位产品能耗和磨耗、运行的稳定性以及环保性能等基本特性。

高性能的表面改性机应能够使粉体及表面改性剂的分散性好、粉体与表面改性剂的接触或作用机会均等，以达到均匀的单分子层吸附、减少改性剂用量；同时，能方便调节改性温度和改性时间，以达到牢固包覆和使溶剂或稀释剂完全蒸发（如果使用了溶剂或稀释剂）；此外，单位产品能耗和磨耗应较低，环保性能好（无粉尘外溢或极少外溢，噪声较低），设备操作简便，可控性好，运行平稳。

5. 有机高聚物的物理涂敷改性

影响粉体表面有机高聚物物理涂敷效果的主要因素有颗粒的形状、比表面积、孔隙率、涂敷剂的种类及用量、涂敷工艺等。

W. J. Iley 研究了用有机高聚物涂敷无机颗粒时颗粒粒度和孔隙率对表面涂敷效果的影响。试验是在 Wurster 流态化床中进行的，流化室的直径为 200mm，在 Wurster 流态化床的底部安装有两相喷嘴以使高聚物溶液雾化后涂敷于颗粒表面。结果表明，颗粒越细（比表面积越大）的粉体表面涂敷的高聚物量越多，涂层越薄（表 3-2）；另外，带孔隙的颗粒由于毛细管的吸力作用，涂敷材料（即高聚物）进入孔隙，表面涂敷效果较差，无孔隙的高密度球形颗粒的涂敷效果最好[27]。

表 3-2　不同粒径颗粒的涂敷厚度和涂敷率

粒度分布（μm）	平均粒径（μm）	涂敷率（%）	估计的涂层厚度（μm）
180～250	215	47.8	43.4
250～355	320	42	53.8
355～500	490	31.4	57.1
500～710	605	24.3	62.5

对于球形颗粒，涂层的厚度 t 与涂敷层的质量分数 x、颗粒（内核）的直径 r_1、颗粒密度 ρ_1、涂敷层的密度 ρ_2 以及颗粒（内核）的质量分数（$1-x$）有关，其关系式为：

$$t=\left[\frac{xr_1^3\rho_1}{(1-x)\ \rho_2}+r_1^3\right]^{\frac{1}{3}}-r_1 \tag{3-1}$$

图 3-1 所示为用式（3-1）计算的颗粒（内核）及涂敷层（高聚物）的密度分别为 $1500kg/m^3$ 和 $1000kg/m^3$ 时，不同粒径颗粒的涂层厚度与涂敷层质量之间的关系。

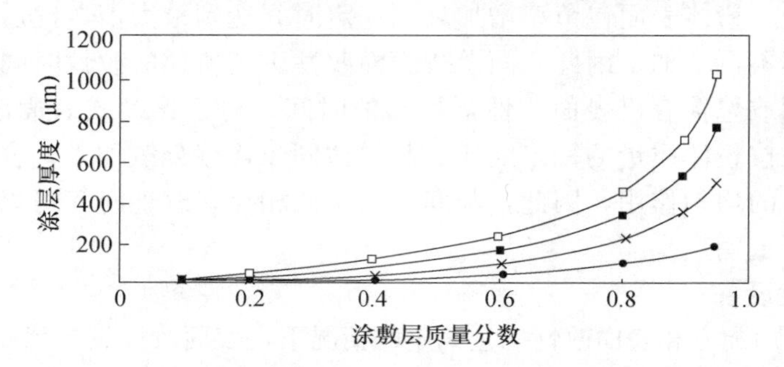

图 3-1　涂敷层质量分数对不同直径颗粒涂层厚度的影响

●—250 μm；×—500 μm；■—750 μm；□—1000 μm

对于非球形颗粒可用式（3-2）估算涂覆层厚度 t。

$$t=\frac{xr_3\rho_1}{3\ (1-x)\ \rho_2} \tag{3-2}$$

式中，r_3——颗粒（内核）的当量球体直径。

上述模型只适用于没有孔隙的颗粒，对于有孔隙的颗粒，还要考虑孔隙率的影响。

3.2.2　无机表面改性

无机表面改性的目的是赋予粉体材料新的功能或制备复合功能矿物材料，如钛白粉表面包覆氧化硅和氧化铝膜、珠光云母和着色云母、纳米 TiO_2/硅藻土复合光催化材料等。以化学沉淀包覆改性为例，影响表面包覆改性效果的主要因素除了原料特性外，主要是化学沉淀反应条件、表面无机包覆粉体的洗涤和脱水以及晶化（煅烧或焙烧）工艺条件。其中沉淀包覆工艺条件，如浆料浓度、浆液的 pH 值、反应温度、反应时间、陈化时间以及晶化工艺条件，如焙/煅烧温度、煅烧时间和气氛等是关键影响因素。下面以氧化钛包覆白云母制备云母钛/珠光云母为例进行论述。

1. 云母粉的质量

云母粉（基材）的质量是影响云母钛质量的关键因素之一。用作云母钛珠光粉的云母基材一般选用透明度高、杂质少、片状解理性好的天然白云母或人工合成白云母。白云母为层状硅酸盐矿物，沿完全的（001）解理剥分性（或剥片性）极强，理论上可剥分成厚度为10Å的薄片，故其径厚比很大，这是保证良好珠光效应及包覆质量的关键之一。为了保证包覆用白云母粉的质量，一般采用湿磨工艺。这是因为白云母粉碎或剥片过程在水介质中进行可保证云母碎片粒度均匀、形态规则（片状）、无污染、无划痕及大的径厚比。

（1）白云母的粒度。不同粒径范围的产品，具有不同的珠光效果（表3-3）。粒子粗，闪光效应好；相反，粒子细（<15 μm），外观柔和。一般云母片粒度为5～20 μm时光泽好，10～15 μm时透明感增加。当前国际市场上出售的产品，其粒度一般为5～15 μm、5～30 μm、10～40 μm及10～60 μm四个粒级。

（2）白云母片的径厚比。白云母片的径厚比越大越好。径厚比一般应大于70。

表3-3　云母颜料的粒径和珠光效果

粒径范围（μm）	加入体系后的外观
<15	平光珠光，遮盖力高
5～25	柔和珠光，遮盖力高
10～40	珍珠光，遮盖力中
30～100	微闪珍珠光，遮盖力低
20～200	闪光珠光，遮盖力低

（3）比表面积。云母的比表面积与其粒度大小和粒度分布、径厚比、表面缺陷以及边缘结构等有关。一般而言，粒度越细，比表面积越大。比表面积直接影响沉淀包覆改性时钛盐的用量。比表面积不同，得到适宜二氧化钛包覆层厚度和良好珠光效果所需的钛盐的用量不同。研究表明，比表面积越大（粒径越小），对于同一色相的云母钛，达到相同包覆率时，所需要的二氧化钛用量越大，需要更多的钛盐发生水解才能满足[29]。因此，钛盐的用量随着比表面积的增大而增加。

（4）白云母粉的纯度。要制得高质量的云母钛珠光颜料，首先要求经湿磨（粉碎）加工前的云母应新鲜、无蚀变、无杂质、包裹体少、纯度越高越好，云母片平直、无挠曲、表面光滑、无污染、无裂痕等。

完全满足上述要求的白云母是比较少的，即使有，经过研磨（粉碎）加工后难免会有不同程度的污染和划痕等，因此，为了提高云母的质量，在用钛盐进行包覆改性前，有时需对云母粉进行预处理。预处理有两种方法：一是将云母粉进行氧化、低温焙烧处理；另一种是对云母粉进行酸洗涤处理。目的在于清除云母表面的杂质和粉碎过程中对云母表面的污染，恢复云母表面的光泽。在工业上一般只采用酸进行处理，这是因为酸处理方法工艺简单，成本较低。此外，还可减少水解前调整pH值时的酸用量。

2. 钛盐用量

钛盐用量直接影响水合二氧化钛的沉淀包覆量。对于一定的云母粉原料，在相同条件下，制取同一色泽的云母钛珠光颜料，钛盐用量取决于云母的比表面积。云母的比表面积越大，制取相同颜色的珠光颜料所需钛盐的量就越多。对于相同比表面积的云母，制取不同色相的珠光云母钛颜料，所需钛盐的用量就更不相同，一般随着钛盐用量的依次增大，云母钛由银白色珠光，到金黄、红、紫、蓝、绿，即由浅入深地变化[30]。这是因为随着钛盐用量的增加，云母片上的包膜厚度增加（表 3-4）。但是这种变化还与钛盐的水解有关。在相同的钛盐用量下，水解越完全，云母表面包覆的水合二氧化钛的量就越多，表面的包覆率就越高；反之，表面的包覆率就越低。这是因为钛盐只有水解后才能在云母片上发生沉淀包覆。在生产中，钛盐的用量要严格控制，用量太少，色泽亮度不好，用量过大则造成色泽不正。这主要是因为用量过大，大量的水合二氧化钛游离于云母钛颜料中，由于云母钛的表面吸附了水合二氧化钛，它与游离的水合二氧化钛具有一致的物理、化学性质。这些游离的水合二氧化钛粒子经焙烧后，可能对云母钛颜料进行遮盖，使其不能呈现出云母钛的色泽，而二氧化钛粒子较高的散射力掩盖了云母的反射作用，影响其光泽。

表 3-4　二氧化钛包覆层的厚度及包覆率与颜色的关系

颜色		光学厚度（nm）	几何厚度（nm）	TiO_2包覆率（%）
反射色	折射色			
银色	—	140	60	26
金黄	紫色	210	90	40
红色	绿色	265	115	45
紫色	黄色	295	128	48
蓝色	橙色	330	143	51
绿色	红色	395	170	55

注：（1）光学厚度＝折光率×几何厚度；（2）干涉色主要取决于光学厚度不同粒径的云母在相同厚度时具有不同的包覆率，本表云母粒径为 10～60 μm。

3. 水解条件

钛盐水解温度、时间、pH 值、反应体系的浓度、添加剂等都影响钛盐水解的速度、程度和水解产物/水合二氧化钛的质量、粒度大小以及在云母表面沉淀包覆的均匀程度，从而影响焙烧后云母钛的性能，如光泽、色相、密度、遮盖力等。

（1）温度

工业钛盐，如硫酸氧钛水溶液中，钛盐的存在形式是硫酸氧钛的亚稳定态，不存在钛离子。硫酸氧钛的亚稳定态是指在温度和酸度发生变化时，硫酸氧钛发生水解的倾向。硫酸氧钛的水解，就是硫酸氧钛在一定条件下生成水合二氧化钛和硫酸的过程。用加热水解法制备银白色云母钛珠光颜料的试验表明，随着反应温度的升高，表面的二氧化钛包覆率呈增大趋势。对于硫酸氧钛，当反应温度为 90℃时，二氧化钛的包覆率最高。对于四氯化钛，较适宜的温度为 70～80℃（表 3-5）。说明无论是用硫酸氧钛还是四氯化钛，温度升高有利于提高云母表面二氧化钛的包覆率。但是，过高的水解温度因水解速度过快可能导致水合二氧化钛粒子粒度较粗且不均匀，而粗粒水合二氧化钛吸附于云母表面，可能引起焙烧后表面粗糙，反光性变差，光泽较弱。因此，水解温度要适中。此外，四氯化钛适宜的水解温度较硫酸氧钛低。

表 3-5　不同反应温度的包覆率

反应温度（℃）	TiO_2包覆率（%）		珠光效果	
	硫酸氧钛	四氯化钛	硫酸氧钛	四氯化钛
<50	—	18.52	—	差
60	0.49	22.73	差	较好
70	9.96	24.54	差	好
80	15.33	24.27	差	好
90	18.67	24.58	一般	较好

（2）pH 值

和其他盐类一样，pH 值或酸度是影响钛盐水解的重要因素之一。体系中氢离子的浓度在很大程度上影响水解反应的进行及云母钛颜料的珠光效果。表 3-6 所列为用四氯化钛加碱法包覆二氧化钛的试验结果。结果表明，过低的 pH 值对水解反应有抑制作用，导致钛盐水解不完全，生成的水合二氧化钛（偏钛酸）粒子很小且很少沉积在云母表面，因而包覆率较低。pH 值较高时，反应速度明显加快，生成的二氧化钛粒子粗糙，珠光效果不佳，通过电镜可以观察到此时二氧化钛粒子在云母片表面发生堆聚现象。由表 3-6 可见，在 pH 值为 2.0～2.5 时生成的云母钛珠光效果较好。

表 3-6　介质 pH 值对水解反应的影响

介质 pH 值	珠光效果	TiO_2包覆率（%）	备　注
1.0～1.5	较差	20.36 21.14	有少量白色乳液
2.0～2.5	好	24.96 24.07 24.58	—
＞2.5	较差	24.99 24.73	颜料粒子粗糙

图 3-2 所示为 pH 值对硫酸氧钛水解率的影响。随着 pH 值的增大，硫酸氧钛的水解率迅速提高，pH 值达到 2.0 以后，水解率就基本上不再变化，也即在此 pH 值下水解趋于完全。在低 pH 值时，水解反应受到抑制，水解率较低；但在较高 pH 值下水解生成的水合二氧化钛粒度不规则且具有胶质性，制备的云母钛经焙烧后光泽较差。因此，在制备云母钛珠光颜料时要严格控制反应体系的 pH 值。

（3）水解时间和钛液浓度

水解反应时间和钛液浓度对钛盐的水解率及水解产物，即水合二氧化钛的粒度有显著影响，从而影响二氧化钛在云母上的包覆率和焙烧后云母钛的光泽。

图 3-3 所示为 pH＝2、温度 95℃以下，水解时间与水解率的关系。由图中可见，两种不同浓度硫酸氧钛的水解趋势是：开始时，随着时间的延长，水解率提高较快，经过一段时间后，水解率基本维持不变。此外，图中曲线表明，低浓度的钛液水解达到平衡

的时间比高浓度的钛液水解达到平衡的时间要短，并且相应的水解率要高，硫酸氧钛的水解率随钛液浓度的增大而下降。

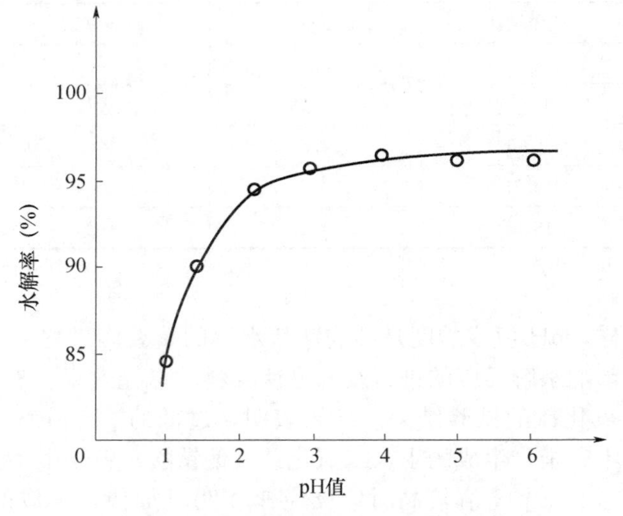

图 3-2　pH 值对硫酸氧钛水解率的影响

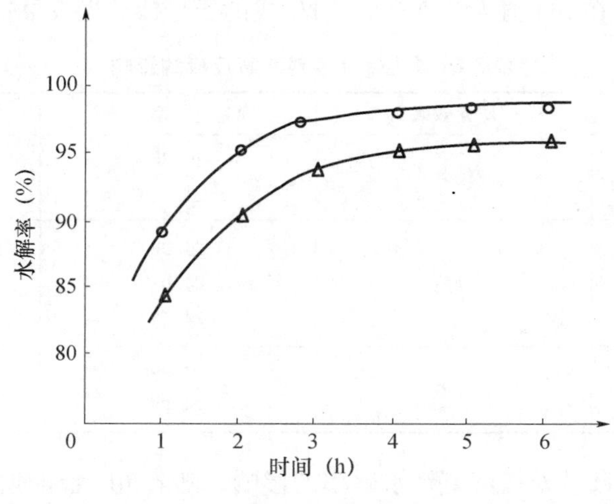

图 3-3　水解时间与水解率的关系

△—238g/L TiO_2；○—163.9g/L TiO_2

水解反应时间还影响二氧化钛在云母表面的包覆率。用加热水解法进行的包覆试验表明，在一定温度（如 90℃）和 pH 值条件下，延长水解反应时间，云母表面的二氧化钛包覆率呈增大趋势（表 3-7）。但是，包覆率达到平衡后再延长反应，也是没有必要的。

钛盐浓度过高或过低不仅会给水解反应带来不利影响，而且使最终产品的珠光效果下降。试验结果表明，浓度过稀，水解速度太快，产生的水合二氧化钛（偏钛酸）粒子粒度粗且不规则，从而使焙烧后的云母钛表面粗糙，珍珠光泽弱。在较高的浓度下，水解速度较慢，水解产生的水合二氧化钛粒子粒度细且均匀吸附于云母表面，形成较致密的包覆层，焙烧后云母钛的光学性能较好。但是，过高的钛液浓度带来两个问题：一是水解率低，造成钛盐的浪费；二是水解产生的高酸度的热浓硫酸对云母基材有腐蚀作用。选择钛液浓度既要考虑有较高的水解率，又要使水解产生的水合二氧化钛粒子的粒度均匀且较细。

表 3-7　不同反应时间的包覆率

反应时间（h）	TiO_2包覆率（%）	珠光效果
4	13.78	差
5	19.82	稍差
6	21.01	一般
7	21.33	一般

（4）钛液的添加速度

钛液的添加速度是影响云母钛珠光效果的另一重要因素。以四氯化钛加碱法制备银白色云母钛珠光颜料的试验结果为例：加料时间短，水解速度快，生成的水合二氧化钛粒径分布不均匀，颜料色泽感较差，对光的反射率低。适当延长加料时间，光泽较好，反射率提高；控制在 3.5～4.5h 内添加，产物反射率最大，光泽也最好（表 3-8）。用硫酸氧钛加热水解法和锌粒缓冲法制备银白云母珠光颜料的试验结果也表明，硫酸氧钛溶液的添加时间以 3～4h 为好。

表 3-8　四氯化钛加料速度对云母钛颜料珠光效果的影响

加料时间（h）	珠光效果	TiO_2包覆率（%）	60°反射率（%）
0.5	差	23.84	55.23
1.0	差	24.15	58.35
2.5	较好	24.68	61.56
		24.58	63.97
3.5	好	24.54	64.73
4.5	好	23.87	64.02
5.5	较好	24.39	59.47
7.0	较好	24.43	59.21

（5）添加剂

在水解过程中，添加剂具有两种作用：一是控制溶液的酸度及钛盐的水解。钛盐在水解过程中产生强酸（四氯化钛水解产生盐酸，硫酸氧钛水解产生硫酸），因此，为了稳定反应体系的 pH 值，添加金属或金属化合物（如锌粒、二氧化锡）等作为缓冲剂，与钛盐水解过程中生成的酸反应，起缚酸剂的作用。二是诱导云母钛在焙烧时晶化为金红石型二氧化钛。这种添加剂是具有与金红石相同或相似的晶体结构的 AB_2 型金属氧化物，添加方式有两种：

① 让具有 AB_2 型金属氧化物的盐发生水解，首先在云母表面沉淀水合 AB_2，然后在此基础上再沉淀水合二氧化钛。

② 在水解硫酸氧钛的同时水解 AB_2 氧化物的盐，使水合二氧化钛和水合 AB_2 共沉淀

于云母表面。在焙烧时，AB_2水合物首先晶化为金红石型结构，然后晶体二氧化钛粒子以此为晶核生长为金红石型结构。这种AB_2化合物的用量一般为钛盐用量的0.5%～1%。

4. 焙烧条件

在水解过程中，沉淀包覆于云母表面的水合二氧化钛具有无定形结构，它实际上是高分散和活性状态的二氧化钛牢固地吸附一定数量的水，光泽较弱。此外，由于水合二氧化钛以较弱的作用力吸附于云母表面，因而易于从表面脱落。为了增强云母钛的珠光效应和二氧化钛在云母表面的附着力，要对包覆水合二氧化钛的云母粉进行焙烧，使水合二氧化钛脱去水并形成所要求的晶型。同时脱除残留的SO_4^{2-}、Cl^-等有害离子。因此，焙烧是影响云母钛质量的关键因素之一。

云母钛表面TiO_2包覆层的晶体结构或相态与其质量密切相关。TiO_2有两种晶型，即金红石型和锐钛矿型。这两种晶型虽然同属正方晶系，但晶体结构不同（表3-9）；此外，由此表可见，金红石型二氧化钛的介电系数大于锐钛矿。因此，这两种矿物的化学性质（表3-10）也不一样，金红石型二氧化钛的折光率（N）、反射率（R）及重屈折射率(N_g-N_p）均比锐钛矿型TiO_2高。所以，包覆在云母片上的TiO_2薄膜如果在焙烧过程中转化成金红石型则质量最好。图3-4是将钛的低价氧化物及其关系按相律加以总结，推导出的TiO-TiO_2相变图解。由图3-4可见，如不考虑其他因素，则焙烧温度小于800℃生成锐钛矿型，焙烧温度大于800℃才能形成金红石型。除了温度之外，表面包覆物晶型的形成还需要一定的时间。因此，温度（包括升温速度）和时间是焙烧工艺的关键因素。

表3-9　TiO_2变体晶体结构

TiO_2变体	金红石型	锐钛矿型
晶系	正方	正方
晶格常数（Å）	a=4.58 c=2.95	a=3.73 c=9.37
空间群	D_{4h}^{14}	D_{4h}^{19}
单位晶胞中分子数	2	4
介电系数（平均）	114	31

表3-10　光学性质对比

矿物		金红石型	锐钛矿型
折光率	N_o	2.603～2.616	2.561
	N_e	2.889～2.903	2.488
重屈折射率（N_g-N_p）		0.286～0.287	0.073
反射率（%）		27.2	21.2
干涉色级序		极高（干涉色级序表中最高级）	≥4级

（1）焙烧温度

一是焙烧温度影响二氧化钛包覆层的晶型及结晶粒度，一般控制为800～900℃；

二是升温速度对二氧化钛包覆层的形成及云母钛珠光颜料的性能有一定的影响。偏钛酸（水合二氧化钛）的差热曲线（图 3-5）表明，二氧化钛的晶型转变是比较平缓、渐进进行的[31]。因此，应严格控制升温速度。特别是在三个阶段：一是脱水阶段，即在 120～

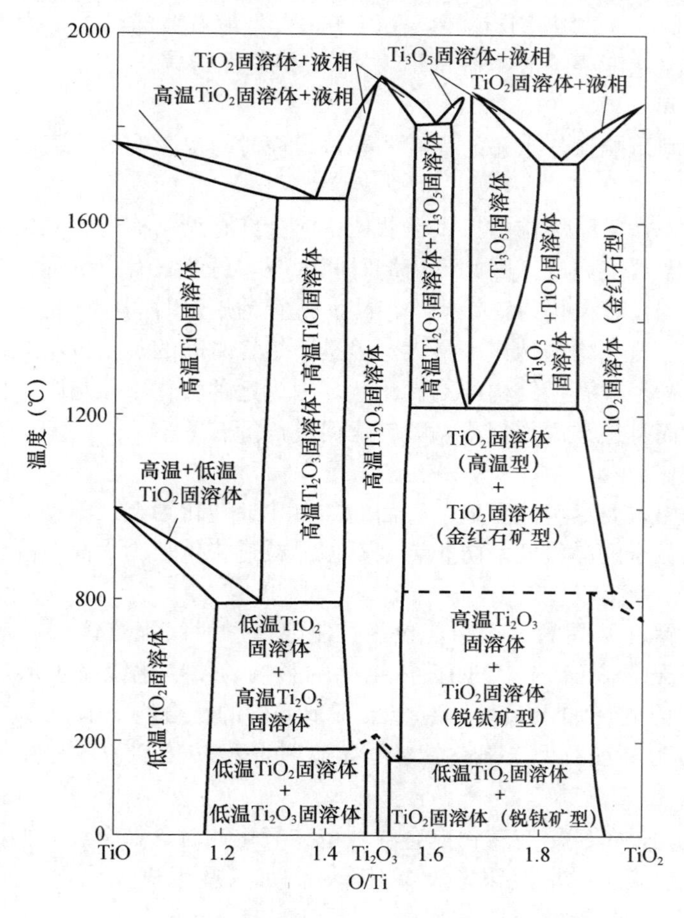

图 3-4　$TiO\text{-}TiO_2$ 体系推测相变图

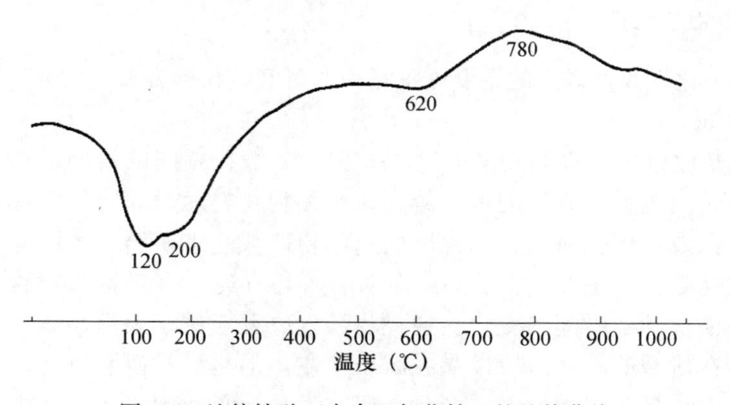

图 3-5　纯偏钛酸（水合二氧化钛）的差热曲线

200℃之间脱除游离水和结晶水的阶段，应该恒温保持一定的时间，或缓慢升温；二是在脱除杂质阶段，即620℃左右，应恒温保持一段时间，以利于除尽SO_4^{2-}、Cl^-等有害物；在200～620℃之间，因无吸热及放热峰出现，升温可以快一些；三是在晶型转化阶段，即780℃左右的缓慢放热峰，780～900℃是最重要的阶段，为了使晶型转变得比较彻底，其升温速度要缓慢，在800℃左右应恒温保持较长时间。

（2）焙烧时间

正如水解时间影响钛盐水解的程度一样，焙烧时间也影响云母表面二氧化钛包覆层的晶型转变程度。

前已述及，锐钛矿型结构的二氧化钛粒子向金红石型结构的二氧化钛粒子转化是渐进的，短时间内不可能完成。因此，焙烧时间太短，可能只有很少部分二氧化钛粒子转化为金红石型结构，其余仍为锐钛矿型结构。适宜的焙烧时间应该是在一定温度下，锐钛矿型结构向金红石结构的转化率最大。但是，焙烧时间的延长也不能保证锐钛矿型二氧化钛全部转化为金红石型结构的二氧化钛，因为这种转化不仅与时间以及前述温度和升温速度有关，而且还与添加剂或晶型转化促进剂等有关。

（3）晶型转化剂

在焙烧过程中，要尽可能多地使表面的二氧化钛转化为金红石型；同时还要控制金红石型二氧化钛粒子的晶粒度，防止金红石型晶粒过快生长为大晶粒降低云母钛的珠光效应。

但是，云母钛在结晶的过程中，仅靠控制温度和时间很难确保二氧化钛转化为金红石型。由于受云母表面Si—O四面体结晶的影响，二氧化钛粒子形成锐钛矿型晶体的趋势比较强，因此，加入某种具有金红石型结构的化合物，有助于金红石型晶体的生长，从而结晶为金红石型二氧化钛粒子，这种晶型转化剂一般是在水解沉淀过程中加入。

此外，二氧化钛包覆层在转化成金红石型二氧化钛时，如金红石型晶粒过快生长成大晶粒，将降低包膜反射率使珠光效应下降。添加某些无机氧化物，如MgO、WO_3等可能阻止这种金红石特性的变化。

3.2.3 机械力化学改性

影响机械力化学改性效果的主要因素是粉磨时间、粉磨方式、气氛以及粉磨助剂。

1. 粉磨时间

机械力化学改性的程度与粉磨时间正相关，一般在相同的粉碎设备、粉碎气氛和助剂下，粉磨时间越长，改性的程度越大；粗颗粒物料短时间内一般检测不到明显的机械力化学改性效应；长时间、高强度的超细粉碎或超细研磨，才可能产生较显著的机械力化学改性效应。图3-6所示是用振动磨研磨石英所得到的X射线衍射曲线以及晶粒尺寸和晶格扰动随时间的变化。通过将微分方程应用于表示晶体变化与时间的关系，计算得出在研磨的最初阶段以晶粒减小为主，但是延长研磨时间，当粉碎达到平衡后，伴随有重结晶和表面的无定形化。研究发现，长时间干磨过程中石英粉表面变形层可达到几十纳米。在湿磨时，所检测到的样品的溶解度较小。但这不表明石英在湿磨过程中不形成无定形层。其主要原因是，颗粒的无定形在湿磨过程中不断被溶解在水中。

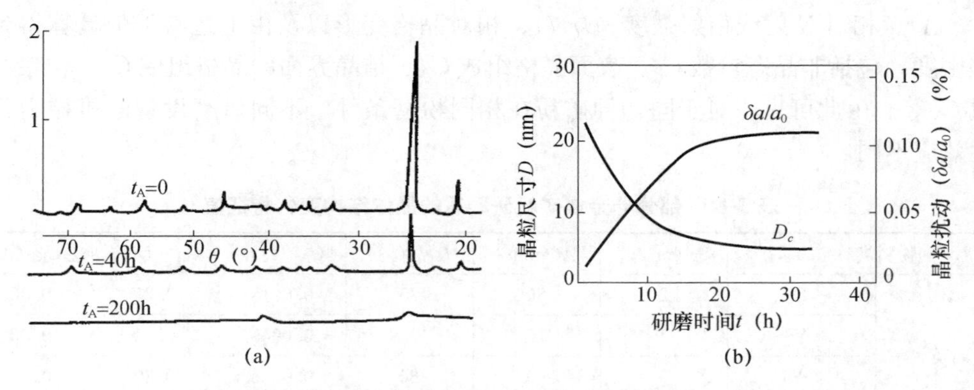

图 3-6　石英的 X 射线衍射和晶粒尺寸及晶格扰动随研磨时间的变化

(a) 振动磨研磨石英所得的 X 射线衍射曲线；(b) 晶粒尺寸和晶格扰动随研磨时间的变化

图 3-7 所示是机械研磨对膨润土离子交换反应的影响。随着研磨时间的延长，离子交换容量（Γ）在增加到 0.525mmol/g 后呈下降趋势；而钙离子交换容量（Γ_{Ca}）则在开始时随研磨时间的延长急剧下降，达到最低值后基本上不再变化。

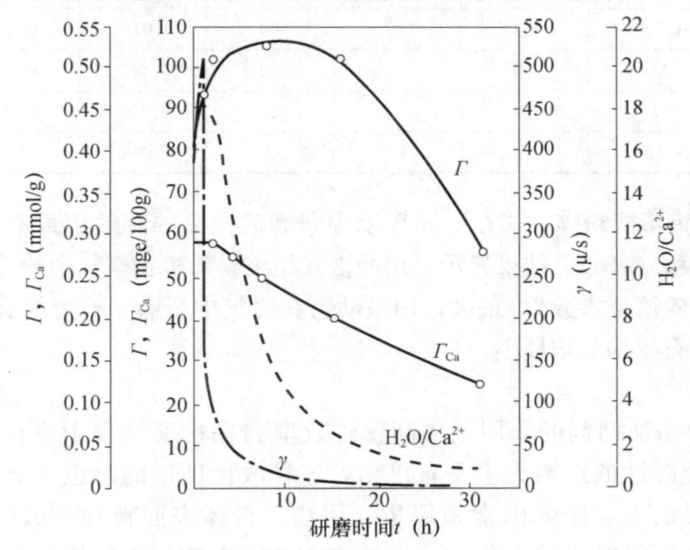

图 3-7　膨润土的阳离子交换容量及其他性能随磨矿时间的变化

Γ—阳离子交换容量；Γ_{Ca}—Ca^{2+}交换容量；γ—电导率（单位［s/m］×10^{-6}）；H_2O/Ca^{2+}—Ca^{2+}周围配位的水分子数

2. 粉磨方式和粉碎气氛

除粉磨时间外，粉体因超细粉碎而导致的机械化学改性效应还与粉碎方式或机械力的施加方式以及气氛或粉碎环境等有关。

表 3-11 所示是分别用球磨机（K）、振动磨（V）、搅拌磨（A）、辊压磨（W）、高

速机械冲击磨（D）等粉碎设备对石英、菱镁矿、方解石、高岭土进行超细粉碎后测得的物料晶体结构变化的特征值，这些特征值包括比表面积（S_W）、用X射线测定的单晶尺寸（Λ）、相对X射线衍射强度（*Irel*）、相对晶格变形以及由上述特征值计算得到的缺陷密度，包括非晶态参数C_P、表面晶格组成C_A、结晶界面的晶格组成C_K、位错晶格组成C_V等。由此可见，对于同一种矿粉在相同粉磨条件、不同研磨设备的机械力化学改性效应不同。

表 3-11 部分非金属矿粉研磨后的晶体结构变化特征值

物料名称		S_W(m²/g)	Λ (mm)	*Irel* (%)	C_A (Q_w)	C_P (*Irel*)	C_K (Λ)
石英	D	2	80	75	0.0018	0.25	0.025
	V	5	70	70	0.0045	0.30	0.029
	W	3	90	80	0.0036	0.30	0.025
	K	4	80	70	0.0036	0.30	0.025
菱镁矿	V	11	20	70	0.0120	0.30	0.108
	D	1	60	90	0.0011	0.10	0.036
方解石	V	8	25	50	0.0086	0.50	—
	D	2	45	80	0.0021	0.20	—
	A (n)	13	35	60	0.0189	0.40	—
高岭土	V	15	—	10	0.027	0.90	—
	D	30	—	20	0.100	0.20	—
	A (n)	50	—	80	0.100	0.20	—

图3-8所示为不同粉碎方式在不同环境中研磨后样品的有效德拜参数（B_{eff}）和菱面晶体石墨的偏移（αkh）。结果显示，用冲击式超细粉碎机在空气中粉碎，反映石墨晶体结构缺陷的有效德拜参数B_{eff}最大；用振动磨在氦气中研磨，石墨的有效德拜参数和结晶的菱面晶体石墨偏移均最小。

3. 粉磨助剂

粉磨过程中添加助剂的作用是提高粉碎效率和在粉磨过程中进行表面改性。其中用于粉体表面改性的助剂大多是有机物，这种改性助剂同时也具有助磨作用。影响助剂作用效果的主要影响因素是用量、用法、粉体表面特性、pH值等。需要指出的是，助磨剂可能对机械力化学改性效应有负面影响，也可能影响表面改性剂的改性效果。

助剂的配方（品种、用量和用法）对助磨和机械力化学改性的效果有重要影响，无论是助磨还是表面改性，其品种具有选择性或专用性。助磨剂品种的选择主要考虑粉体的种类与表面特性以及粉磨环境（干法还是湿法）；表面改性助剂的选择则不仅要考虑粉体的特性，还要考虑粉体的用途。每种助剂都有其适宜的用量。用量过少，达不到助磨或改性效果；用量过多则不起作用，甚至起负面作用，而且造成浪费。因此，在实际使用时，必须严格控制用量。

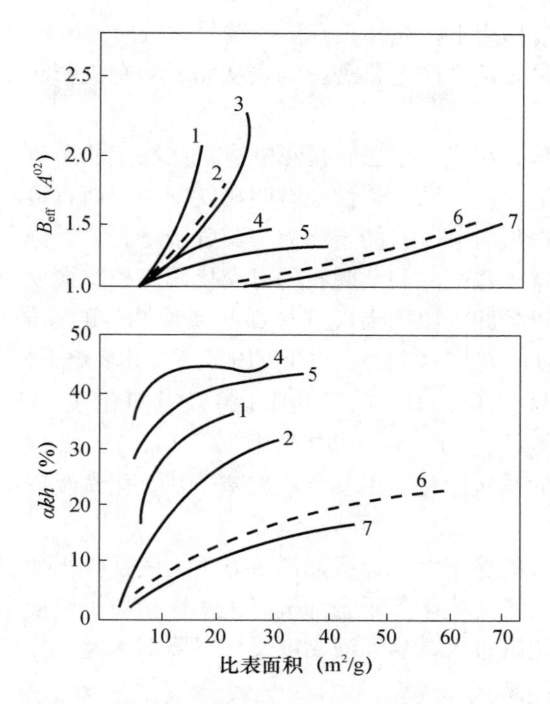

图 3-8　粉碎方式和环境对石墨晶体结构的影响

（B_{eff}—有效德拜参数；αkh—结晶层的菱面晶体石墨偏移）

1—乳钵（空气）；2—球磨机（氧气）；3—振动球磨机（氧气）；4—冲击式超细粉碎机（空气）；5—冲击式超细粉碎机（氮气）；6—球磨机（氮气）；7—振动球磨机（氮气）

3.2.4　插层改性

影响插层改性效果的主要因素是矿物原料的特性、插层剂的品种与结构、用量和用法、插层工艺等。

插层改性矿物原料的特性包括原料的结构、纯度、可交换阳离子的种类与容量、表面官能团等，这些特性是影响插层改性效果的主要因素之一；插层剂的品种、结构和插层量决定了插层改性材料的结构与性能，是影响插层改性效果的最重要因素之一；插层工艺关联插层改性产品性能的优劣和稳定性，是层状结构矿物原料可控制备插层改性复合功能材料的关键因素。

下面以有机季铵盐插层改性膨润土制备有机膨润土为例进行论述。

1. 膨润土的质量

作为制备有机膨润土的原料，要求其蒙脱石含量＞90％，粒径＜2μm 粒级含量＞95％，含砂量小，层间可交换阳离子以 Na^+ 为主，层间电荷低、阳离子交换容量较高（＞0.8mmol/g）。因此，如果原土的含砂量较高、纯度较低，则要对原料进行提纯；可交换阳离子的种类和数量对有机膨润土的性能有很大的影响，钠基膨润土的化学活性较钙基膨润土大得多，因此，优选钠基膨润土；而且，同是钠基膨润土，可交换 Na^+ 的数量不同，有机膨润土的性能也不一样，一般来说，应选用纯度高、交换容量大、可交换

Na^+数量多的优质钠基膨润土。此外，有机季铵盐插层前的改性或活化处理也对膨润土原料的阳离子交换容量及活性产生显著影响，从而影响有机膨润土的性能。

2. 有机插层剂

有机插层剂的结构、用量、用法直接影响有机膨润土的质量。有机插层剂（如季铵盐）的结构类型和碳链长度不同，亲油性有明显差别，因而直接影响有机膨润土的应用性能和用途。有机季铵盐对蒙脱石的亲和力与其分子量有关，分子量越大，越易被蒙脱石吸附，这是因为长链季铵盐除和蒙脱石的可交换阳离子交换反应外，还兼有分子吸附作用。因此，制备有机膨润土原则上应选择那些亲油性强的长链有机季铵盐作插层剂，如双十八铵盐［$(C_{18}H_{37})_2N(CH_3)_2$］$^+Cl^-/Br^-$、二甲基双十八烷基苄基氯化铵［$C_{18}H_{37}N(CH_3)_2C_6H_5CH_2$］$^+Cl^-/Br^-$；三甲基十八烷基氯化铵［$C_{18}H_{37}N(CH_3)$］$^+Cl^-/Br^-$、［$R_2N(CH_3)_2$］$^+Cl^-/Br^-$等（其中R为12、14、16、18烷基），其中以双十八铵盐的性能更优，常用的季铵盐是二甲基十八烷基苄基氯化铵及三甲基十八烷基氯化铵等18个碳原子类铵化物。

有机膨润土悬浮液的稳定性和插层剂用量有很大关系。当插层剂用量和蒙脱石的阳离子交换容量相当时，可交换阳离子全部被有机季铵盐离子交换出来，此时悬浮液的黏度最大。有机插层剂用量过大，悬浮液黏度反而下降。因此，插层剂用量应适当，以满足阳离子交换容量为原则。

在制备有机膨润土时，混合使用两种以上的有机插层剂，在某些性能和用途方面较单一插层剂的效果要好。例如，在制备钻井泥浆用的有机膨润土时，混合使用十八烷基二甲基苄基氯化铵和双十八烷基二甲基苄基氯化铵与单独使用十八烷基二甲基苄基氯化铵相比较可显著提高有机膨润土在烷烃介质中的膨胀性。

有机插层剂的用量与有机膨润土吸附有机物（如苯酚、苯胺、苯、甲苯、二甲苯）的性能有很大影响。随着插层剂用量的增加，有机膨润土中蒙脱石d_{001}值和对上述有机物的吸附能力都呈增大的趋势。表3-12和表3-13分别为覆盖剂用量与有机膨润土d_{001}值和对吸附有机物的影响[32]。

表3-12　插层剂用量与有机膨润土d_{001}值的关系

覆盖剂用量（质量%）	0	1.5	3.0	4.5	6.0	7.5	9.0	10.0
d_{001}（nm）	1.533	1.474	1.626	2.354	2.311	2.412	2.848	3.087

表3-13　插层剂用量对有机膨润土吸附有机物的影响

试样	初始浓度（mg/L）	去除率（%）					
		原土	1.5%有机土	3.0%有机土	4.5%有机土	6.0%有机土	7.5%有机土
苯酚	10	8.2	67.3	78	85.2	85.3	95
苯胺	20	64.1	70.5	84.4	88	89.1	92.3
苯	23	1.3	12.2	41.7	47.2	59	57.8
甲苯	24	0	28.6	49.1	61.3	68.9	58.8
二甲苯	18	1.3	56.9	75.4	81.2	87.8	87.6

3. 制备工艺条件

(1) 膨润土悬浮液浓度。悬浮液浓度以膨润土的充分分散为宜，过高的浓度导致膨润土分散不开，影响其与有机季铵盐离子的交换反应，过低的浓度虽有助于分散，但耗水量大。矿浆浓度一般以5%～10%为宜。

(2) 温度。温度是影响有机铵阳离子与蒙脱石中可交换阳离子进行交换反应的重要因素。温度一定要适当，一般适宜温度为65℃左右。

(3) 反应时间。反应时间一般与矿浆浓度、反应温度等有关，从0.5h至数小时不等，适宜的反应时间最好在其他工艺条件已确定的基础上通过试验来确定。

3.3 表面改性方法选择与工艺设计

表面改性方法选择依据是粉体表面改性的目的、粉体的特性、表面改性剂的性质等[33]。

改性工艺设计依据是改性方法、改性产品的技术指标要求、粉体的前段制备工艺、表面改性剂的品种、性质和用法。

以偶联剂或其他有机物为表面改性剂旨在提高粉体表面与有机聚合物或树脂的相容性，非金属矿物填料或颜料的表面改性一般采用有机改性，工艺可采用干法或湿法。在前段为干法制粉的情况下一般采用干法改性工艺；而在前段为湿法制粉的情况下，既可以采用湿法改性工艺（改性后再过滤和干燥），也可以干燥后采用干法改性工艺。对于超细和纳米粉体，采用湿法改性工艺可在一定程度上防止干燥后微细颗粒形成硬团聚体，有利于恢复干燥前的粒度。

以无机盐或氧化物的前驱体为表面改性剂旨在制备无机表面改性的功能性复合粉体材料，一般采用湿式化学沉淀法。完成表面无机包覆后再进行洗涤、过滤、干燥和晶化或热处理（煅烧或焙烧）。

以有机季铵盐和其他铵盐、有机单体或聚合物、无机柱撑剂以及酸碱盐等为插层剂，旨在制备层间化合物和赋予层状结构矿物新的功能，一般采用湿式化学插层方法。

对于不能溶于水的有机表面改性剂，要采用干法表面改性工艺；如果一定要在湿法（水中）使用就必须进行皂化、铵化、乳化等预处理。对于某些对改性温度要求不严的表面改性剂，可以在粉体粉磨过程中添加表面改性剂进行表面改性。

对于容易在水中溶解的原料，最好采用干法表面改性工艺。

3.4 几种典型的表面改性工艺流程

3.4.1 有机表面改性工艺

有机表面改性采用干法改性工艺和湿法改性工艺均可。湿法改性工艺中改性剂必须是水溶性或亲水性的。有机表面改性工艺的工艺流程分别如图3-9（a）和（b）所示。这是常用的粉体有机表面改性工艺，特别是应用于塑料、橡胶、胶黏剂等高聚物基复合材料的无机填料以及涂料填料和颜料的表面改性。

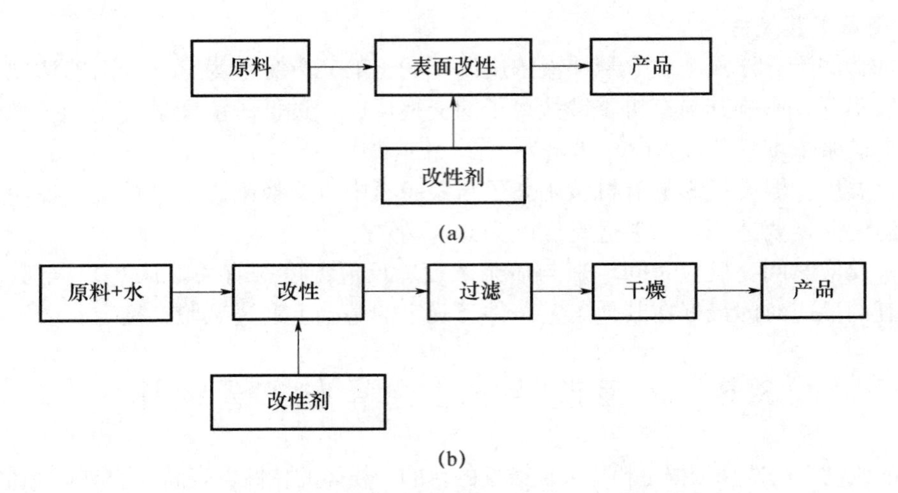

图 3-9　有机表面改性工艺的工艺流程

(a) 干法；(b) 湿法

3.4.2　机械力化学和有机表面改性复合工艺

机械力化学和有机表面改性复合工艺有干法和湿法改性两种典型的改性工艺。湿法改性工艺中改性剂必须是水溶性或亲水性的。其工艺流程分别如图 3-10（a）和（b）所示，主要用于橡胶填料、人造石、涂料填料和陶瓷颜料的表面改性。

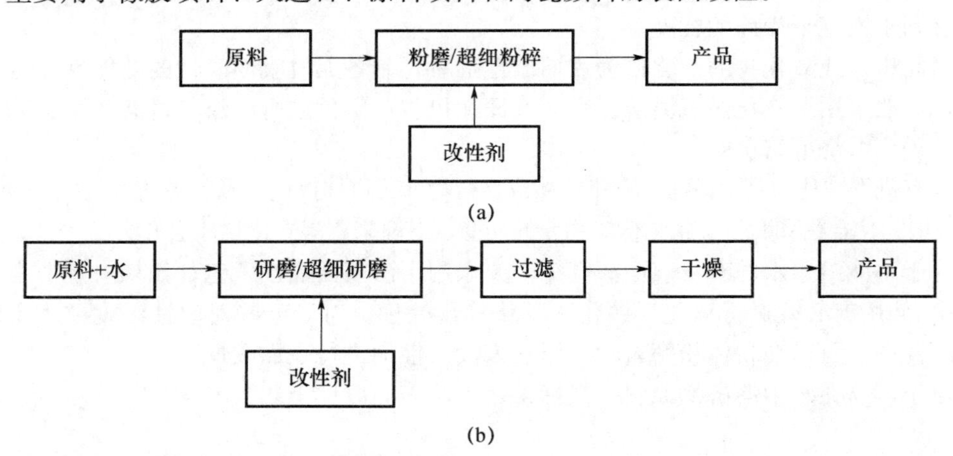

图 3-10　机械力化学和有机表面改性复合工艺的工艺流程

(a) 干法；(b) 湿法

3.4.3　化学沉淀包覆改性工艺

化学沉淀包覆改性工艺是一种湿法无机表面改性工艺，目的是赋予或改善粉体的催化、抗菌、光泽、着色力、遮盖力、保色性、耐候性、阻燃、电、磁、热等性能。其工艺流程如图 3-11 所示。

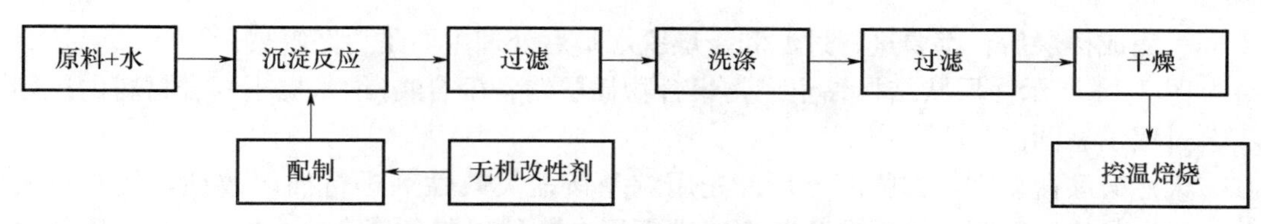

图 3-11　化学沉淀包覆改性工艺的工艺流程

该工艺是目前无机包覆改性或复合最主要的工艺之一，广泛应用于珠光云母、纳米TiO_2/多孔矿物复合环保功能材料以及钛白粉包覆氧化硅、氧化铝和氧化锆等复合功能粉体材料。

3.4.4　化学沉淀包覆和有机表面改性复合工艺

化学沉淀包覆和有机表面改性复合工艺的目的是既要改善粉体的催化、抗菌、光泽、着色力、遮盖力、保色性、耐候性、阻燃、电、磁、热等性能，又要改善粉体与有机聚合物或树脂之间的相容性。可采用湿法和干法结合工艺。其工艺流程如图 3-12 所示。

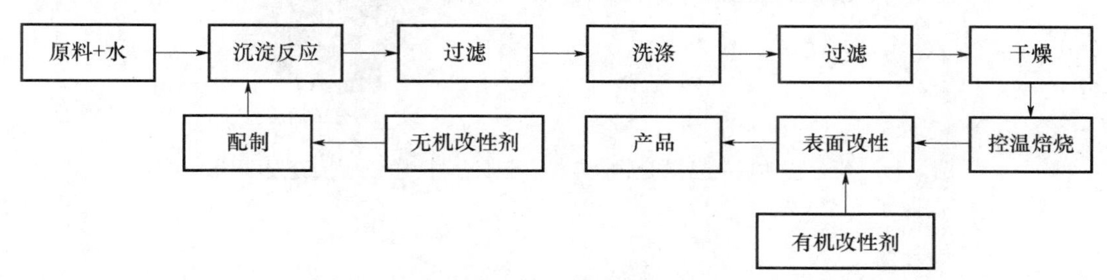

图 3-12　化学沉淀包覆和表面有机改性复合工艺的工艺流程

3.4.5　插层改性工艺

下面以膨润土/蒙脱石为例介绍层状结构粉体插层改性的工艺流程，包括季铵盐、烷基铵盐、多核金属离子（柱撑剂）插层改性膨润土/蒙脱石以及聚合物插层制备聚合物/纳米层状硅酸盐复合材料。

图 3-13 所示为季铵盐、烷基铵盐、多核金属离子（柱撑剂）插层改性膨润土/蒙脱石的工艺流程。

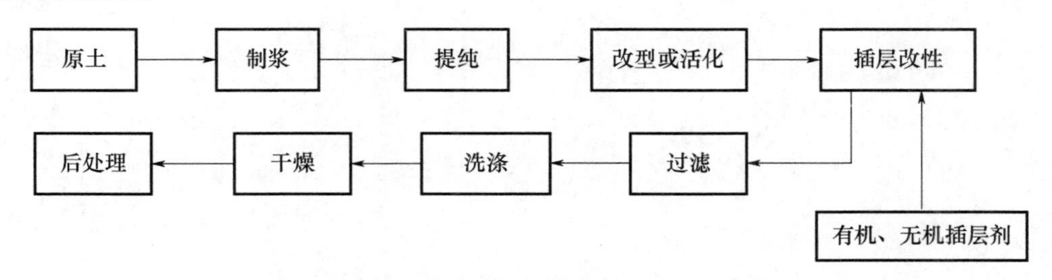

图 3-13　膨润土/蒙脱石插层改性工艺流程

对于膨润土插层改性来说，无论是有机插层还是无机插层改性，均要进行提纯和改性活化环节；插层环节是关键，具体的插层改性因方法和改性剂的不同，工艺条件有所不同；完成插层后，都要进行过滤和干燥脱水；后处理主要是粉磨解聚。

图 3-14 所示为层状结构黏土矿物聚合物插层制备聚合物/纳米黏土复合材料的原则工艺过程示意图。

天然硅酸盐矿物，如膨润土，首先用烷基铵盐类改性剂进行插层改性，使其有机化，增大晶体层间距；然后有两条途径进行聚合物插层制备聚合物/纳米层状硅酸盐复合材料：一是单体插层再原位聚合；二是聚合物直接插层。

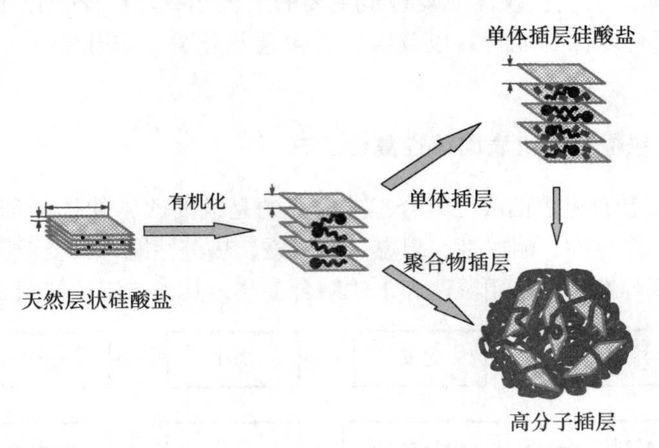

图 3-14　聚合物插层制备聚合物/纳米黏土复合材料的原则工艺过程示意图

第 4 章　表面改性设备

目前使用的粉体表面改性设备一是引用或改造化工、塑料、粉碎、分散、干燥等行业的设备，如高速加热混合机、冲击式粉体表面改性机、干燥/粉碎/改性一体机以及湿法表面改性用的反应釜和可控温反应罐；二是专用粉体表面改性设备，主要是 SLG 型连续式粉体表面改性机及其类似结构的改性设备。

表面改性设备可分为干法和湿法两类。常用的干法表面改性设备是SLG 型连续式粉体表面改性机、高速加热混合机、涡流磨等；常用的湿法表面改性设备为可控温反应罐和反应釜。

4.1　干法表面改性设备

干法表面改性设备按生产方式可分为连续式粉体表面改性机和间歇式粉体表面改性机。干法连续改性设备是连续进料和添加改性剂以及连续出料的一类表面改性设备，代表性设备为 SLG 型连续粉体表面改性机。间歇式粉体表面改性机是批次加料和添加改性剂，每处理好一批料后停机卸料，然后再加料和添加表面改性剂进行改性的设备，这类改性设备是分批进行的，代表性设备为高速加热混合机[34-37]。

4.1.1　SLG 型粉体表面改性机

SLG 型连续式粉体表面改性机是由江阴市启泰非金属工程设备有限公司与中国矿业大学（北京）合作研发的专门用于无机粉体，特别是超细无机粉体表面改性或表面处理的连续干式表面改性装备。

1. 结构和工作原理

SLG 型连续式粉体表面改性机，主要由温度计、出料口、进风口、风管、主机、进料口、计量泵和喂料机组成。其主机由三个呈品字形排列的改性圆筒组成［图 4-1 (a)］。图 4-1（b）所示为其外形图。

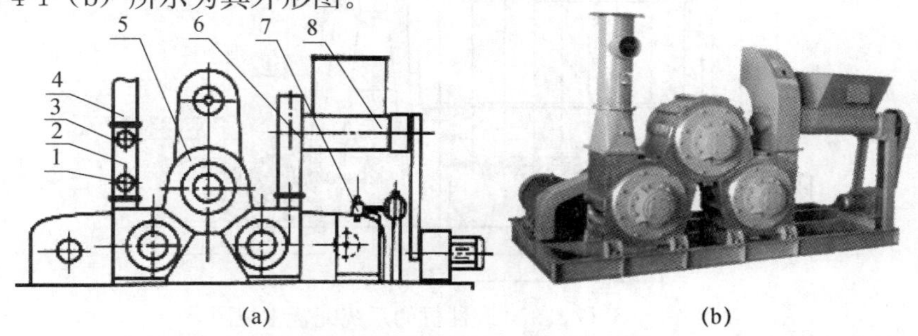

图 4-1　SLG 型连续粉体表面改性机的结构与工作原理

(a) 结构；(b) 外形图

1—温度计；2—出料口；3—进风口；4—风管；5—主机；6—进料口；7—计量泵；8—喂料机

其工作原理如图 4-2 所示：①集成冲击、剪切和摩擦力、变向气旋涡流等作用对粉体和改性剂进行高强度分散并强制粉体与表面改性剂的冲击和碰撞；②在粉体与转子、定子冲击摩擦过程中在改性腔内产生改性剂与粉体颗粒表面作用所需的温度；③利用变向涡流气旋的紊流作用增加颗粒与表面改性剂的作用机会。工作时，待改性的物料经喂料机给入，经与自动计量和连续给入的表面改性剂接触后，依次通过三个改性腔从出料口排出。在改性腔中，特殊设计的高速旋转的转子和定子与粉体物料的冲击、剪切和摩擦作用，产生其表面改性所需的温度，该温度可通过转子转速、粉料通过的速度（给料速度）以及风门大小来调节，最高可达到 130℃。同时转子的高速旋转强制粉体物料松散并形成涡旋二相流，使表面改性剂能迅速、均匀地与粉体颗粒表面作用，包覆于颗粒表面。该机能满足对粉体与表面改性剂的良好分散性、粉体与表面改性剂的接触或作用机会均等的技术要求。

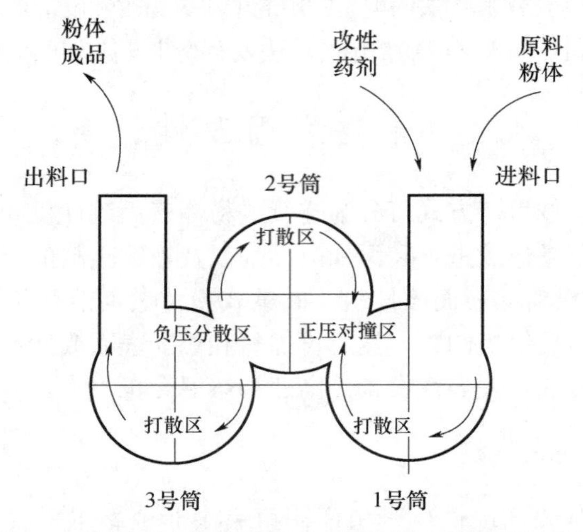

图 4-2　SLG 型连续粉体表面改性机的工作原理示意图

2. 工艺配置与主要技术参数

SLG 型连续粉体表面改性系统配置包括给料装置、改性剂计量添加装置、主机、旋风集料器和布袋收尘器等。图 4-3 为 SLG-3/900 改性机的系统配置主视图。

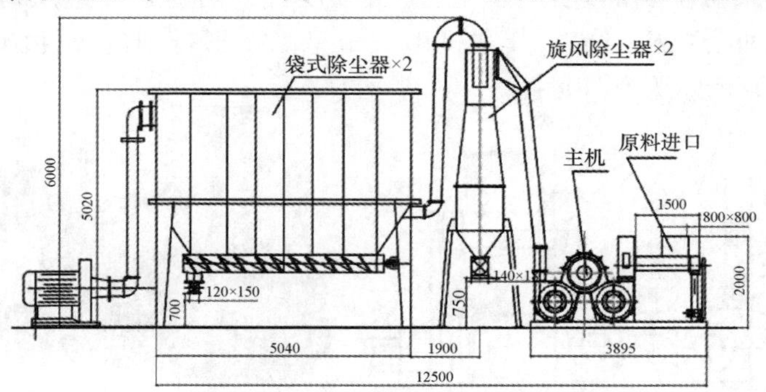

图 4-3　SLG-3/900 改性机的系统配置主视图

多种改性剂复配使用和多种物料复合改性已成为无机粉体表面改性技术的发展趋势之一。为了满足市场对复配改性不断增长的需求，本机对进料和进药装置进行了多种配置设计。在进料系统部分，将双螺杆进料机换成一套双螺杆混合加热进料装置，这套装置兼顾送料、混料及预热粉料几大功能，并在进口处预留两个以上加药孔（满足多种改性剂同时添加）。另外，还增加了一套垂直于标准进料装置的副进料装置，在需要“复合粉体”改性时就可以按配料比例对两种物料进行混合送料到改性机，以达到“粉体复合”改性的目的。进料和进药装置的多种配置方案如下：

（1）基本配置（进料和加药装置各一套）；

（2）两套相互垂直的进料装置和一套加药装置；

（3）一套双螺杆混合加热进料装置和两套加药装置；

（4）相互垂直的进料装置和加药装置各两套。

这种配置的 SLG 型连续粉体表面改性系统可以使用各种液体和固体表面改性剂，能满足同时使用两种以上表面改性剂进行复合改性，还可以用于两种无机“微米/微米”和“纳米/微米”粉体的共混和复合。图 4-4 所示为标准配置的进料和进药装置。

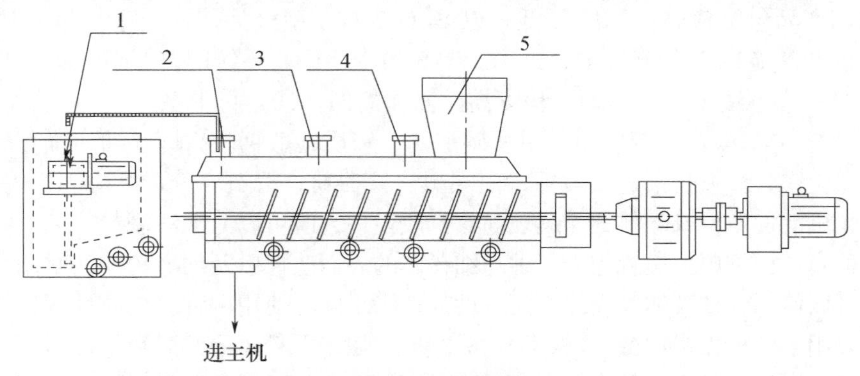

图 4-4　标准配置的进料和进药装置示意图

1—计量泵；2—加药孔 2；3—排气孔；4—加药孔 1；5—进料斗

给药机或药剂箱是盛放和添加改性药剂的主要装置。SLG 型连续粉体表面改性机的给药机除了具备盛放表面改性剂所需的容积外，还带有可控温加热系统和计量加药泵以及过滤装置（过滤药剂中的杂质）等，如图 4-5 所示。计量泵可以精确调整加药量，保证改性药剂准确、均匀加入。加热系统分底部加热棒和加药铜管外缠绕的加热丝，温度可以自动精确控制，适用于各种固体、液体形式的改性药剂。需要加入多种改性药剂时，如互相不发生反应，可以按比例混合后加入料斗，否则可以采用多个药剂箱。

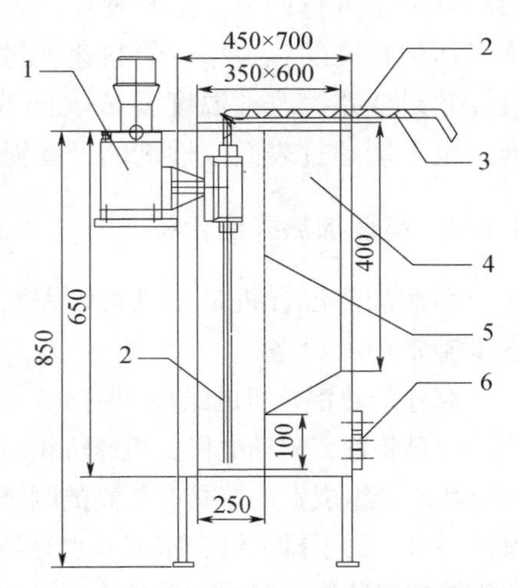

图 4-5　SLG-3/600 药剂箱设计图

1—计量泵；2—铜管；3—加热带；4—药剂腔；5—滤网；6—加热管

SLG 型连续粉体表面改性机目前已研制并定型的有半工业机型一种和工业机型三种，其型号及主要技术参数详见表 4-1。

表 4-1　SLG 型连续粉体表面改性机的主要技术参数

型号	电机功率（kW）	转速（r/min）	加热方式	生产方式	生产能力（kg/h）	外形尺寸（m）
SLG-200D	11	4500	自摩擦	连续	40～150	4.5×0.8×2.5
SLG-3/300	55.5	4500	自摩擦	连续	500～1500	6.8×1.7×6.0
SLG-3/600	111	2700	自摩擦	连续	2000～3500	11.5×2.8×6.5
SLG-3/900	225	2000	自摩擦	连续	5000～7500	13.5×3.8×6.5

3. 性能特点及应用

SLG 型连续式粉体表面改性机的主要性能特点如下：①对粉体及表面改性剂的分散性好，不仅改性产品无团聚体颗粒，而且对原料中的团聚体颗粒有一定的解聚作用；②连续计量匹配进料和进药（改性剂），粉体与表面改性剂的作用机会均等，粉体表面包覆均匀，产品包覆率高；③能耗低，以 SLG-3/600 型机为例，用于超细轻质碳酸钙改性的单位产品能耗不大于 35kW · h/t；④无粉尘污染，系统闭路和负压运行且配有高效除尘装置；⑤连续生产，自动化程度高，操作简便；⑥运行平稳。

该机 2003 年以来已广泛应用于重质碳酸钙、轻质碳酸钙、高岭土和煅烧高岭土、氧化锌、氢氧化镁、氢氧化铝、硫酸钡、白炭黑、钛白粉、滑石、云母、陶土、玻璃微珠、硅微粉等无机活性填料或颜料的连续表面有机改性。它既可以与干法制粉工艺（如超细粉碎工艺）配套，也可单独设置用于各种超细粉体的表面改性以及纳米粉体的解团聚和表面改性；既可以使用各种液体和固体表面改性剂；满足同时使用两种表面改性剂进行复合改性，还可以用于两种无机“微米/微米”和“纳米/微米”粉体的共混和复合。

影响 SLG 型连续式粉体表面改性机改性效果的主要工艺因素是物料的水分含量、改性温度和给料速度。要求原料的水分含量≤1%。给料速度要适中，要依原料的性质和粒度大小进行调节。给料速度过快，粉体在改性腔中的充填率过大，停留时间太短，难以达到较高的包覆率；给料速度过慢，粉体在改性腔中的充填率过小，温升慢，表面改性效果变差。改性温度要依表面改性剂的品种、用量和用法来进行调节，既不要太低，也不能超过表面改性剂的分解温度。

4.1.2　高速加热式混合机

高速加热混合机是无机粉体表面改性，特别是小规模表面改性生产和实验室改性配方试验常用的设备。

高速加热混合机的结构如图 4-6（a）所示，它主要由回转盖、混合锅、折流板、搅拌装置、排料装置、驱动电机、机座等组成[38]。混合室呈圆筒形，是由内层、加热冷却夹套、绝热层和外套组成；内层具有很高的耐磨性和很好的表面粗糙度；上部与回转盖相连接，下部有排料口。为了排去混合室内的水分与挥发物，有的还装有抽真空装置。叶轮是高速加热混合机的搅拌装置，与驱动轴相连，可在混合室内高速旋转，由此得名为高速混合机。叶轮形式很多。折流板断面呈流线形，悬挂在回转盖上，可根据混合室内物料量调节其悬挂高度。折流板内部为空腔，装有热电偶以测试物料温度。混合室下部有排料口，位于物料旋转并被抛起时经过的地方。排料口接有气动排料阀门，可以迅速开启阀门排料。

叶轮在混合室内的安装形式有两种：一种为高位式，即叶轮装在混合室中部，驱动轴相应长些；另一种为普通式，叶轮装在混合室底部，由短轴驱动。高位式混合效率高，处理量大。

高速加热混合机的工作原理如图 4-6（b）所示。当混合机工作时，高速旋转的叶轮借助表面与物料的摩擦力和侧面对物料的推力使物料沿叶轮切向运动。同时，由于离心力的作用，物料被抛向混合室内壁，并且沿壁面上升到一定高度后，由于重力作用，落回到叶轮中心，接着又被抛起。这种上升运动与切向运动的结合，使物料实际上处于连续的螺旋状上、下运动状态。由于转轮速度很高，物料运动速度也很快。快速运动着的颗粒之间相互碰撞、摩擦，使得团块破碎，物料温度相应升高，同时迅速地进行交叉混合。这些作用促进了物料的分散和对液体添加剂（如表面改性剂）的吸附。混合室内的折流板进一步搅乱了物料流态，使物料形成无规律运动，并在折流板附近形成涡流。对于高位安装的叶轮，物料在叶轮上下都形成连续交叉流动，使混合更快更均匀。混合结束后，夹套内通入冷却介质，冷却后物料在叶轮作用下由排料口排出。

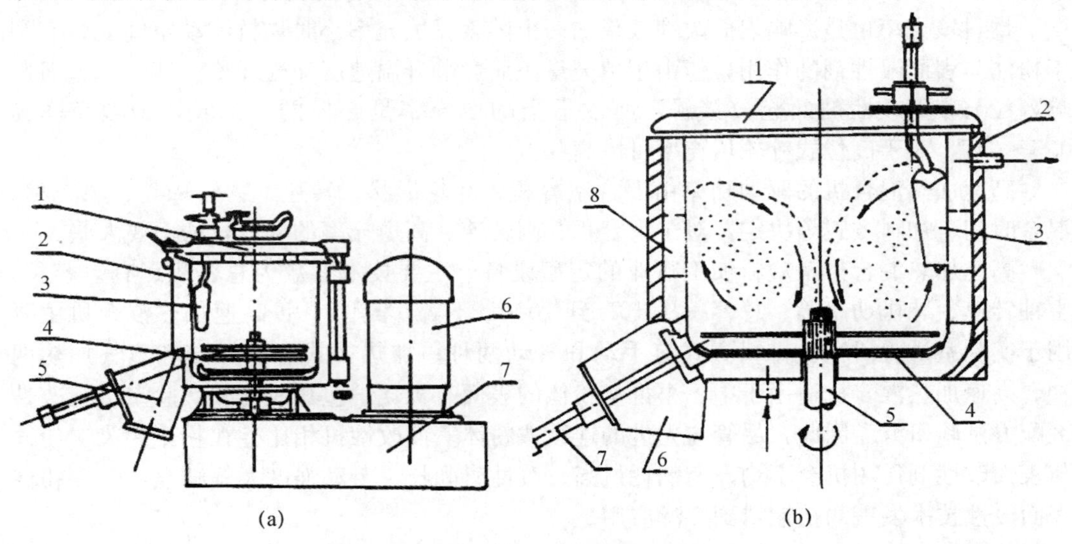

图 4-6　高速加热混合机

（a）结构；（b）工作原理

（a）：1—回转盖；2—混合锅；3—折流板；4—搅拌装置；5—排料装置；6—驱动电机；7—机座

（b）：1—回转盖；2—外套；3—折流板；4—叶轮；5—驱动轴；6—排料口；7—排料气缸；8—夹套

高速加热混合机的表面改性效果与许多因素有关，主要是叶轮的形状与转速、温度、物料在混合室内的充满程度（充填率）、混合时间、表面改性剂加入方式和用量等。

叶轮的形状对混合效果起关键作用。叶轮形状的主要要求是使物料混合良好又避免物料产生过高摩擦热量。高速旋转的叶轮在其推动物料的侧面上对物料有强烈的冲击和推挤作用，该侧面的物料如不能迅速滑到叶轮表面并被抛起，就可能产生过热并黏附在叶轮和混合室壁上。所以在旋转方向上叶轮的断面形状应是流线形，以使物料在叶轮推进方向迅速移动而不致受到过强的冲击和摩擦作用。

叶轮最大的回转半径和混合室半径之差（叶轮外缘与混合室壁间隙）也是影响混合效果的因素之一。过小的间隙一方面可能由于过量剪切而使物料过热，另一方面可能造成叶轮外缘与室壁的刮研。过大的间隙可能造成室壁附近的物料不发生流动或粘在混合室壁上。叶轮设计时除了考虑形状外，还要考虑其边缘的线速度。因为叶轮速度决定着传递给粉体的能量，对物料的运动和温升有重要影响。

温度是影响最终表面改性效果的重要因素之一。一般来说，表面改性剂要加热到一定的温度后才能与颗粒表面进行化学吸附或化学反应。因此在混合改性开始时，往往在混合室夹套中通入加热介质，而在卸料时希望物料降温到储存温度。物料在混合改性时的温度变化除了与叶轮形状、转速有关外，还与混合时间、混合方式等有关。一般来说，物料温度随混合时间延长而升高。混合改性开始时，混合室夹套内一般需要通入加热介质以实现快速升温，但在混合开始后，因为高速转动的叶轮使物料迅速运动从而生成大量热，需要通入冷却水来冷却物料，有时还要用风扇向混合室吹风来辅助水冷却。为了使物料排出时达到可存储的温度，常常采用热-冷混合机联合使用的方法，即高速加热混合机中改性好的物料排入冷混机，一边混合，一边冷却，当温度降到可储存温度时再排出。

物料填充率也是影响表面改性效果的一个因素，填充率小时物料流动空间大，有利于粉体与表面改性剂的作用，但由于填充量小而影响升温速度和处理量；填充率大时影响颗粒与表面改性剂的充分接触，所以适当的填充率是必要的。一般认为填充率为0.5～0.7，对于高位式叶轮填充率可以高些。

高速加热混合机的驱动功率由混合室容积、叶轮形状、转速、物料种类、填充率、混合时间、加料方式等决定。对于大容积、高转速、高填充率的场合，功率要大些。

高速加热混合机是塑料加工行业的定型设备。主要技术参数为总容积、有效容积、主轴转速、装机功率等。总容积从10L到1000L不等，其中10L高速加热混合机主要用于实验室试验研究；排料方式有手动和气动两种；加热方式有电加热和蒸气加热两种。高速加热混合机适用于中、小批量粉体的表面有机化学包覆改性和实验室进行改性剂配方试验研究。因此，尽管与先进的连续式粉体表面改性机相比存在粉尘污染、粉体与表面改性剂作用机会不均、药剂耗量高、改性时间长、劳动强度大等缺点，但在粉体表面改性技术发展的初期得到广泛应用。

4.1.3 高速冲击式粉体表面改性机

高速冲击式粉体表面改性机（HYB）系统是日本奈良机械制作所开发的用于粉体表面改性处理的设备。该套设备的主机结构如图4-7（a）所示，主要由高速旋转的转子、定子、循环回路、叶片、夹套、给料和排料装置等组成。投入机内的物料在转子、定子等部件的作用下被迅速分散，同时不断受到以冲击力为主的包括颗粒相互间的压缩、摩擦和剪切力等诸多力的作用，在较短时间内即可完成表面包覆、成膜或球形化处理[图4-7（b）]。加工过程是间隙式的，计量给料机与间隙处理联动。

如图4-8所示，整套HYB系统由混合机、计量给料装置、HYB主机、产品收集装置、控制装置等组成。用这个系统进行粉体表面改性处理的特点是：物料可以是无机物、有机物、金属等[39]。

影响该系统处理效果的主要因素如下：

① 物料（即“母粒子”）和表面改性剂（即“子粒子”）的性质。如粒度大小及对温度的敏感性等。要求给料粒度，即母粒子粒度大于 500 μm，子粒子的粒径越小越好（表面改性剂的分散度越高越好），母粒子与子粒子的粒径比至少要大于 10。此外，进行成膜或胶囊化处理时，子粒子（表面改性剂）的软化点、玻璃化转变点等都必须考虑。

② 操作条件。如转速、处理时间或物料停留时间、处理温度、气氛及投料量等。其中转速与冲击力相关，是决定能否完成包覆改性的关键，转速过低，气流循环不好，物料分散较差，处理不均匀。处理时间与处理物料的均一性相关，一般为 5min 左右，有些物料的处理时间需要 15～20min。处理温度控制为 40～90℃。由于粒子群在高速处理时与装置内表面及粒子间因摩擦力作用而产生热量，导致机内温度大幅度升高。为了控制加工过程中的温度以确保处理效果或产品质量，一般在系统内插入热电偶，并用冷却机构进行冷却。投料量要适中，过多或过少都会影响处理效果或产品质量。

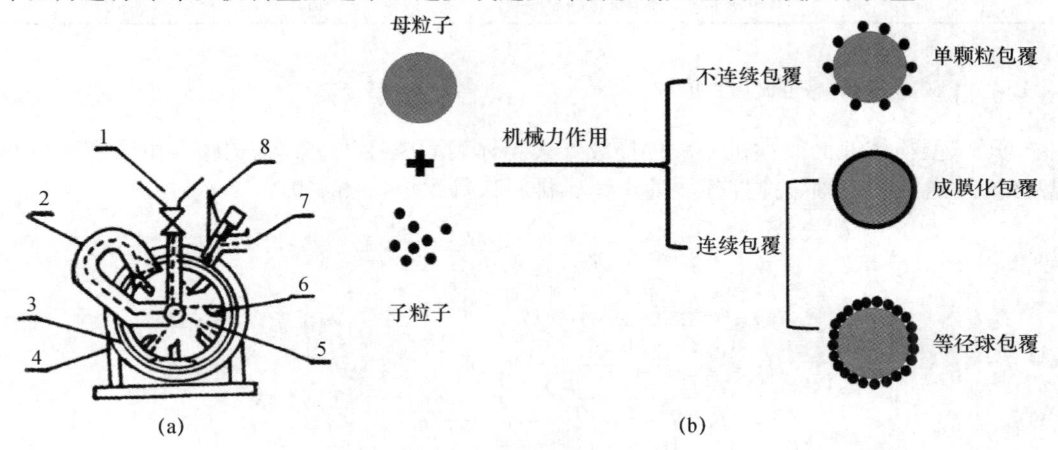

图 4-7　HYB 主机

(a) 结构；(b) 工作原理

1—投料口；2—循环回路；3—定子；4—夹套；5—转子；6—叶片；7—排料口；8—排料阀

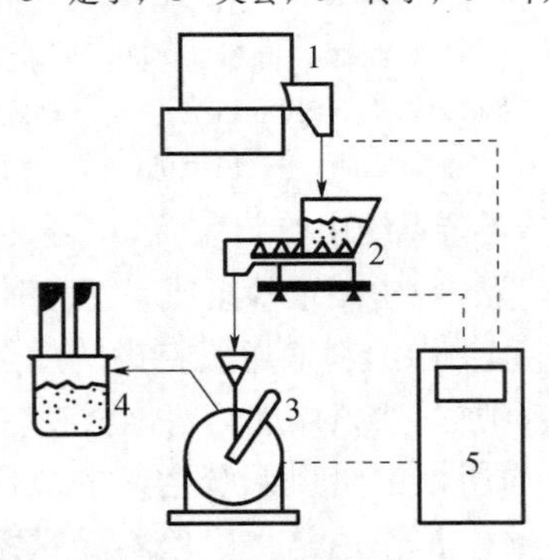

图 4-8　HYB 系统的工艺配置

1—预混机；2—计量给料装置；3—HYB 主机；4—产品收集装置；5—控制装置

HYB 系统可用于粉体物料（如颜料、无机填料、药品、金属粉、墨粉等）的表面有机包覆、机械化学改性和粒子球形化处理以及“纳米/微米”粉体的复合。

HYB系统的型号及规格见表4-2。HYB系统有NHS-0至NHS-5型六种规格，其中NHS-0是专门为少量样品试验研究设计的台式机型；NHS-1型是标准实验室型。其他机型处理量是以此机型为基准按两倍递增直到NHS-5，共有五级。NHS-2和NHS-5型与粉体物料接触部位均采用不锈钢材质。NHS-0型和NHS-1型机可按需要在转子、定子和循环管内表面涂敷耐磨的氧化铝陶瓷内衬。

表4-2 HYB系统的型号及规格

型号	转子直径（mm）	动力（kW）	处理量（kg/h）	设备质量（kg）
NHS-0	118	1.98	—	—
NHS-1	230	3.7～5.5	3.5	140
NHS-2	330	7.5～11	6	350
NHS-3	470	15～22	15	800
NHS-4	670	30～45	35	2000
NHS-5	948	55～90	50	4200

4.1.4 PSC型粉体表面改性机

PSC型粉体表面改性机是一种连续干式粉体表面改性机。其结构主要由喂料机、加热螺旋输送机、主轴、搅拌棒、冲击锤、排料口等组成（图4-9）。

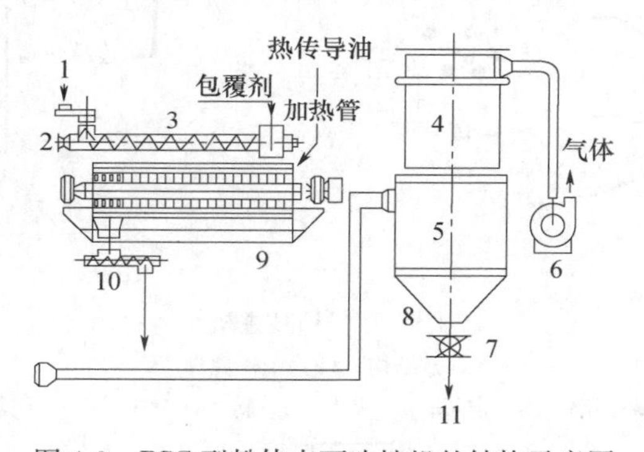

图4-9 PSC型粉体表面改性机的结构示意图

1—原料；2—加热螺旋输送机；3—台式给料机；4—脉动式吸尘器；5—成品仓；6—排气阀；7—旋转阀；8—气流输送管；9—包覆机；10—螺旋输送机；11—改性成品

PSC型粉体表面改性机整套工艺系统由给料装置、（导热油）加热装置、给药（表面改性剂）装置、改性主机、集料装置、收尘装置等组成。工作时，粉体原料经给料输送机被送至主机上方的预混室，在输送过程中由给料输送机特设的加热装置将粉体物料加热并干燥，同时固体状的表面改性剂也在专用加热容器内加热熔化至液态后经输送管道送至预混室。

预混室内设有两组喷嘴，均通入由给风系统送来的热压力气流。其中一组有四只喷嘴按不同位置分布于预混室内壁，其作用是将由给料输送系统送来的粉体物料吹散，另一组只有一只喷嘴与改性剂输送管道相通，将液态表面改性剂吹散雾化。粉体原料和表面改性剂在预混室内预混后随即进入主机，在主机内搅拌棒的高速搅拌下，受到冲击、摩擦、剪切等多种力的作用，使粉体物料与表面改性剂接触、混合。主机夹层内循环流动的高温导热油使机内保持稳定的工作温度。主机出口处高速旋转运动的冲击锤将表面改性后的粉体物料进一步分散和解聚以避免改性后粉体颗粒的团聚。

表面改性后的物料输送至成品收集仓。在气流输送过程中，利用输送气流降低物料的温度，成品进入收集仓后即可降至可存储的温度。

PSC型粉体表面改性机的主要技术参数见表4-3。主要工艺控制参数是处理温度、处理时间（物料在改性机内的停留时间）和转速。

表4-3　PSC型粉体表面改性机的主要技术参数

型号	PSC-300	PSC-400	PSC-500
直径（mm）	300	400	500
主机功率（kW）	15	22	37
最大处理能力（t/h）	1.0	1.5	2.5
加热方式	导热油	导热油	导热油

4.1.5　流态化床式改性机

图4-10所示为用于表面涂敷改性的Wurster流态化床。这种流态化床的底部有两相喷嘴以使表面改性剂溶液雾化后涂敷于颗粒表面。Wurster流态化床的主要参数和操作条件列于表4-4。这种流态化床可用于各种无机粉体颗粒的表面有机包覆或有机高聚物涂敷改性。

图4-10　Wurster流态化床

表4-4　Wurster流态化装置涂敷处理的操作条件

项　目	参　数
进口气流温度（℃）	85～90
气流速度（m/s）	0.5
床内温度（℃）	40
高聚物雾化速度（g/min）	30
高聚物固体含量（%）	40
高聚物温度（℃）	同周围温度
喷嘴直径（mm）	1
雾化空气压力（bar）	1.5
引流管高度（mm）	50
引流管直径（mm）	70

4.1.6 多功能表面改性机

1. 涡轮（旋）磨

图 4-11 所示是用于粉体连续表面改性的 HWV 涡轮磨的外形图。其结构主要由机座、驱动部分、粉碎腔、间隙调节和进、出料口组成[40]。工作时，物料从设备顶部进入，逐级通过各个研磨区，受到机械力和气动力产生的冲击、剪切和互磨等复合作用。配合加热和给药设备，HWV 涡轮磨可组成粉体表面改性系统，目前这一系统主要用于与超细重质碳酸钙生产线配套进行表面改性，很少单独用于粉体的表面改性。表 4-5 所示为 HWV 涡轮磨的主要技术参数。

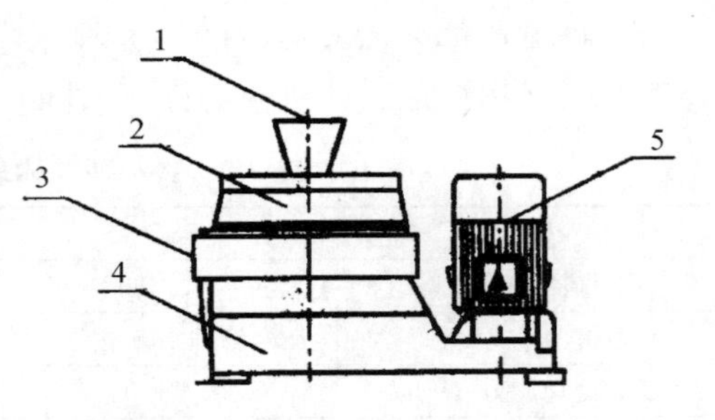

图 4-11　HWV 涡轮磨的外形图
1—进料口；2—粉碎腔；3—出料口；4—机座；5—电机

表 4-5　HWV 涡轮磨主要技术参数

型号规格	比例系数	转子直径（mm）	电机功率（kW）	气流通过量(m^3/h)	质量（kg）
HWV100	0.25	100	3	200	100
HWV250	1	250	18	1000	350
HWV400	2.5	400	45	2000	1000
HWV630	5	630	75	3600	2200
HWV800	6	800	75	3600	2500
HWV1000	8.8	1000	90	5000	3500
HWV1200	10	1200	132	7200	3500

2. 干燥式粉碎及表面改性机

图 4-12 所示是一种具有干燥、解聚、粉磨、分级和表面改性的多功能设备，商品名称为 Multirotor Cell Mill（英国 Atritor 公司出品），我国称为蜂巢磨。结构主要由解聚轮、混合腔、分级轮、进料口、出料口、热风进口、压缩空气进口、装置传动、电机等组成。这是一种可以通入热空气的连续多功能粉体处理设备，运行过程的温度（机内温度可达 450℃，出口温度一般控制到 85℃）和停留时间等可以调节。物料中的水分和加入其中的表面改性剂的溶剂组分能迅速地被汽化，留下的活性组分吸附在颗粒表面。这种多功能设备可以用于重质碳酸钙（GCC）、轻质碳酸钙（PCC）、高岭土与煅烧高岭土、黏土矿物、滑石、沉淀二氧化硅、沸石分子筛、无机颜料以及食品的干燥、解聚、粉磨和表面改性。

图 4-12　Multirotor Cell Mill（蜂巢磨）的结构和工作原理示意图

Multirotor Cell Mill 的规格及主要技术参数列于表 4-6。

表 4-6　Multirotor Cell Mill 的主要技术参数

型号规格	CM350	CM500	CM750	CM1000	CM1250	CM1500	CM2250
最高转速（r/min）	6500	4500	3000	2250	1800	1500	1000
最小空气流量（m^3/h）	1250	2000	3000	4000	5000	6000	9000
最大空气流量（m^3/h）	4000	6000	12000	15000	20000	25000	375000
最小装机功率（kW）	15	22	45	75	110	132	200
最大装机功率（kW）	30	55	90	132	200	260	400
分级机功率（kW）	3.3	5.5	7.5	11	15	22	33

4.2　湿法表面改性设备

目前，湿法表面改性设备主要采用可控温反应釜［图 4-13（a）］和搅拌反应罐［图 4-13（b）］。这两种设备的筒体一般做成带夹套的内外两层，夹套内通入加热介质，如蒸气、导热油等。一些较简单的表面改性罐也可采用电加热。粉体表面有机改性和化学沉淀包覆（无机改性）用的反应釜或搅拌反应罐，一般对压力没有要求，只要满足温度和料浆分散以及耐酸或碱腐蚀即可，因此，结构较为简单。

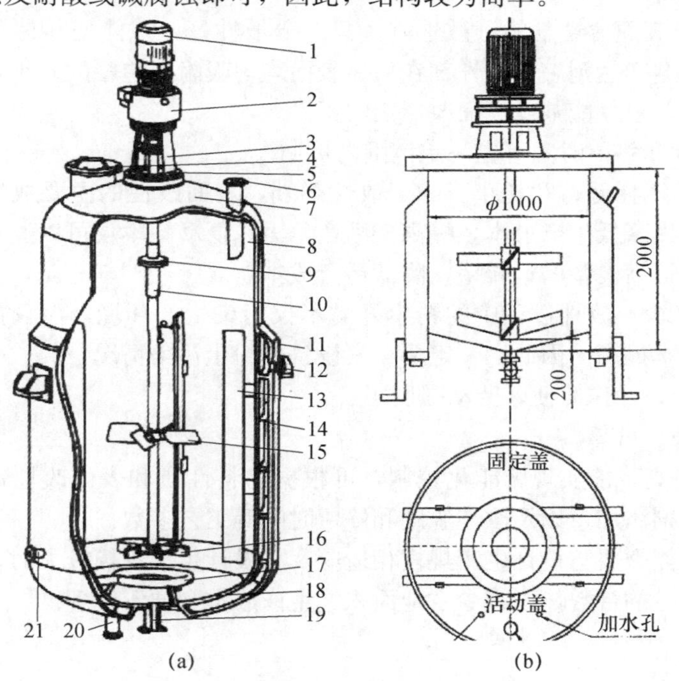

图 4-13　湿式表面改性设备

（a）反应釜；（b）可控温搅拌反应罐

（a）：1—电机；2—减速机；3—机架；4—人孔；5—密封装置；6—进料口；7—上封头；8—筒体；9—联轴器；10—搅拌轴；11—夹套；12—载热介质出口；13—挡板；14—螺旋导流板；15—轴向流搅拌器；16—径向流搅拌器；17—气体分布器；18—下封头；19—出料口；20—载热介质进口；21—气体进口

反应釜主要由夹套式筒体、传热装置、传动装置、轴封装置和各种连接管组成[41]。釜体的外筒体一般为钢制圆筒，内筒或内衬材质根据改性浆料体系的酸碱性和防腐性要求设计。常用的传热装置有夹套结构的壁外传热和釜内装设换热管传热两种形式。应用最多的是夹套传热。夹套是反应釜最常用的传热结构，由圆柱形壳体和底封头组成。搅拌装置是反应釜和搅拌反应罐的关键部件。筒体内的物料借助搅拌器的搅拌，达到充分混合和反应。搅拌装置通常包括搅拌器、搅拌轴、支承结构以及挡板、导流筒等部件。搅拌装置的主要零部件已标准化。搅拌器主要有推进式、桨式、涡轮式、锚式、框式及螺带式等类型。

4.3 表面改性设备的选择

表面改性设备的类型很多，既有干法改性设备，也有湿法改性设备。其选择的依据是表面改性方法和工艺，这是因为不同的改性工艺和方法需要相应的表面改性设备。例如，干法有机表面改性需要干式表面改性设备，如SLG型连续粉体表面改性机、加热混合机、涡旋式改性机等；而湿法有机表面改性需要选择湿式表面改性机，如可控温反应罐、反应釜等。

表面改性设备选择的原则如下：

① 对粉体及表面改性剂的分散性好。只有分散性好，才能使粉体与表面改性剂有较均等的作用机会和达到表面改性剂在粉体表面均匀吸附或包覆的效果，并使改性后的粉体无二次团聚，也才能减少表面改性剂的用量。

② 改性温度和停留时间可在一定范围内可调。

③ 单位产品能耗低、磨耗小。除了改性剂外，表面改性的主要成本是能耗，低能耗的改性设备可以降低生产成本，提高产品竞争力；低磨耗不仅可以避免改性物料被污染，同时也可以提高设备的运转率，降低运行成本。

④ 粉尘污染少。改性过程中的粉尘外溢不仅污染生产环境，而且损失物料，导致单位产品生产成本提高。因此，一定要考察设备的粉尘污染情况。

⑤ 连续生产，操作简便，劳动强度小。

⑥ 运行平稳、可靠。

⑦ 控制水平高，能实现智能化控制，可根据物料性质和表面改性剂的性质自动调节处理量、改性剂添加量以及改性温度和停留时间等工艺参数。

设备的生产能力要与设计生产规模相适应。在设计生产规模较大时，要尽量选用大型设备，减少设备的台数，以减少占地面积、生产成本和便于管理。

第5章 表面改性剂

表面改性剂是粉体表面改性或处理中用于改变粉体表面性质并改善粉体应用性能的化学物质。粉体的表面改性，主要是依靠表面改性剂或处理剂在颗粒表面的吸附、反应、包覆或包膜来实现的。因此，表面改性剂是粉体表面改性技术的重要内容之一。

粉体的表面改性一般都有其特定的应用背景或应用领域。因此，选用表面改性剂必须考虑被处理物料的应用对象。例如，用作塑料、橡胶、胶黏剂等高聚物基复合材料的无机填料的表面改性所选用的表面改性剂，既要能够与颗粒表面吸附或反应、覆盖于填料表面，又要与有机高聚物有较强的化学作用和亲和性。因此，从分子结构来说，用于粉体表面改性的改性剂应是一类具有一个以上能与无机颗粒表面作用的官能团和一个以上能与有机高聚物基分子结合的基团并与高聚物基料相容性好的化学物质。

表面改性剂的种类很多，根据表面改性剂的化学属性可以分为有机改性剂和无机改性剂，分别用于粉体的有机表面改性和无机表面改性。常用的有机表面改性剂有偶联剂、表面活性剂、有机硅、不饱和有机酸、有机低聚物、水溶性高分子等。无机表面改性剂一般是金属氧化物、金属盐或复盐等。

5.1 有机表面改性剂

5.1.1 偶联剂

偶联剂是一种至少具有一个以上与无机粉体表面作用的基团和一个以上与有机聚合物亲和基团的两性结构的有机物，按其化学结构和成分可分为钛酸酯类、硅烷类、铝酸酯类、锆铝酸盐类及有机络合物等几种。其分子中的一部分基团可与粉体表面的各种官能团反应，形成化学吸附或键合，另一部分基团可与有机高聚物基料发生化学作用或物理缠绕，使无机粉体和有机高聚物分子之间建立起具有特殊功能的“分子桥”，从而将两种性质差异很大的材料牢固结合。

偶联剂适用于各种不同的有机高聚物和无机填料的复合材料体系。经偶联剂进行表面改性后的无机填料，既抑制了填充体系“相”的分离，又使无机填料有机化，与有机基料的亲和性增强，即使增大填充量，仍可较好地均匀分散，从而改善制品的综合性能，特别是各种力学性能。

1. 钛酸酯偶联剂

钛酸酯偶联剂是美国 Kenrich 石油化学公司 20 世纪 70 年代开发的一种新型偶联剂，至今已有几十个品种，是无机粉体广泛应用的一种表面改性剂。

（1）钛酸酯偶联剂分子结构及 6 个功能区的作用机理

钛酸酯偶联剂的分子结构可划分为 6 个功能区，每个功能区都有其特点，在偶联剂中发挥各自的作用。其通式和 6 个功能区如下：

$$\underline{\text{偶联无机相}}\ \cdot\ \underline{\text{亲有机相}}$$

$$\overset{1}{(RO)_M}—\overset{2}{Ti}—\ (\overset{3}{O}\overset{4}{X}—\overset{5}{R'}—\overset{6}{Y})_N$$

式中，$1 \leqslant M \leqslant 4$，$M+N \leqslant 6$；R 为短碳链烷烃基；R′为长碳链烷烃基；X 为 C、N、P、S 等元素；Y 为羟基、氨基、双键等基团。

功能区 1：$(RO)_M$为与无机粉体颗粒作用的基团。钛酸酯偶联剂通过该烷氧基团与无机粉体颗粒表面的微量羟基或质子发生化学吸附或化学反应，偶联到无机粉体颗粒表面形成单分子层，同时释放出异丙醇。由功能区 1 发展成偶联剂的 3 种类型，每种类型由于偶联基团上的差异，对无机粉体颗粒表面的含水量有选择性。一般单烷氧基型适用于干燥的仅含键合水的低含水量的无机粉体，螯合型适用于高含水量的无机粉体。

功能区 2：Ti—O 为酯基转移和交联基团。某些钛酸酯偶联剂能够和有机高分子中的酯基、羧基等进行酯基转移和交联，造成钛酸酯、无机粉体及有机高分子之间的交联，促使体系黏度上升呈触变性。

功能区 3：X—为联结钛中心的基团。该基团包括长链烷氧基、酚基、羧基、磺酸基、磷酸基、焦磷酸基等。这些基团决定钛酸酯偶联剂的特性与功能，如磺酸基赋予一定的触变性，焦磷酸基具有阻燃、防锈、增加黏结性功能，亚磷酸配位基具有抗氧化功能等。通过这部分基团的选择，可以使钛酸酯偶联剂兼有多种功能。

功能区 4：R′为长链的纠缠基团。长的脂肪族碳链比较柔软，能和有机基料进行弯曲缠绕，增强和基料的结合力，提高它们的相容性，改善无机粉体和基料体系的熔融流动性和加工性能，缩短混料时间，增加无机粉体（如填料）的填充量，并赋予柔韧性及应力转移功能，从而提高延伸、撕裂和冲击强度。还赋予无机粉体和基料体系的润滑性，改善分散性和电性能等。

功能区 5：Y 为固化反应基团。当活性基团联结在钛的有机骨架上，就能使钛酸酯偶联剂和有机聚合物进行化学反应而交联。例如，不饱和双键能和不饱和树脂进行交联，使无机粉体和有机基料结合。

功能区 6：N 为非水解基团数。钛酸酯偶联剂中非水解基团的数目至少为两个。在螯合型钛酸酯偶联剂中具有 2 个或 3 个非水解基团；在单烷氧基型钛酸酯偶联剂中有 3 个非水解基团。由于分子中多个非水解基团的作用，可以加强缠绕，并因碳原子数多可急剧改变表面能，大幅度降低体系的黏度。3 个非水解基团可以是相同的，也可以是不相同的，可根据相容性要求调节碳链长短；又可根据性能要求，部分改变连接钛中心的基团，从而适用于不同的树脂或高聚物基料。

（2）钛酸酯偶联剂的类型和应用性能

钛酸酯偶联剂按其化学结构可分为三种类型：即单烷氧基型、螯合型和配位型（表 5-1）。

表 5-1　钛酸酯偶联剂的分类

类型		结构式
单烷氧基型		$i\text{—}C_3H_7O\text{—}Ti\text{(}O\text{—}\overset{O}{\overset{\Vert}{C}}\text{—}C_{17}H_{35})_3$
螯合型	螯合100型	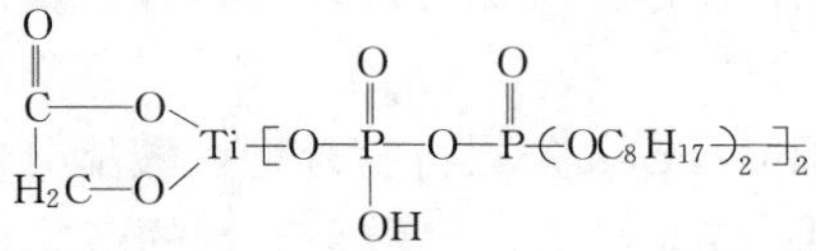 $\begin{matrix} \overset{O}{\overset{\Vert}{C}}\text{—}O \\ \vert \\ H_2C\text{—}O \end{matrix}\rangle Ti\text{[}O\text{—}\overset{O}{\overset{\Vert}{P}}\text{—}O\text{—}\overset{O}{\overset{\Vert}{P}}\text{(}OC_8H_{17})_2]_2$，其中第一个 P 上连 OH
	螯合200型	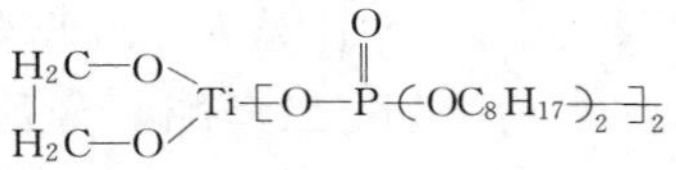 $\begin{matrix} H_2C\text{—}O \\ \vert \\ H_2C\text{—}O \end{matrix}\rangle Ti\text{[}O\text{—}\overset{O}{\overset{\Vert}{P}}\text{(}OC_8H_{17})_2]_2$
配位型		$(i\text{—}C_3H_7O)_4Ti\ [P\text{(}OC_8H_{17})_2OH]_2$

① 单烷氧基型。这一类品种最多，具有各种功能基团和特点，广泛应用于塑料、橡胶、涂料、胶黏剂工业。除含乙醇胺基和焦酸酸基的单烷氧基型外，大多数品种耐水性差，只适用于处理干燥的无机粉体。其代表性品种如下：

A. 单烷氧基三羧酸钛。这类钛酸酯的分子通式为 $i\text{—}C_3H_7Ti$（OCOR$)_3$。以 KR-TTS 为例，其化学成分为异丙氧基三异硬脂酸钛，分子式为 $i\text{—}C_3H_7Ti$［OCO $(CH_2)_{14}CH$ $(CH_3)_2]_3$。由于分子中存在长链脂肪酸的大量碳原子，用其处理无机粉体可改善它们在高聚物基料中的分散性，提高无机填料的填充量，使体系黏度大幅度下降，并增加熔融流动性，提高制品的力学性能，特别适用于处理填充聚烯烃塑料的碳酸钙。由于连接钛中心的羧基具有酯交换性能，在有些涂料中能提供触变性，起防沉淀作用。

B. 单烷氧基三（磷酸酯）钛。这种品种的分子通式为 $i\text{—}C_3H_7Ti\ [O\overset{O}{\overset{\Vert}{P}}(OR)_2]_3$。例如异丙氧基三（磷酸二辛酯）钛 TTOP-12（KR-12），分子式为 $i\text{—}C_3H_7Ti\ [O\overset{O}{\overset{\Vert}{P}}(OC_8H_{17})_2]_3$。这种钛酸酯偶联剂适用于干燥的无机粉体的表面处理。在溶剂型涂料中使用时，对γ-Fe_2O_3、铁红、钛白粉等颜料具有明显的分散防沉效果，尤其对钛白粉的分散效果较好，能提高钛白粉在聚丙烯、萜类树脂、丙烯酸树脂以及醇酸树脂等中的分散性，并明显提高涂膜的性能。

C. 单烷氧基三（焦磷酸酯）钛。以异丙氧基三（焦磷酸二辛酯）钛 TTOPP-38S（KR-38S）为例，其分子式为

$$i\text{—}C_3H_7OTi[O\overset{O}{\overset{\Vert}{P}}O\overset{O}{\overset{\Vert}{P}}(OC_8H_{17})_2]_3 \quad (\text{第一个 P 上连 OH})$$

这类品种比一般单烷氧基型钛酸酯耐水性好，适用于中等含水量的粉体的表面改性，但比螯合型钛酸酯的耐水性差。它在涂料中的应用很广，能明显提高炭黑、酞菁蓝、铁红、中铬黄等多种颜料在基料中的分散性、防沉降和储存稳定性，缩短研磨次数和时间，改善涂膜的附着力和外观质量，且具有阻燃、耐腐蚀、增加黏结性和催化固化等功效。

② 螯合型。美国 Kenrich 公司将螯合型钛酸酯分成两类：一是含有氧乙酸螯合基的产品，称螯合 100 型；二是含有乙二醇螯合剂的产品，称螯合 200 型。螯合型钛酸酯的耐水性较好，适用于高含水量的无机粉体的表面处理。水解稳定性螯合 100 型比螯合 200 型更好，但降黏作用螯合 200 型比螯合 100 型更好。

A. 螯合 100 型。以二（焦磷酸二辛酯）羟乙酸钛酸酯 CTDPP-138S（KR-138S）为例，其分子式为：

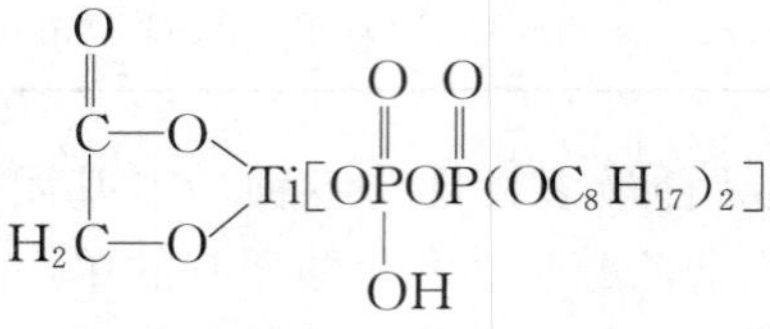

$$\begin{array}{l} \overset{\displaystyle O}{\overset{\|}{C}}-O\diagdown \\ \quad\big| \qquad\quad Ti[O\overset{\displaystyle O}{\overset{\|}{P}}\underset{\displaystyle OH}{\underset{|}{O}}\overset{\displaystyle O}{\overset{\|}{P}}(OC_8H_{17})_2]_2 \\ H_2C-O\diagup \end{array}$$

它具有与 TTOPP-38S 同样的耐腐蚀、阻燃及黏结性好的特性，而且耐水性比 TTOPP-38S 更好，既可溶解在甲苯、二甲苯等溶剂中包覆改性无机粉体，也可用烷醇胺或胺类试剂季铵盐化后溶解在水中包覆改性无机粉体。通常使用的胺类试剂有 2-二甲胺基-2-甲基-1-丙醇（DMAMP-80）、三乙醇胺、三乙胺等。

B. 螯合 200 型。以二（磷酸二辛酯）钛酸乙二（醇）酯 ETDOP-212S（KR-212S）为例，其分子式为：

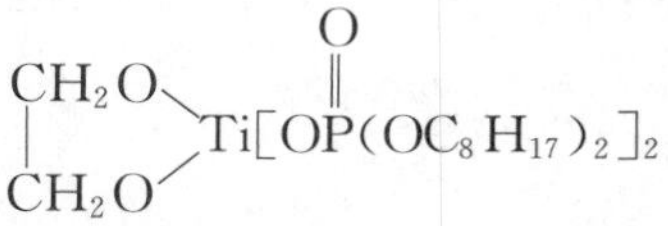

$$\begin{array}{l} CH_2O\diagdown \\ \big| \qquad\qquad Ti[O\overset{\displaystyle O}{\overset{\|}{P}}(OC_8H_{17})_2]_2 \\ CH_2O\diagup \end{array}$$

这类钛酸酯的耐水性好，既可溶于有机溶剂中包覆改性无机粉体，也可用烷醇胺或胺类试剂季铵盐化后溶解在水中包覆改性无机粉体。

③ 配位型。配位型偶联剂是以两个以上的亚磷酸酯为配体，将磷原子上的孤对电子转移到钛酸酯中的钛原子上，形成两个配价健，以 OTDLPI-46（KR-46）为例，其分子结构式为：

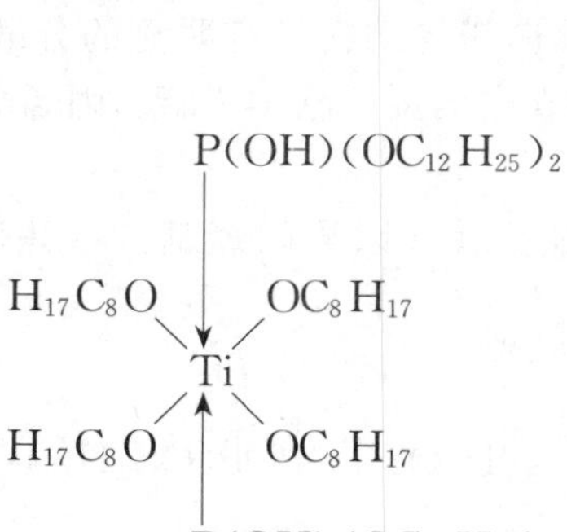

$$\begin{array}{c} P(OH)(OC_{12}H_{25})_2 \\ \downarrow \\ H_{17}C_8O \quad\quad OC_8H_{17} \\ \diagdown \quad \diagup \\ Ti \\ \diagup \quad \diagdown \\ H_{17}C_8O \quad\quad OC_8H_{17} \\ \uparrow \\ P(OH)(OC_{12}H_{25})_2 \end{array}$$

钛原子由4价键转变为6价键，降低了钛酸酯的反应活性，提高了耐水性。因此，配位型钛酸酯偶联剂耐水性好，可在溶剂型涂料或水性涂料中使用。配位型钛酸酯偶联剂多数不溶解于水，可以预先乳化分散在水中，也可以加表面活性剂或亲水性助溶剂使它分散在水中，对无机粉体进行表面处理。

(3) 钛酸酯偶联剂的用量和用法

钛酸酯偶联剂适宜的用量是使钛酸酯偶联剂分子中的全部异丙氧基与无机粉体表面所提供的羟基或其他基团发生反应，过量是没有必要的。钛酸酯偶联剂的大致用量为粉体质量的0.1%～3.0%。被改性粉体的粒度越细，比表面积越大，钛酸酯偶联剂的用量就越大。适宜的用量可以通过测定改性剂用量试验样品在低分子量有机液体（如液体石蜡）中的黏度得出；黏度下降最大的改性剂用量就是适宜的钛酸酯偶联剂的用量。

① 单烷氧基型钛酸酯的使用方法。单烷氧基型钛酸酯偶联剂除含三乙醇胺基（既属单烷氧基型钛酸酯，又属螯合型）、焦磷酸酯基两类外，大多数耐水性差，只能用于干法改性。使用时可直接加入粉体，也可以用少量有机溶剂，如矿物油等溶解稀释，然后加入粉体中进行包覆改性。适宜的改性温度为80～120℃。对于采用间歇式的表面改性工艺与设备，稀释可使偶联剂更均匀地包覆于粉体表面；但溶剂最终必须除去，否则将影响粉体表面改性的效果，因此，溶剂用量不宜太多，在实际生产中，要根据具体情况，适量加入稀释剂；在采用分散效果较好的连续式表面改性设备时可以直接加热后添加，无须稀释。

② 螯合型钛酸酯偶联剂的使用方法。螯合型钛酸酯偶联剂耐水性好，它既可以用于干法改性，也可以用于湿法（水溶液中）改性。但是，螯合型钛酸酯偶联剂大多不溶于水。一般可以采用高速分散及表面活性剂乳化、季铵盐化后溶解于水中。

③ 配位型钛酸酯偶联剂的使用方法。配位型钛酸酯偶联剂耐水性好，它既可以用于干法改性也可以用于湿法（水溶液中）改性。但配位型钛酸酯大多数不溶解于水，通常要使用表面活性剂、水性助溶剂使之溶解于水，或高速搅拌使其乳化分散在水中。

无机粉体的湿含量、粒度大小和形状、比表面积、酸碱性、化学组成等都可能影响钛酸酯偶联剂的作用效果。一般来讲，单烷氧基钛酸酯偶联剂对干燥的粉体效果最好，在含游离水的湿料中效果较差。在湿料中应选用焦磷酸酯基钛酸酯。比表面积大的湿料最好使用螯合型钛酸酯偶联剂。

(4) 钛酸酯偶联剂在使用过程中需要注意的几个问题

①严格控制温度，防止钛酸酯偶联剂分解；②多数钛酸酯偶联剂能不同程度地与酯类增塑剂发生酯交换反应，因此，加药时应注意钛酸酯偶联剂不要先与酯类增塑剂接触，以避免发生副反应而失效；③注意均匀分散，只有钛酸酯偶联剂的均匀分散和与无机粉体的均匀作用才能达到均匀包覆改性和减少钛酸酯的用量；④注意技术结合，提高偶联效果，如钛酸酯偶联剂与其他表面改性剂的并用能产生协同效应和降低改性成本。

表5-2为国内外钛酸酯偶联剂主要品种及物化性能。

表 5-2　国内外钛酸酯偶联剂主要品种及物化性能

类型	化学名称	商品牌号		主要物化指标
		国外	国内	
单烷氧基型	异丙氧基三（异硬脂酰基）钛酸酯	KR-TTS	NDZ-105 JN-101 NDZ-101 TSC	棕红色液体；密度（30℃）0.90～0.95g/mL；黏度（30℃）20～80mPa·s；可溶于异丙醇、甲苯、矿物油等；分解温度255℃
	异丙氧基三（十二烷基苯磺酰基）钛酸酯	KR-9S TTBS-9	JN-9；JN-9A YB-104	浅棕色液体；密度（30℃）1.00～1.10g/mL；黏度（30℃）≥2900mPa·s；折光率1.500±0.01；分解温度290℃
			Ti-9	淡黄色黏稠体；密度（25℃）≥1.00g/mL；折光率1.44±0.005；pH值：约2；分解温度≥290℃
	异丙氧基三（磷酸二辛酯）钛酸酯	KR-12	NDZ-102 JN-108 YB-203	浅黄色液体；密度（30℃）1.00～1.10g/mL；黏度（30℃）≥100mPa·s；折光率1.450±0.01；分解温度260℃
	异丙氧基三（焦磷酸二辛酯）钛酸酯	KR-38S	NDZ-201 CT-144 JN-114 YB-201	浅棕色液体；密度（30℃）1.02～1.15g/mL；黏度（30℃）≥400mPa·s；折光率1.460±0.02；分解温度210℃
	异丙氧基三（羧酰基）钛酸酯	KR-TTS	JSC；JN-TSC JN-TSC-1	棕红至棕黑色液体；密度（30℃）0.910～0.935g/mL；黏度（30℃）30～80mPa·s；分解温度≥240℃
			CT-928；T1-2 T1-2A；H-938	白色或淡黄色固体；密度（20℃）0.835～0.87 g/mL;分解温度≥240℃
			JN-928；JN-568 T1-1	微黄至白色块状物；密度（30℃）0.910～0.935g/mL；分解温度≥200℃
	单烷氧基三（二辛基磷酰氧基）钛酸酯	TTOP-12	CT-2 JN-2 JN-108	无色至淡黄色液体；密度（30℃）1.00～1.1g/mL；黏度（30℃）100～200mPa·s；分解温度≥210℃
	异丙基三（十二烷基磺酸基）钛酸酯		JN-9S	棕红色至棕黑色黏稠液体；pH值：5～6；密度1.01～1.05g/mL；黏度≥200mPa·s
螯合型	二（焦磷酸二辛酯）羟乙酸酯钛酸酯	KR-138S	NDZ-311 JN-115 YB-301 YB-401	浅棕色液体；密度（30℃）1.02～1.15g/mL；黏度（30℃）≥200mPa·s；折光率1.460±0.02；分解温度210℃
	二（羧酰基）乙二撑钛酸酯	KR-201	JN-201；TNF YB-403	棕褐色液体；密度（30℃）0.94～0.98g/mL；黏度（30℃）30～80mPa·s；折光率1.480±0.01
	二（焦磷酸二辛酯）乙撑钛酸酯	KR-138S	JN-644 JN-646 YB-302 YB-402	浅棕色液体；密度（30℃）1.02～1.15g/mL；黏度（30℃）≥3000mPa·s；折光率1.490±0.02

续表

类型	化学名称	商品牌号		主要物化指标
		国外	国内	
螯合型	三乙醇胺钛酸酯	TILCOMTET	JN-54 YB-404	浅黄色液体；密度（30℃）1.03～1.10g/mL；黏度（30℃）≥20mPa·s；折光率1.480±0.01
	醇胺乙二撑钛酸酯	TILCOMAT	JN-AT YB-405	淡黄色透明液体；密度（30℃）1.05～1.15g/mL；黏度（30℃）≥20mPa·s；pH值：9.0±1.0
	醇胺脂肪酸钛酸酯	TILC-OMTET	JN-54	浅黄色液体；密度（30℃）1.03～1.10g/mL；黏度（30℃）≥20mPa·s；折光率1.4800±0.01
	双（二辛基焦磷酸酯）羟乙酸酯钛酸酯	KR-138S	JN-115	浅棕色液体；密度（30℃）1.02～1.15g/mL；黏度（30℃）≥200mPa·s；折光率1.4600±0.02
			JN-115A	红棕色黏稠液；密度（30℃）1.05～1.20g/mL；黏度（30℃）≥400mPa·s；折光率1.4800±0.02；能溶于水
配位型	四异丙基二（亚磷酸二辛酯）钛酸酯	KR-41B	NDZ-401	浅黄色液体；密度（20℃）0.945g/mL；分解温度260℃
	二（亚磷酸二月桂酯）四氧辛氧基钛酸酯	KR-46		

2. 硅烷偶联剂

（1）硅烷偶联剂的分子结构

硅烷偶联剂是一类具有特殊结构的低分子有机硅化合物，其通式为$RSiX_3$，式中R代表与聚合物分子有亲和力或反应能力的活性官能团，如氧基、巯基、乙烯基、环氧基、酰胺基、氨丙基等；X代表能够水解的烷氧基，如卤素、酰氧基等。

（2）硅烷偶联剂的种类、性质及应用

根据分子结构中R基的不同，硅烷偶联剂可分为基础硅烷、氨基硅烷、环氧基硅烷、硫基硅烷、甲基丙烯酰氧基硅烷、乙烯基硅烷、脲基硅烷、苯基硅烷、烷基硅烷以及异氰酸酯基硅烷等。表5-3是各种硅烷的化学结构和主要物化性质；表5-4为常用硅烷的溶解性能；表5-5为国内外主要硅烷品牌号及其对照。硅烷偶联剂可用于许多无机粉体的表面改性，其中对含硅酸成分较多的石英粉、玻璃纤维、白炭黑等效果最好，对高岭土、云母、滑石、水合氧化铝和氢氧化镁等效果也比较好。但选择硅烷偶联剂对无机粉体进行表面改性处理时一定要考虑聚合物基料的种类，也即要根据表面改性后无机粉体的应用对象和目的来选择硅烷偶联剂。表5-6所列为常用硅烷偶联剂的适用性。

表 5-3 各种硅烷的化学结构及主要物化性质

种类	化学名称	化学结构	分子量	密度(g/cm³)	沸点(℃)
基础硅烷	甲基二乙氧基氢硅烷	$HSiCH_3\ (OCH_3)_2$			
	三甲氧基氢硅烷	$HSi\ (OCH_3)_3$			
	三乙氧基氢硅烷	$HSi\ (OCH_2CH_3)_3$			
	四甲氧基硅烷	$Si\ (OCH_3)_4$			
	四乙氧基硅烷	$Si\ (OCH_2CH_3)_4$			
	甲基三甲氧基硅烷	$CH_3Si\ (OCH_3)_3$			
	甲基三乙氧基硅烷	$CH_3Si\ (OCH_2CH_3)_3$			
	3-氯丙基甲基二甲氧基硅烷	$Cl\ (CH_2)_3SiCH_3\ (OCH_3)_2$			
	3-氯丙基甲基二乙氧基硅烷	$Cl\ (CH_2)_3SiCH_3\ (OCH_2CH_3)_2$			
	3-氯丙基三甲氧基硅烷	$Cl\ (CH_2)_3Si\ (OCH_3)_3$			
	3-氯丙基三乙氧基硅烷	$Cl\ (CH_2)_3Si\ (OCH_2CH_3)_3$			
氨基硅烷	3-环己基-氨丙基甲基二甲氧基硅烷	⬡—$NH(CH_2)_3SiCH_3(OCH_3)_2$		0.96～0.98	
	氨丙基三乙氧基硅烷	$NH_2\ (CH_2)_3Si\ (OCH_2CH_3)_3$	221.3	0.946	220
	γ-氨丙基三乙氧基硅烷	$NH_2\ (CH_2)_3Si\ (OCH_2CH_3)_3$		0.948	
	γ-氨丙基三甲氧基硅烷	$NH_2\ (CH_2)_3Si\ (OCH_3)_3$	179.3	1.014	210
	3-(2-氨乙基)-氨丙基三甲氧基硅烷	$NH_2\ (CH_2)_2NH\ (CH_2)_3Si\ (OCH_3)_3$	222.4	1.030	259
	二乙烯三氨基丙基三甲氧基硅烷	$NH_2\ (CH_2)_2NH\ (CH_2)_2NH\ (CH_2)_3$ $Si\ (OCH_3)_3$	251.4	1.030	250
	二-(三甲氧基甲硅烷基丙基)胺	$(CH_2)_3Si(OCH_3)_3$ / NH \\ $(CH_2)_3Si(OCH_3)_3$	341.5	1.040	152
	二-(三乙氧基甲硅烷基丙基)胺	$(CH_2)_3Si(OC_2H_5)_3$ / NH \\ $(CH_2)_3Si(OC_2H_5)_3$			
	3-(2-氨乙基)-氨丙基甲基二甲氧基硅烷	$NH_2\ (CH_2)_2NH\ (CH_2)_3SiCH_2$ $(OCH_3)_2$		0.980	85
	3-(2-氨乙基)-氨丙基三乙氧基硅烷	$NH_2\ (CH_2)_2NH\ (CH_2)_3Si\ (OCH_2$ $CH_3)_3$		0.95～0.97	
	3-氨丙基甲基二乙氧基硅烷	$NH_2\ (CH_2)_3SiCH_3\ (OCH_2CH_3)_2$		0.905～0.925	

续表

种类	化学名称	化学结构	分子量	密度（g/cm^3）	沸点（℃）
环氧基硅烷	3、4环氧环己基乙基三甲氧基硅烷	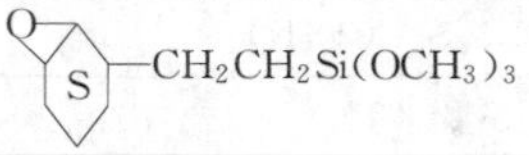 (O, S 环) $—CH_2CH_2Si(OCH_3)_3$	246.4	1.065	310
	缩水甘油醚氧丙基三甲氧基硅烷	CH_2—O—$CHCH_2OCH_2CH_2CH_2Si(OCH_3)_3$	236.4	1.069	290
	3-缩水甘油醚氧基丙基甲基二甲氧基硅烷	CH_2—O—$CHCH_2O(CH_2)_3SiCH_3(OCH_3)_2$			
	3-缩水甘油醚氧基丙基甲基二乙氧基硅烷	CH_2—O—$CHCH_2O(CH_2)_3SiCH_3(OC_2H_5)_2$			
	3-缩水甘油醚氧基丙基甲基三乙氧基硅烷	CH_2—O—$CHCH_2O(CH_2)_3SiCH_3(OC_2H_5)_3$			
硫基硅烷	3-巯基丙基甲基二甲氧基硅烷	$HS(CH_2)_3SiCH_3(OCH_3)_2$			
	3-巯丙基三乙氧基硅烷	$HS(CH_2)_3SiCH_3(OCH_2CH_3)_3$			
	3-硫氰酸酯基丙基三乙氧基硅烷	$NCS(CH_2)_3Si(OCH_2CH_3)_3$			
	3-巯基丙基三甲氧基硅烷	$HS(CH_2)_3Si(OCH_3)_3$	196.4	1.057	212
	双-［3-（三乙氧基硅基）-丙基］-四硫化物	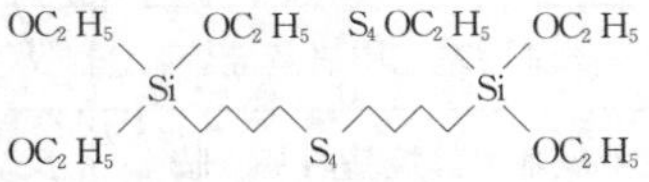 $(OC_2H_5)_2(OC_2H_5)Si$～～～S_4～～～$Si(OC_2H_5)_3$	539	1.07～1.12	
乙烯基硅烷	乙烯基三甲氧基硅烷	$CH_2=CHSi(OCH_3)_3$	148.2	0.967	122
	乙烯基三乙氧基硅烷	$CH_2=CHSi(OCH_2CH_3)_3$	190.4	0.905	160
	乙烯基-三（2-甲氧基乙氧基）硅烷	$CH_2=CHSi(OCH_2CH_2OCH_3)_3$	280.4	1.035	285
	乙烯基甲基二甲氧基硅烷	$CH_2=CHSiCH_2(OCH_3)_2$		0.888	106
甲基丙烯酰氧基硅烷	3-甲基丙烯酰氧基丙基三甲氧基硅烷	$CH_2=C(CH_3)CO_2(CH_2)_3Si(OCH_3)_3$	248.4	1.045	255
	3-甲基丙烯酰氧基丙基甲基二甲氧基硅烷	$CH_2=C(CH_3)CO_2(CH_2)_3SiCH_3(OCH_3)_2$			
脲基硅烷	脲基丙基三乙氧基硅烷	$H_2NC(=O)NHC_3H_6Si(OCH_3)_x(OC_2H_5)_{3-x}$		0.920	
	脲基丙基三甲氧基硅烷	$H_2NC(=O)NHC_3H_6Si(OCH_3)_3$	220	1.150	217

续表

种类	化学名称	化学结构	分子量	密度 (g/cm^3)	沸点 (℃)
苯基硅烷	二苯基二甲氧基硅烷	$(C_6H_5)_2Si(OCH_3)_2$			
	苯基三甲氧基硅烷	$C_6H_5Si(OCH_3)_3$			
	苯基三乙氧基硅烷	$C_6H_5Si(OC_2H_5)_3$			
异氰酸酯基硅烷	异氰酸酯丙基三乙氧基硅烷	$O=C=N(CH_2)_3Si(OCH_2CH_3)_3$	247	0.999	238
烷基硅烷	辛基三乙氧基硅烷	$CH_3(CH_2)_7Si(OCH_2CH_3)_3$	276.5	0.876	98
	甲基三乙氧基硅烷	$CH_3Si(OCH_2CH_3)_3$	178.3	0.890	143
	甲基三甲氧基硅烷	$CH_3Si(OCH_3)_3$	136.3	0.950	101

表 5-4　常用硅烷的溶解性能

种类	化学名称	溶解性				
		丙酮	甲苯	乙醚	四氯化碳	水
氨基硅烷	γ-氨丙基三乙氧基硅烷	反应	可溶	可溶	反应	可溶/水解
	γ-氨丙基三甲氧基硅烷	反应	可溶	可溶	反应	可溶/水解
	3-(2-氨乙基)-氨丙基三甲氧基硅烷	反应	可溶	可溶	反应	可溶/水解
	二乙烯三氨基丙基三甲氧基硅烷	反应	可溶	可溶	反应	可溶/水解
	二-(三甲氧基甲硅烷基丙基)胺	反应	可溶	可溶	反应	水解
	3-(2-氨乙基)-氨丙基甲基二甲氧基硅烷	反应	可溶	可溶	反应	可溶/水解
乙烯基硅烷	乙烯基三甲氧基硅烷	可溶	可溶	可溶	可溶	水解
	乙烯基三乙氧基硅烷	可溶	可溶	可溶	可溶	水解
	乙烯基-三(2-甲氧基乙氧基)硅烷	可溶	可溶	可溶	可溶	可溶/水解
硫基硅烷	3-巯基丙基三甲氧基硅烷	可溶	可溶	可溶	可溶	水解
	双-[3-(三乙氧基硅基)-丙基]-四硫化物	可溶	可溶	可溶	可溶	不可溶
环氧基硅烷	3、4 环氧环己基乙基三甲氧基硅烷	可溶	可溶	可溶	可溶	水解
	缩水甘油醚氧丙基三甲氧基硅烷	可溶	可溶	可溶	可溶	水解
甲基丙烯酰氧基硅烷	3-甲基丙烯酰氧基丙基三甲氧基硅烷	可溶	可溶	可溶	可溶	水解
脲基硅烷	脲基丙基三乙氧基硅烷	可溶	可溶	可溶	不可溶	可溶/水解
异氰酸酯基硅烷	异氰酸酯丙基三乙氧基硅烷	反应	可溶	可溶	反应	反应/水解

表 5-5　国内外硅烷主要品牌号及其对照

国泰华荣（中）	其他（中）	康普顿（美）	道康宁（美）	Petrach（美）	信越（日）	德固萨（德）
SCA-103		A-1630	Z-6070	M9100	KBM-13	MTMS
SCA-113		A-162	Z-6370	M9050	KBE-13	MTES
SCA-1002					KBM-702	
SCA-1012				C3276	KBE-702	
SCA-1003		A-143	Z-6076	C3300	KBM-703	
SCA-1013			Z-6376		KBE-703	
SCA-402			Z-6044		KBM-402	6710
SCA-403	KH-560	A-187	Z-6040	G6720	KBM-403	GLYMO
SCA-412			Z-6042	G6710	KBE-402	
SCA-413			Z-6041		KBE-403	GLYEO
SCA-502				M8545. 5	KBM-502	
SCA-503	KH-570	A-174	Z-6030	M8550	KBM-503	
SCA-602		A-2120	SZ6023	A0699	KBM-602	1411
SCA-6021						
SCA-603	KH-792	A-1120	Z-6020	A0700	KBM-603	DAMO
SCA-613		A-1120	Z-6021		KBE-603	
SCA-902				M8450	KBM-802	
SCA-903	KH-580	A-189	Z-6062	M8500	KBM-803	MTMO
SCA-913	KH-590	A-1891	Z-6910	M8502		MTEO
SCA-1002				C3290	KBE-702	
SCA-1003		A-143	Z-6076	C3300	KBE-703	
SCA-1012				C3276	KBE-702	
SCA-1013			Z-6376	C3292	KBE-703	
SCA-1112		A-2100	Z-6015	A0742	KBE-902	1505
SCA-1103		A-1110	Z-6610	A0800	KBM-903	AMMO
SCA-1103B		A-1170				1122
SCA-1113	KH-550	A-1100	Z-6011	A0750	KBE-903	AMEO
SCA-1113B						1124
SCA-1203				D4477		
SCA-2413		A-1310		I7840	KBE-9007	
SCA-2503		A-9669				
SCA-1503		A-1130	AY43-009	T2910		TRIAMO
SCA-1603		A-171	Z-6300	V4917	KBM-1003	VTMO
SCA-1613		A-151	Z-6518	V4910	KBE-1003	VTEO
SCA-1623		A-172	Z-6082	V5000	KBC-1003	VTMOEO

续表

国泰华荣（中）	其他（中）	康普顿（美）	道康宁（美）	Petrach（美）	信越（日）	德固萨（德）
SCA-2003		A-11542				
SCA-2013		A-1160	Z-6676		KBE-585	2201
	KH-530	A-186			KBM-303	
	KH-845-4	A-1289	Z-6940		KBE-846	Si-69
SCA-203			Z-6582	H7334	KBM-3063	
SCA-213			Z-6585			
SCA-203A		A-5025	Z-6264	P0810		PTMO
SCA-213A				PTEO		
SCA-203B			Z-6672			
SCA-203C			Z-2306		KBM-3043	IBTMO
SCA-213C			Z-6403			IBTEO
SCA-203D			Z-6665			OCTMO
SCA-213D		A-137	Z-6341	09835		OCTEO
SCA-203F						9116
SCA-1302			AY-43-047			
SCA-1303		A-153	Z-6124		KBM-103	9165
SCA-1313			Z-9805		KBE-103	9265

表 5-6　常用硅烷偶联剂的适用性

聚合物种类	硅烷偶联剂种类										
	氨基				环氧基	硫基		甲基丙烯酰氧基	乙烯基	脲基	异氰酸酯
	A-1100	A-1110	A-1120	A-2120	A-187	A-189	A-1289	A-174	A-172	A-1160	A-1310
丙烯酸	OO	OO	OO	OO	OO	O		O		O	O
丁基	O				O	O	O	OO			
纤维素	OO	O	O	O					O	OO	O
环氧	OO	OO	OO	OO	O	O					
呋喃	OO	OO	O	O	O						
三聚氰胺	OO	OO	O	O	O						O
氯丁橡胶	O					OO					
腈类	O				OO	OO					
硝基纤维素	OO	O	O	O							
酚醛	O	O			O	OO				OO	
聚酰胺	OO	OO	OO	OO	O					O	OO
聚酯	O	O			O			OO	O		

续表

聚合物种类	硅烷偶联剂种类										
	氨基				环氧基	硫基		甲基丙烯酰氧基	乙烯基	脲基	异氰酸酯
	A-1100	A-1110	A-1120	A-2120	A-187	A-189	A-1289	A-174	A-172	A-1160	A-1310
聚醚			OO	OO				OO			
聚烯烃	O				O			OO	OO		
聚硫	O				OO	OO	OO				
聚氨酯	O	OO	O	O	OO	OO				O	OO
聚乙烯基丁醛	OO	OO	O	O						OO	
有机硅	O		OO	OO							
丁苯					OO	OO	OO		OO		
脲基甲醛	OO	OO	O	O	O					OO	OO
乙烯基	O	O	OO	OO							

注：OO＝有效；　O＝适用

（3）硅烷偶联剂的用法

多数硅烷偶联剂在使用之前要配成水溶液（预先水解）。水解时间依硅烷品种和溶液的 pH 值不同而异，时间从几分钟到几十分钟不等。配制时水溶液的 pH 值一般控制为 3～5。配制好的硅烷水溶液容易自行缩聚而失效，因此，已水解的硅烷偶联剂水溶液不宜放置太久。

硅烷偶联剂的用量与其品种及粉体的比表面积有关，假设为单分子层吸附，可按下式进行计算：

$$\text{硅烷偶联剂用量}=\frac{\text{粉体质量}\times\text{粉体的比表面积}\ (\mathrm{m^2/g})}{\text{硅烷偶联剂最小包覆面积}\ (\mathrm{m^2/g})} \tag{5-1}$$

硅烷偶联剂最小包覆面积依品种不同而异。部分硅烷偶联剂的最小包覆面积参考数据列于表 5-7。一般来说，实际用量要小于用上述公式计算的用量。当不知道粉体的比表面积数据或硅烷的最小包覆面积时，可将硅烷偶联剂用量选定为无机粉体质量的 0.10%～1.5%。

表 5-7　部分硅烷偶联剂的最小包覆面积　（$\mathrm{m^2/g}$）

牌号	分子式	最小包覆面积
A-151	$CH_2=CH—Si\ (OC_2H_5)_3$	411
A-172	$CH_2=CH—Si\ (OC_2H_4OCH_3)_3$	279
A-174（KH-570）	$CH_2=C(CH_3)—C(=O)—O—(CH_2)_3—Si(OCH_3)_3$	316
A-186	O H $CH_2—CH_2—CH_2—Si(OCH_3)_3$	318

续表

牌号	分子式	最小包覆面积
KH-580	$HS—(CH_2)_3—Si(OC_2H_5)_3$	380
KH-560（A-187）	$CH_2—CH—CH_2—O—C_3H_6—Si(OCH_3)_3$（$CH_2$与CH间以O成环）	322
KH-550（A-1100）	$NH_2—C_3H_6—Si(OC_2H_5)_3$	354
南大 42	$C_6H_5—NH—CH_2—Si(OC_2H_5)_3$	280
B-201	$NH_2—C_2H_4—NH—C_3H_6—Si(OC_2H_5)_3$	353
Y-1120	$NH_2—C_2H_4—NH—C_3H_6—Si(OC_2H_5)_3$	353

大多数硅烷偶联剂既可以用于干法表面改性，也可以用于湿法表面改性。

3. 铝酸酯偶联剂

(1) 结构特点

铝酸酯偶联剂的化学通式为： $(RO)_x—\overset{D_n \downarrow}{Al}—(OCOR')_m$ 。

式中，D_n代表配位基团，如 N、O 等；RO 为与无机粉体表面活泼质子或官能团作用的基团；COR′为与高聚物基料作用的基团。铝酸酯偶联剂分子的空间结构示意图如图 5-1 所示[42]。

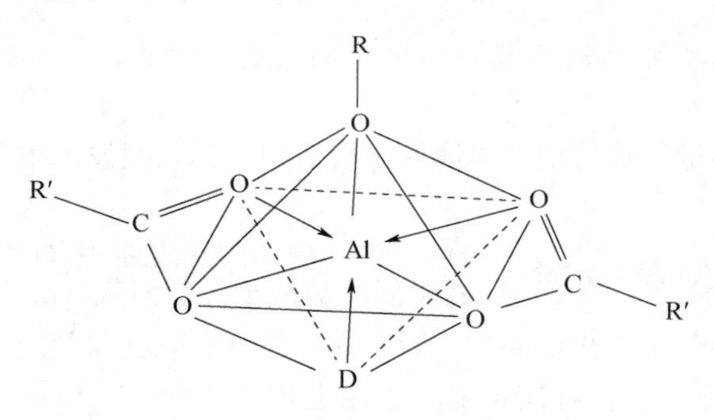

图 5-1 铝酸酯偶联剂分子的空间结构示意图

(2) 品种与应用

铝酸酯偶联剂的主要品种、性能特点与适用范围详见表 5-8。

表 5-8 铝酸酯偶联剂的主要品种、性能特点与适用范围

品种	性状	化学分子式	适用范围	性能特点
DL-411-A	白色蜡状固体	$(i—C_3H_7O)_xAl(C_{16\sim18}H_{31\sim35}O_2)_m \cdot D_n$	塑料无机填料、颜料及阻燃剂表面处理	熔融温度 75～80℃；色度≤9；杂质≤0.2%；不溶于水
DL-411-AF				
DL-411-D				
DL-411-DF				
DL-411-B	无色/淡透明体			
DL-411-C				

续表

品种	性状	化学分子式	适用范围	性能特点
DL-412-A	黄色透明液体	$(RO)_x Al\ (C_{16\sim18} H_{29\sim33} O_2)_m \cdot D_n$	涂料、橡胶无机填料、颜料及阻燃剂表面处理	含双键，参与交联，不易水溶
DL-412-B				
DL-812				同上，不易水溶
DL-414	黄色透明液体	$(RO)_x Al\ (C_{11\sim16} H_{29\sim33} O_2)_m$	同上	同上
DL-481	淡黄色荧光液体	$(RO)_x Al\ (C_{11\sim16} H_{11\sim21} O_4)_m$	PVC 填料表面处理	同上
DL-881				
DL-482	棕红色黏稠液体	$(RO)_x Al\ (C_7 H_9 O_4)_m$	不饱和聚酯填料、阻燃剂表面处理	含双键，参与固化交联
DL-882	棕红色液体	$(RO)_x Al\ (C_{16} H_{34} PO_4)_m \cdot D_n$		
DL-429	棕红色黏稠液体	$(RO)_x Al\ (C_{21} H_{34} O)_m$	无机填料和颜料	同上
DL-467	淡黄色液体	$(i{-}C_3H_7O)_x Al \begin{cases} (C_{16\sim18} H_{31\sim33} O_2)_m \\ (O{-}C({=}O){-}CH{=}CH_2)_n \end{cases}$	涂料、橡胶用填料表面处理	含双键，参与交联
DL-461	棕红色黏稠液体	$(i{-}C_3H_7O)_x Al \begin{cases} (O{-}C_6H_4{-}CO_{15} H_{28\sim31})_n \\ (O{-}C({=}O){-}CH_2{-}CH{=}CH_2)_n \end{cases}$	涂料用填料表面处理	含双键，参与固化
DL-491-A	白色蜡状固体	二（二硬脂酸甘油酯基）铝酸异丙酯	无机填料、颜料及阻燃剂表面处理	不易水溶
DL-471	白色蜡状固体	二（硬脂酸二缩二乙二醇酯基）铝酸异丙酯		
DL-472	淡黄色蜡状固体	二（油酸二缩二乙二醇酯基）铝酸异丙酯		
DL-492	白色蜡状固体	二（三硬脂酸季戊四醇酯基）铝酸异丙酯		
F-1	白色或半透明蜡状固体	$C_3H_7O{-}Al{-}\ (C_{16\sim18} H_{31\sim35} O_2)_2{-}St$	各种塑料、橡胶填料和颜料的干法表面改性	熔融温度 60～70℃；热分解温度 290℃；降黏值≥98%
F-2		$C_3H_7O{-}Al{-}\ (C_{16\sim18} H_{31\sim35} O_2)_2{-}$加润滑剂		
F-3	白色粉状或蜡状固体	$(C_3H_7O)_x{-}Al{-}\ (C_{16\sim18} H_{31\sim35} O_2)_m \cdot D_n$		
F-4		$(C_3H_7O)_x{-}Al{-}\ (C_{16\sim18} H_{31\sim35} O_2) \cdot D_n$		

续表

品种	性状	化学分子式	适用范围	性能特点
L-1A	透明白色液体	$C_3H_7O—Al(C_{16\sim18}H_{31\sim35}O_2)(O_2C_{18}H_{34})$ 含双键	各种塑料、橡胶填料和颜料的干法表面改性	热分解温度300℃；黏度（40℃）26～28mPa·s
L-1H	透明白色液体	$C_3H_7O—Al(C_{16\sim18}H_{31\sim35}O_2)(O_2C_{18}H_{34}\cdot D_n)$ HLB＞5 含双键	填料和颜料的湿法表面改性	可溶于水，HLB＞5
L-3A	透明淡黄色液体	$(RO)_x—Al—(C_{16\sim18}H_{29\sim33}O_2)_m$ 含双键	各种塑料、橡胶填料和颜料的干法表面改性	热分解温度270℃；黏度（40℃）420mPa·s
H-4A	淡黄色液体	$(RO)_x—Al—(C_{16\sim18}H_{29\sim33}O_2)_m\cdot D_n$ HLB＞5 含双键	填料和颜料的湿法表面改性	热分解温度270℃；黏度（40℃）420mPa·s；可溶于水

铝酸酯偶联剂具有与无机粉体表面反应活性大、色浅、无毒、味小、热分解温度较高等特点。在PVC填充体系中，铝酸酯偶联剂有较好的热稳定协同效应和一定的润湿增塑效果。因此，铝酸酯偶联剂广泛应用于各种无机粉体，如重质碳酸钙、轻质碳酸钙、碳酸镁、磷酸钙、硫酸钡、硫酸钙、滑石粉、钛白粉、氧化锌、氧化铝、氧化镁、铁红、白炭黑、立德粉、云母粉、高岭土、炼铝红泥、叶蜡石粉、海泡石粉、硅灰石粉、粉煤灰、玻璃粉、氢氧化镁、氢氧化铝、三氧化二锑等的表面改性。

经铝酸酯偶联剂表面改性的无机粉体，其表面由亲水性变成亲油性，吸油值下降，沉降体积增大，因此用于塑料、橡胶或涂料等制品中，可改善加工性能、增加填充量、提高制品的综合性能。

铝酸酯偶联剂对许多无机填料/有机物分散体系有明显的降黏作用。表5-9为用铝酸酯偶联剂DL-411-A改性后各种无机填料的黏度值。

表5-9 用铝酸酯偶联剂改性后无机粉体的黏度值

填料	液体石蜡与填料质量比	偶联剂DL-411-A添加量/填料质量的（%）	填料/液体石蜡体系原来的黏度（Pa·s）	添加偶联剂后体系黏度（Pa·s）
轻质碳酸钙	60：30	1	＞100	0.405
重质碳酸钙	60：60	1	＞100	0.270
高岭土	60：60	1.2	＞100	0.575
石棉粉	60：40	1	＞100	0.390
滑石粉	60：60	1	＞100	1.080
粉煤灰微珠	60：100	0.6	＞100	1.400

续表

填料	液体石蜡与填料质量比	偶联剂 DL-411-A 添加量/填料质量的（%）	填料/液体石蜡体系原来的黏度（Pa·s）	添加偶联剂后体系黏度（Pa·s）
二氧化硅粉	60：90	0.82	>100	0.255
玻璃粉	60：100	0.96	>100	0.640
硫酸钡	60：70	0.54	>100	0.190
石膏粉	60：80	0.98	>100	0.250
钛白粉	60：50	0.65	>100	0.820
氧化锌	60：40	1.6	>100	0.325
氧化铝	60：30	1	>100	1.120
硅藻土	60：30	1.2	>100	1.100
磷酸钙	60：40	1.9	>100	0.940
立德粉	60：60	1.3	>100	0.380
铁红	60：80	1.4	>100	0.210
膨润土	60：70	1.2	>100	0.800
硅灰石粉	60：30	0.2	>100	0.450
云母粉	60：30	1	>100	0.250
叶蜡石粉	60：40	1	>100	0.665
海泡石粉	60：30	1.2	>100	0.960

（3）使用方法

由于近几年来除膏状产品之后相继开发了液态、水溶性产品和兼具助磨和改性作用的新产品，因此铝酸酯偶联剂不仅应用范围扩大，而且使用更加方便。铝酸酯偶联剂的用量一般为改性粉体质量的0.1%～2.0%。超细和高比表面积的填料，如氢氧化铝、氢氧化镁、白炭黑可用1.0%～5.0%。

干法改性时，可加热熔融后直接添加到待改性粉体中，改性温度一般为80～120℃；湿法改性时要选用可以水溶性的铝酸酯偶联剂或将不能水溶的铝酸酯偶联剂铵化或乳化后添加。

为了提高改性粉体的应用效果，铝酸酯偶联剂也可以与其他表面改性剂，如硬脂酸复配使用。

4. 其他偶联剂

（1）锆铝酸盐偶联剂

锆类酸盐偶联剂是美国 Cavedon 化学公司于 20 世纪 80 年代初开发的一种偶联剂，其商品名称为“Cavcomod”，它是由水合氯化氧锆（$ZrOCl_2 \cdot 8H_2O$）、氯醇铝（Al_2OH_5Cl）、丙烯醇、羧酸等为原料合成的。其分子结构如图 5-2 所示，X 为有机官能团。

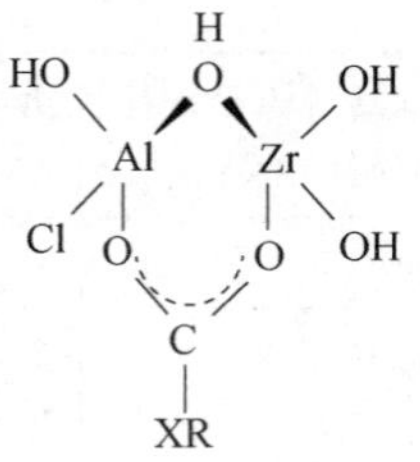

图 5-2　锆铝酸盐偶联剂的分子结构

锆铝酸盐偶联剂分子结构中含有两个无机部分（锆和铝）和一个有机功能配位体。因此，与硅烷等偶联剂相比，其显著特点是，分子中的无机特性部分比重大，一般介于57.7%～75.4%（详见表 5-10），而硅烷偶联剂除氨基硅烷 A-1100 外，其余均小于40%。因此，与硅烷偶联剂相比，锆铝酸盐偶联剂分子具有更多的无机反应点，可增强与无机粉体表面的作用[2]。

锆铝酸盐偶联剂通过氢氧化锆和氢氧化铝基团的缩合作用可与羟基化的表面形成共键连接。但是，其更为重要的特性是能够参与金属表面羟基的形成并生成氧络桥联的复合物。

表 5-10　有机偶联剂中无机特性部分的比例

偶联剂品种	牌　号	无机部分比例（wt%）	偶联剂品种	牌　号	无机部分比例（wt%）
锆铝酸盐（Cavcomod）	A，APG	4	硅烷	A-174	37.5
	C，CPM，CPG	69.9		A-186	39.0
	C-1，C-1PM	71.7		A-187	39.8
	F，FPM	57.7		A-1100	56.7
	M，MPM，MPG	75.6			
	M-1，M-1PM	49.2			
	S，SPM	69.7			

根据分子中的无机特性部分的比例和有机配位基的性质，锆铝酸盐偶联剂可分为七类，分别适用于填充聚烯烃、聚酯、环氧树脂、尼龙、丙烯酸类树脂、聚氨酯、合成橡胶等的无机粉体的表面处理。表 5-11 列出了不同种类及不同牌号锆铝酸盐偶联剂的有机配位基及适用溶剂。锆铝酸盐偶联剂在很多情况下可代替硅烷偶联剂。

表 5-11　锆铝酸盐偶联剂（Cavcomod）的品种

商品牌号	有机配位基	溶剂
A	氨基	低级醇
APG		丙二醇
C	羧基	低级醇
CPM		丙二醇、甲醚
CPG		丙二醇
C-1	羧基（增加了无机羟基）	低级醇
C-1PM		丙二醇、甲醚

续表

商品牌号	有机配位基	溶剂
M MPM MPG	甲基丙烯酸	低级醇 丙二醇、甲醚 丙二醇
M-1 M-1MP	甲基丙烯酸/亲脂基团	低级醇 丙二醇、甲醚
F FPM	亲脂基团	低级醇 丙二醇、甲醚
S SPM	巯基	低级醇 丙二醇、甲醚
APG-1 APG-2 APG-3	未公开	丙二醇

大多数锆铝酸盐偶联剂可以溶于水，因此，既可以干法改性，也可以湿法改性。其主要使用方法如下：

①采用连续式表面改性机，直接加入含无机粉体的浆料或干粉，进行表面包覆改性；②先将偶联剂溶解在溶剂中（如制成低级醇、丙二醇或甲醚等溶液），再对无机粉体进行表面包覆改性。这种用法主要适用于间歇式表面改性设备；③将偶联剂和无机填料同时加入基体树脂进行混合。

锆铝酸酯偶联剂中有机配位基及适用的树脂见表5-12。

表5-12　锆铝酸盐偶联剂中有机配位基与偶联剂适用的树脂

有机配位基 $\{OC(R_2)O\}$	偶联剂适用的树脂
长碳链单元羧酸基	聚乙烯、聚丙烯、聚苯乙烯、涂料、密封胶等
丙烯酸或甲基丙烯酸基	不饱和聚酯、聚烯烃、醇酸涂料、氯丁橡胶等
脂肪族二元羧酸基	涂料、热塑性聚酯、含羧基树脂、颜料表面处理
氨基酸基	环氧树脂、尼龙等可与氨基反应的树脂
巯基脂肪酸基	天然及合成橡胶等

（2）有机铬偶联剂

有机铬偶联剂即络合物偶联剂，是由不饱和有机酸与铬原子形成的配价型金属络合物。有机铬偶联剂在玻璃纤维增强塑料中偶联效果较好，且成本较低。但其品种单调，使用范围及偶联效果均不及硅烷及钛酸酯偶联剂。其主要品种是甲基丙烯酸氯铬络合物和反丁烯二酸硝酸铬络合物，它们一端含有活泼的不饱和基团，可与高聚物基料反应，另一端依靠配价的铬原子与玻璃纤维表面的硅氧键结合。

有机铬偶联剂主要用于玻璃纤维的表面处理。但由于环保法规对含铬化学物质的使用限制日趋严格，有机铬偶联剂目前已很少在粉体表面改性中使用。

5.1.2　表面活性剂

1. 概述

表面活性剂是一种能显著降低水溶液表面张力或液液界面张力，改变体系的表面状态从而产生润湿和反润湿、乳化和破乳、分散和凝聚、起泡和消泡以及增溶等一系列作用的化学物质。

表面活性剂分子由性质截然不同的两部分组成，一部分是与油或有机物有亲和性的亲油基（也称憎水基），另一部分是与水或无机物有亲和性的亲水基（也称憎油基）。表面活性剂分子的这种结构特点使它能够用于粉体的表面改性处理，即亲水基可与无机粉体表面发生物理、化学作用，吸附于颗粒表面，亲油基朝外，无机粉体表面由亲水性变为疏水性，从而改善无机粉体材料与有机物的亲和性，提高其在塑料、橡胶、胶黏剂等高聚物基复合材料填充时的相容性和在涂料中的分散性。

表面活性剂的亲水基有羧基、磺酸基、硫酸酯基、磷酸基等；亲油基来自天然动植物油脂和合成化工原料，它们的化学结构相似，只是碳原子数和端基结构不同。表5-13为具有代表性的亲水基和亲油基[43]。

表 5-13　表面活性剂的主要亲水基和亲油基

亲油基原子团	亲水基原子团
石蜡羟基 R—	磺酸基—SO_3^-
烷基苯基 R—C_6H_4—	硫酸酯基—O—SO_3^-
烷基酚基 R—C_6H_4—O—	氰基—CN
脂肪酸基 R—COO^-	羧基—COO^-
脂肪酰胺基 R—CONH—	酰胺基 —C(=O)—NH—
脂肪醇基 R—O—	铵基 —N<
脂肪胺基 R—NH—	羟基 OH
马来酸烷基酯基 R—OOC—CH— / R—OOC—CH_2	磷酸基 —P(=O)(O^-)O^-
烷基酮基 R—$COCH_2$—	巯基—SH
聚氧丙烯基 —O$\leftarrow CH_2-CH(CH_3)-O \rightarrow_n$	卤基—Cl、—Br 等
(R 为石蜡烃链，碳原子数为 8～18)	氧乙烯基—CH_2—CH_2—O—

表面活性剂可分为离子型表面活性剂和非离子型表面活性剂，前者可在溶于水后解离，后者则不解离。离子型表面活性剂又按产生电荷的性质分为阴离子型、阳离子型和两性表面活性剂，如图5-3所示。

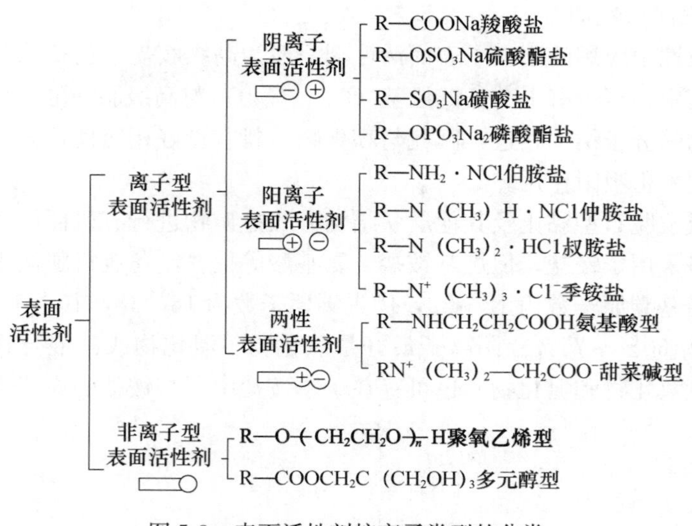

图 5-3　表面活性剂按离子类型的分类

2. 阴离子表面活性剂

粉体表面改性中应用的阴离子表面活性剂主要有以下几种：

(1) 高级脂肪酸及其盐

分子通式为 RCOOH（Me），式中 Me 代表金属离子，如 Na^+。分子一端为长链烷基，其结构和聚合物相似，与聚合物有良好的相容性；分子另一端为羧基，可与无机粉体表面发生物理、化学吸附作用。因此，用高级脂肪酸及盐，如硬脂酸处理无机粉体类似偶联剂的作用，可改善无机粉体与高聚物基料的亲和性，提高其在高聚物基料中的分散度。另外，由于高级脂肪酸及其盐类本身具有润滑作用，可使复合体系内摩擦力减小，改善复合体系的流动性能。

代表性品种有硬脂酸、硬脂酸钠、硬脂酸钙、硬脂酸锌、硬脂酸铝、松香酸钠等，用量为粉体质量的 0.3%～3%。其中硬脂酸因为不溶于水主要用于无机粉体的干法表面改性。硬脂酸盐既可以用于干法表面改性，也可加入浆料中进行湿法表面改性，然后干燥（脱去水分）。

高级脂肪酸的胺类（酰胺）及脂类与其盐类近似，也可用作无机粉体的表面改性剂。

(2) 磺酸盐及其酯类

分子通式为 RSO_3（Me）。与无机粉体的作用及高级脂肪酸、盐类似。代表性品种有磺化蓖麻油（用于轻质碳酸钙的辅助表面改性）、烷基苯磺酸钠等。

(3) 高级磷酸酯盐

分子通式为 $ROPO_3$（Me）。单脂型磷酸酯用于滑石的表面包覆处理，可改进滑石粉与高聚物（如聚丙烯）的界面亲和性，改善其在有机高聚物基料中的分散状态，并提高高聚物基料对填料的润湿能力。聚磷酸酯表面活性剂（ADDP）用于超细轻质碳酸钙的表面改性，可使超细轻质碳酸钙的吸油率显著降低，在非极性介质中的分散性及与 PVC 树脂的相容性得到明显改善[44]。

3. 阳离子表面活性剂

粉体表面改性中应用的阳离子表面活性剂一般为高级胺盐，包括伯胺、仲胺、叔胺和季铵盐等。其中，至少有1个长链烃基（C_{12}～C_{22}）。与高级脂肪酸一样，高级胺盐的烷烃基与聚合物的分子结构相近，因此与高聚物基料有良好相容性，分子另一端的氨基与无机粉体表面发生吸附作用。

对膨润土或蒙脱石型黏土及其他层状结构硅酸盐矿物进行有机插层改性以制备有机膨润土时，大多采用季铵盐，但烷基铵盐、氨基酸等也在制备有机膨润土中得到应用。

季铵盐的烃基碳原子数为12～22，优先碳原子数为16～18，其中16烃基占20%～35%，18烃基占60%～75%。阴离子最好是氯化物、溴化物或其混合物。其他的阴离子（如乙酸、氢氧化物和氮化物）也可存在于季铵盐中。季铵盐的通式为

$$\left[\begin{array}{c} R_1 \\ | \\ R_2\text{—}N\text{—}R_4 \\ | \\ R_3 \end{array}\right]^+ M^-$$

式中，R_1为CH_2或C_6H_5OH，R_3和R_4为烃基。可用作膨润土或蒙脱石插层改性剂的季铵盐的品种较多，这些插层改性剂既可单独使用，也可混合使用。

4. 非离子型表面活性剂

非离子型表面活性剂在溶液中不易受强电解质无机盐类的影响，也不易受酸、碱的影响；它与其他类型表面活性剂的相容性好，在水及有机溶剂中皆有较好的溶解性能（视结构的不同而有所差别）。

这类表面活性剂虽在水中不电离，但有亲水基（如氧乙烯基—CH_2CH_2O—、醚基—O—、羟基—OH或酰胺基—$CONH_2$等），也有亲油基（如烃基—R）。亲水基团和亲油基团可分别与无机填料和高聚物基料发生相互作用，从而增进两者之间的相容性，两极性基团之间的柔性碳链起增塑润滑作用，赋予体系韧性和流动性，使体系黏度下降，从而改善复合材料的加工性能。

非离子型表面活性剂包括两大类，即聚氧乙烯型和多元醇型表面活性剂。

（1）聚氧乙烯型表面活性剂

聚氧乙烯型表面活性剂的亲水性主要由聚氧乙烯基$\text{+}CH_2CH_2O\text{+}_n$所致。氧化乙烯又称环氧乙烷，能与亲油基上的活泼氢原子结合。主要品种如下：

① 脂肪醇聚氧乙烯醚类，商品名称为“平平加”，通式为RO（CH_2CH_2）$_n$H。式中R为C_8～C_{18}烃基，n为1～45。这类表面活性剂改性后的硅灰石填料可以显著提高硅灰石在PVC电缆中的填充性能[45]。

② 烷基苯酚聚氧乙烯醚，又称“OP”型表面活性剂，通式为

$$R\text{—}C_6H_4\text{—}O\text{+}CH_2CH_2O\text{+}_nH$$

R中的碳原子数为8～12，n=1～15。当n=8～10时，其水溶液的表面张力最低，润湿力最强。

③ 聚醚型表面活性剂，其通式为

$$HO-(CH_2CH_2O)_a-(CH_2\underset{}{\overset{CH_3}{\overset{|}{C}}}HO)_b-(CH_2CH_2O)_c-H$$

亲水基　　　　亲油基　　　　亲水基

亲油基被夹在两端的亲水基之中。

④ 脂肪酸聚氧乙烯型表面活性剂，通式为 $RCOO(CH_2CH_2O)_nH$，R 一般是 12～18 个碳。

除了上述四种聚氧乙烯型表面活性剂之外，还有脂肪酸胺聚氧乙烯、P 型表面活性剂（苯酚与环氧乙烷的加成产物）等。

（2）多元醇型表面活性剂

多元醇型表面活性剂的亲水基主要是羟基，但也有不少是混合型的，即在多元醇的某个羟基上再接上一个聚氧乙烯链。它们主要是脂肪酸与多羟基醇作用而生成的酯。因为在多元醇分子上附有高级脂肪酸的亲油基，故水溶性较差。

多元醇型表面活性剂的常见类型是 Span（司潘）型和 Tween（吐温）型。Span 型是山梨醇酐和各种脂肪酸形成的酯。Span 型表面活性剂不溶于水。

5.1.3　有机硅

有机硅是分子结构中含有硅元素且硅原子上连接有机基的聚合物。以重复的 Si—O 键为主链、硅原子上连接有机基的聚有机硅氧烷，是有机硅高分子的主要代表和结构形式。有机硅是以硅氧烷链为憎水基、聚氧乙烯基、羧基、酮基或其他极性基团为亲水基的一类特殊类型的表面活性剂，俗称硅油、硅树脂或硅橡胶。

有机硅具有许多独特的性能，如耐高低温、耐候、耐老化、绝缘、耐臭氧、难燃、生理惰性等。因而在航空航天、电器电子、生物、化工、轻纺、机械、建筑、建材、交通、医疗卫生等领域得到了广泛应用。

有机硅有多种分类方法，可以从合成单体的来源、合成方法、分子结构、产品用途等角度进行分类。从单体来源可分为均聚物和共聚物；从合成方法可分为接枝共聚物、嵌段共聚物、交替共聚物、无规共聚物等；从产品形态可分为硅油（包括乳液）、硅橡胶（包括室温硫化硅橡胶和高温硫化硅橡胶）和硅树脂；从立体构型可分为环状聚合物，线形聚合物，笼形、树形及立体网状聚合物；从分子主链结构可以分为聚有机硅氧烷、聚硅烷和杂链有机硅聚合物。杂链有机硅聚合物还可分为杂硅氧烷（部分硅原子被其他原子取代）、聚有机硅氮烷、聚有机硅硫烷、聚亚烷基硅烷、聚亚芳基硅烷、聚硅亚烷（芳）基硅烷、聚硅亚烷基硅烷、聚亚硅基硅氧烷以及有机硅和有机共聚物等[46]。

粉体表面改性常用的有机硅主要是硅油，主要有聚二甲基硅氧烷、有机基改性聚硅氧烷以及有机硅与有机化合物的共聚物，特别是带活性基的聚甲基硅氧烷，其硅原子上接有若干氢基或羟基封端。以下重点介绍聚二甲基硅氧烷、有机基改性聚硅氧烷以及有机硅与有机化合物的共聚物的结构和性能。

1. 聚二甲基硅氧烷

聚二甲基硅氧烷的分子结构为

$$Me_3Si-O-[Si(Me)_2-O]_n-SiMe_3 \qquad n=0\sim 2500$$

式中，Me代表甲基（CH_3，以下同）。因其分子通体为甲基，故表面张力极低，仅为16～21mN/m（室温）。分子量小的表面张力较低，但增减幅度甚微，其黏度也随分子量递增。它不溶于水、低级醇、丙酮、乙二醇等，能溶于脂烃、芳烃、高级醇、醚类、酯类、氯化烃等有机溶剂。

2. 有机基改性聚硅氧烷

聚硅氧烷进行有机改性的常用类型为：

$$Me-Si(Me)(O-C\sim(a))-O-Si(Me)(C\sim(b))-O-Si(Me)(\sim(R_1)_n)-O-Si(Me)(\sim(R_2)_n)-O-Si(Me)(\sim(R_3)_n)-Me$$

改性粉体的性能由以下两项因素决定：

① 改性剂与主链是以（a）—Si—O—C键，还是以（b）—Si—C键连接。

② 改性剂R_1、R_2、R_3的类型，n的数目及其所在位置。

—Si—O—C连接键易水解变为聚二甲基硅氧烷。—Si—C连接键对水稳定。

以下介绍三种改性聚硅氧烷。

（1）带活性基的聚甲基硅氧烷

带活性基的聚甲基硅氧烷是改性剂的一种特例，其硅原子上接有若干氢键或以羟基封端。结构式如下：

$$Me_3Si-O-\left[Si(H)(Me)-O\right]\left[Si(Me)_2-O\right]_n-SiMe_3 \text{ 和 } HO-\left[Si(Me)_2-O\right]_n-H$$

氢键和羟基有很强的反应活性，易与无机粉体颗粒表面形成化学键合，故常用于无机粉体的表面改性。

（2）苯基或高烷基改性的聚二甲基硅氧烷

苯基或高烷基改性的聚二甲基硅氧烷结构式如下：

$$Me_3-Si-O-\left[Si(Me)(R)-O\right]_n-SiMe_3 \qquad R\text{为高烷基或苯基}$$

上述分子式中取代甲基的高烷基或苯基较大，有一定的定向作用和空间效应，对硅氧烷骨架的柔韧性造成障碍，故改性后的黏度和表面张力都相应增大。其他取代基改性还有赋予水溶性的多缩乙二醇、有机不饱和基、氨基以及反应官能团的羟酸基、酰胺基或环氧基等。这些水溶性基团改性后的硅油有一定程度的亲水性或水溶性，可以不经乳化溶解或分散在水中，如氨基硅油。

（3）带有机锡基团的聚硅氧烷

带有机锡基团的聚硅氧烷母体结构式如下：

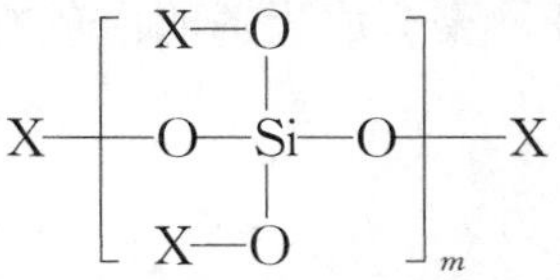

$$X-\left[O-\underset{\underset{X-O}{|}}{\overset{\overset{X-O}{|}}{Si}}-O\right]_m-X \quad m=1\sim10，\text{X最好是接有 } Y{=}R_1-\underset{|}{\overset{R_2}{\overset{|}{Sn}}}-R_3 \text{ 基因的乙基}$$

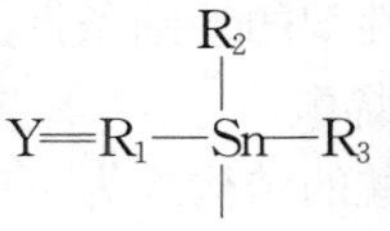

这一结构易在酸或碱的催化下水解，缩聚成带—Si—O—Y 基团的聚硅氧烷。有机锡功能基团 Y 有很强的防污和防霉、杀菌功能。

3. 有机硅与有机化合物的共聚物

有机硅与有机化合物的共聚物兼有有机硅的高表面活性和有机化合物的特性，如好的相容性、水溶性或耐热性等。其结构通式常为：

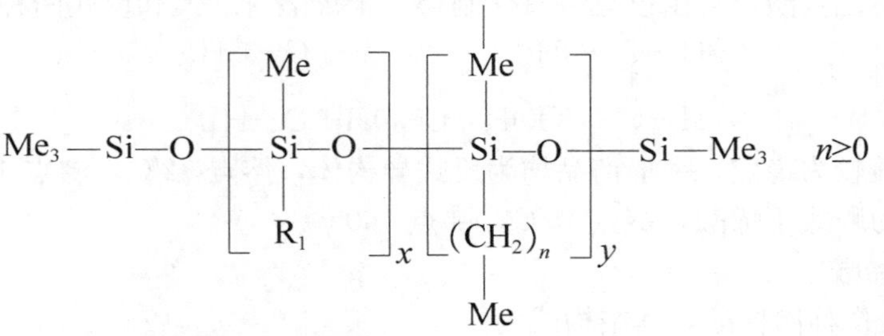

$$Me_3-Si-O-\left[\underset{\underset{R_1}{|}}{\overset{\overset{Me}{|}}{Si}}-O\right]_x-\left[\underset{\underset{\underset{Me}{|}}{(CH_2)_n}}{\overset{\overset{Me}{|}}{Si}}-O\right]_y-Si-Me_3 \quad n\geq0$$

（1）聚甲基硅氧烷-聚醚嵌段共聚物

聚醚是一种有很好亲水性的化合物，最通常的是聚环氧乙烷、聚环氧丙烷或聚环氧乙烷-聚环氧丙烷共聚物。经共聚改性的硅油是在聚硅氧烷主链的硅原子上通过—Si—C或—Si—O—C 键接上各种数目的同一聚醚基团 R_1。其性能决定于以下几个方面：

① 硅油部分的结构是直链还是支链，侧基是甲基还是其他有机基团。

② 聚醚部分的类型和性质，包括聚醚中各个氧化烯的比例以及与硅油的连接键是—Si—O—C 还是—Si—C，是嵌段共聚还是无规共聚。

③ 硅油与聚醚间的总的比例分配。一般硅油部分的共聚比越大，共聚物的表面活性就越高，而聚醚部分的共聚比越大，共聚物的水溶性就越好。

（2）聚二甲基硅氧烷-聚酯嵌段共聚物

聚二甲基硅氧烷-聚酯嵌段共聚物是把上面结构式中的 R_1 基团换成耐热性好的聚酯基团。这种聚酯共聚物改性的聚二甲基硅氧烷兼有很高的表面活性和即使温度达到222℃都不会发生热分解的优异稳定性。

5.1.4　不饱和有机酸

不饱和有机酸作为无机填料的表面改性剂，一般带有一个或多个不饱和双键或多个羟基，碳原子数一般在 10 以下。常见的不饱和有机酸是：丙烯酸、甲基丙烯酸、丁烯酸、肉桂酸、山梨酸、2-氯丙烯酸、马来酸、衣糠酸、醋酸乙烯、醋酸丙烯等。一般来说，酸性越强，越容易形成离子键，故多选用丙烯酸和甲基丙烯酸。各种有机酸可以单独使用，也可以混合使用。

1. 丙烯酸

丙烯酸的结构为 $CH_2=CH—COOH$，为无色液体，熔点 12.1℃，沸点 140.9℃。丙烯酸的酸性较强，溶于水、乙醇、乙醚等。丙烯酸的化学性质很活泼，这也是作为活性填料表面改性剂的基础条件。丙烯酸的双键很容易打开，聚合成为透明白色粉末。

2. 甲基丙烯酸

甲基丙烯酸的结构式为

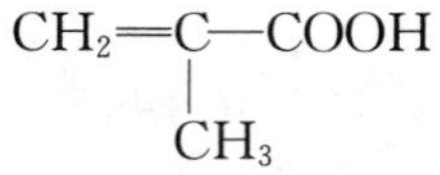

$$CH_2=\underset{\displaystyle |\atop \displaystyle CH_3}{C}—COOH$$

甲基丙烯酸是无色液体，熔点 15～16℃，沸点 161～162℃；溶于水、乙醇、乙醚和其他许多有机溶剂。其化学性质活泼，易聚合成水溶性聚合物。

3. 丁烯酸

丁烯酸俗称巴豆酸，可由巴豆醛氧化制得。丁烯酸有顺式和反式两种异构体：

$$\begin{array}{ccc} H—C—CH_3 \\ \| \\ H—C—COOH \end{array} \qquad \begin{array}{c} H—C—CH_3 \\ \| \\ COOH—C—H \end{array}$$

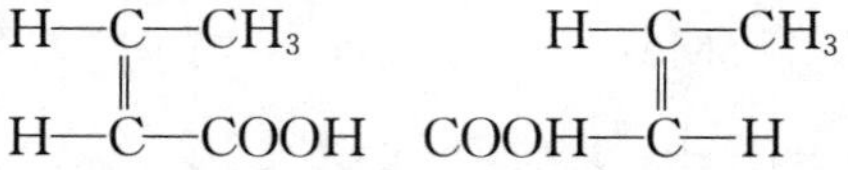

反式丁烯酸较为稳定。一般商品均为反式异构体，熔点 72℃，沸点 185℃；在甲苯溶液中能转变为顺式丁烯酸，熔点 15℃，沸点 160℃。

4. β-苯丙烯酸

β-苯丙烯酸俗称肉桂酸，其结构式为

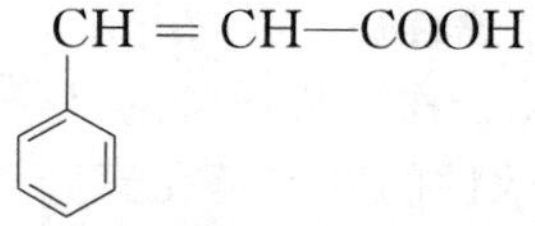

$$C_6H_5—CH=CH—COOH$$

肉桂酸有顺式和反式两种异构体，多为反式异构体。肉桂酸为无色针状晶体，熔点 133℃，沸点 300℃，溶于热水、乙醇、乙醚、丙酮、冰醋酸等，受热时脱羟基而成苯乙烯。

从上述四例可见，这类表面改性剂带有不饱和双键和羧基两种官能团。羧基可与含有活泼金属离子的无机填料较好地作用，而双键部分可参与接枝、交联及聚合反应。

含有活泼金属离子的无机粉体常带有 $K_2O—Al_2O_3—SiO_2$、$NaO_2—Al_2O_3—SiO_2$、$CaO—Al_2O_3—SiO_2$和 $MgO—Al_2O_3—SiO_2$组分，用带有不饱和双键的有机酸进行表面处理时，就容易以稳定的离子键形式包覆在颗粒表面。有机酸含有不饱和双键，在和基体树脂复合时，由于残余引发剂的作用，容易打开双键，与基体树脂发生接枝、交联等一系列化学反应，使无机填料和高聚物基料较好地结合在一起。

5.1.5　有机低聚物

用于粉体表面改性的有机低聚物主要品种有无规聚丙烯、聚乙烯蜡聚烯烃低聚物、双酚 A 型环氧树脂等。无规聚丙烯、聚乙烯蜡聚属于烯烃低聚物。

丙烯在高效催化剂作用下进行聚合反应，生成聚丙烯，反应式如下：

$$nH_3C{-}CH{=}CH_2 \xrightarrow{\text{高效催化剂}} \cdots \rightarrow {\left(\underset{\displaystyle CH_3}{\underset{|}{CH}}{-}CH_2 \right)}_n$$

生成的聚丙烯有三种不同的立体异构体，即等规立构聚丙烯、间规立构聚丙烯和无规立构聚丙烯。三种不同的立构聚丙烯的性能差异很大。等规立构聚丙烯和间规立构聚丙烯的性能较接近。无规立构聚丙烯性能与等规、间规立构聚丙烯差异很大。无规立构聚丙烯可作为无机填料的表面改性剂。

聚乙烯蜡，即低分子量聚乙烯，平均分子量为 1500～5000，为白色粉末，相对密度约 0.9，软化点 101～110℃。聚乙烯蜡经部分氧化即为氧化聚乙烯蜡。氧化聚乙烯蜡的分子链上带有一定量的羧基和羟基。

聚烯烃低聚物有较高的黏附性能，可以和无机粉体较好地浸润、黏附。因此，常用作涂料消光剂（一种大孔体积和高比表面积沉淀二氧化硅）的表面包覆改性剂。同时，因其基本结构和聚烯烃相似，可以和聚烯烃很好地相容结合，因此可应用于聚烯烃复合材料中无机填料的表面改性。

分子量为 340～630 的双酚 A 型环氧树脂可以用于云母粉的表面处理，制备环氧树脂与交联剂包覆改性的活性云母填料。

5.1.6 有机插层改性剂

烷基铵盐，结构为 $CH_3{(CH_2)}_nNH_3^+$，易与层状硅酸盐的层间离子进行交换，使层状硅酸盐片层表面状态由亲水性变为亲油性，因而已经成为目前使用较为广泛的一种制备有机黏土的插层剂。使用此类插层剂处理层状硅酸盐矿物时，通常的工艺步骤是：首先将烷基胺［结构为 $CH_3{(CH_2)}_nNH_2$］在酸性环境中质子化，得到烷基铵离子，然后与层状硅酸盐的层间阳离子交换得到有机黏土。上述烷基铵离子分子式中的 n 值的范围介于 1～18 之间。同样地，碳链越长，处理后的有机黏土的层间距越大。

ω-氨基酸［$H_3N^+(CH_2)_{n-1}COOH$］，氨基酸中的羧基能与插入层状硅酸盐层间的 ε-己内酰胺反应，参与其聚合过程。氨基酸分子中碳链越长，越有利于其扩张层状硅酸盐的层间距。

在膨润土有机化基础上进行聚合物插层制备聚合物/纳米黏土复合材料的主要层间插层聚合物及可原位聚合的插层单体如下：

① 直接插层聚合物。烯类均聚物或共聚物，如聚苯乙烯、聚甲基丙烯酸甲酯、聚乙烯、聚丙烯、聚氯乙烯、乙烯/乙酸乙烯酯共聚物等；聚醚类，如聚环氧乙烷、聚环氧丙烷、环氧树脂等；聚酰胺类，如尼龙 6；聚酯类，如聚对苯二甲酸乙二醇酯；弹性

体类，如丁苯橡胶等合成橡胶以及天然橡胶。

② 原位插层聚合的有机单体。氧化还原反应机理聚合的单体：苯胺、吡咯、呋喃、噻吩等阳离子或阴离子引发聚合的单体以及环内酯、内酰胺、环氧烷等环状化合物。这些单体插入黏土层间，用阳离子或阴离子引发剂引发开环聚合，得到插层复合材料。

自由基聚合的单体：烯类，如苯乙烯、甲基丙烯酸甲酯、丙烯酸丁酯等丙烯酸系列单体；配位聚合单体：乙烯、丙烯等与催化剂形成配位络合物的单体。

高岭土直接插层剂按与层间作用的不同分为三大类：

① 含有质子活性的有机物，与高岭土硅氧层形成氢键的化合物，如尿素、甲酰胺、乙酰胺、肼、N-甲基甲酰胺（NMF）、二甲基甲酰胺（DMF）、N-甲基乙酰胺（NMA）等。

② 含有质子惰性的有机分子，与高岭土羟基层形成氢键的化合物，如二甲基亚砜（DMSO）、二甲基硒亚砜（DMSeO）、氧化吡啶（PNO）等。

③ 含有短链脂肪酸的一价碱金属盐和碱金属的卤化物，如乙酸钾、丙酸钾、丙烯酸钠、氯化铷、氯化铯、溴化铯等。

5.1.7 水溶性高分子

1. 水溶性高分子的分类和用途

水溶性高分子又称水溶性树脂或水溶性聚合物，是一种亲水性的高分子材料，在水中能溶解形成溶液或分散液。

水溶性高分子的亲水性，来自其分子中含有的亲水基团。最常见的亲水基团是羧基、羟基、酰胺基、胺基、醚基等。这些基团不但使高分子具有亲水性，而且使它具有许多宝贵的性能，如黏合、成膜、润滑、成胶、螯合、分散、絮凝、减磨、增稠等。水溶性高分子的分子量低至几百，高至上千万。

水溶性高分子可以分为三大类，即天然水溶性高分子、半合成水溶性高分子和合成水溶性高分子。目前，粉体表面改性用的主要是合成水溶性高分子的聚合类树脂，如聚丙烯酸及其盐类（聚丙烯酸钠、聚丙烯酸铵）、聚丙烯酰胺、聚乙二醇、聚乙烯醇、聚马来酸酐及马来酸-丙烯酸共聚物等。

2. 水溶性高分子的主要性能

(1) 溶解性

溶解性是水溶性高分子的重要性能之一。水溶性高分子在水中的溶解度因高分子结构、分子量的不同而不同。线性高分子能完全地生成氢键，使水分子很快进入全部高分子结构之中；非线性高分子只有部分区域生成氢键，水分子只能渗入部分高分子结构区域。因此，线性高分子比相同类的支链高分子的水溶性要好。分子量增加，溶解速度也将降低。这一方面是由于分子量的增加使分子在水中的扩散速度减慢；同时也由于分子量大的溶液黏度大，增加了分子运动的阻力。温度是影响高分子溶解最重要的外部因素，大多数高分子的溶解度随温度的升高而增大。

(2) 流变学性能

流变学性能在水溶性高分子的应用中是非常重要的。例如，在乳胶漆中，为了避免颜料沉降，要求有较高的静止黏度；而在涂刷剪切力作用下，黏度低为好，因此，要求涂料具有假塑性。

高分子水溶液流体在极低和极高的剪切速率下，流体性能接近牛顿流体，即剪切应力和剪切速率之间呈线性关系。在一般中等剪切速率下，多数高分子水溶液的黏度随剪切速率的增加而降低，即剪切应力和剪切速率之间不再呈线性关系。这种非牛顿流体被称作假塑性流体。

水溶性高分子水溶液的另一个流变学特性是触变性，即在受剪切力之后静止时，溶液黏度有所增加的特性。

（3）电化学性质

水溶性高分子的电化学性质有以下三种类型：

阴离子型——在水溶液中电离为阴离子的高分子，如聚丙烯酸钠、羧甲基纤维素、藻蛋白酸钠等；

阳离子型——在水溶液中电离为阳离子的高分子，如季胺聚合物、阳离子淀粉等；

非离子型——在水溶液中不电离的高分子，如聚乙二醇、聚氧化乙烯、羟乙基纤维素等。

许多水溶性高分子原本并不溶于水或仅部分溶于水，只有添加一种酸或碱，才因电离作用而溶于水。在水溶液或熔融状态下能电离成离子的物质称为电解质。电解质为聚合物的物质为聚电解质。聚电解质的性质取决于它的电离程度。聚丙烯酸和聚胺分别是阴离子和阳离子聚电解质的典型例子。它们的一些重要性质直接与它们的电离程度有关。因此，这些物质水溶液的 pH 值与它的黏度、分散性、稳定性等有密切的关系。

（4）分子量

分子量是对水溶性高分子应用性能最有影响的性质。水溶性高分子的分子量大至数千万，小至数百。同一种聚合物，分子量不同，应用性能也不同。因此，每一种水溶性高分子都可以形成一系列分子量不同的牌号，应用于不同的范围。

（5）分散作用

水溶性高分子的分子中都含有亲水基因和疏水基团，因此很多水溶性高分子具有表面活性，可以降低水的表面张力，有助于水对固体的润湿，特别有利于无机填料、颜料、黏土之类的粉体物料在水中的分散。许多水溶性高分子虽然不能显著降低水溶液的表面张力，但可以起到保护胶体的作用。通过它的亲水性，使水-胶复合体吸附在颗粒上，使颗粒屏蔽免受电解质引起的絮凝或凝聚作用，这样也有助于分散体系的稳定。因此，水溶性高分子可用于无机粉体，如 SiO_2、Fe_2O_3、Al_2O_3、ZnO、$CaCO_3$、TiO_2 及陶瓷颜料等的表面处理，因为经过水溶性高分子改性处理后的无机粉体在水相及其他无机相中容易分散，而且相容性好。

（6）絮凝作用

水溶性高分子的分子中含有一定的极性基团，这些极性基团能吸附于水中悬浮的固体粒子，使粒子间架桥而形成大的凝聚体。水溶性高分子作为絮凝剂最常用的可以分为三类：阴离子型的有聚丙烯酸钠、水解聚丙烯酰胺、顺丁烯二酸酐共聚物、苯乙烯磺酸钠聚合物等；阳离子型的有聚乙烯吡啶、甲醛-苯胺树脂、聚胺、聚季铵盐等；非离子型的有聚丙烯酰胺、聚氧化乙烯、苛性淀粉等。水溶性高分子的絮凝能力与溶液的 pH 值、用量、高分子的分子量以及絮凝时的搅拌强度和温度等有很大关系。

(7) 增稠作用

所谓增稠性能,是指水溶性高分子有使别的水溶液或水分散体系黏度增大的作用。作为增稠剂使用是水溶性高分子的主要用途之一。常用的增稠剂有明胶、阿拉伯胶、羧甲基纤维素、羟乙基纤维素、乙基羟乙基纤维素、羧甲基淀粉、甲基淀粉、阳离子淀粉、聚甲基丙烯酸、聚丙烯酸、聚乙二醇、聚丙烯酰胺、聚胺、聚乙烯甲基醚等。

(8) 减阻作用

减阻又叫减摩或降阻。往流体中添加少量化学药剂以使流体通过固体表面的湍流摩擦阻力得以大幅度减小的现象,叫作减阻作用。许多水溶性高分子具有减阻作用。其中具有支链少的线性柔性长链大分子结构的聚合物的减阻效果最好;支链增加,减磨效果降低。

3. 主要品种和应用

水溶性高分子品种很多,发展也很快。本书只对其中涉及粉体表面改性处理的水溶性高分子的分子结构、主要物化性能及应用等作简单介绍。

(1) 丙烯酸及甲基丙烯酸聚合物

丙烯酸及甲基丙烯酸聚合物包括聚丙烯酸(盐)、聚甲基丙烯酸(盐)及其共聚物,结构式可以写成:

$$\left[CH_2-\underset{\displaystyle R}{\overset{\displaystyle COOR'}{\overset{|}{C}}}-CH_2-\overset{\displaystyle COOR'}{\overset{|}{C}}R \right]$$

式中,R 是 H、CH_3,R′是 H、CH_3、Na、K、NH_4等。

聚丙烯酸和聚甲基丙烯酸在一些溶剂中的溶解性能列于表 5-14。

表 5-14 聚丙烯酸和聚甲基丙烯酸的溶解性

溶剂	溶解性		溶剂	溶解性	
	聚丙烯酸	聚甲基丙烯酸		聚丙烯酸	聚甲基丙烯酸
水	溶	溶	丙酮	不溶	不溶
二噁烷	溶	溶	丙烯碳酸酯	不溶	不溶
乙醇	溶	溶	乙醚	不溶	不溶
甲醇	溶	溶	苯	不溶	不溶
2-丙醇	溶	不溶	环己烷	不溶	不溶

丙烯酸聚合物有使固体颗粒分散、悬浮在水中的能力。聚丙烯酸及其盐类可以通过与颗粒表面的作用而实现粉体的有效分散。其作用机理主要是离子的结合、范德华力和氢键等;颗粒因吸附聚合物分子而产生静电排斥和空间位阻,从而达到分散稳定化。无机粉体有效分散在涂料、造纸和陶瓷及石油等工业中得到应用,意义重大。这种聚合物的分子量一般在数千至数万的低分子量范围内。分子结构包括聚丙烯酸(PAA)、丙烯酸二元共聚物(AA/S)、丙烯酸三元共聚物(AA/S/N)等(图 5-4)。

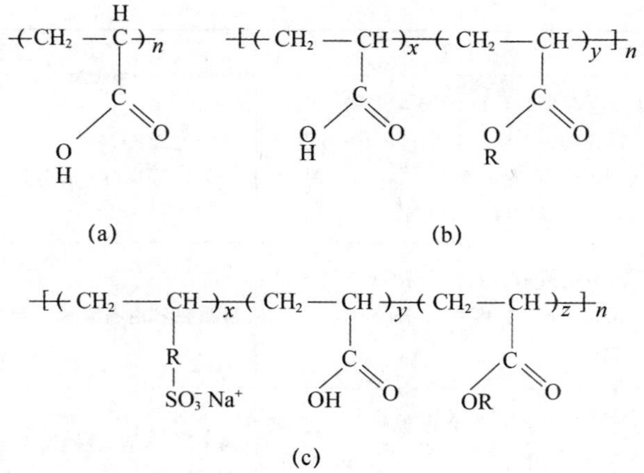

$$\text{-}\!\!\left[\,CH_2-\underset{\displaystyle COOH}{\overset{H}{C}}\,\right]_n$$

(a)

$$\text{-}\!\!\left[\left(CH_2-\underset{\displaystyle COOH}{CH}\right)_x\left(CH_2-\underset{\displaystyle COOR}{CH}\right)_y\right]_n$$

(b)

$$\text{-}\!\!\left[\left(CH_2-\underset{\displaystyle R-SO_3^-Na^+}{CH}\right)_x\left(CH_2-\underset{\displaystyle COOH}{CH}\right)_y\left(CH_2-\underset{\displaystyle COOR}{CH}\right)_z\right]_n$$

(c)

图5-4　丙烯酸共聚物的分子结构

(a) PAA；(b) AA/S；(c) AA/S/N

表5-15为部分聚丙烯酸盐类水溶性高分子的物化性质和应用范围。

表5-15　部分聚丙烯酸盐类水溶性高分子的物化性质和应用范围

名称	物化性质	应用范围
ACUMER 9000	澄清的琥珀色溶液；固含量44%；pH=7.5；密度（Ib/gal，25℃）10.8；黏度（mPa·s/cps，25℃）500	氢氧化钙和氢氧化镁矿浆，起分散、降黏作用
ACUMER 9141	澄清的琥珀色溶液；固含量48%；pH=7；密度（Ib/gal，25℃）10；黏度（mPa·s/cps，25℃）1000	高岭土、氢氧化钙、氢氧化镁、石膏、球土等矿浆，起分散、降黏作用
ACUMER 9210	澄清溶液（丙烯酸均聚物钠盐）；平均分子量2000；固含量≈43%；pH≈7；黏度（mPa·s/cps，25℃）≈200	石英、黏土、陶瓷等浆料，起分散、降黏作用
ACUMER 9300	澄清溶液（丙烯酸均聚物钠盐）；平均分子量4500；固含量≈45%；pH≈7；黏度（mPa·s/cps，25℃）≈600	轻质碳酸钙（PCC）、高岭土（70%）、二氧化钛、滑石、云母、氢氧化铝、氧化铁、陶瓷等浆料，起分散、降黏作用
ACUMER 9310	澄清溶液（丙烯酸均聚物钠盐）；平均分子量4500；固含量≈40%；pH≈7；黏度（mPa·s/cps，25℃）≈300	重质碳酸钙（GCC）、轻质碳酸钙（PCC）、高岭土（70%）、二氧化钛、滑石、云母、氢氧化铝、氧化铁等浆料，起分散、降黏作用
ACUMER 9320	澄清溶液（丙烯酸均聚物钠盐）；平均分子量4500；总固含量≈45%；pH≈7；黏度（mPa·s/cps，25℃）≈850；丙烯酸残留物：最大20×10^{-6}	粗粒度重质碳酸钙（GCC）、轻质碳酸钙（PCC）、高岭土（70%）、二氧化钛、滑石、云母、氢氧化铝、氧化铁、陶瓷浆料等，起分散、降黏作用
ACUMER 9341	澄清溶液（丙烯酸均聚物钠盐）；平均分子量4500；固含量≈41%；pH≈7；黏度（mPa·s/cps，25℃）≈600	高浓度高岭土（70%）、陶瓷浆料及其他各种无机物等浆料，起分散、降黏作用

续表

名称	物化性质	应用范围
ACUMER 9400	低黏度金色共聚物，丙烯酸均聚物，阴离子型；固含量 41%～43%；pH＝6.5～7.5；平均分子量 3000～4000；黏度（mPa·s/cps，25℃）≈2000.	高浓度超细高岭土（≈75%）、超细 GCC（≈76%）等浆料，起分散、降黏作用
ACUMER 9410	澄清的琥珀色溶液；含部分钠盐；固含量 41%；pH4.3；黏度（mPa·s/cps，25℃）300	碳酸钙和滑石浆料，起分散、降黏作用
ACUMER 9420	澄清的琥珀色溶液；聚碳酸酯钠盐；平均分子量 3500；固含量≈42.5%；pH≈8；黏度（mPa·s/cps，25℃）≈400	高浓度超细高岭土（≈75%）、超细 GCC（≈76%）等浆料，起分散、降黏作用
ACUMER 9460	澄清的琥珀色溶液；含部分钠盐；平均分子量 3600；固含量≈42%；pH≈5.5；黏度（mPa·s/cps，25℃）≈500	高浓度超细高岭土（≈75%）、超细 GCC（≈76%等浆料，起分散、降黏作用
DURAMAX B-1000	白色乳状液体；固含量 55%；玻璃转换温度－26℃；密度（25℃）1.05g/mL；黏度（cp）＜140；pH＝9≈9.8	陶瓷、铁红等无机颜料
DURAMAX D-3005	淡黄色液体（聚合电解质铵盐）；固含量≈35%；分子量≈2400；密度（25℃）1.16g/mL；黏度（cp）＜100；pH＝6～7	陶瓷、铁红等无机颜料

甲基丙烯酸共聚物和甲基丙烯酸酯共聚物常用作药粉的包膜材料，称为丙烯酸树脂。其结构式如下：

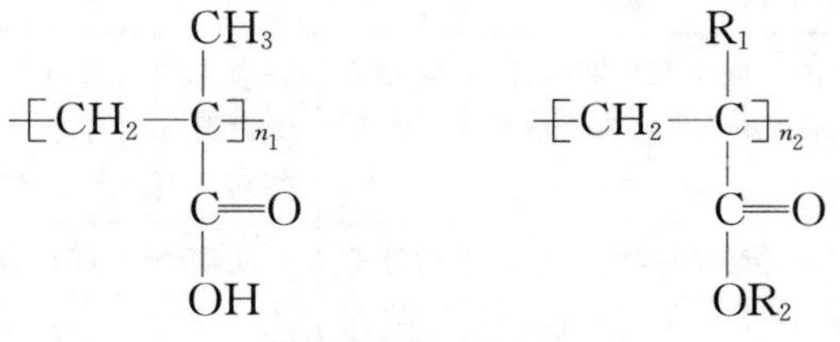

$$\left[CH_2-\overset{\overset{\displaystyle CH_3}{|}}{\underset{\underset{\underset{\displaystyle OH}{|}}{\overset{|}{C=O}}}{C}}\right]_{n_1}\qquad\left[CH_2-\overset{\overset{\displaystyle R_1}{|}}{\underset{\underset{\underset{\displaystyle OR_2}{|}}{\overset{|}{C=O}}}{C}}\right]_{n_2}$$

甲基丙烯酸共聚物

$$\left[CH_2-\overset{\overset{\displaystyle H}{|}}{\underset{\underset{\underset{\displaystyle OR_1}{|}}{\overset{|}{C=O}}}{C}}\right]_{n_1}\quad\left[CH_2-\overset{\overset{\displaystyle CH_3}{|}}{\underset{\underset{\underset{\displaystyle OCH_3}{|}}{\overset{|}{C=O}}}{C}}\right]_{n_2}\quad\left[CH_2-\overset{\overset{\displaystyle CH_3}{|}}{\underset{\underset{\underset{\displaystyle OR_2}{|}}{\overset{|}{C=O}}}{C}}\right]_{n_3}$$

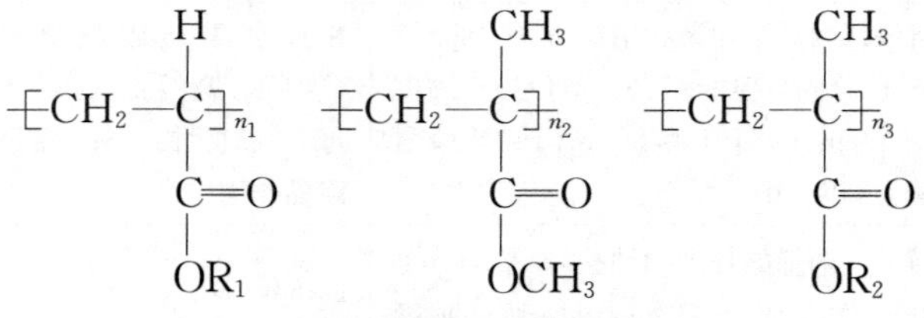

甲基丙烯酸酯共聚物

国内外生产的部分丙烯酸树脂的牌号和化学组成列于表 5-16。

表 5-16　丙烯酸树脂的部分牌号和化学组成

中国商品牌号	德国商品牌号	平均分子量（M_w）	化学组成
Enteric Solubility Ⅰ	Eudragit L30D	2.5×10^5	甲基丙烯酸：丙烯酸丁酯（1：1）
Enteric Solubility Ⅱ	Eudragit L100	1.35×10^5	甲基丙烯酸：丙烯酸甲酯（1：1）
Enteric Solubility Ⅲ	Eudragit S100	1.35×10^5	甲基丙烯酸：丙烯酸甲酯（1：1）
Enteric Solubility Ⅳ	Eudragit E 100	1.5×10^5	甲基丙烯酸酯：二甲氨基甲基丙烯酸乙酯（1：1）
Gastric disintegration	Eudragit E 30D	8.0×10^5	甲基丙烯酸甲酯：丁基丙烯（1：2）
Hyperosmotis	Eudragit RL100	1.5×10^5	甲基丙烯酸酯：丙烯酸乙酯：二甲基丙烯酰二乙基三甲基铵（2：1：0.2）
Hypoosmosis	Eudragit SL100	1.5×10^5	甲基丙烯酸酯：丙烯酸乙酯：二甲基丙烯酰二乙基三甲基铵（2：1：0.1）

丙烯酸树脂之所以能够在药片上形成包膜，主要依赖分子中酯基与药片（粉）表面分子的带电负性原子形成氢键结合、分子链对药片缝隙的渗透以及包膜液中其他成分的吸附。大分子中酯基碳链越长，大分子聚合度越大，包膜对药片的黏附性越强，包膜具有更好的力学性能。应用时要注意根据丙烯酸树脂的性质和体液 pH 值的变化选择适当结构和分子量的包膜材料，以达到预期的目的。

（2）聚乙二醇

聚乙二醇也叫聚乙二醇醚，可由环氧乙烷与水或乙二醇逐步加成而制得，化学式为 $HO\text{-}[C_2H_4O]_n\text{-}H$。聚乙二醇的分子量 $M=18+n\times44$。

根据分子量的大小不同，聚乙二醇的物理形态可以从白色黏稠液（分子量 200～700）到蜡质半固体（分子量 1000～2000），直至坚硬的蜡状固体（分子量 3000～20000）。它完全溶于水，并和很多物质相容。

聚乙二醇工业品因平均分子量不同而有各种牌号，不同分子量的聚乙二醇，其物理性质也不同。表 5-17 和表 5-18 是各种牌号聚乙二醇的性质。

表 5-17　液体聚乙二醇的性质

等　级	200	300	400	500
平均分子量	190～210	285～315	380～420	570～630
熔点（℃）	过冷	−15～−18	4～8	20～25
黏度（$10^{-6}m^2/s$，98.9℃）	4.3	5.8	7.3	10.5
水溶性	完全	完全	完全	完全
闪点（开口，℃）	179～182	196～224	224～243	246～252
吸湿性（甘油为 100）	～70	～60	～55	～40
燃烧热（kJ/g，25℃）	235	252	257	258
折射率（n_D^{20}）	1.459	1.463	1.465	1.467

表 5-18 固体聚乙二醇的性质

级别	混合物	1000	1500	2000	4000	6000	9000	14000	20000
平均分子量	500～600	950～1050	1300～1600	1900～2200		6000～8500	9700	12500～15000	18500
密度（g/cm^3，25℃）	1.200	1.170	1.210	1.211	1.212	1.212	1.212	1.202	1.215
熔点（℃）	37～41	37～41	43～47	50～54	53～60	57～63	59～62	61～67	56～64
黏度（$10^{-6}m^2/s$，98.9℃）	15	17～19	25～32	47	75～110	580～800	1120	2700～4800	6900
水溶性（%，20℃）	～73	～74	～70	～65	～62	～53	～52	～50	～50
闪点（开口,℃）	221～232	254～266	254～266	266	268	271	271		288
燃烧热（kJ/g，25℃）	257	262	263		264	264.5		265	
吸湿性（甘油为 100）	～35	～35	～30	低	低	很低	很低	很低	很低

聚乙二醇能与许多物质相容。一般它对极性大的物质相容性大，而对极性小的物质则相容性小。聚乙二醇的这种功能用来对无机粉体进行表面改性处理，可以提高无机填料，如硅灰石和 $CaCO_3$ 与基料的相容性。用平均分子量为 2000～4000 的聚乙二醇改性硅灰石，可显著改善填充聚丙烯（PP）材料的缺口冲击强度和低温性能[47]。

（3）聚乙烯醇

聚乙烯醇是白色、粉末状树脂，由醋酸乙烯水解而得，其结构式为

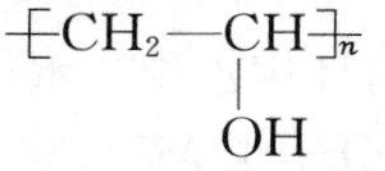

$$\mathrm{\{CH_2-\underset{\displaystyle OH}{\underset{|}{C}H}\}_n}$$

由于分子链上含有大量羟基，聚乙烯醇具有良好的水溶性。在聚乙烯醇分子中存在两种化学结构：

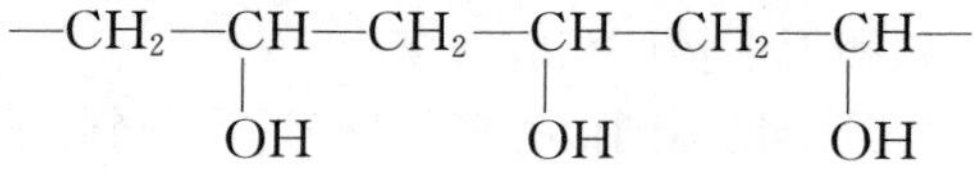

$$\mathrm{-CH_2-\underset{\displaystyle OH}{\underset{|}{C}H}-CH_2-\underset{\displaystyle OH}{\underset{|}{C}H}-CH_2-\underset{\displaystyle OH}{\underset{|}{C}H}-}$$

1，3-乙二醇结构

$$\mathrm{-CH_2-\underset{\displaystyle OH}{\underset{|}{C}H}-\underset{\displaystyle OH}{\underset{|}{C}H}-CH_2-CH_2-\underset{\displaystyle OH}{\underset{|}{C}H}-\underset{\displaystyle OH}{\underset{|}{C}H}-}$$

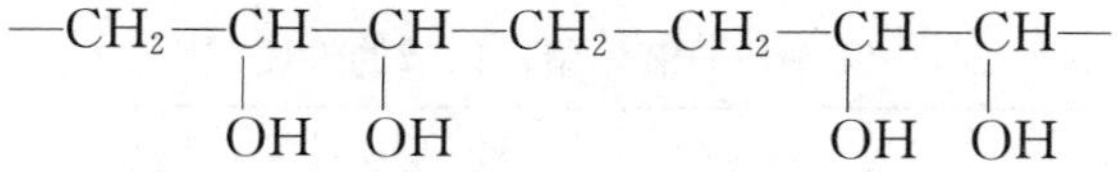

1，2-乙二醇结构

主要的结构是 1，3-乙二醇结构，也就是“头-尾”结构。

聚乙烯醇的聚合度可分为高聚合度、中聚合度、低聚合度以及超高聚合度，其相应的分子量和黏度的对应关系如表 5-19 所列。

表 5-19 聚乙烯醇的分子量和黏度的关系

分子量等级	分子量（万）	4%水溶液 20℃下的黏度（Pa·s）
低聚合度	2.5～3.5	0.005～0.015
中聚合度	12～15	0.016～0.035
高聚合度	17～22	0.036～0.060
超高聚合度	25～30	>0.06

（4）聚马来酸

聚马来酸是由马来酸酐聚合水解或水解聚合而得。马来酸酐又称为顺丁烯二酸酐（或失水苹果酸酐），其结构式如下：

```
    CH═CH
    |    |
O═C    C═O
   \  /
    O
```

由马来酸直接聚合而得到的聚马来酸的分子结构如下：

```
 ─[CH─CH]─m
   |    |
 COOH COOH
```

聚马来酸是一种聚电解质，易溶于水，在聚合物链上的每一个碳原子均带有高电位电荷。因此，它的聚电解质性质不同于聚丙烯酸或聚甲基丙烯酸。当用 LiOH、NaOH、KOH 或 $(CH_3)_4NOH$ 滴定时，只有总酸一半的羧基被中和，性质不同于聚丙烯酸或聚甲基丙烯酸，因此就电位滴定而言，聚马来酸常被视为单元酸。国内外聚马来酸产品的主要性能见表 5-20。

聚马来酸及马来酸-丙烯酸共聚物可用来处理碳酸钙和磷酸钙等粉体，改善这些粉体在溶液中的分散性，防止颗粒团聚。

表 5-20　国内外聚马来酸产品的主要性能

性能	Belclene 200	中国产品（GB/T 10535—2014）	
		溶剂法	水相法
固体含量（%）	47～53	≥50	≥50
平均分子量	800～1000	—	—
溴值（mg/g）	—	≤150	≤50
pH（1%水溶液）	1.0～2.0	2≤pH≤3	2≤pH≤3
密度（g/cm^3，20℃）	1.22	1.18～1.22	1.22～1.25
运动黏度（mm^2/s，20℃）	—	≥8	≥8

4. 使用方法

水溶性高分子既可用于干法改性，也可用于湿法改性。干法改性时，可以预先用水溶解或稀释改性剂，然后添加改性剂，最后干燥脱除水分；湿法改性可直接计量添加，然后搅拌反应一定时间。影响水溶性高分子表面改性效果的主要因素是用量，合适的用量要依粉体的粒径和比表面积及作用的均匀性而定，一般要在具体的工艺条件下通过试验来选定。

混合使用水溶性高分子和表面活性剂，有时会取得更好的处理效果。

5.2　无机表面改性剂

5.2.1　无机表面改性包覆剂

粉体的无机表面改性旨在无机粉体表面包覆金属、氧化物（如氧化钛、氧化铬、氧化铁、氧化锆、氧化锌、氧化硅、氧化铝、氧化镁等）、氢氧化物、碳酸盐、硅酸盐等。因此，在一定反应条件下能在粉体颗粒表面形成金属、氧化物、氢氧化物、硅酸盐、碳酸盐、硫酸盐、磷酸盐等包覆物或在一定酸碱性的溶液中生成金属氧化物或氢氧化物沉淀的盐类物质（无机盐、有机盐、复盐）均可作为粉体的无机表面改性剂。如四氯化钛、硫酸氧钛、硫酸亚铁和铬盐等可用作制备云母珠光和着色云母颜料的表面改性剂；四氯化钛、硫酸氧钛、钛酸四丁酯等可以用作在硅藻土表面负载纳米 TiO_2 的表面改性剂；铝盐、硅酸钠、锆盐等用作钛白粉表面氧化铝、氧化硅和氧化锆包膜的改性剂；氢氧化钙可以用做硅灰石表面包覆纳米碳酸钙的表面改性剂；以 $Al_2(SO_4)_3$ 和 Na_2SiO_3 为无机表面改性剂在硅灰石、粉煤灰微珠表面包覆纳米硅酸铝；金属氧化物、碱或碱土金属、稀土氧化物、无机酸及其盐以及 Cu、Ag、Au、Mo、Co、Pt、Pd、Ni 等金属或贵金属常用作吸附和催化粉体材料，如氧化铝、硅藻土、分子筛、沸石、二氧化硅、海泡石等的表面改性剂。

采用化学沉淀法在粉体表面包覆金属、金属氢氧化物和氧化物的无机表面改性剂主要有以下几类：

① 金属氯化物：如 $TiCl_4$、$SiCl_4$、$SnCl_4$、$AlCl_3$、$FeCl_3$、$FeCl_2$、$MgCl_2$、$NiCl_2$、$LaCl_3$、$CeCl_3$ 等。

② 金属硫酸盐：如 $TiOSO_4$、$Al_2(SO_4)_2$、$Fe_2(SO_4)_3$、$FeSO_4$、$MgSO_4$、$ZnSO_4$、$CuSO_4$ 等。

③ 金属硝酸盐：如 $Cu(NO_3)_2$、$Zn(NO_3)_2$、$Pd(NO_3)_2$、$Co(NO_3)_2$、$Ce(NO_3)_2$、$AgNO_3$ 等。

④ 硅酸及其盐：如硅酸、硅酸钠、硅酸钾。

⑤ 有机酸盐及酯类：如金属乙酸盐（如乙酸锌、乙酸铜）、钛酸四丁酯等。

5.2.2　层状结构粉体插层剂

1. 石墨插层剂

按插层剂的性质及石墨与插层剂之间的作用类型，石墨插层剂可分为离子型、分子型和共价型三类。

① 离子型化合物。插层剂与石墨之间有电子得失，可引起石墨层间距离增大，但原来结构不变（碳原子的 sp2 轨道不变）。离子型层间化合物又可分为供体型（n 型）和受体型（p 型）两种。供体型是插层剂向石墨提供电子；受体型是插层剂从石墨夺取电子，本身成为负离子，卤素、金属卤化物、浓硫酸和硝酸等属于此类。

② 分子型。石墨与插层剂间以范德华力结合，如芳香族分子与石墨形成的层间化

合物。

③ 共价型。插层剂与石墨中碳原子以共价键结合，碳原子轨道成 sp 杂化。由于共价键结合牢固，石墨失去了电导性，成为绝缘体。石墨层发生了变形，如石墨与氟或氧形成的层间化合物氟化石墨和石墨酸，都形成碳原子 sp 杂化轨道四面体结构。

表 5-21 所列为制备石墨层间化合（GIC）的主要插层剂。

表 5-21　石墨层间化合（GIC）的主要插层剂

化合键类型	嵌入物电子状态	嵌入物类型	插层剂
离子型	供电子型	碱金属	Li、K、Rb、Cs（Na）
		碱土金属	Ca、Sr、Ba
		稀土金属	Sm、Eu、Yb、Tm
		过渡金属	（Mn、Fe、Ni、Co、Cu、Mo）
		含碱金属的三元体系	$M-NH_3$、M-THF、$M-C_6H_6$①
	受电子型	卤素	Br_2、Cl_2、ICl、IBr
		金属卤化物	$FeCl_3$、$AlCl_3$、$NiCl_2$等
		金属氧化物	CrO_3、MoO_3等
		强氧化性酸	HNO_3、H_2SO_4、$HClO_4$、H_3PO_4等
		五氟化物	SbF_5（$SbCl_5$）、AsF_5、NbF_5等
分子型			芳香族化合物
共价型			F［$(CF)_n$］②、O（OH）［CO（OH）］③

注：① M 为碱金属；
② 氟化石墨；
③ 氧化石墨。

2. 膨润土插层（柱撑剂）

制备无机柱撑膨润土采用的无机阳离子插层剂，一般是聚合羟基多核阳离子，包括 Al、Zr、Ti、Cr、Fe、Si、Ni、Cu、V、Co、Ce、Ca、Ru、Ta、La 等或其中的几种离子复合，目前研究和应用最多的是具有较大体积和较高电荷的聚合羟基 Al 和 Zr 离子，其柱撑剂分别为 $[Al_{13}O_4(OH)_{24}(OH_2)_{12}]^{7+}$（$Al_{13}$ Keggin 离子）和 $[Zr_4(OH)_{14}(H_2O)_{10}]^{2+}$。

5.3　表面改性剂的选择及改性剂配方设计

5.3.1　表面改性剂的选择原则

粉体表面改性剂配方是表面改性技术的核心，而改性剂品种或种类是表面改性剂配方的关键。

具体粉体表面改性剂配方的选用或研究，首先面临的就是在如此多的表面改性剂当中如何选择或者选择哪几种来进行配方比较试验。

表面改性剂品种具有很强的针对性，在很多情况下是一种个性化的技术解决方案。迄今为止，还没有一种或几种能解决所有具体粉体表面改性应用问题的通用表面改性剂配方。以下是笔者在实际工作中总结的选择原则：

① 依基料的种类或应用体系的性质选择表面改性剂（即与基料相似相容或亲和理论）。

② 优先选择能与粉体颗粒表面进行化学吸附或化学反应的表面改性剂（即化学吸附或化学反应优先理论）。

然后对符合上述两条原则或理论的表面改性剂进行筛选和应用性能比较。在满足应用技术指标要求或用户需要的前提下，尽可能选择成本较低、使用安全和环境友好的表面改性剂。

5.3.2 表面改性剂配方设计

对于无机粉体的表面有机改性来说，改性剂的配方包括改性剂品种、用量和用法三要素。一般原则是依据应用体系基料的种类和特性选择表面改性剂品种，优先选择能与粉体表面进行化学吸附或化学反应的表面改性剂；根据粉体材料的比表面积设计用量；根据表面改性剂的理化性质设计用法。

1. 表面改性剂品种

一般情况下，应尽可能选择能与粉体颗粒表面进行化学反应或化学吸附的表面改性剂，因为物理吸附在其后应用过程中的强烈搅拌或挤压作用下容易脱附。例如，石英、云母、高岭土等呈酸性的硅酸盐矿物表面可以与硅烷偶联剂进行键合，形成较牢固的化学吸附；但硅烷类偶联剂一般不能与碱性矿物，如碳酸盐类矿物进行化学反应或化学吸附，而钛酸酯和铝酸酯类偶联剂在一定条件下可以与碳酸盐类矿物进行化学吸附作用。因此，硅烷类偶联剂一般不宜用作碳酸盐类碱性矿物粉体的表面改性剂。

不同应用领域对粉体应用性能的技术要求不同，这就是要根据用途来选择表面改性剂品种的原因之一。例如，用于各种塑料、橡胶、胶黏剂、油性或溶剂型涂料的无机粉体（填料或颜料）要求表面与有机高聚物基料有良好的亲和性或相容性，这就要求选择能使无机粉体表面亲有机高聚物的表面改性剂；对于陶瓷坯料中使用的无机颜料，不仅要求其在干态下有良好的分散性，而且要求其与无机坯料的亲和性好，能够在坯料中均匀分散；对于水性漆或涂料中使用的无机粉体（填料或颜料）的表面改性剂，则要求改性后粉体在水相中的分散性好。同时，不同应用体系的组分不同，选择表面改性剂时还须考虑与应用体系中各组分的相容性，避免因表面改性剂而导致体系中其他组分功能的失效。此外，要考虑应用时的工艺因素，如温度、压力以及环境等。所有的有机表面改性剂都会在一定的温度下分解，如硅烷的沸点依品种不同在100～310℃之间变化。因此，所选择的表面改性剂的分解温度或沸点最好高于应用时的加工温度。

改性工艺也是选择表面改性剂的重要考虑因素之一。目前的表面改性工艺主要采用干法和湿法两种。对于干法工艺，不必考虑其水溶性的问题；但对于湿法工艺，要考虑表面改性剂的水溶性，因为只有能溶于水才能在矿浆或悬浮液中与粉体颗粒充分地接触和反应。例如碳酸钙粉体在干法表面改性时可以用硬脂酸（直接添加），但在湿法（水溶液中）进行表面改性时，如直接添加硬脂酸，不仅达不到预期的表面改性效果，而且利用率低，过滤后滤液中有机物排放超标。其他类型的有机表面改性剂也有类似的情况。因此，对于不能直接水溶而又必须湿法使用的有机表面改性剂，必须预先将其皂化、铵化或乳化，使其能在水溶液中溶解和分散。

2. 表面改性剂用量

一般情况下，粉体的比表面积越大，改性剂的用量也就越大。理论上改性剂的用量以能在粉体表面形成单分子层最为合适。用量不足会使粉体颗粒表面改性不完全，包覆率低；用量过多，既增加成本，又可能形成多层吸附（包覆）或使多余的改性剂游离于填充体系内，影响改性粉体的应用效果。

对于湿法改性，改性剂在粉体表面的实际包覆量不一定等于表面改性剂的用量，因为总是有一部分表面改性剂未能与粉体作用，留在滤液中。因此，实际用量要略大于达到单分子层吸附所需的用量。

3. 表面改性剂用法

用法是表面改性剂配方的重要组成部分，对粉体的表面改性效果有重要影响。合适的用法可以提高表面改性剂的分散性和表面改性效果；反之，用法不当就可能达不到预期的改性效果。

表面改性剂的用法包括配制、分散和添加方法以及使用两种以上表面改性剂时的添加顺序。表面改性剂的配制方法要依表面改性剂的品种、改性工艺和改性设备而定。

不同的表面改性剂需要不同的配制方法。例如，对于硅烷，除了四硫化物外，与粉体表面起键合作用的是硅醇，因此，要达到好的改性效果（化学吸附），最好添加前进行水解。对于在湿法改性工艺中使用的硬脂酸、钛酸酯、铝酸酯等不能直接溶于水的有机表面改性剂，要预先将其皂化、铵化或乳化为能溶于水的产物。

添加表面改性剂的最好方法是使表面改性剂与粉体均匀和充分地接触，以达到表面改性剂的良好分散和表面改性剂在粒子表面的均匀包覆。因此，生产中最好采用与粉体给料速度联动的连续喷雾或滴加方式。

在采用两种以上的表面改性剂对粉体进行处理时，加药方式（先后或同时）、顺序也对最终表面改性效果有一定影响。在确定表面改性剂的添加顺序时，首先要分析两种表面改性剂各自所起的作用和与粉体表面的作用方式（是物理吸附为主还是化学吸附为主）。很多情况下可以分别同时添加；如果采用先后加，一般来说先加起主要作用或以化学吸附为主的表面改性剂，后加起次要作用或以物理吸附为主的表面改性剂。需要注意的是，除非它们混合后不产生反应，最好不要将两种或多种改性剂混合后添加。

第 6 章　表面改性产品的评价方法

粉体表面改性是一项涉及众多学科的交叉学科和新技术，其表面改性效果或改性产品的表征方法还有待完善和规范。目前的表征方法大体上可分为直接法和间接法。

所谓直接法，就是通过测定表面改性处理后粉体的表面物理化学性质，如表面润湿性、表面能、表面电性、表面官能团或基团、在极性和/或非极性介质中的分散性、表面改性剂的作用类型（吸附和化学反应类型）、包覆量、表面结构、形貌和表面化学组成等来表征表面改性的效果。表征表面润湿性的方法主要有活化指数、润湿接触角等；表征表面电性的主要方法有动电（ζ）电位和等电点；表征在极性和/或非极性介质中的分散性主要有沉降时间或浊度变化；表征官能团或基团的主要方法有红外光谱、拉曼光谱、核磁共振等；形貌表征有扫描电镜和透射电镜；表面结构表征的主要方法有 XRD、XPS、俄歇能谱等。

所谓间接法，就是通过测定表面改性后粉体在确定的应用领域中的应用性能，如填充高聚物基复合材料的力学性能、电性能，阻燃性能。用于涂料和涂层材料的光、电、热、化学性能等来表征粉体表面改性效果和表面改性产品的质量。由于粉体表面改性的目的性或专业性很强，因此，间接法对于粉体表面改性效果的评价非常重要。

以下介绍在无机粉体表面改性研究和生产中常用的一些检测、表征或评价方法。间接法因涉及的领域和内容较多，许多为国家标准，本书不再一一介绍。

6.1　表面润湿性

润湿接触角是润湿性的主要判据。固体物料在水中的润湿接触角越大，疏水性就越好。用有机表面改性剂对碳酸钙粉体进行表面改性，硬脂酸在碳酸钙表面包覆率越高（单层包覆），碳酸钙在水中的润湿接触角越大；润湿接触角越大，碳酸钙的表面能就越低，表面疏水性就越强（表 6-1）[48]。

表 6-1　表面改性对润湿接触角和表面能的影响（硬脂酸包覆改性的碳酸钙）

包覆率（%）	接触角（°）		表面能	
	甲酰胺	溴　萘	90℃	20℃
0	3.5+3	4.5+2	54+6	58+6
50	96+3	18+3	29+5	33+4
75	105+3	40+3	24+5	28+5
100	109+3	52+3	23+5	7+5

测定润湿接触角的方法很多，如角度测量法、长度测量法、毛细管浸透速度法等。

以下介绍适用于测定粉体物料润湿性的毛细管浸透速度法。

毛细管浸透速度法，又称动态法，此法的测定程序为：称取一定量的粉末（样品），装入下端用微孔板封闭后的玻璃管内，并压紧至固定刻度，然后将玻璃管垂直放置，并使下端与液体接触（图 6-1），再测定液体浸润粉体层的高度与时间。

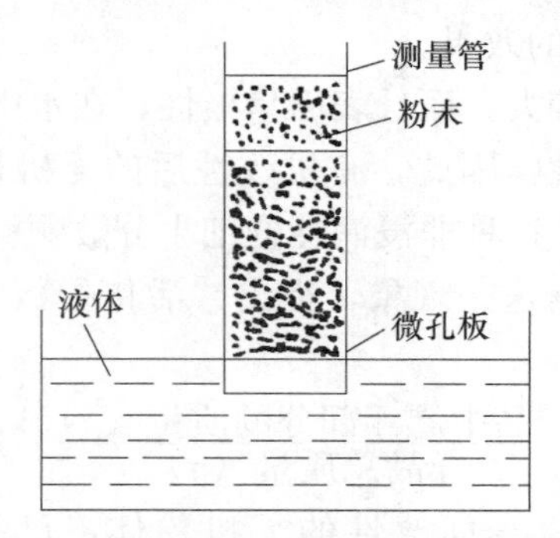

图 6-1　粉末润湿接触角测定装置示意图

将玻璃管内的孔隙视为平均直径为 $\bar{r}$ 的一束平行毛细管，则由 Poiseulle 公式可得到式（6-1）：

$$h^2=\frac{c\bar{r}\gamma_L\cos\theta}{2\eta}\cdot t \tag{6-1}$$

式中，h——液体润湿高度（cm）；

$c\bar{r}$——常数，对指定的体系来说 $c\bar{r}$ 为定值；

γ_L——液体表面张力（dyn/cm）；

η——液体的黏度（P·s）；

t——浸润时间（s）；

θ——粉体的润湿接触角（°）。

令

$$k=\frac{c\bar{r}\gamma_L\cos\theta}{2\eta} \tag{6-2}$$

对于一定的粉体层及液体在一定的温度下，式（6-1）可简写为

$$h^2=k\cdot t \tag{6-3}$$

这样，测定不同的浸润高度后，以 h^2 对 t 作图，即得一直线。由该直线斜率经式（6-2）可求出润湿接触角 θ。

由于接触角难以准确测定，因此，在研究中也可采用一些简便方法来测定试样的疏水性或润湿性，如测定粉体的透水速度。具体做法是将未改性和改性后的试样在精密压力机上压制成块，然后在每块试样上滴加相同量的纯净水，测定浸透时间。一般来说，经有机物表面改性后的试样的透水速度显著低于未改性的试样。因此，透水速度可作为试样改性效果的相对评价指标。还可通过试样在极性溶剂（如水）和非极性溶剂（如煤油、石蜡、苯等）中的分散性来相对比较表面改性结果。因为无机粉体经有机表面改性剂包覆后一般在水中分散性变差，而在苯、煤油、石蜡中的分散性变好。

6.2 活化指数

对于旨在提高无机粉体与高聚物基料相容性或表面疏水性的有机表面改性，可采用“活化指数”来表征表面改性的效果。

无机粉体一般相对密度较大，而且表面呈极性，在水中自然沉降。而大多数有机表面改性剂是非水溶性或非极性，因此，有机改性后的无机粉体表面由极性变为非极性，对水呈现出较强的非浸润性。这种非浸润性的细小分散颗粒，由于疏水和表面张力，如同油膜一样漂浮于水面。根据这一现象，提出“活化指数”的概念，用 H 表示，其含义用式（6-4）表示：

$$H=\frac{\text{样品中漂浮部分的质量（g）}}{\text{样品总质量（g）}}\times 100\% \tag{6-4}$$

由图 6-2 可见，未经有机表面改性的无机粉体，$H=0$；改性完全时，$H=1.0$（100%）；H 由 0～1.0 的变化过程，可反映出粉体表面活化程度由小至大，也即表面有机改性效果好坏的程度。在无机粉体的有机表面改性中，表面改性剂的品种和用量对填充体系的性能有显著影响。表面改性剂的用量可参考“活化指数”来确定。所谓最佳用量，即表面改性剂在粉体颗粒表面上，覆盖单分子层的用量大于此用量，则将形成多层物理吸附的界面薄弱层，低于此用量，则粉体颗粒表面改性不完全。反映在“活化指数” H 的变化曲线中，随着表面改性剂用量的增加，开始阶段 H 呈上升趋势，H 由 0 升至 1.0 然后不再变化（图 6-2）。图 6-2 曲线中 a 点所对应的横坐标的 A 点，可以视为表面改性剂的适宜用量。但是实际生产中，应略低于该用量。因此，活化指数可作为无机粉体表面改性效果的一项评价指标，为用有机表面改性剂处理无机粉体提供了一种快捷、实用的表面改性效果评价方法。有些应用行业对粉体的活化指数提出了明确的指标要求，例如，化工行业规定活性轻钙的活化指数要大于 90%（$H>0.9$），一些塑料制品厂家要求活性重质碳酸钙的活化指数大于 95%。

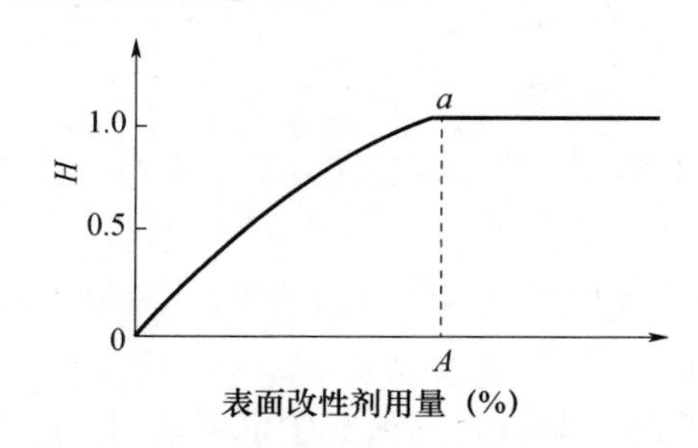

图 6-2 表面改性剂用量与活化指数 H 的关系

活化指数的一般测定方法是：称取一定量（如 10g）表面改性后的粉体样品，置于盛有一定容积（如 100mL）纯净水的烧杯中，以一定转速搅拌 1～2min；静置，等溶液澄清后，刮去水溶液表面的粉体物料，并将沉入烧杯底的粉体物料过滤、烘干、称重；然后根据式（6-5）计算活化指数，即

$$活化指数=\frac{样品质量（10g）-沉底物料质量（g）}{样品质量（10g）}\times 100\% \tag{6-5}$$

以上讲的是在水相中对表面改性粉体的“活化指数”进行测定，也可在有机溶剂相，如液体石蜡中测定改性后粉体的“活化指数”。

应当指出的是，活化指数不能作为粉体表面改性产品的唯一质量指标。一方面，不同的表面改性剂改性后，活化指数可能不同，但不意味着，活化指数越高，表面改性产品的应用效果就越好，例如，用硬脂酸进行表面改性的煅烧高岭土，其活化指数一般要高于硅烷偶联剂，但综合应用性能的改善不如硅烷偶联剂，因为硅烷偶联剂与高岭土的作用较强，而且分子中还含有较强的与高聚物基料的偶联作用基团。

6.3　溶液中的分散稳定性

无机粉体表面改性的目的之一是提高其在无机相或有机相中的分散性。因此，测定表面改性后粉体在相应分散介质或分散相中的分散稳定性可以表征和评价粉体表面改性的效果。

一定浓度的粉体颗粒在悬浮液中的分散稳定性可以通过将颗粒分散、静置后测定一定位置浊度、密度、沉降量等随时间的变化来表征。浊度可以采用浊度计来测定；密度可采用密度计来测定；沉降量则可以通过沉降天平来测定。一般来说，浊度、密度、沉降量等随时间的变化越缓慢，则粉体在悬浮液中的分散稳定性越好。

也可以通过直接测定悬浮液中固体颗粒的沉降时间来表征和评价粉体在溶液中的分散稳定性。沉降时间与颗粒的分散稳定性有对应关系。一般来说，分散性越好，沉降速度越慢，沉降时间也就越长。因此，沉降时间可用来相对比较或评价粉体的表面改性效果。

沉降时间的测定方法是：先取一定量改性后的粉料配制成一定浓度的悬浮液，然后将此悬浮液移入带有一定刻度的沉降管，记录悬浮液中颗粒沉降到指定刻度的时间。采用水作为分散介质时，测定的是粉体在水溶液或极性介质中的分散稳定性；采用液体石蜡等非极性溶剂作为分散介质时，测定的是粉体在非极性介质中的分散稳定性。

这种表征方法特别适用于涂料中应用的填料和颜料的表面改性效果的评价，无机填料和颜料在相应分散相中的分散稳定性对涂料的性能有重要影响。

采用显微镜法、黏度测量法、浊度法（光透法）也可测定粉体的分散性。

① 显微镜法：将改性后的粉体进行观测、拍照，可定性比较出分散性的差别。

② 黏度测量法：恒温下在旋转黏度计中放入某种液体，测其黏度，然后加入一定量粉末（至少通过 200 目筛），则悬浮液的黏度升高。在相同条件下测定改性样品的黏度，若此液体对改性样品有较好的润湿性，则悬浮液的黏度降低。

③ 浊度法：采用浊度计来测试浊度，用浊度变化率来表征样品的分散性。

在水相中，测试方法：称取（0.01±0.001）g 样品，加入 200mL 蒸馏水，超声波打散 1min，加入浊度瓶中，自动测试。

在油相（液体石蜡）中，测试方法：称取（0.0040±0.0002）g 样品，加入 50mL 液体石蜡，超声波打散 1min，加入浊度瓶中，自动测试。

浊度下降率计算公式见式（6-6）：

$$W_i = (NTU_0 - NTU_i)/NTU_0 \times 100\% \tag{6-6}$$

式中，NTU_0——初始浊度值；

NTU_i——不同时间浊度值。

通过浊度下降率评价样品的分散性，相同时间下，样品的浊度下降率越大，分散性越差。

6.4 吸油值

吸油值是单位质量粉体吸附蓖麻油或邻苯二甲酸二丁酯的体积或质量。吸油值是无机粉体改性最主要的直接表征指标之一，特别是对于在高聚物基料中应用的无机填料，填料吸油值的大小会直接影响复合材料的加工性能以及填充量。当填料与增塑剂同时并用时，如果填料吸油值高就会吸附更多增塑剂，降低增塑剂对树脂的增塑效果，或者需增大增塑剂的用量。

① 测定仪器。电子天平、铁架台（能夹紧、固定滴定管，底部为一个20cm×20cm的平台）、玻璃板（20cm×20cm）、酸式滴定管（精确等级为A级）、玻璃棒等。

② 测定方法。将称好的样品（一般取1.000g，质量精确度为±0.0005g）放到面积不小于20cm×20cm洁净的玻璃板上，用精确等级为A级的酸式滴定管盛装蓖麻油或邻苯二甲酸二丁酯（DBP）。缓慢向样品中滴加蓖麻油或邻苯二甲酸二丁酯，同时不断用玻璃棒搅拌（边滴加边搅拌），使样品和蓖麻油或邻苯二甲酸二丁酯充分混合均匀。当加到最后一滴时，样品与蓖麻油或邻苯二甲酸二丁酯黏结成团，无游离的干燥样品，此时即为终点。

③ 吸油率计算。计算公式为

$$A_0 = V/M \tag{6-7}$$

式中，A_0——吸油率；

V——所用蓖麻油或邻苯二甲酸二丁酯的体积；

M——样品的质量。

吸油率可以作为改性剂配方选择的评价方法。一般来讲，对于用于高聚物基复合材料中的无机填料，尤其是超细无机填料，吸油值越低，越容易与树脂体系混合或者可以提高填料的填充量。

6.5 吸附类型、包覆量与包覆率

在粉体表面改性的研究和生产中，不仅需要确定表面改性剂与粉体表面的作用类型，同时还需要定量地测定表面改性剂在粉体表面的包覆量或包覆率，以解决诸如确定表面改性剂的用量、选择改性工艺条件以及验证计算表面改性剂合适用量的数学模型等问题。因此，吸附类型、包覆量与包覆率的表征对于粉体表面改性的研究和生产过程控制以及相关应用领域的研发具有重要意义。

6.5.1　吸附类型

吸附类型可分为物理吸附和化学吸附。表 6-2 为物理吸附和化学吸附的区别。其区别不是绝对的，有时两者可相伴发生。在粉体颗粒表面化学吸附的表面改性剂分子较物理吸附的牢固，在强烈搅拌或与其他组分混合或复合时不容易脱附。测定吸附类型不仅可以了解表面改性剂分子与粉体颗粒之间作用的强弱，而且有助于研究表面改性剂与无机颗粒之间的作用机理。

表 6-2　物理吸附和化学吸附的区别

主要特征	吸附类型	
	物理吸附	化学吸附
吸附力	范德华力	化学键力
选择性	无	有
吸附热	近于液化热（0～20kJ/mol）	近于反应热（80～400kJ/mol）
吸附速度	快，易平衡，不需要活化能	较慢，难平衡，需要活化能
吸附层	单或多分子层	单分子层
可逆性	可逆	不可逆（脱附物性质常与吸附物性质不同）

吸附类型可通过脂肪提取器（带电动搅拌和回流冷凝装置的三口烧瓶）或热水洗涤来测定。脂肪提取器的使用方法和测定过程：将改性后的粉体样品加入盛有一定量甲苯溶剂的三口烧瓶中，加热至沸腾状态回流搅拌、抽滤、充分洗涤，然后在 120℃下干燥至恒质，以物理吸附方式覆盖于颗粒表面的表面改性剂分子则为甲苯所提取，得到已除去表面物理吸附的表面改性剂的有机改性粉体。因此，甲苯提取量反映了物理吸附的表面改性剂的数量。在一定时间内，甲苯提取量越大，说明物理吸附越多，在吸附表面所占比例越大。

6.5.2　包覆量与包覆率

包覆量是指一定质量的粉体表面所吸附的表面改性剂的质量，可用“%”表示，也可用“mg/g”或“g/kg”来表示。

红外光谱分析，尤其是漫反射红外傅里叶转换光谱法（Diffuse Reflectance Infrared Fourier Transform Spectrometry）可用于定量测定粉体表面改性剂的包覆量或吸附量。

包覆率定义为表面改性剂分子在粉体（颗粒）表面的覆盖面积占粉体（颗粒）表面积的百分比。设表面改性剂分子在粉体表面单层包覆，一般来说可以根据包覆量和表面改性剂分子的截面面积来计算表面包覆率，即

$$n = \left(\frac{m}{q} N_A a_0\right) / S_w \tag{6-8}$$

式中，n——包覆率（%）；

m——粉体颗粒表面的包覆量（g）；

q——表面改性剂分子的分子量；

N_A——阿伏加德罗常数（6.023×10^{23}）；

a_0——表面改性剂分子的截面面积（cm^2）；

S_w——被包覆粉体的比表面积（cm^2）。

对于在一定温度下易于烧失或分解的有机表面改性剂，如硬脂酸等，可用热解质量分析法来测定表面改性剂在粉体表面的包覆量。测定仪器为各种热分析仪或热天平。测定过程比较简单，即先测定包覆了表面改性剂的粉体在分解温度下的失重，根据原样质量和烧失完全（有机表面改性剂完全分解）后的样品质量计算单位质量样品的包覆量，在已知或测得粉体的比表面积后再用式（6-8）计算表面改性剂在样品表面的包覆率。对于无机表面改性剂，还可采用化学分析方法或X射线光电子能谱等方法测定粉体表面的包覆量，然后计算包覆率。

6.6 粒度分布与团聚度

粉体表面改性后粒度大小和分布的变化，能够反映表面改性过程中粒子是否发生了团聚，特别是硬团聚。表面改性过程中要尽量避免粒子团聚，特别是硬团聚，因为团聚将会影响表面改性粉体的应用性能。

对于湿法改性而后再进行干燥的工艺，粒度大小和分布是表征和评价表面改性效果的重要指标之一，也是比较表面改性工艺和配方的重要手段之一。

最简单也是应用最早的粒度测定和分析方法是筛分法。但由于现今的标准筛（如泰勒标准筛）最细一般只到400目（筛孔直径为38μm），因此，对于超细粉体，需要采用粒度仪进行测定。

当今测定粉体粒度及其分布的主要仪器（方法）有沉降式粒度分析仪、激光粒度分析仪、库尔特计数器及用于测定比表面积的透过法和BET法。扫描电镜（SEM）、透射电镜（TEM）及光学显微镜等用来观察颗粒形貌的仪器同时也可以进行粒度分析。

需要指出的是，由于各种粒度测定仪器、测定方法的物理基础不同，相同样品用不同的测定方法和测定仪器所测得的粒度的物理意义及粒度大小和分布也不尽相同。用沉降式粒度分析仪测定的是等效径（等于具有相同沉降末速的球体的直径）；激光粒度测量仪、库尔特计数器、显微镜等仪器测得的是统计直径；透过法和吸附法得到的是比表面积直径。因此，在用粒度大小和粒度分布来表征和评价粉体表面改性的效果时，一定要注意采用相同的方法和同一台仪器。

国家标准《纳米粉末粒度分布的测定　X射线小角散射法》（GB/T 13221—2004）规定了利用X射线小角散射效应测定纳米粉末粒度分布的方法。此标准适用于测定颗粒尺寸在1～300nm范围内的粉末的粒度分布，对于无机粉体也可按照此标准测定粒度。当粉末的颗粒形状偏离球形时，此方法给出的是等效散射球直径，此方法不适用于由不同材质的颗粒组成的混合粉末，一般也不适用于有微孔存在的粉末，但当微孔尺寸为纳米级而颗粒（或骨架）尺寸在0.5μm以上时，可以用来测定相应的孔径分布。

团聚是目前纳米产品普遍存在的问题。在应用中分散的好坏关系到是否能发挥纳米颗粒作用的问题。团聚体的主要测定方法主要有以下几种：①离心沉降法测定团聚体的累积粒度分布，用累积质量为 50%所对应的尺寸 d_{50} 来表征团聚体的尺寸分布和平均尺寸，这种方法所表征的是团聚体的 Stokes 球径。②用 AF（50）（Agglomeration Factor）来表征团聚体的相对尺寸，其中，AF（50）$=d_{50}/d_{BET}$，d_{50} 为用激光粒度仪测定的平均粒径，d_{BET} 为粉末的 BET 比表面粒径；AF（50）$=d_{50}/d_{TEM}$ 或 AF（50）$=d_{50}/d_{SAXS}$，d_{TEM} 和 d_{SAXS} 分别为由透射电镜和 X 射线小角散射方法测定的粉体一次颗粒直径。③用团聚体系数（Coagnlation Factor）来表征团聚体的聚集程度，$CF=d_{BET}/d_c$，d_c 为 XRD 测得的晶粒尺寸。④用团聚指数 T（50）$=d_{50}/d_c$ 来表征，d_c 为 XRD 测得的晶粒尺寸，d_{50} 为从激光粒度仪测定的平均粒度，d_{50} 的粒度可以测量到纳米级，用来表征纳米粉体的团聚情况。⑤由射线展宽法（XLB）测得的晶粒尺寸 d 为原始晶粒值，用 BET 法测得的值 D 作为平均团聚颗粒，D^3/d^3 用来表征粉体的平均硬团聚度。

6.7　颗粒形貌

观察颗粒形貌的仪器主要有扫描电镜（SEM）、透射电镜（TEM）及光学显微镜。高倍和高分辨率电镜可以直观反映粉体表面包覆层的形貌，对于评价粉体表面改性的效果有一定价值。SEM 利用二次电子和背散射电子成像，放大倍数在 20 万～30 万倍之间，对凹凸不平的表面表示得很清楚，立体感很强，样品的制备方法也很简单，但它的分辨率不如 TEM。扫描透射电镜（STEM）的分辨率已达到 0.2～0.5nm，可看到薄样品的原子结构像。

此外，扫描隧道显微镜（STM）、原子力显微镜（AFM）也可用来观察样品的表面形貌及结构。它们能直接给出表面三维图像，并可达原子分辨率，能够精确地确定表面原子结构，但它们要求样品表面非常平整，且 STM 还不能分析绝缘样品。

6.8　比表面积与孔结构特性

比表面积是指单位质量粉体的表面积；孔结构主要是孔体积和孔径分布。对于粉体的无机改性和插层改性，特别是旨在提高粉体材料吸附和催化性能的无机粉体的表面改性，比表面积和孔结构特性是重要的评价指标之一。

6.8.1　比表面积

测定粉体比表面积的标准方法是利用气体的低温吸附法，即以气体分子占据粉体颗粒表面，测量气体吸附量来计算颗粒比表面积的方法。目前最常用的是 BET（氮）吸附法。该理论认为气体在颗粒表面吸附是多层的，且多分子吸附键合能来自气体凝聚相变能。BET 法计算公式为

$$P/[V(P_0-P)]=1/V_mC+(C-1)P/(V_mCP_0) \tag{6-9}$$

式中，P——吸附平衡时吸附气体的压力；

P_0——吸附气体的饱和蒸气压；

V——平衡吸附量；

C——常数；

V_m——单分子层饱和吸附量。在已知 V_m 的前提下，可求得样品的比表面积 S_w：

$$S_w = V_m N_A \sigma / M_v W \tag{6-10}$$

式中，N_A——阿伏加德罗常数；

W——样品质量；

σ——吸附气体分子的横截面面积；

V_m——单分子层饱和吸附量：

M_V——气体摩尔质量。

6.8.2 孔体积与孔径分布

用氮吸附法测定孔径分布是比较成熟而广泛应用的方法。它是氮吸附法测定 BET 比表面积的一种延伸，都是利用氮气的低温吸附特性：在液氮状态下，氮气在固体表面的吸附量取决于氮气的相对压力 P/P_0，当 P/P_0 在 0.05～0.35 范围内时，吸附量与 P/P_0 符合 BET 方程，这是测定 BET 比表面积的依据；当 $P/P_0 \geqslant 0.4$ 时，由于产生毛细凝聚现象，P/P_0 则成为测定孔径分布的依据。

所谓毛细凝聚现象，是指在一个毛细孔中，若能因吸附作用形成一个凹形的液氮面，与该液面成平衡的氮气压力 P 必小于同一温度下平液面的饱和蒸气压力 P_0；当毛细孔直径越小时，凹液面的曲率半径越小，与其相平衡的氮气压力越低，换句话说，当毛细孔直径越小时，可在较低的氮气分压 P/P_0 下形成凝聚液，但随着孔尺寸增加，只有在高一些的 P/P_0 压力下形成凝聚液。显而易见，由于毛细凝聚现象的发生，样品表面的氮气吸附量将急剧增加，因为有一部分氮气被吸附进微孔并形成液态，当固体表面全部孔中都被液态吸附质充满时，吸附量达到最大，而且相对压力 P/P_0 也达到最大值 1。相反的过程也是一样的，当吸附量达到最大（饱和）的固体样品，降低其表面相对压力时，首先大孔中的凝聚液被脱附出来，随着压力的逐渐降低，由大到小的孔中的凝聚液分别被脱附出来。

假定粉体表面的毛细孔是圆柱形管状，把所有微孔按从直径大小分为若干孔区，这些孔区按大到小的顺序排列，不同直径的孔产生毛细凝聚的压力条件不同，在脱附过程中相对压力从最高值 P_0 降低时，先是大孔后是小孔中的凝聚液逐一脱附出来，产生吸附凝聚现象或从凝聚态脱附出来的孔尺寸和吸附质的压力有一定的对应关系（凯尔文方程）：

$$r_k = -0.414/\log(P/P_0) \tag{6-11}$$

r_k 为凯尔文半径，它完全取决于相对压力 P/P_0。它是在某一 P/P_0 下，开始产生凝聚现象的孔的半径，同时可以理解为当压力低于这一值时，半径为 r_k 的孔中的凝聚液将气化并脱附出来。进一步的分析表明，在发生凝聚现象之前，在毛细管壁上已经有了一层氮的吸附膜，其厚度（t）也与相对压力 P/P_0 相关，赫尔赛方程给出了这种关系：

$$t = 0.354\,[-5/\ln(P/P_0)]^{1/3} \tag{6-12}$$

与 P/P_0 相对应的开始产生凝聚现象的孔的实际尺寸（r_p）应修正为

$$r_p = r_k + t \tag{6-13}$$

显然，由凯尔文半径决定的凝聚液的体积是不包括原表面 t 厚度吸附层的孔心的体积，r_k是不包括 t 的孔心的半径。

只要在不同的氮分压下，测出不同孔径的孔中脱附出的氮气量，最终便可推算出这种尺寸孔的容积。其具体步骤如下：

第一步：氮气分压从 P_0下降到 P_1，此时在尺寸从 r_0到 r_1孔中的孔心凝聚液被脱附出来，通过氮吸附求得压力从 P_0降至 P_1时样品脱附出来的氮气量，便可求得尺寸为 r_0到 r_1的孔的容积。

第二步：把氮气分压再由 P_1降至 P_2，此时脱附出来的氮气包括了两个部分，第一部分是 r_1到 r_2孔区的孔心中脱附出来的氮气，第二部分是上一孔区（r_0～r_1）的孔中残留吸附层的氮气由于厚度的减少所脱附出来的氮气。通过试验求得氮气的脱附量，便可计算得尺寸为 r_1到 r_2的孔的容积。

依此类推，第 i 个孔区的孔容积为

$$\Delta V_{pi} = (\bar{r}_{pi} / \bar{r}_{ci})^2 [\Delta V_{ci} - 2\Delta t_i \sum_{j=1}^{i-1} \Delta V_{pj} / \bar{r}_{pj}] \tag{6-14}$$

式中，ΔV_{pi}——第 i 个孔区，即孔半径从 $r_{p(i-1)}$到 r_{pi}之间的孔容积；

ΔV_{ci}——测出的相对压力从 p_{i-1}降至 p_i 时固体表面脱附出来的氮气量并折算成液氮的体积；

最后一项——大于 r_{pi}的孔中由 Δt_i 引起的脱附氮气，它不属于第 i 孔区中脱出来的氮气，需从 ΔV_{ci}中扣除；

$(\bar{r}_{pi}/\bar{r}_{ci})^2$——一个系数，它把半径为$\bar{r}_c$ 的孔体积转换成半径为$\bar{r}_p$ 的孔体积。

6.9　表面结构和成分

表面分析常用的试验方法主要是一些能谱方法和基于量子力学效应的显微技术。这些能谱按其物理过程可分为电子能谱、离子能谱、光谱、声子谱、热脱附（原子）谱等。

（1）研究表面结构、原子位型、化学键特性（如果有吸附物，则研究吸附物在表面的位置、构型、结合强度等）的方法主要有：①低能电子衍射（Low Energy Electron Diffraction，LEED)；②反射式高能电子衍射（Reflection Hing-Energy Electron Diffraction，RHEED)；③各种量子力学效应的显微技术，如扫描电子显微镜（Scanning Electron Microscope，SEM)、透射电子显微镜（Transmission Electron Microscope，TEM)、扫描隧道显微镜（Scanning Tunneling Microscope，STM)；④X 射线光电子谱（X-ray Photoelectron Spectroscopy，XPS)；⑤离子中和谱（Ion Neutralization Spectroscopy，INS)；⑥电子能量损失谱（Electron Energy Loss Spectroscopy，EELS)；⑦红外光声谱（Infrared Photo-Acoustie Spectroscopy，IRPAS)；⑧非弹性电子隧道谱（Inelastic Electron Tunneling Spectroscopy，IETS)；⑨表面增强的拉曼散射谱（Surface Enhanced Raman Scattering，SERS)；⑩衰减全反射谱（Attenuated Total Reflection Spectroscopy，ATRS)；⑪红外反射吸收谱（Infrared Reflection Absorption Spectroscopy，IRAS)；⑫热脱附谱（Thermal Desorption Spectroscopy，TDS)。

（2）研究表面组分的方法主要有：①俄歇电子能谱（Auger Electron Spectroscopy，AES)；②出现电势谱（Apearance-Potential Spectroscopy，APS)；③卢瑟福背散射谱(Rutherfrd Back Scattering，RBS)；④二次离子质谱（Secondary Ion Mass Scattering，SIMS)；⑤电子顺磁共振（Electron Paramagnetic Resonance，EPR）和核磁共振（Nuclear Magnetic Resonance，NMR)；⑥穆斯堡尔谱（Mossbauer Spectroscopy，MS)。

对于用无机表面改性剂进行的表面包覆改性，还可以采用化学分析方法和能谱仪（EDS）分析改性后粉体的表面化学成分。对于粉体的有机改性，常用红外光谱（FT-IR）表征改性效果，若改性后样品与未改性样品相比出现明显的改性剂的特征吸收峰，说明改性效果较好。

第 7 章　粉体表面有机改性

7.1　概　述

粉体表面有机改性是粉体表面改性的主要内容之一，对于改善或优化无机填料、颜料在高聚物基料或有机高分子复合体系中的相容性和分散性，从而提高其在复合材料或复合体系中的应用性能具有重要作用。

粉体表面有机改性的主要科学问题是：①表面有机改性方法的基本原理与工艺基础；②有机改性剂与粉体表/界面及应用体系基料的作用机理和作用模型；③有机改性剂的结构、组分、官能团与改性粉体界面结构和性能的关系及其调控规律；④表面有机改性粉体的应用性能与应用基础。

粉体表面有机改性的主要技术问题是：①表面有机改性剂配方：不同用途粉体的有机表面改性剂的品种、用量和用法；②表面改性工艺与设备：粉体表面改性工艺流程和工艺参数；③表面改性效果的主要影响因素及其调控方法；④过程控制与产品检测技术：改性产品性能检测与表征方法；改性剂用量、包覆率或包覆量等的在线控制；改性过程的智能化控制技术等。其中，表面改性剂配方是核心，表面改性工艺与设备是关键。

根据所用的有机表面改性剂的种类，无机粉体表面的有机改性方法可以分为偶联剂改性、表面活性剂改性、硅油或有机硅氧烷改性、聚合物改性或树脂改性、不饱和有机酸改性和水溶性高分子改性等（详见第 2 章 2.1）。

粉体表面有机改性剂的配方包括改性剂品种、用量和用法三要素。一般是依据应用体系基料的种类和性质选择表面改性剂，优先选择能与粉体表面进行化学吸附或化学反应的表面改性剂；根据粉体材料的比表面积设计用量；根据表面改性剂的理化性质设计使用方法。

无机粉体表面有机改性工艺可分为干法和湿法两种。干法工艺一般在连续式粉体表面改性机、间歇式表面改性机以及多功能改性设备中进行。在溶液中湿法进行表面有机改性处理一般采用反应釜或反应罐，改性后再进行过滤和干燥脱水。

无机粉体表面有机改性的目的是改善粉体与有机聚合物之间的亲和性和复合材料的性能。因此，表征方法主要有表征粉体改性效果的润湿性、吸油值、在非极性溶剂中的黏度和分散性等以及表征改性粉体在聚合物基料中的应用性能的各种方法，如复合材料的力学性能（抗拉强度、冲击强度、断裂伸长率、弯曲强度、撕裂强度、硬度、耐磨性、熔体流动指数等）、阻燃性能（氧指数、烟密度、垂直燃烧、熔滴滴落等）、电性能（介电常数、体积电阻率、损耗功率因素等）、抗菌性以及用于涂料中的分散性、黏度和涂膜的力学性能、光学性能（遮盖力、着色力、光泽）、耐候性等。

影响无机粉体表面有机改性效果的主要因素有粉体的表面性质、表面改性剂配方、表面改性工艺以及表面改性设备等（详见第 3 章 3.2）。

7.2 碳酸钙

碳酸钙是目前高聚物基复合材料中用量最大的无机填料。碳酸钙填料的主要优点是原料来源广泛、价格低、无毒性。据统计，塑料制品工业中约 70% 的无机填料是碳酸钙，包括轻质或沉淀碳酸钙（PCC）和重质或细磨碳酸钙（GCC）。轻质或沉淀碳酸钙是以石灰石为原料，通过煅烧、消化、碳化生产的碳酸钙产品；重质碳酸钙以方解石、白垩、大理石、优质石灰石等为原料，通过机械粉碎（细粉碎和超细粉碎）加工直接得到的碳酸钙粉体产品。轻质碳酸钙粒度细（初级粒径平均达到 0.07 μm），白度高，晶形可调；重质碳酸钙的白度及晶形因原料不同而有所差别，其粒度大小与粉碎工艺设备有关，最细可达 0.1 μm。

未经表面改性处理的碳酸钙一般与有机高聚物的亲和性较差，在高聚物基料中分散不均匀，从而造成两种材料的界面缺陷。随着填充量的增加，这些缺点会更加明显。因此，为了改进碳酸钙填料在高聚物基料中的应用性能，要对其进行表面改性处理。

碳酸钙表面有机改性使用的表面改性剂主要有脂肪酸及其盐、偶联剂（钛酸酯偶联剂和铝酸酯偶联剂）以及聚合物（无规聚丙烯、聚乙烯蜡、水溶性高分子等）；改性工艺有干法和湿法两种。

7.2.1 脂肪酸改性

硬脂酸是碳酸钙最常用的表面改性剂。其改性工艺可以采用干法，也可以采用湿法。一般湿法工艺要使用硬脂酸盐，如硬脂酸钠。常用的干法表面改性设备是 SLG 型连续粉体表面改性机、高速加热混合机、卧式桨叶混合机、涡旋磨等。图 7-1 所示为用硬脂酸干法处理碳酸钙的工艺流程：先将碳酸钙进行干燥，除去水分（如果碳酸钙的水分含量＜1% 可以不进行干燥），然后加入计量配制好的硬脂酸，在表面改性机中完成碳酸钙粉体的表面改性。采用 SLG 型粉体表面改性机和涡旋磨等连续式粉体表面改性设备时，物料和表面改性剂是连续同步给入的，粉状硬脂酸可以加热熔融后添加，用量依粉体的粒度大小或比表面积而定，一般为碳酸钙质量的 0.8%～1.2%，改性温度控制在 80～120℃。在高速混合机、卧式桨叶混合机及其他可控温混合机中进行表面包覆改性时，一般为间歇操作，首先将计量和配制好的物料和硬脂酸一并加入改性机中，搅拌混合 15～60min 即可出料包装，硬脂酸的用量为碳酸钙质量的 0.8%～1.5%，改性温度控制在 90～120℃。为了使硬脂酸更好地分散和均匀地与碳酸钙粒子作用，也可以预先将硬脂酸用溶剂（如液体石蜡）稀释。

湿法改性是在水溶液中对碳酸钙进行表面改性处理。一般工艺过程是先将硬脂酸皂化，然后加入碳酸钙浆料中，经过一定时间的反应后，进行过滤和干燥。碳酸钙在液相中的分散比在气相中容易。另外，通过加入分散剂，使其分散效果更好，因此，在液相中碳酸钙颗粒与表面改性剂分子的作用机会更均匀。当碳酸钙颗粒吸附了硬脂酸后，表面能降低，即使经压滤、干燥后形成二次粒子，其团聚结合力也较弱，不会形成硬团聚，用较小的剪切力即可将其解聚分散。

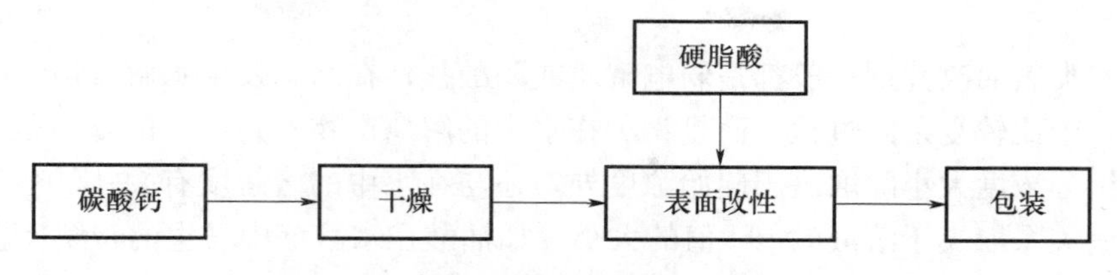

图 7-1　用硬脂酸干法处理碳酸钙的工艺流程

湿法表面改性设备一般较为简单，多为带搅拌器的容器及静态混合器，强烈搅拌可提高改性活化效率，缩短反应时间，但对设备的性能要求较高。

虽然常温下也可进行湿法表面改性，但反应时间长，因此，一般都要加温进行表面改性，改性温度一般为 50～100℃。

湿法表面改性常用于轻质碳酸钙及湿法研磨的超细重质碳酸钙的表面改性。

用硬脂酸处理后的碳酸钙的商品名称为活性碳酸钙。在日本，用硬脂酸或硬脂酸盐进行表面改性后的轻质碳酸钙称为白艳华。与未进行表面有机改性的碳酸钙相比，用硬脂酸或硬脂酸盐改性处理后的活性碳酸钙可以较好地改善填充复合材料的流变性能和物理性能，机械力学性能也有所提高。

除了硬脂酸和硬脂酸盐外，其他脂肪酸（酯），如磷酸盐和磺酸盐等也可用于碳酸钙的表面改性。研究表明，用一种特殊结构的多聚磷酸酯（ADDP）对碳酸钙进行表面改性后，碳酸钙粒子表面疏水亲油，在油中的平均团聚粒径减小。将改性的碳酸钙填充于 PVC 塑料体系可显著改善塑料的加工性能和力学性能[49]。据报道，混合使用硬脂酸和十二烷基苯磺酸钠对轻质碳酸钙进行表面处理，可以提高表面改性的效果。硬脂酸与十二烷基苯磺酸钠的比例为 2：1，用量分别为碳酸钙质量的 2.5%～3% 和 1.2%～1.25%，反应温度为 90℃[50]。

用硬脂酸及其他脂肪酸和脂肪酸盐改性处理后的活性碳酸钙主要应用于填充 PVC、PP、PE 等塑料制品和电缆绝缘材料以及胶黏剂、油墨、涂料等。

在碳酸钙水悬浮液中，碳酸钙与脂肪酸作用机理如下[51]：碳酸钙晶格离子溶于水后，发生水解反应，并与水中各种物质组分形成络合物或化合物，这些络合物或化合物又反过来吸附于粉体表面。碳酸钙晶格离子在水中发生如下反应：

$$CaCO_3\ (s) \rightleftharpoons CaCO_3\ (l) \qquad pK_1 = 5.09$$

$$CaCO_3\ (l) \rightleftharpoons Ca^{2+} + CO_3^{2} \qquad pK_2 = 3.25$$

$$CO_3^{2-} + H_2O \rightleftharpoons HCO_3^- + OH^- \qquad pK_3 = 3.67$$

$$HCO_3^- + H_2O \rightleftharpoons H_2CO_3 + OH^- \qquad pK_4 = 7.65$$

$$H_2CO_3 \rightleftharpoons CO_2\ (g) + H_2O \qquad pK_5 = -1.47$$

$$Ca^{2+} + HCO_3^- \rightleftharpoons CaHCO_3^+ \qquad pK_6 = -0.82$$

$$CaHCO_3^+ \rightleftharpoons H^+ + CaCO_3\ (l) \qquad pK_7 = 7.9$$

$$Ca^{2+} + OH^- \rightleftharpoons CaOH^+ \qquad pK_8 = -1.40$$

在高 pH 值条件下，阴离子 HCO_3^-、CO_3^{2-} 及 OH^- 占优势，在低 pH 值条件下，阳离子 Ca^{2+}、$CaHCO_3^+$ 和 $CaOH^+$ 占优势，这些离子可以直接在粉体表面产生或从溶液中吸附。

脂肪酸类表面改性剂一般都是弱电解质或弱酸盐，在水中发生水解反应。其在水中的解离是一个比较复杂的过程，而且：①在水中的解离产物不是单一的，而是多种多样的；②各组分浓度大小除取决于起始浓度外，还与在水中的溶解度有关；③各组分浓度之间的比例关系取决于溶液的 pH 值的大小。如油酸在水溶液中发生的水解反应如下：

$$RH(l) \rightleftharpoons RH(aq) \qquad pK=7.6$$

$$RH(aq) \rightleftharpoons R^- + H^+ \qquad pK=4.95$$

$$2R^- \rightleftharpoons R_2^{2-} \qquad pK=-3.7$$

$$R^- + RH \rightleftharpoons R_2H^- \qquad pK=-7.1$$

在酸性区域内，油酸主要以分子状态存在；在碱性范围内，则以阳离子状态存在；在中性范围内，溶液中存在着大量 R_2H^-。

若在水溶液中用油酸对超细碳酸钙进行表面改性，从溶液化学角度看，改性剂与粉体之间的作用是复杂的，随溶液化学环境的不同而不同。

从化学沉淀角度看，可作如下分析：当粉体表面荷电时，相界面的离子浓度受静电作用的影响，而不同于体相中的浓度。

$$C_s = C_0 \exp\left[-\left(\pm zF\varphi_\delta/KT\right)\right] \tag{7-1}$$

式中，C_s——相界面的离子浓度；

C_0——体相中的离子浓度；

z——电荷数；

φ_δ——超细粉体的表面电位；

T——温度。

可用式（7-1）计算出相界面的脂肪酸的浓度，还可从脂肪酸金属盐的浓度积判断脂肪酸与碳酸钙表面作用力的大小。但要确切知道脂肪酸改性碳酸钙后碳酸钙的表面成分及其改性机理，即使用最现代的分析手段也是很困难的。潘鹤林、徐志珍[52]认为脂肪酸表面处理碳酸钙的机理是，在碳酸钙的浆料中加入脂肪酸后发生如下反应：

$$CaCO_3(aq) + 2RCOO^- = Ca(RCOO)_2(s) + CO_3^{2-}$$

$$Ca(OH)_2(aq) + 2RCOO^- = Ca(RCOO)_2(s) + 2OH^-$$

$$Ca^{2+} + 2RCOO^- = Ca(RCOO)_2(s)$$

$$CaHCO_3^+ + 2RCOO^- = Ca(RCOO)_2(s) + HCO_3^-$$

$$CaOH^+ + 2RCOO^- = Ca(RCOO)_2(s) + OH^-$$

$$CaCO_3 + H_2O + 2RCOO^- = Ca(RCOO)_2(s) + HCO_3^- + OH^-$$

脂肪酸与各组分反应生成脂肪酸钙沉淀物，此沉淀物包覆于碳酸钙颗粒表面。上述反应过程有以下 3 个步骤：①脂肪酸根离子从液相主体迁移到碳酸钙颗粒附近或与液相主体中的 Ca^{2+} 等反应生成难溶性前驱体迁移到碳酸钙颗粒表面；②脂肪酸根离子和裸露在碳酸钙粒子表面的钙离子反应生成难溶性盐，同时液相主体中的难溶性前驱体迁移到碳酸钙粒子表面；③难溶性盐在碳酸钙颗粒表面成核并生长，把碳酸钙颗粒包覆起来，形成结合状态。由于该机理解释中没有考虑脂肪酸在液相中的多种存在形式，值得商榷。

7.2.2　偶联剂改性

用于碳酸钙表面改性的偶联剂主要是钛酸酯、铝酸酯和硅烷偶联剂。

图 7-2 所示为用钛酸酯偶联剂进行干法表面包覆改性的工艺流程。改性设备为高速加热混合机时，为了提高钛酸酯偶联剂与碳酸钙作用的均匀性，一般用惰性溶剂，如液体石蜡、石油醚进行溶解和稀释。钛酸酯偶联剂用量依碳酸钙的粒度和比表面积而定，一般为 0.5%～3.0%。碳酸钙的干燥温度尽可能在偶联剂闪点以下，一般为 100～120℃；如采用连续式的表面改性设备，如 SLG 连续式粉体表面改性机，可以直接添加液态的偶联剂，不需要用溶剂预先对钛酸酯偶联剂进行稀释。

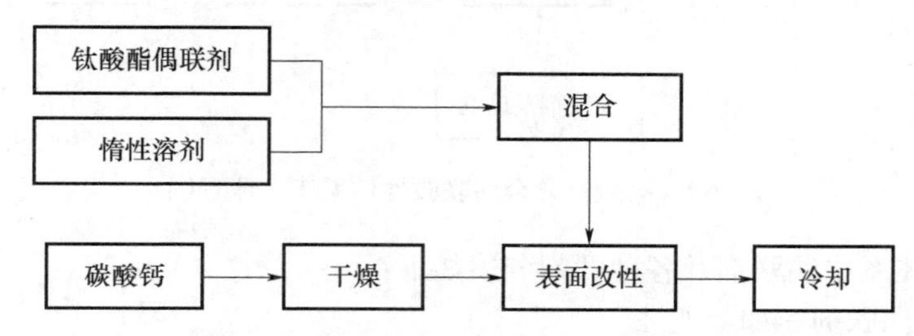

图 7-2　用钛酸酯偶联剂进行干法表面包覆改性的工艺流程

用钛酸酯偶联剂处理后的碳酸钙，与聚合物分子有较好的相容性。同时，由于钛酸酯偶联剂能在碳酸钙分子和聚合物分子之间形成分子架桥，增强了有机高聚物或树脂与碳酸钙之间的相互作用，可显著提高热塑性复合材料等的力学性能，如冲击强度、拉伸强度、弯曲强度以及伸长率等。用钛酸酯偶联剂表面包覆改性的碳酸钙和未处理的碳酸钙填料或硬脂酸（盐）处理的碳酸钙相比，各项性能均有明显提高。

铝酸酯偶联剂已广泛应用于碳酸钙的表面处理和填充塑料制品（如 PVC、PP、PE 及填充母粒等制品）的加工中。研究表明，经二核铝酸酯处理后的轻质碳酸钙可使 $CaCO_3$/液体石蜡混合体系的黏度显著下降，说明改性后的碳酸钙在有机介质中的分散性良好。此外，表面改性活化后的碳酸钙可显著提高 $CaCO_3$/PP（聚丙烯）共混体系的力学性能，如冲击强度、韧性等[53]。

表 7-1 列出了用铝酸酯改性后的活性碳酸钙的主要性能。

表 7-1　用铝酸酯改性后的活性碳酸钙的主要性能[42]

碳酸钙填料		AC-1（A）型	AC-1（A）型	AC-1（A）型	轻质碳酸钙（对照）
铝酸酯用量（%）		1.0	0.75	0.50	0
主要性能	外观	白色粉末	白色粉末	白色粉末	白色粉末
	表面极性	疏水	疏水	疏水	亲水
	吸水率（%）	≤0.3	≤0.3	≤0.3	≤0.5
	吸油值（二丁酯）(g/100g)	60	62	65	88.5
	颗粒粒径（μm）	≤1	≤1	≤1	≤1
	相对降黏值（%）	≥98	≥94	≥90	—
	白度	89	89	89	89

图 7-3 所示为碳酸钙复合偶联改性体系工艺流程图。碳酸钙复合偶联体系是以钛酸酯偶联剂为基础，结合其他表面处理剂、交联剂、加工改性剂对碳酸钙表面进行综合技术处理的工艺。

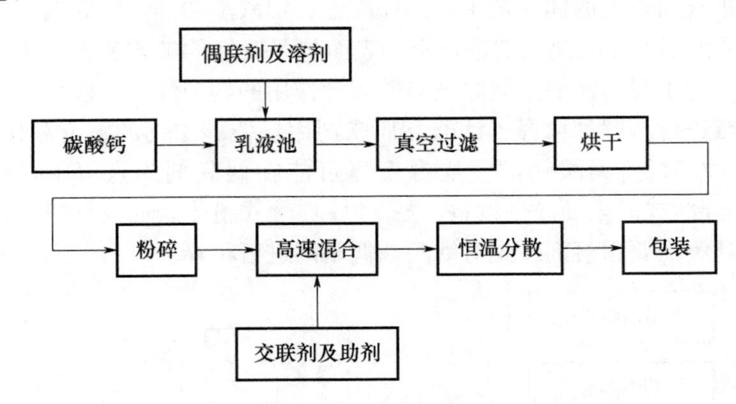

图 7-3　碳酸钙复合偶联改性体系工艺流程图

复合偶联体系中偶联剂及各种助剂分述如下：

① 钛酸酯偶联剂。如上所述。

② 硬脂酸。将硬脂酸与钛酸酯偶联剂结合使用，可以收到较好的协同效果。硬脂酸的加入基本上不影响偶联剂的偶联作用。同时，还可以减少偶联剂的用量，降低生产成本。

③ 交联剂双马来酰亚胺。采用交联剂可以使无机填料通过交联技术与基体树脂紧密地结合在一起，进一步提高复合材料的各项机械力学性能。这是简单钛酸酯偶联剂表面处理难以达到的。

④ 加工改性剂 80 树脂等。加工改性剂主要是高分子化合物，可以显著改善树脂的熔体流动性、热变形性能及制品表面的光泽等。

综上所述，碳酸钙复合偶联体系的主要成分是碳酸钙和钛酸酯偶联剂，钛酸酯偶联剂发挥了主要作用。在此基础上，再配合交联剂、表面活性剂、加工改性剂等可进一步增强碳酸钙填料的表面活性，增加填料的用量，提高复合材料的性能。复合偶联改性后的碳酸钙填料为白色粉末，pH 值为 7～8，疏水性能好。

表 7-2 是用锆铝酸盐偶联剂（商品牌号为 F、FPW）处理重质碳酸钙（粒度 2 μm）后填充聚丙烯后的力学性能。结果表明，填充物的各项力学性能显著改善，尤其是冲击强度和伸长率[54]。

表 7-2　锆铝偶联剂改性对碳酸钙填充聚丙烯力学性能的影响

锆铝偶联剂牌号		Cavcomod F	Cavcomod FPM	对比样
力学性能	伸长率（%）	35	26	8.9
	缺口冲击强度（kJ/m^2）	5.0	4.6	3.8
	非缺口冲击强度（kJ/m^2）	95.06	105.84	20.58
	拉伸强度（MPa）	19.6	19.3	20

续表

锆铝偶联剂牌号		Cavcomod F	Cavcomod FPM	对比样
力学性能	拉伸模量（MPa）	2861.6	2900.8	2832
	弯曲强度（MPa）	36.75	36.46	37.14
	弯曲模量（MPa）	3381	3420	3273

对于同一种碳酸钙填料，使用不同的偶联剂进行表面改性处理，填充后的效果也会有所差别。表 7-3 是不同的偶联剂对碳酸钙进行表面改性，然后填充热固性聚酯后制品的测试结果。其配方为热固性聚酯 30、碳酸钙 70、偶联剂 0.3。结果表明，钛酸酯偶联剂 LICA09 和 LICA38 的改性效果较好[55]。

经偶联剂处理后的碳酸钙（包括轻质碳酸钙和重质碳酸钙），除了用作硬质的聚氯乙烯的功能填料外，还广泛用作胶黏剂、油墨、涂料等的填料和颜料。

表 7-3　各种偶联剂对碳酸钙填充热固性聚酯的影响

偶联剂		拉伸强度（MPa）	伸长率（%）	弯曲模量（MPa）	缺口冲击强度（kJ/m^2）	熔体流动指数
不加偶联剂		66	0.2	1300	4	3.0
钛酸酯	LICA09	75	0.7	1900	10	5.4
	LICA38	77	0.7	1700	10	5.1
	KR-TTS	65	0.5	1300	7	4.4
硅烷	A-172	68	1500	1500	3	3.3
	A-1100	70	1600	1600	4	3.2

7.2.3　聚合物改性

采用聚合物对碳酸钙进行表面改性，可以改进碳酸钙在有机或无机相（体系）中的稳定性。这些聚合物包括低聚物、高聚物和水溶性高分子，如聚甲基丙烯酸甲酯（PMMA）、聚乙二醇、聚乙烯醇、聚马来酸、聚丙烯酸、烷氧基苯乙烯-苯乙烯磺酸的共聚物、聚丙烯、聚乙烯等。

聚合物表面包覆改性碳酸钙的工艺可分为两种：一是先将聚合物单体吸附在碳酸钙表面，然后引发其聚合，从而在其表面形成聚合物包覆层；二是将聚合物分散溶解在适当溶剂中，然后对碳酸钙进行表面改性，当聚合物逐渐吸附在碳酸钙颗粒表面上时排除溶剂形成包膜。这些聚合物定向吸附在碳酸钙颗粒表面，形成物理或化学吸附层，可阻止碳酸钙粒子团聚，改善分散性，使碳酸钙在应用中具有较好的分散稳定性。

根据在碳酸钙表面单体接枝共聚工艺的不同，聚合物改性可分为以下几种：

① 偶合法接枝。某些预聚物分子与碳酸钙之间能够发生官能团反应形成偶合键，从而获得接枝共聚物。例如，可利用丙烯酸与碳酸钙表面的钙离子有一定的化学作用的原理，首先在碳酸钙表面吸附一层丙烯酸，再加入其他单体与之共聚，对超细碳酸钙进行表面改性。

② 化学法引发接枝共聚。利用自由基引发剂引发单体与碳酸钙进行共聚，又分为无皂乳液聚合法和预处理法两种。

③ 辐射引发接枝。利用紫外与红外线、电晕放电和等离子体等方法引发单体在碳酸钙表面接枝聚合。

④ 机械力化学引发碳酸钙接枝共聚物。机械力化学可以作为一种手段，代替或部分代替引发剂引发高聚物在碳酸钙表面接枝及单体在碳酸钙表面接枝聚合，使碳酸钙的表面性质发生变化。

母料填料（Master Batch Pellet）是一种新型塑料填料。方法是按一定比例将填料和树脂母料混合，并添加一些表面活性剂，经过高剪切混合挤出，切粒而制成母粒。这种母料具有较好的分散性，与树脂结合力强，熔融均匀，添加量高，机械磨损小，应用方便，因此，广泛应用于打包带、编织袋、聚乙烯中空制品（管材、容器等）、薄膜、聚烯烃注射器等领域。根据基体树脂的不同，常用母料主要有无规聚丙烯碳酸钙母粒（APP 母料）、聚乙烯蜡碳酸钙母粒和树脂碳酸钙母粒等几种。

APP 母料是以碳酸钙和无规聚丙烯为基本原料，以一定的比例配制，通过挤出、造粒生产。碳酸钙在和无规聚丙烯复合前须经表面改性活化。无规聚丙烯和活性碳酸钙的配比一般为 1∶3～1∶10。为了改善无规聚丙烯的加工成型性能，一般成型时加入部分等规聚丙烯或部分聚乙烯。无规聚丙烯和活性碳酸钙的配比决定了碳酸钙粒子表面包覆量，从而最终影响 APP 母料的产品质量。

在 APP 母料这一体系中，碳酸钙粒子四周被无规聚丙烯包覆，即碳酸钙粒子均匀地分散在无规聚丙烯基料中。假设碳酸钙粒子为标准立方体或球状颗粒，其边长或直径分别为 10 μm、50 μm、100 μm，则可根据无规聚丙烯和碳酸钙的质量比计算出每一个碳酸钙颗粒表面包覆无规聚丙烯的平均假想厚度。表 7-4 列出了碳酸钙颗粒表面包覆的无规聚丙烯的假想厚度。理论上，填充的碳酸钙越多越好，即假想厚度越小越好。但实际厚度取决于工艺设备及操作条件。

表 7-4　碳酸钙颗粒表面包覆 APP 的厚度

碳酸钙颗粒假设粒度（μm）		100	50	10
配料中碳酸钙与无规聚丙烯的质量比（%）	3∶1	12.5	6.3	1.3
	4∶1	9.6	4.8	1.0
	5∶1	8.0	4.0	0.8
	6∶1	7.0	3.5	0.7

用聚乙烯蜡或聚乙烯代替无规聚丙烯作基料与活性碳酸钙填充复合即可制备聚乙烯蜡碳酸钙母料填料和聚乙烯碳酸钙母料填料。

采用复合改性剂可以显著降低碳酸钙的吸油值[56]。将聚乙二醇（分子量 200～3000）、三乙醇胺和氨基硅油按照一定的质量比进行复合，其中聚乙二醇∶三乙醇胺∶氨基硅油＝（0～50）∶（0～55）∶（0～50），然后将复合表面改性剂加热至 50～95℃，按照复合改性剂：碳酸钙质量 0.2%～2.0%加入连续式粉体表面改性机中对碳酸钙进行表面改性，具体用量根据碳酸钙产品的细度或比表面积大小而定。改性后平均粒度（D_{50}）5～10 μm 的重质碳酸钙粉体对邻苯二甲酸二丁酯的吸油值可以由改性前的 0.26～0.30mL/g 降低到 0.13～0.17mL/g。

吴翠平等[57]分别采用聚乙二醇-200、一缩二乙二醇，三乙醇胺和氨基硅油-804 对碳酸钙进行了改性。改性剂用量相同时，不同改性剂的改性效果不同，影响由大到小的顺序为氨基硅油-804>聚乙二醇-200>三乙醇胺>一缩二乙二醇。所用改性剂均与重质碳酸钙粉体表面的官能团羟基发生了化学键合作用。氨基硅油-804用量达到1.00%时，改性后样品的吸油值可达到0.115mL/g。热重分析表明，其改性后样品的热稳定性最好。

聚乙二醇-200作为一种水溶性聚合物，其分子具有强极性基团羟基，可与重质碳酸钙粉体颗粒表面的羟基发生反应，形成化学键。其反应形成的化学键可能有两种：一是生成水，形成共价键；二是醚基（—O—）中的氧和重质碳酸钙粉体颗粒表面的羟基形成氢键。氨基硅油的亲油基为硅氧烷链，亲水基为酮基、氨基和聚氧乙烯链。其氨基极性很强，能与重质碳酸钙粉体颗粒表面的羟基相互作用，形成牢固的化学键；其硅氧烷链是很好的亲油基团，可与不饱和树脂等有很好的相容性，达到对重质碳酸钙粉体表面处理的效果。一缩二乙二醇分子结构中含有极性基团羟基，可与重质碳酸钙粉体颗粒表面所带羟基相互作用，形成定向的化学吸附，在一定程度上改变重质碳酸钙粉体表面的性质。三乙醇胺分子含有3个羟基，可以和重质碳酸钙粉体颗粒表面羟基相互作用，形成定向的化学吸附，在一定程度上改变重质碳酸钙粉体表面的性质。

7.3　高岭土

高岭土是一种重要的工业矿物，在造纸、陶瓷、橡胶、油漆、塑料、涂料、耐火材料等领域得到广泛应用。高岭土属于层状硅酸盐矿物，经粉碎、选矿或煅烧加工后的高岭土粉体，表面含有羧基和含氧基团，因此在用作高聚物基复合材料的填料（如填充环氧树脂和乙烯树脂及涂料等）时需要进行表面改性处理。

高岭土填料表面有机改性的目的是改善它在橡胶、电缆、塑料、油漆、涂料、化工载体等方面的应用性能。常用的表面改性剂有硅烷偶联剂、有机硅（硅油）、聚合物、表面活性剂以及有机酸等。用途不同，所用的表面改性剂的种类也有所不同。表7-5是用各种改性剂处理后用于塑料的高岭土的主要性能[58]。

表7-5　塑料用高岭土的主要性能

性　能	煅　烧		表面改性		
	低　温	高　温	硅　烷	树　脂	阳离子
平均粒度（μm）	1.5～1.8	0.9～3.0	0.3～3.0	0.7	0.6～4.5
亮度EG（%）	85～90	90～96	74～92	85～87	80～87
BET比表面积（m^2/g）	5～12	5～12	8～24	14～16	14～16
吸油率（mL/100g）	45～60	45～90	28～60	28～31	24～33
pH值（水中20%）	4.2～6.0	4.2～6.0	4.0～9.0	6.5～7.5	7.0～8.0
水分（%）	0.5	0.5	0.5～1.0	0.5～1.0	0.2～0.5
折光率	1.62	1.62	1.56～1.62	1.56	1.56
莫氏硬度	4～6	6～8	2.8	2	2
密度（g/cm^3）	2.50	2.68	2.58	2.58	2.58

高岭土表面经过改性后，能达到防水、降低表面能、改善分散性和提高塑料、橡胶

等制品性能的目的。如在热塑性塑料中，改性高岭土对于提高塑料的玻璃化温度、抗张强度和模量效果显著；在热固性塑料中，改性高岭土具有增强塑料及预防模压表面的纤维起霜及纤维表露的作用；在橡胶工业中，用改性高岭土作填料，可显著改善橡胶的性能；填充在电线电缆护套中，可改善耐磨性及抗切口延伸性；填充在绝缘橡胶中，可获得稳定的受潮电性能，并提高模量和抗拉强度；填充在管料中，可改善耐溶剂性和耐磨性；填充在皮带中，可改进皮带耐磨性并增加抗撕裂强度；填充在鞋底中，可增加鞋底的挠曲寿命，提高耐磨性；填充在垫圈中，可减少压缩变形率；在工艺改进方面，改性高岭土可缩短胶料的混合周期，降低黏度[59]。

7.3.1 硅烷偶联剂改性

硅烷偶联剂是高岭土最常用和有效的表面改性剂。改性工艺比较简单，一般是将高岭土和配制好的硅烷偶联剂一起加入到表面改性机中进行表面改性处理。工艺可以是连续的（采用连续式粉体表面改性机），也可以是批量的（采用间歇式粉体表面改性机，如高速加热混合机）。

影响最终处理效果的因素较多，如高岭土的黏度大小和表面特性（表面官能团及活性），硅烷偶联剂的种类、用量和用法，表面处理的时间、温度等。文献［60］采用硅烷偶联剂对纳米高岭土进行表面改性，研究了改性剂的用量、改性时间、改性温度等因素对改性效果的影响，并采用沉降体积、IR、XPS等手段研究了改性效果以及改性剂与高岭土之间的相互作用。结果表明，偶联剂与高岭土之间以化学键合作用为主；改性剂用量为1%～2%，改性温度为90℃；改性后的纳米高岭土在液体石蜡中的分散性和稳定性均得到明显改善。

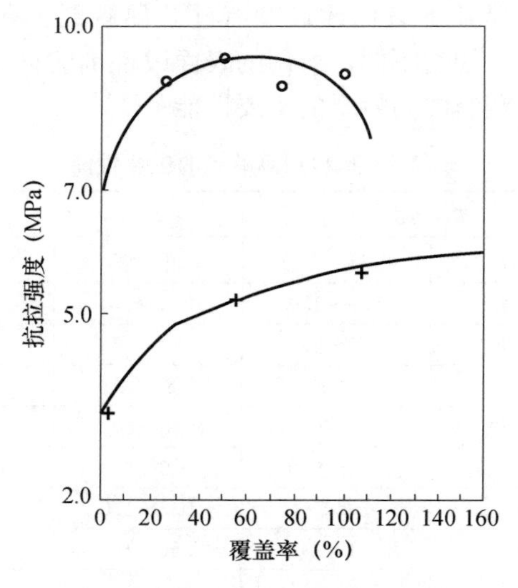

图 7-4 表面覆盖率与制品的抗拉强度

○—0.8 μm超细煅烧高岭土（F_{PS}）；＋—1.3 μm超细煅烧高岭土（M_{PS}）

高岭土的粒度越细、比表面积越大，表面暴露的羧基基团也就越多，达到相同包覆率所需要的表面改性剂的用量无疑较粒度较粗的高岭土要大。此外，粒度越细，其综合应用性能越好。用乙烯基硅烷分别对平均粒度 0.8 μm 的超细煅烧高岭土（F_{PS}）和平均粒度 1.3 μm 的超细煅烧高岭土（M_{PS}）进行改性后填充在三元乙丙橡胶（EPDM）中，结果表明，0.8 μm 超细煅烧改性高岭土填料填充制品的抗拉强度（图 7-4）、300%定伸强度（图 7-5）、撕裂强度（图 7-6）以及电绝缘性能等（图 7-7 和图 7-8），明显好于 1.3 μm 超细煅烧改性高岭土填料[61]。

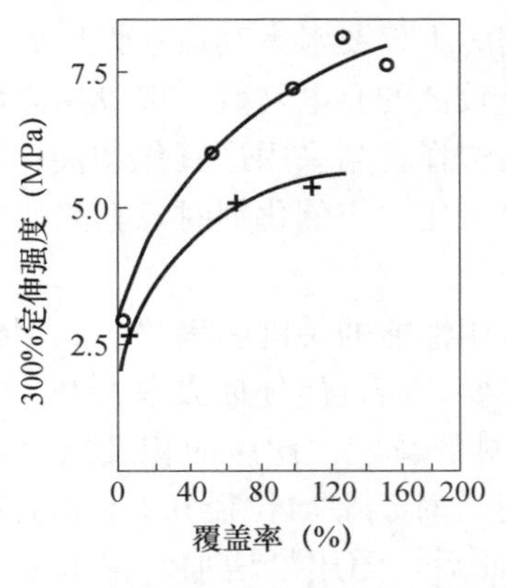

图 7-5　表面覆盖率与制品定伸强度　　图 7-6　表面覆盖率与制品撕裂强度

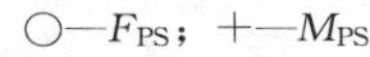

○—F_{PS}；+—M_{PS}

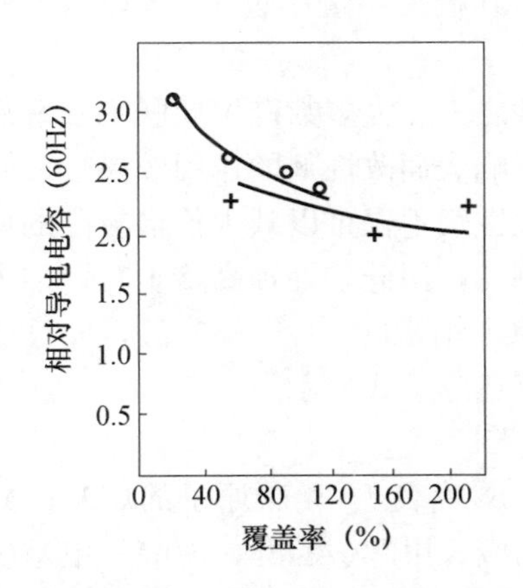

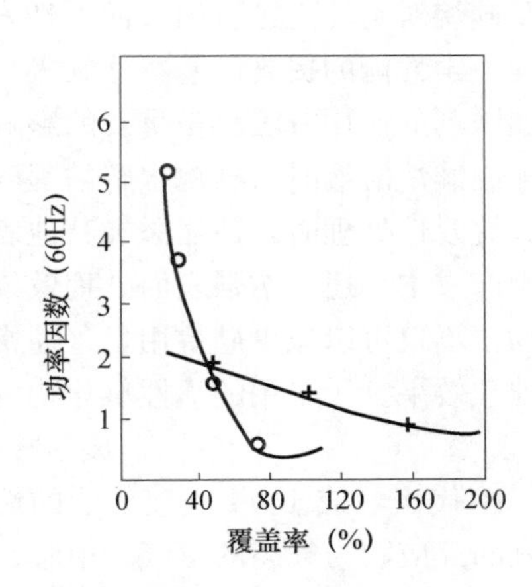

图 7-7　表面覆盖率与制品介电常数　　图 7-8　表面覆盖率与制品功率损耗（90℃，浸水 30d）

○—F_{PS}；+—M_{PS}

颗粒表面官能团及活性点的数量也影响硅烷偶联剂分子与高岭土表面的作用。研究表明，在黏土表面吸附或反应的硅烷形态取决于表面上羟基的浓度。表面羟基浓度高的地方，生成如同硅烷层一样的二维薄层，若表面羟基浓度降低，供硅烷反应的活性点数就减少，形成硅烷分子的第二桥连层；当处于临界浓度时，第二层硅烷分子就进一步推动桥连作用。三维结构对改进橡胶的增强作用更加有效。因此，如果硅烷吸附在已加热到脱羟化温度（550℃）高岭土表面时，用硅烷处理会取得更加显著的效果。所以，用于进行表面改性处理的高岭土一般是经过煅烧后的高岭土。经硅烷处理的煅烧（脱羟基化）高岭土有更高的硬度和模量，但与相应的含有羟基的非煅烧高岭土的化合物相比，其永久变形性、抗拉和抗剪强度均较低，这种差异可能是煅烧（脱羟基化）过程中高岭土粒度变化而导致的。

硅烷偶联剂的品种要根据应用对象或基料树脂来选择。用途不同，对高岭土的应用性能要求也不同，因此所选用的硅烷偶联剂也不一样。例如，用于高压电缆绝缘材料填料的煅烧高岭土不仅要能改善填充材料的机械强度，还要有优良的电绝缘性，而且其电绝缘性在潮湿环境下不下降。这就要求选择偶联剂时不仅要考虑其疏水性，即在高岭土表面包覆后透水性差，还要有较高的体积电阻率或较低的介电常数。橡胶用高岭土填料表面改性用的偶联剂，一般可根据橡胶的硫化机理选择，当采用过氧化物催化时，选用带乙烯基（或不饱和键）的硅烷，当选用硫或金属氧化物作催化剂时，宜采用氨基或硫醇类硅烷。

硅烷偶联剂的用量是决定改性效果以及综合应用性能的关键因素之一。用量一定要适当，过大的用量可能导致多层包覆，不仅没有必要，而且使处理成本上升。一般用量范围为 0.3%～2.0%。最佳的用量要依据处理物料的粒度、比表面积及表面特性等通过试验来确定。如用乙烯基硅烷处理煅烧高岭土时，对于平均粒径 0.8 μm 的物料，表面覆盖率 40%～60%时，制品的抗拉强度最大。此后，随用量增加，覆盖率提高，抗拉强度反而下降（图 7-4）。其他性能，如定伸强度（图 7-5）、撕裂强度（图 7-6）、电绝缘性能（图 7-7）等在覆盖率达到 100%后，基本上变化不大。在图 7-9 所示的用巯基丙基三甲氧基硅烷对高岭土进行的表面处理表明，在硅烷用量超过 1.5%以后，所填充的橡胶制品的力学性能的提高已基本达到极限。

硅烷偶联剂的使用方法也是重要的影响因素之一。大多数硅烷偶联剂水解后使用效果较好。配制硅烷溶液时，硅烷水解的程度也影响表面改性剂的作用效果。

在用硅烷改性处理时，适当添加其他表面改性剂不仅可以减少价格较高的硅烷的用量，降低生产成本，还可增强表面处理效果。例如，用硅烷处理高岭土时，加入气态的活性氧化物，不仅可以减少硅烷用量（通常为原来用量的 33%～50%），而且还获得更好的表面处理效果。所采用的活性氧化物可由下述分子式表示：

$$R_1NH \text{ 或 } R_2YH$$

式中，R_1代表氢或 1～4 个碳原子的烷基；R_2代表 1～4 碳原子的烷基；Y 为氧或硫。最适宜的反应物为气态的氨气、甲胺、二乙胺、甲醇、乙醇、丙醇、甲基硫醇和乙基硫醇。

表面改性时间与改性设备的操作条件及处理温度等有关。在其他条件相同时，较高的剪切搅拌速度可强化混合改性过程，缩短处理时间。处理温度的确定则要考虑偶联剂的物理性质，如熔点、沸点、分解温度等，在一定范围内，较高的温度可以加快偶联剂与高岭土表面的化学反应。物料的最佳处理时间和处理温度依偶联剂不同而有所不同，因此，选定偶联剂后最好通过试验来确定。

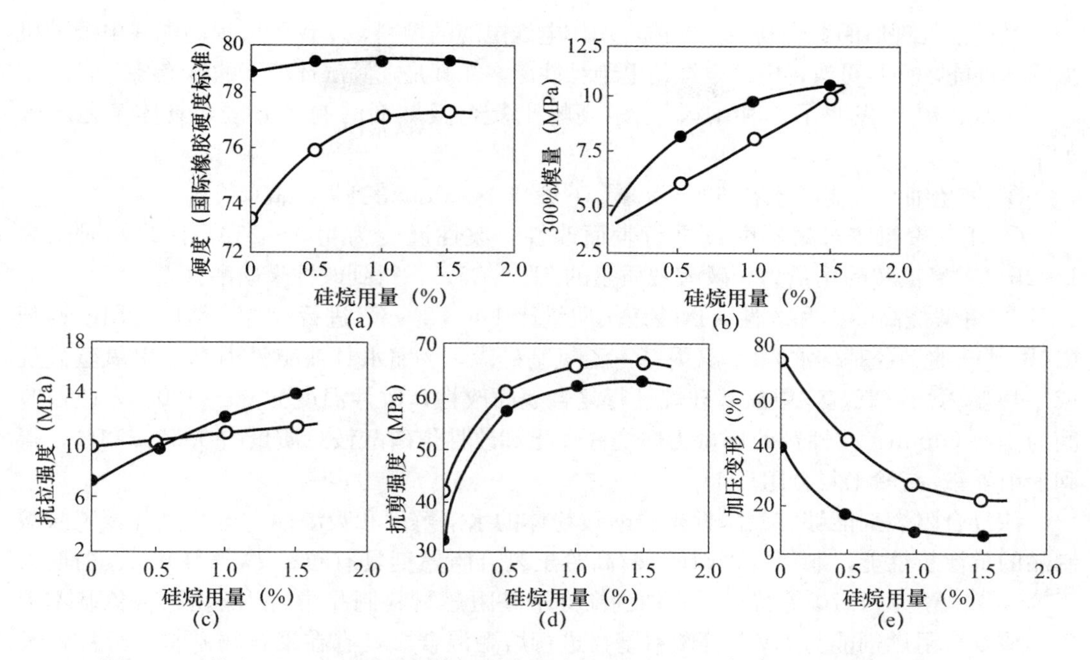

图 7-9　硅烷（A189）用量对高岭土增强橡胶的影响（○—高岭土；●—煅烧高岭土）
（a）硬度；（b）模量；（c）抗拉强度；（d）抗剪强度；（e）加压变形

7.3.2　有机硅油改性

用作电线电缆（如聚氯乙烯等）填料的高岭土常用硅油进行表面改性。这种用硅油进行表面改性的高岭土是经过煅烧和超细粉碎后的高岭土。硅油与高岭土的作用模型如图 7-10 所示，经过煅烧，高岭土脱除结构水，生成的偏高岭石表面很容易与硅油分子中的氧作用，使得硅油包覆在煅烧高岭土颗粒的外层，形成一个分子层厚度的疏水膜。研究表明，随着硅油用量和处理时间的增加，煅烧高岭土的疏水性越好。虽然过量使用硅油对提高煅烧高岭土填料表面的疏水性有好处，但不经济，一般硅油的用量为煅烧高岭土质量的1%～3%[62]。

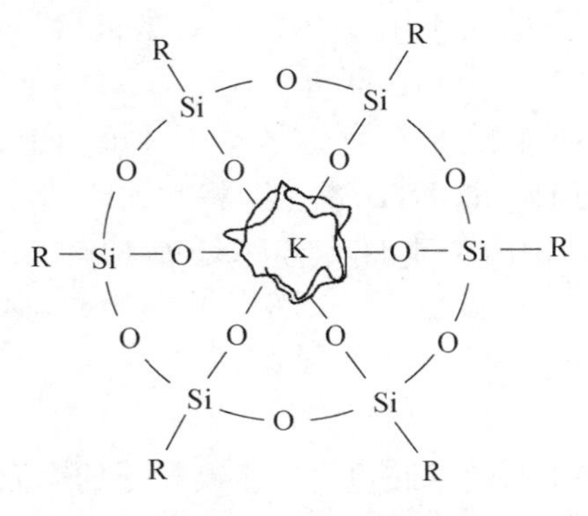

图 7-10　硅油与高岭土颗粒表面的作用
K—煅烧高岭土；R—有机官能团

经硅油处理后的煅烧高岭土粉体，用作电线电缆的填料，不仅可以提高电线电缆的机械物理性能，而且可改善电线电缆的电绝缘性能，尤其是在潮湿环境下的电绝缘性能。

郑水林等[63]发明了一种聚磷酸铵/高岭土复合阻燃剂的制备方法，具体工艺步骤如下：

① 将超细水洗高岭土在600～900℃下煅烧1～2h，得到煅烧高岭土；

② 用三聚氰胺对聚磷酸铵进行表面改性，改性温度为100～250℃，改性时间为1～2h，三聚氰胺的用量为聚磷酸铵质量的5%～25%，得到改性聚磷酸铵；

③ 将煅烧高岭土和改性聚磷酸铵按质量比1：（2～6）进行混合，然后使用改性剂（二甲基硅油、羟基硅油）、γ-氨丙基三乙氧基硅烷、γ-缩水甘油醚氧丙基三甲氧基硅烷或γ-甲基丙烯酰氧基三甲氧基硅烷进行复合表面改性，改性温度为60～120℃，改性时间为15～60min，改性剂的用量为煅烧高岭土和改性聚磷酸铵总质量的0.5%～3%，得到聚磷酸铵/高岭土复合阻燃剂。

该复合阻燃剂能够有效降低聚磷酸铵粉体的水溶解度和吸湿性，显著提升聚磷酸铵制品的抗渗析性能。制得的聚磷酸铵/高岭土复合阻燃剂具有粒径$D_{97} \leqslant 10\mu m$、白度大于85、接触角大于70°等特点，添加到高分子基阻燃材料制品中，“泛霜”现象基本消失。该复合阻燃剂能与EVA等塑料基材进行熔融混合，具有在聚合物基材中分散性及与基材相容性好、不向材料表面迁移渗析的特点，阻燃材料制品表面光洁，阻燃性能良好，燃烧后无熔融滴落，烟气释放量小，且材料的力学性能基本不受影响，同时能表现出良好的电绝缘性能。

7.3.3 有机酸改性

应用硅烷包覆处理高岭土填料的生产成本较高。美国专利4798766采用胺化（氨气）处理后，再用不饱和有机酸，如乙二酸、癸二酸、二羧基酸等对胺化高岭土等硅酸盐矿物填料进行表面处理。用此方法处理后的改性高岭土可用作尼龙66的填料。处理实例如下：

① 含水的或未煅烧的气流分级高岭土（粒度82%小于2 μm，比表面积$20m^2/g$），先对其进行胺化处理，即将其在800℃的转炉内用氨气胺化处理20min，使其胺化为“NH_2-黏土”，然后将上述NH_2-黏土用20%的已二酸混合，接着将其混合物给到转炉内，在225℃的H_2气氛下反应20min，即得最终产品。

② 原料为700℃煅烧后的粒度分布为72%小于2 μm的煅烧高岭土。先在700℃转炉内的纯NH_3气氛下进行处理，得NH_2-黏土。将此NH_2-黏土用1%的6-氨基已酸混合（6ACA），然后在245℃的转炉内于纯H_2气氛下处理18～25min，即得表面改性好的煅烧高岭土粉体。

7.3.4 有机胺改性

阳离子表面活性剂，如十八烷基胺也可用于高岭土的表面改性。其极性基团通过化学吸附和物理吸附与高岭土颗粒表面作用，饱和吸附量为高岭土填料质量的2%（图7-11）。经胺改性后的高岭土增强了高岭土表面的疏水性。

季铵盐类聚合物（如氯化二烯丙基二甲基铵盐的聚合物 DADMAC）对高岭土进行表面处理可改进高岭土在涂料中的应用性能。这种聚合物在高岭土表面的吸附密度如图 7-12 所示[64]。

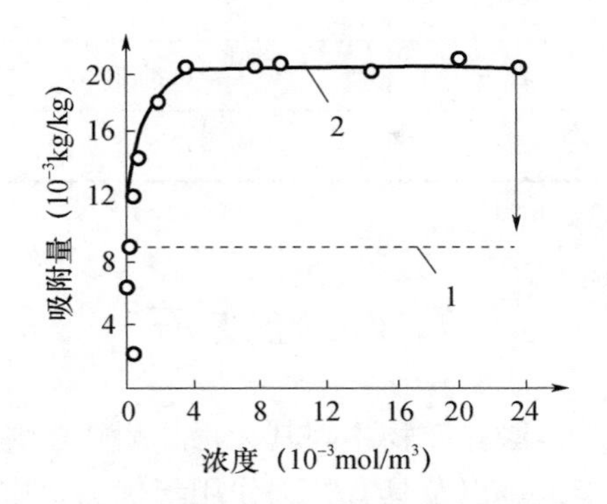

图 7-11　十八烷基胺在高岭土上的吸附曲线

1—化学吸附；2—物理、化学混合吸附

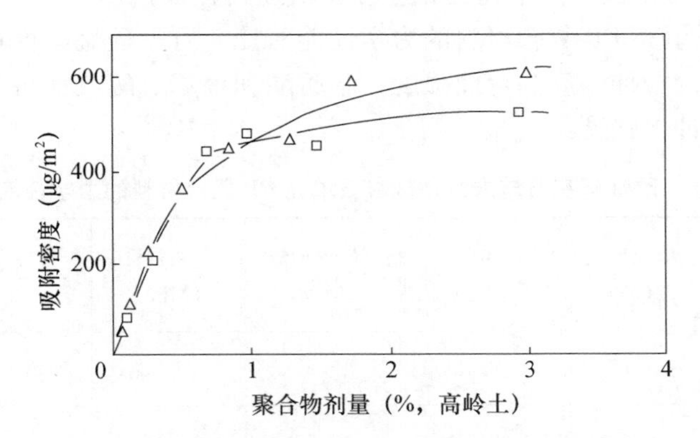

图 7-12　聚 DADMAC 在高岭土上的吸附密度

△—分子量 100000；□—分子量 4000

文献［65］采用干法改性工艺，选用十二胺、十八胺、硬脂酸、硅油和铝钛复合偶联剂（OL-AT1618）五种不同的改性剂对高岭土进行表面改性。对改性高岭土进行活化指数测定，并对其进行红外光谱分析以确定最适宜的改性剂配方。试验结果表明，以十八胺为改性剂，用量为 1.2%，改性时间为 30min，改性高岭土的活化指数较高。活化指数越高，对橡胶的补强效果越好。表 7-6 为各种改性剂的优化改性工艺条件，表 7-7 为改性高岭土填充橡胶的力学性能检测结果。

表 7-6　各种改性剂的优化改性工艺条件

改性剂	十二胺	硬脂酸	OL-AT1618	硅油	十八胺
最佳配比（%）	1.5	0.9	1.5	1.5	1.2
最佳时间（min）	30	30	45	45	30
活化指数（%）	97.16	99.01	85.27	99.25	96.83

表 7-7　改性高岭土填充橡胶的力学性能检测结果

填料类别	煅烧高岭土	铝钛复合偶联剂改性高岭土	十八胺改性高岭土
硫化时间（min）	8	8	8
拉伸强度（MPa）	5.42	6.8	11.8
撕裂强度（kN/m）	36.9	37.7	38.5

注：硫化压力 15MPa，硫化温度 150℃

7.4　硅灰石

硅灰石是一种无机针状硅酸盐矿物，因其无毒、耐化学腐蚀、热稳定性及尺寸稳定性良好、力学性能及电性能优良以及具有补强作用等优点，广泛用作高聚基复合材料的增强填料。但是，硅灰石粉体与高聚物的相容性较差，因而直接添加分散性不好。经过表面改性处理后，可改进与高聚物的相容性，增强其补强作用。表 7-8 所示为改性硅灰石与未改性硅灰石填充 PP 复合材料的力学性能对比，可见硅烷改性可显著提高硅灰石填充 PP 复合材料的拉伸强度和弯曲强度；脂肪酸和聚乙二醇改性可显著改善硅灰石填充 PP 复合材料的冲击强度。

表 7-8　改性硅灰石与未改性硅灰石填充 PP 复合材料的力学性能对比

项　目	填充比例（%）	冲击强度（kJ/m²）	拉伸强度（MPa）	弯曲强度（MPa）	弯曲模量（MPa）	热变形温度（℃）
PP	0	8.42	17.81	23.72	970.9	65.7
未改性样品	40	3.59	18.72	35.4	1875.02	100.7
硅烷配方	40	4.17	21.58	37.04	1706.57	102.9
脂肪酸配方	40	7.02	16.02	27.99	1810.68	90.0
聚乙二醇配方	40	7.08	16.40	30.67	1605.56	85.0

硅灰石粉体表面有机改性常用的表面改性剂有硅烷偶联剂、钛酸酯和锆铝酸盐偶联剂、表面活性剂以及聚合物等。改性工艺主要是干法。

7.4.1　硅烷偶联剂改性

用作聚丙烯等高聚物填料的硅灰石粉可采用硅烷偶联剂进行表面改性。研究表明，硅烷用量为硅灰石质量的 0.8%～1.2%，改性温度为 80℃，时间为 15～20min 时，表面改性可以显著提高 PP/硅灰石复合材料和 PA6/硅灰石复合材料的拉伸强度、弯曲强度、弯曲模量、热变形温度等性能指标[66-67]。

硅烷偶联剂的用量与要求的覆盖率及粉体的比表面积和粒度大小有关。英国 Blue Circle 工业矿物公司用氨基硅烷处理硅灰石时，用量为硅灰石质量的 0.5%左右（产品牌号为 4000C50）。而牌号为 4000F75 的改性硅灰石粉，改性剂（甲基丙烯含氧硅烷）的用量为硅灰石质量的 0.75%。这两种改性硅灰石产品分别填充尼龙 6 和聚酯团状模塑料代替 30%玻璃纤维后可显著提高制品的力学性能。

7.4.2　表面活性剂改性

用硅烷偶联剂处理硅灰石，可显著改善其与高聚物基料的相容性，增强填充效果。但硅烷偶联剂价格较高，因此，在某些应用条件下，用较便宜的表面活性剂，如硬脂酸（盐）、聚乙二醇、高级脂肪醇聚氧乙烯醚等对硅灰石进行表面改性处理。

用硬脂酸进行的试验表明，硬脂酸用量 1.5%时，表面由亲水性变为疏水性，填充聚丙烯复合材料的拉伸强度和弯曲强度最好[68]。

用硬脂酸钠改性硅灰石试验表明，硅灰石在水中的润湿接触角由改性前的 10.83°增大为 69.33°，表面自由能由 102.17mJ/m^{2}减小至 41.78mJ/m^2，改性硅灰石在煤油中的分散性显著提高，通过热力学分析可以解释改性前后硅灰石颗粒分散性变化的趋势[69]。

用聚乙二醇（PEG）包覆硅灰石，提高了填充聚丙烯（PP）的缺口冲击强度和低温性能。这种聚乙二醇的分子量为 2000～4000，使用前将其溶于无水乙醇中，配成一定浓度的溶液。处理后，再进行过滤和烘干。表 7-9 所列为用 X 射线光电子谱仪（XPS）测定的不同用量聚乙二醇包覆改性硅灰石的 C/Ca 比数据。硅灰石表面的 C/Ca 比为 1.60，用 4.0%PEG 包覆改性后硅灰石表面的 C/Ca 比为 6.30，经 2000mL 无水乙醇和 2000mL 80℃热水抽洗后的 4.0%PEG 包覆改性硅灰石表面的 C/Ca 比为 2.91。这说明有一部分 PEG 已牢牢地包覆在硅灰石颗粒的表面，即使用大量的无水乙醇和热水抽洗也不会脱落。这层 PEG 包覆层对于提高填充 PP 的缺口冲击强度和低温性能关系极大。从表 7-9 可见，在相同条件下，随着 PEG 溶液的浓度增大，硅灰石表面包覆的 PEG 量也逐渐增大。当 PEG 的量占硅灰石质量的 6%时，再增大 PEG 溶液的浓度，包覆在硅灰石颗粒表面的 PEG 量也不再增大，说明此时表面吸附已达到平衡[70]。

表 7-9　PEG 用量对硅灰石表面 O/Ca 及 C/Ca 比的影响

PEG 包覆量（wt%）	0	1	2	4		6	8	10
				未抽洗	抽洗			
O/Ca	5.53	5.73	5.85	7.12	5.96	6.21	6.40	6.31
C/Ca	1.60	1.80	2.00	6.30	2.91	3.28	3.65	3.29

图 7-13 为改性时间与表面包覆量的关系。由此可见，经过约 45min 后，聚乙二醇在硅灰石粉体表面的包覆已达到平衡。

用非离子型表面活性剂高级脂肪醇聚氧乙烯醚类［通式为 RO（CH_2CH_2）$_m$H，R 为 C_{12}～C_{18}烷基］作表面改性剂对硅灰石粉体进行表面改性试验表明，其效果也较好。非离子型表面活性剂对填充体系的作用机理与偶联剂相似，亲水基团和亲油基团分别与填料及树脂发生相互作用，加强了两者的联系，提高了体系的相容性和均匀性。极性基团之间的柔性碳链起增塑润滑作用，赋予体系柔韧性和流动性，使体系黏度下降，改善了加工性能。经表面处理后的活性硅灰石粉体吸水率降低，吸油率变小，粒径变细，活化指数>90%，具体数据见表 7-10[71]。将这种表面改性处理后的硅灰石粉体填充到 PVC 电缆材料中，不仅可使制品的成本下降，而且能改善制品的综合性能（表 7-11）。

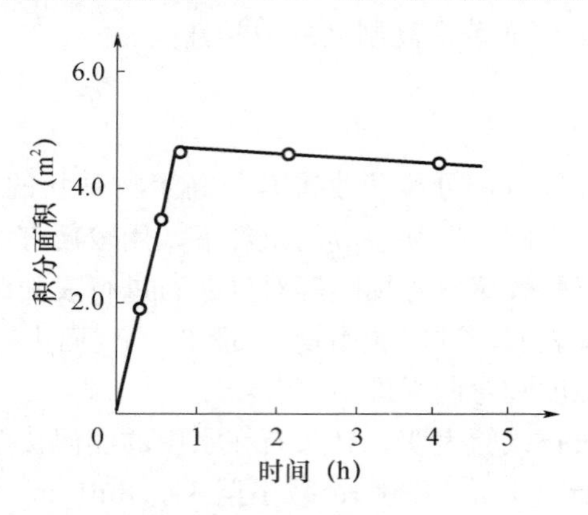

图 7-13　PEG 包覆量与改性时间的关系

表 7-10　硅灰石粉表面改性前后性能比较

样品名称		改性硅灰石粉	未改性硅灰石粉
吸水率（%）	<	0.3	0.5
吸油率（mL/100g）	≤	15	28
粒径（μm）	<	1.51	2.41
pH 值		7～8	8～9
活化指数（%）	>	90	—

表 7-11　填充改性硅灰石粉的 PVC 电缆料的性能测试结果

项目	标准要求	配方 1	配方 2
拉伸强度（MPa）	≥15.0	24.3	26.0
断裂伸长率（%）	≥150	283	280.8
热变形（%）	≤40	28	25
冲击脆化温度（℃）	−15	−21	−20
200℃稳定时间（min）	≥60	126	125
20℃体积电阻率（Ω·m）	$\geq 1.0\times10^{12}$	6.2×10^{12}	5.4×10^{12}
介电强度（mV/m）	≥20	25	23
70℃时体积电阻率（Ω·m）	$\geq 1.0\times10^{9}$	5.3×10^{9}	5.6×10^{9}
热老化后拉伸强度（MPa）	≥15	23.0	24.9
热老化后拉伸强度最大变化率（%）	±20	−16	−8
老化后断裂伸长率（%）	≥150	260	235
热老化后断裂伸长率最大变化率（%）	±20	−4	−5
热老化质量损失[1]（g/m^2）	≤20	17.4	19.2

续表

项目			标准要求		配方 1	配方 2	
配方	PVC 树脂	增塑剂	稳定剂	超细碳酸钙	抗氧剂	改性硅灰石填料	
						400 目	800 目
配方 1	100	40	8			—	10
配方 2	100	40	8	25	0.1	10	—

注：热老化条件：100℃，168h。

孟明锐[72]等采用庚二酸对硅灰石进行表面处理，研究了复合材料的力学和结晶性能。DSC 和 WAXD 结果表明，庚二酸处理的比未处理的硅灰石有更强的诱发聚丙烯 β 晶的能力。偏光显微镜观察表明，庚二酸处理硅灰石显著减小了 β 晶的粒径，改善了硅灰石与聚丙烯的相容性。

7.4.3　聚合物改性

有机单体在硅灰石粉体/水悬浮液中的聚合反应试验结果表明，聚合物在硅灰石颗粒表面的吸附，改变了硅灰石粉体的表面性质，但又不影响其粒径和白度。将此硅灰石粉体作填料，可降低涂料的沉降率和增强其分散性。

选择在硅灰石粉体/水悬浮液中进行聚合反应的单体是甲基丙烯甲酯。图 7-14 是在不同聚合时间下测定的甲基丙烯甲酯（PMMA）转化率及其在硅灰石粉体表面的结合率。随着时间的延长，转化率逐渐提高，但 4h 后变化不明显。结合率的变化趋势与此相近。在反应 4h 后，不同温度下 PMMA 的转化率如图 7-15 所示。温度的升高可以加速聚合反应，但 PMMA 的结合率变化不明显，因此温度因素对其影响不大。

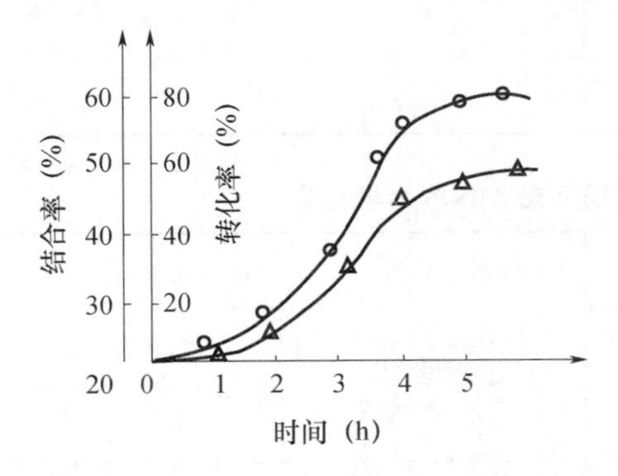

图 7-14　PMMA 转化率及结合率与反应时间的关系
○—转化率；△—结合力

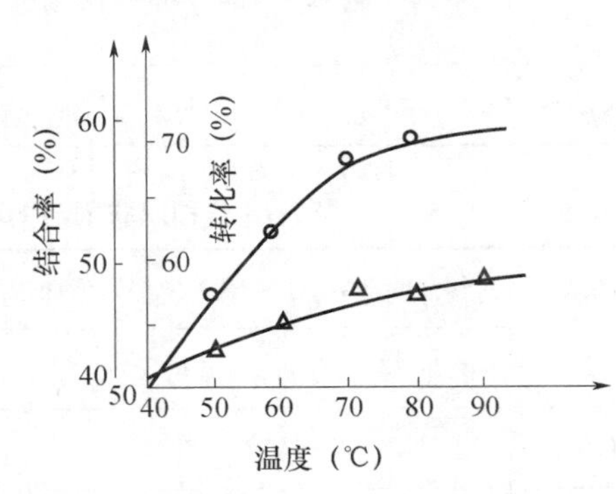

图 7-15　PMMA 转化率及结合率与反应温度的关系
○—转化率；△—结合力

7.5　滑　石

滑石粉填充聚丙烯已广泛应用于汽车工业及日常用品。其产品与未填充聚丙烯相比，具有良好的表观质量、低的收缩率、较高的热变形温度和良好的力学性能。然而，由于两界面的亲和性不强，滑石粉的加入往往导致一些力学和加工性能下降，从而使该复合材料的应用受到限制。对其进行表面改性可有效地改进滑石粉与聚合物的界面亲和性，提高聚合物对滑石粉的润湿能力，改善滑石粉填料在聚合物基料中的分散状态，从而提高制品的物理和力学性能，如抗冲击强度等。

滑石表面有机改性使用的表面改性剂主要有表面活性剂、石蜡、钛酸酯、硅烷和锆铝酸盐偶联剂、磷酸酯等。表 7-12 为用不同的钛酸酯偶联剂改性处理滑石粉填充聚丙烯的力学性能。表 7-13 为不同钛酸酯偶联剂改性处理滑石粉填充丙烯腈-丁二烯-苯乙烯共聚树脂的力学性能。由此可见，LICA01（Trineodecanoyl Titanate）、LICA09（Tridodecyl Benzene Sulfonyl Titanate）、LICA12（Tridioctyl Phosphato Titanate）的通式为

$$R—O—Ti{\left[O—\overset{\overset{O}{\|}}{\underset{\underset{OH}{|}}{P}}—O—\overset{\overset{O}{\|}}{P}{\left(OC_8H_{17}\right)_2}\right]_3}$$

改性效果较好。

表 7-12　各种偶联剂对 40%滑石粉填充 PP 的力学性能

偶联剂	拉伸强度（MPa）	伸长率（%）	弯曲强度（MPa）	弯曲模量（MPa）	缺口冲击强度（kJ/m²）
无	28	6	47	2900	0.3
LICA01	32	82	55	3400	0.7
LICA09	39	75	58	3000	1.0
LICA12	34	80	49	3200	1.0
KRTTS	22	80	41	2600	0.6

表 7-13 各种偶联剂对 60%滑石粉填充 ABS 的力学性能

偶联剂	拉伸强度（MPa）	伸长率（%）	弯曲强度（MPa）	弯曲模量（MPa）	缺口冲击强度（kJ/m²）
无	37	25	70	2500	2.0
LICA12	42	35	78	2400	4.0
LICA01	39	34	80	2500	4.0
KR 12	37	28	70	2200	3.0
ArSi	38	26	70	2400	2.0

表 7-14 是滑石粉经偶联剂改性处理后填充聚丙烯的性能测试结果。滑石粉的粒径<30 μm，偶联剂的用量为填料质量的 1%～2%。由表可见，用硅烷偶联剂处理的滑石粉，能使材料的各种性能有不同程度的提高，尤其是耐老化性能提高幅度较大[73]。

表 7-14　偶联剂改性处理滑石粉的填充效果

测定指标	PP/滑石粉（未处理）	PP/滑石粉（硅烷偶联剂）	PP/滑石粉（铝系偶联剂）
拉伸强度（MPa）	35.2	36.8	33.9
弯曲强度（MPa）	58.3	59.6	54.8
冲击强度（kJ/m^2）	34.3	39.6	35.8
球压痕硬度（MPa）	71.4	80.0	69.3
热变形温度（0.45N/mm^2）（℃）	125.8	132.5	128.8
耐热老化性（150℃）（h）	132	910	132

宋亚美等[74]采用钛酸酯偶联剂对滑石粉进行表面改性，结果表明：在钛酸酯的添加量为 3%、反应温度为 65℃、反应时间为 1.5h 的试验条件下，改性滑石粉的接触角达到 137°，钛酸酯偶联剂在滑石粉表面不仅发生了物理吸附，还存在着化学键合。

刘最芳研究了磷酸酯对滑石粉的表面改性及其对填充聚丙烯结构和性能的影响。所采用的磷酸酯（PNP9）为水溶性胶状液体，其 pH 值为 2.5（1.0%水溶液）。磷酸酯的分子结构为

$$C_9H_{15}-C_6H_4-O\left(CH_2CH_2O\right)_n-P(=O)(OH)_2$$

改性处理过程为：先将滑石粉于 80℃搅拌下在磷酸酯水溶液中预处理 1h，接着于 95℃左右干燥，最后升高温度至 125℃，热处理 1h。图 7-16 是改性和未改性滑石粉的漫反射傅里叶红外光谱（DRIFTS）图。改性滑石粉在波数 2900cm^{-1} 左右有一明显的 C—H 基团吸收带（图 7-16 中 b），该吸收带是由于磷酸酯结构中的烷基所致。改性滑石粉经温水反复洗涤后，C—H 峰虽然有减小，但仍然清晰可见（图 7-17），这说明磷酸酯与滑石粉表面发生了化学吸附。

图 7-16 中两光谱图均在 3676cm^{-1} 附近有一滑石粉中 O—H 基团窄而明显的吸收带。由于 O—H 基团大量存在于滑石粉中，其量受磷酸酯包覆改性的影响很小，故可用作内标，分别测出 C—H 和 O—H 吸收带的峰面积，其比值（简写作 CH/CO 面积强度比）则可用来表征磷酸酯在滑石粉表面的包覆量。由图 7-18 可见，磷酸酯的包覆量随其用量的增加而增至饱和状态，该状态下磷酸酯用量约为 6%（质量）。

磷酸酯用量对滑石粉填充聚丙烯的拉伸和弯曲性能示于图 7-19。当磷酸酯的用量为 0.5%（质量）时，材料出现最大的拉伸断裂强度和屈服强度。继续增加磷酸酯用量，强度值反而下降，至 6%（质量）以后基本不再改变[75]。

采用天然或合成胶乳改性处理滑石粉填料也能显著改进其填充性能。例如，将细粒滑石粉的水悬浮液与丁苯胶乳（固体含量 50%）搅拌、凝聚、过滤、干燥并粉碎。将此处理过的滑石粉与聚胺基甲酸酯-丙烯酸酯按 25∶75 混合、固化。所制得复合物的抗弯、抗张和抗冲击强度都显著高于未经处理的滑石粉。

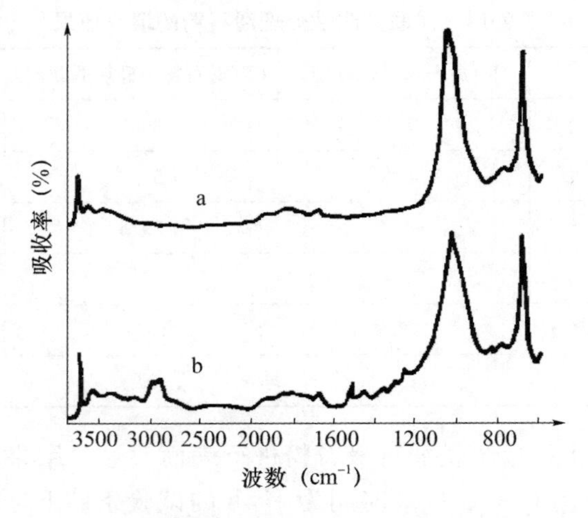

图 7-16 滑石粉的漫反射傅里叶红外光谱（DRIFTS）

a—未改性；b—6%（质量）磷酸酯改性处理

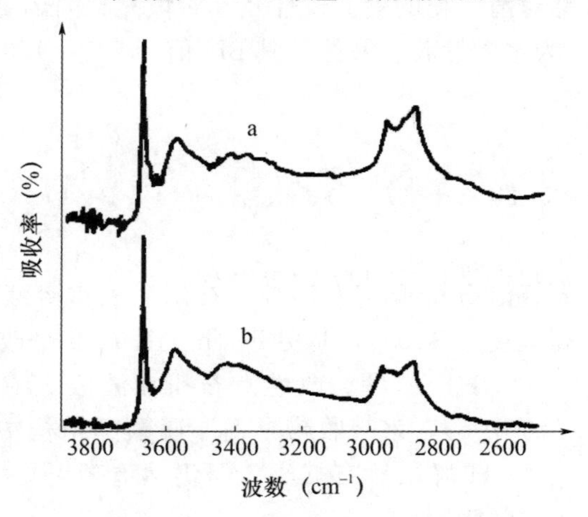

图 7-17 包覆改性滑石粉的漫反射傅里叶红外光谱（DRIFTS）图

a—未洗涤； b—水洗涤

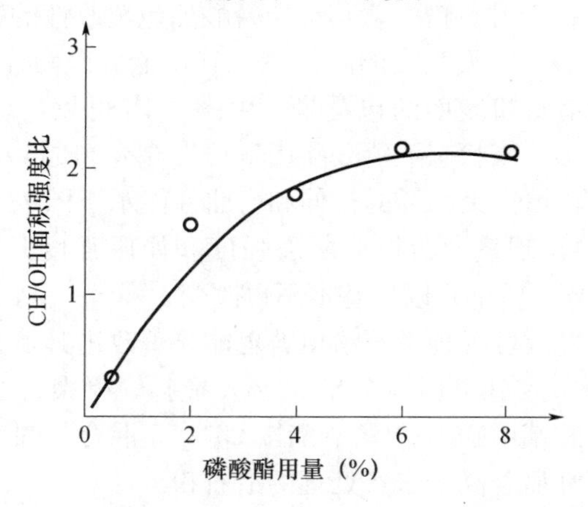

图 7-18 磷酸酯用量与 CH/OH 面积强度比的关系

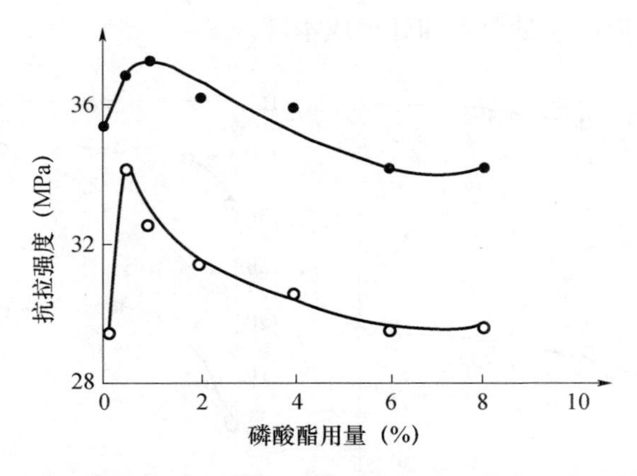

图 7-19　磷酸酯用量对滑石粉填充聚丙烯材料抗拉强度的影响
○—断裂强度；●—屈服强度

7.6 云　母

云母粉为片状粒形，在高聚物基复合材料中起增强作用。为了提高其在复合材料中的应用性能，通常要对其进行有机表面改性。常用的表面改性剂为硅烷偶联剂、丁二烯、锆铝酸盐、有机硅、钛酸酯、硼酸酯等。云母经表面处理后，可改善在聚合物中的润湿分散性，提高复合材料的强度，并降低模塑收缩率。表 7-15 是硅烷改性与未改性云母粉填充聚丙烯的力学性能对比。

表 7-15　硅烷改性与未改性云母粉填充聚丙烯的力学性能

力学性能		抗拉强度（MPa）	抗弯强度（MPa）	缺口冲击强度（kJ/m^2）	冲击强度（MPa）
均聚物	30%云母	40.7	64.2	1.60	9.95
	30%改性云母	45.6	71.2	1.97	13.6
共聚物	30%云母	30.6	48.3	3.48	12.4
	30%改性云母	35.7	57.5	3.11	18.4

用于进行表面有机改性的云母最好是湿磨云母粉，最有效的表面改性剂是氨基硅烷。但是混合使用两种表面改性剂，往往效果更好，特别是可以改善聚丙烯复合材料的机械性能和耐热老化特性。

表面改性剂的用量是影响改性效果的关键。研究两种硅烷偶联剂对云母/聚丙烯复合材料影响的结果表明，当硅烷用量小于 0.2%时，抗拉和抗弯强度只有很小提高。但随着硅烷用量的增加，极限强度也有规律地增大，当用量达到 1.4%～1.6%时，抗拉和抗弯模量已趋于最大。可以推断，此时云母表面对偶联剂作用的活性点大多数已反应过了。图 7-20 所示为氨基硅烷偶联剂的用量与云母增强的聚丙烯复合物之间的强度和热变形温度的关系。从强度来看，氨基硅烷偶联剂用量达到 1%时已趋于最大；从热变形温度来看，用量达到 0.3%时基本上不再变化[76]。但是，最适宜用量的选择应综合考虑云母的比表面积、产品质量要求和处理成本等。

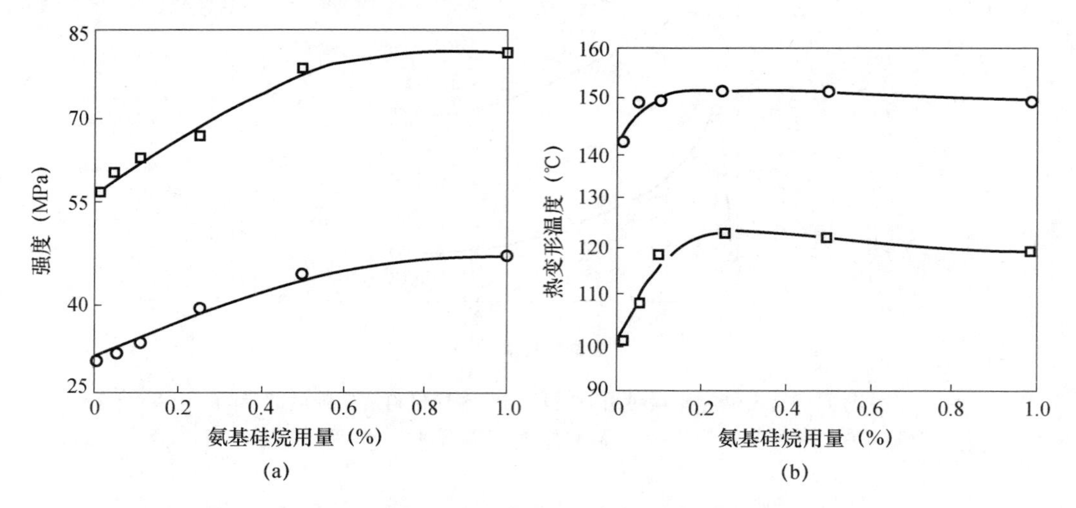

图 7-20　云母填充的聚丙烯复合材料的性能与硅烷用量的关系

（a）抗拉和弯曲强度（○—抗拉强度；□—弯曲强度）；（b）热变形温度（○—0.46MPa；□—1.82MPa）

以甲基丙烯酸缩水甘油酯（GMA）和苯乙烯（ST）接枝改性的聚丙烯作相容剂，KH550 改性的云母粉为填料，制备云母/PP 复合材料试验表明，当相容剂和改性云母用量的质量分数分别为 10％和 15％时，复合材料的力学性能最好，冲击强度、拉伸强度和弯曲强度较纯PP分别提高了132.9％、17.2％和32.5％[77]。钛酸酯偶联剂对云母/液体石蜡混合体系黏度影响的试验结果表明，钛酸酯偶联剂的适宜用量在 1.0％～1.4％之间，当用量小于 1.0％时，随着钛酸酯偶联剂用量的增加，混合体系的黏度下降相对较快，而钛酸酯用量超过 1.4％后，体系黏度随钛酸酯用量的增加变化很小。加入一定量的钛酸酯偶联剂可使混合体系的黏度从 3000mPa · s 降至 30mPa · s 以下，提高了其在高分子有机物中的分散性；活化指数达到 99％以上[78]。

偶联剂的品种也影响云母表面改性处理后的应用效果。表 7-16 所列为各种钛酸酯偶联剂对云母填充聚对苯二甲酸丁二醇酯（PBT）力学性能的影响。表 7-17 为两种不同钛酸酯偶联剂 LICA01（烷氧基型钛酸酯）和 KRTTS（单烷氧基型钛酸酯）对云母填充聚丙烯（PP）力学性能的影响。由此可见，商品牌号为 LICA 的钛酸酯偶联剂对云母填充 PBT 及 PP 的改性效果较好，而 KR12 或 KRTTS 的效果较差。

硼酸酯是近几十年来发展起来的新型偶联剂，具有表面活性高，热稳定性强，抗静电、抗磨、润滑、阻燃、杀菌、防腐等综合性能，尤其是无毒无公害且易于生物降解。刘菁等发明了一种硼酸酯偶联剂与 γ-氨丙基三乙氧基硅烷偶联剂复合改性微晶白云母粉的方法。以微晶白云母粉为原料，选用硼酸酯偶联剂和 γ-氨丙基三乙氧基硅烷偶联剂为改性剂，通过硼酸酯偶联剂及 γ-氨丙基三乙氧基硅烷偶联剂之间相互缠绕、缩合和交联作用对微晶白云母粉进行复合改性。复合改性后的微晶白云母粉与两种偶联剂分别单独改性后的微晶白云母粉比较，复合改性微晶白云母粉与有机聚合物的亲和性、相容性以及加工流动性和分散性都有明显改善[79]。

改性云母增强填料主要应用于聚烯烃（聚丙烯、聚乙烯等）、聚酰胺和聚酯等，其中聚烯烃是最大的应用领域。

表 7-16　各种钛酸酯偶联剂对云母填充 PBT 的影响

偶联剂	云母填充量（%）	抗拉强度（MPa）	抗弯强度（MPa）	弯曲模量（MPa）	缺口冲击强度（kJ/m^2）	伸长率（%）
无	30	81	121	8200	1.0	3
LICA01	30	84	127	9100	6.0	16
LICA09	30	86	129	9300	7.0	35
LICA12	30	84	126	9000	5.0	20
KR-12	30	78	117	7800	2.0	4
无	50	82	124	10200	0.7	2
LICA01	50	85	129	10800	2.5	11
LICA09	50	84	147	10700	4.0	8
LICA12	50	84	147	10900	4.0	6
KR-12	50	80	135	9900	1.0	2.5

表 7-17　钛酸酯偶联剂对云母填充聚丙烯（PP）材料力学性能的影响

偶联剂	抗拉强度（MPa）	抗弯强度（MPa）	弯曲模量（MPa）	缺口冲击强度（kJ/m^2）	伸长率（%）
无	41	62	4000	0.3	6
LICA01	46	70	4600	0.8	55
KRTTS	35	55	3700	0.5	25

7.7　硅微粉

用于塑料、橡胶及其他树脂的石英粉及其他形式的二氧化硅粉体，为了使其表面与高聚物基料相容性好，以使填充材料的综合性能及可加工性能得到提高或改善，要对其进行表面改性处理。

粉碎后的石英粉或其他二氧化硅粉体在水和空气的作用下可能出现 Si—OH（硅醇基）、Si—O—Si（硅醚基）及 Si—OH…O（表面吸附自由水）等官能团。因此，很容易接受外来的官能团，如硅烷的氨基、环氧基、甲基丙烯、三甲基、甲基和乙烯基等有机官能团。

石英粉或其他二氧化硅粉体的表面改性主要使用硅烷偶联剂，包括氨基、环氧基、甲基丙烯基、三甲基、甲基和乙烯基等各种硅烷偶联剂。硅烷偶联剂的—RO 官能团可在水中（包括填料表面所吸附的自由水）水解产生硅醇基，这一基团可与 SiO_2 进行化学结合或与表面原有的硅醚醇基结合为一体，成为均相体系。这样，既除去了 SiO_2 表面的水分，又与其中的氧原子形成硅醚键，从而使硅烷偶联剂的另一端所携带的与高分子聚合物具有很好亲和性的有机官能团—R′牢固地覆盖在石英或二氧化硅颗粒表面，形成具有反应活性的包覆膜。这种经硅烷偶联剂处理后的活性石英粉的结构可用图 7-21

的两种模型来示意。

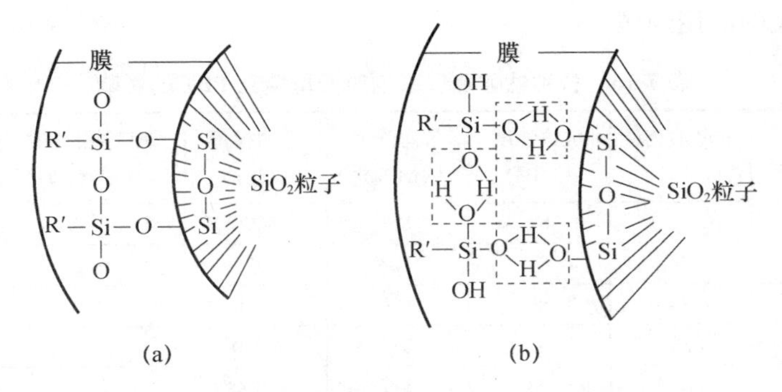

图 7-21 经硅烷偶联剂处理后的活性石英粉的结构
(a) 化学结合模型；(b) 水介质平衡模型

有机官能团—R′和环氧树脂等高分子材料具有很好的亲和性，它能降低石英或二氧化硅粉体的表面能，提高与高聚物基料的润湿性，改善粉体与高聚物基料的相容性。此外，这种新的界面层的形成，可改善填充复合体系的流变性能。

影响石英粉及其他二氧化硅粉体表面处理效果的主要因素有硅烷偶联剂的品种、用量、使用方法及处理时间、温度、pH 值等。

由于硅烷的有机官能团—R′对高聚物或树脂之类的材料具有选择性，因此，选择硅烷偶联剂时应考虑石英粉所要填充的树脂的种类。硅烷偶联剂的用量可根据石英或二氧化硅粉体的比表面积来确定，也可以根据试验来确定最佳用量。

改性处理工艺一般有三种，即湿法、干法和干-湿结合法。

(1) 湿法

湿法工艺是利用适当的稀释液和助剂与硅烷偶联剂混合配成处理液，在搅拌反应釜或反应罐中对石英粉或二氧化硅粉体进行加热反应或浸泡，然后脱去水分。用化学沉淀法制备无定形二氧化硅粉体时，常采用湿法表面处理工艺。

(2) 干法

干法工艺是将硅烷配成水解溶液，在石英粉被搅拌分散和加热条件下，加入配制好的硅烷处理剂进行表面改性，经反应一定时间后出料。此法不需要再脱水烘干，工艺流程简单。

(3) 干-湿结合法

在湿法制粉，尤其是超细粉体制备的情况下，如制备超细白炭黑，为了控制颗粒的粒径和防止颗粒在后续加工（特别是干燥）中的团聚，在湿法制备过程中或制备完成后进行湿法表面改性，待粉体干燥后根据应用需要再进行干法表面改性。

采用 γ-氨丙基三乙氧基硅烷（KH550）对超细石英粉进行表面改性试验表明，KH550 添加量为 1.6%、反应时间为 8h、反应温度为 120℃时，对超细石英粉的改性效果较好；超细石英粉在改性前后表面羟基数由原来的 1.74 个/nm^2减少到 0.42 个/nm^2，疏水性提高；改性后超细石英 Zeta 电位绝对值较改性前增大，颗粒分散性提高；FTIR 和 XPS 表明，KH550 在超细石英粉表面附着良好，为化学吸附[80]。

用硅烷对沉淀二氧化硅（白炭黑）进行表面改性处理可以提高白炭黑的比表面积。一些高质量的白炭黑产品都进行了表面处理。经硅烷偶联剂处理后的白炭黑，粒度分布均匀，改性剂分子与白炭黑颗粒表面发生了化学吸附[81]。

硅烷处理的二氧化硅粉通常用于环氧树脂基塑料中。这种塑料用于室外的高压绝缘材料，也用于制造仪表盘、功率输出用的模铸树脂变压器及露天变压器的套管和绝缘子（其额定电压高达 150kV）。硅烷处理过的石英粉用于高聚物基电器设备材料的填料，能改善抗弯强度，获得较光滑外表，提高耐紫外线照射的能力，而且因其击穿后没有严重熏黑现象，耐微小漏电性能好。此外，改性的石英粉因其具有化学惰性，也可用于化学泵的内衬填料。由于同样的原因以及能长期保持表面密度，表面处理后的石英粉还可在核技术实验室的地板涂料中应用。

除了硅烷偶联剂外，锆铝酸盐偶联剂以及聚合物等也可用于二氧化硅粉体的表面处理。Hideko Toyama 等人通过沉淀方法首先在 SiO_2 粉体（平均粒径 0.65 μm 的沉淀二氧化硅）表面包覆 $Al(OH)_3$，然后用聚二乙烯基苯包覆 SiO_2/Al_2O_3 粒子，以提高二氧化硅粉体的应用性能，满足某些特殊用途的需要[82]。

用于涂料、皮革制品、化妆品等消光剂的高孔隙率超细二氧化硅，一般采用脂肪酸（如硬脂酸）和聚乙烯蜡进行表面包覆改性。

阳离子表面活性剂，如十六烷基三甲基溴化铵，也可用于二氧化硅粉体的表面改性。由于二氧化硅的等电点较低，故粒子在水介质中通常荷负电，且随 pH 值升高，荷电点增多。用阳离子表面改性剂进行表面处理后，粒子表面的负电荷逐渐减少，最后可转变为荷正电的粒子（图 7-22），这说明通过适量阳离子表面改性剂在粒子表面的吸附可使白炭黑获得有机化改性。白炭黑粒子对阳离子表面改性剂的吸附是一种静电吸附[83]。

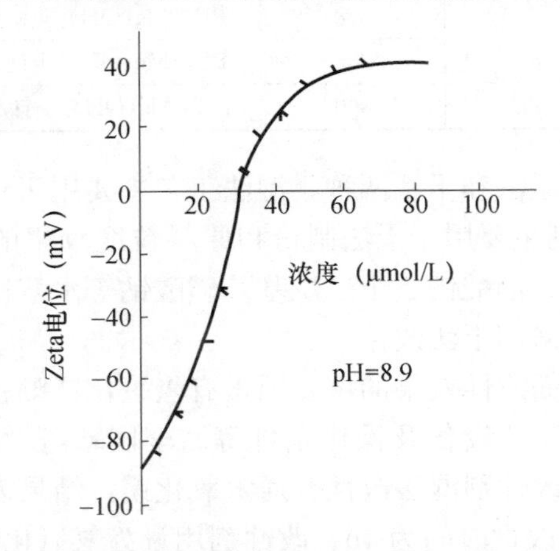

图 7-22　白炭黑的 Zeta 电位与阳离子表面改性剂浓度的关系

7.8　氢氧化镁和水镁石粉

氢氧化镁和超细水镁石是一种主要化学成分为 $Mg(OH)_2$、应用前景好的高聚物基复合材料的无机阻燃填料[84]。与氢氧化铝一样，氢氧化镁阻燃剂是依靠受热时化学分解吸热和释放出水而起阻燃作用的，具有无毒、低烟及分解后生成的氧化镁化学性质稳定、不产生二次污染等特点。但是，与含卤有机阻燃剂相比，要达到相当的阻燃效果，填充量一般要达到 50%以上。由于氢氧化镁为无机物，表面与高聚物的相容性较差，如此高的填充量，如果不对其进行表面改性处理，填充到高聚物基材料中后，将导致复合材料的力学性能显著下降。因此，必须对其进行表面改性，以改善其与高聚物基料的相容性，使填充材料的力学性能不下降，甚至使材料的部分力学性能还有所提高。

表面改性剂一般使用硅烷偶联剂、焦磷酸酯型钛酸酯偶联剂、铝酸酯偶联剂、硬脂酸、有机硅、阳离子表面活性剂等。试验研究表明，将不同类型的表面改性剂（用量为氢氧化镁质量的 2%）加到氢氧化镁阻燃聚乙烯中，材料的断裂伸长率都较不含表面改性剂的配方有显著提高。如表 7-18 所示，在使用硬脂酸及其盐类作表面改性剂时，材料的断裂伸长率虽然大有改善，但使材料的拉伸强度降低。用钛酸酯偶联剂时，材料的拉伸强度下降更多。只有使用硅烷偶联剂，既可提高材料的断裂伸长率，又能保持或提高体系的拉伸强度。填充材料拉伸强度试验样品的断面 SEM 检测结果显示，没有对氢氧化镁进行表面改性的样品中，明显可见突出在表面的氢氧化镁粒子，粒子和聚乙烯基体树脂间的相界面明显，粒子表面没有被基体树脂很好地浸润；表面改性样品中，氢氧化镁粒子表面有絮状包覆物，两者之间的相界面比较模糊[85]。

表 7-18　表面改性剂对氢氧化镁填充阻燃聚乙烯材料力学性能的影响

表面改性剂	拉伸强度（MPa）	断裂伸长率（%）	表面改性剂	拉伸强度（MPa）	断裂伸长率（%）
纯 PE	20.0	1563	PE+$Mg(OH)_2$+硬脂酸锌	8.7	850
PE+$Mg(OH)_2$	9.2	17	PE+$Mg(OH)_2$+硅烷 1	9.2	838
PE+$Mg(OH)_2$+硬脂酸	8.0	678	PE+$Mg(OH)_2$+硅烷 2	9.8	502
PE+$Mg(OH)_2$+硬脂酸钙	8.4	785	PE+$Mg(OH)_2$+硅烷 3	10.0	790
PE+$Mg(OH)_2$+硬脂酸镁	8.8	800	PE+$Mg(OH)_2$+钛酸酯	7.7	670

表面改性工艺主要有湿法和干法两种。湿法工艺主要用于湿法制粉（如水镁石的湿法超细粉碎）；干法工艺则主要用于干法制粉和原料粒度较粗的场合。阴离子表面活性剂类改性剂，如硬脂酸钠、油酸钠、十二烷基苯磺酸钠等水溶性好，一般均选用湿法改性；偶联剂类改性剂一般采用干法改性。

影响氢氧化镁粉体表面改性效果的主要因素有氢氧化镁颗粒的表面性质，表面改性剂的种类、用量及用法和工艺设备及操作条件等。李国珍等[86]分别以油酸钠、硬脂酸钠、十二烷基苯磺酸钠为改性剂湿法改性普通氢氧化镁，结果表明：当所用改性剂为油酸钠、改性温度为 80℃、改性时间为 4h、改性剂用量为氢氧化镁质量的 3%时，改性后氢氧化镁的团聚现象明显减少，分散性得到很大改善。刘立华等[87]采用硬脂酸钠对纳米氢氧化镁进行表面改性，将改性前后的氢氧化镁填充在软质 PVC 体系中，测定其拉伸强度、断裂伸长率及氧指数，结果表明，改性后的氢氧化镁在树脂中分散性好，材料的力学性能和阻燃性能得到明显改善。

偶联剂类改性剂分子中的一部分官能团可与氢氧化镁粉体表面的—OH 基团反应，形成强有力的化学键合；另一部分碳链可与高聚物发生化学反应或物理缠绕，从而将两种性质差异很大的材料牢固地连接起来。温晓炅等[88]选择了多种偶联剂对氢氧化镁（MH）进行表面处理，研究了表面处理对 LDPE/MH 体系的力学、加工和分散性能的影响。结果表明，偶联剂能显著提高材料的断裂伸长率，但会略微降低其拉伸强度。

表 7-19 所列是将平均粒径 1 μm 左右的超细水镁石粉体用不同表面改性剂湿法进行表面改性后，填充于 PP 后所得的 PP/水镁石复合材料的力学性能测试结果。由表 7-19 可知，在 PP 中添加体系质量 60％的未改性超细水镁石粉后，材料的悬臂梁缺口冲击强度由纯 PP 的 24.3J/m 下降到 17.1J/m，使用硅烷偶联剂改性后的水镁石粉填充，材料的悬臂梁缺口冲击强度有所改善，提高到 17.7J/m；用铝酸酯 H-2 改性后的水镁石粉填充材料的悬臂梁缺口冲击强度提高到 35.4J/m，较纯 PP 的悬臂梁缺口冲击强度提高了 45.7％，较用未改性超细水镁石填充的材料的该性能提高了 1 倍多。在 PP 中添加未改性超细水镁石粉体时，复合材料的拉伸强度由纯 PP 的 35.4MPa 降低到 28.3MPa，使用经硅烷偶联剂 A-174 改性的超细水镁石粉填充后的复合材料的拉伸强度较未改性水镁石填充的材料的提高 1MPa，表明硅烷偶联剂 A-174 对水镁石粉进行表面改性能在一定程度上改善 PP/水镁石复合材料的拉伸强度。

表 7-19　PP/水镁石复合材料的力学性能

样品编号	0	101	201	401	501
改性剂种类	—	未改性	铝酸酯 H-2	硅烷 FR-693	硅烷 A-174
超细水镁石填充量（％）	0（纯 PP）	60	60	60	60
悬臂梁缺口冲击强度（J/m）	24.3	17.1	35.4	17.7	17.7
拉伸强度（MPa）	35.4	28.3	25.4	27.5	29.3
断裂伸长率（％）	311	3	2.95	2.45	2.5
弯曲强度（MPa）	48.3	42.1	38.8	40.9	42.8
弯曲模量（MPa）	1351	4315	5733	5620	5837

由表 7-19 还可以看出，在 PP 中填充超细水镁石粉后，复合材料的断裂伸长率与纯 PP 相比显著下降。用改性剂对水镁石粉进行表面改性后没有提高 PP/水镁石复合材料的断裂伸长率。

在 PP 中添加未改性的超细水镁石粉时，复合材料的弯曲强度由纯 PP 的 48.3MPa 降低到 42.1MPa，铝酸酯偶联剂 H-2 和硅烷偶联剂 FR-693 改性没有改善 PP/水镁石体系的弯曲强度；使用经硅烷偶联剂 A-174 改性后的复合材料的拉伸强度较未改性的水镁石填充的材料的提高 0.7MPa。

未经表面改性的水镁石粉填充的复合材料的弯曲模量由纯 PP 的 1351MPa 提高到 4315MPa。使用三种改性剂改性的水镁石粉填充的复合材料的弯曲模量比未改性的还高，表明表面改性有利于 PP/水镁石复合材料的弯曲模量的提高，效果以 A-174 为最佳，H-2 次之。

对水镁石粉进行表面改性是为了提高其在聚合物体系中的分散性，以解决因添加量大而造成的材料力学性能的不足，但表面改性对水镁石粉体的阻燃性能也有一定的影响。评价材料阻燃性能的主要指标有氧指数（OI）、水平燃烧速度、垂直燃烧速度、燃烧时的烟密度以及有无熔滴滴落等。表 7-20 所列为添加超细水镁石粉体后复合材料的氧指数、有无熔滴滴落、燃烧时的发烟情况以及阻燃等级测定结果。

表 7-20 PP/水镁石复合材料的阻燃性能[87]

样品编号	0（纯 PP）	101	201	401	501
改性剂种类	—	未改性	铝酸酯 H-2	硅烷 FR-693	硅烷 A-174
OI（%）	19.4	26.3	28.3	30.1	30.7
有无熔滴滴落	有	无	无	无	无
发烟情况	浓烟，黑色	基本没有	没有	没有	没有
UL94	不够级	V-1	V-0	V-0	V-0

氧指数、阻燃等级、燃烧时的熔滴滴落情况和发烟情况是评价材料阻燃性能的重要指标。由表 7-20 可知，纯 PP 为易燃材料，燃烧时有黑色浓烟并有熔滴滴落，经使用未改性的超细水镁石填充（PP：水镁石＝100：120）后，复合材料的阻燃等级达到 V-1 级，燃烧时没有熔滴，只有少量烟产生。使用经三种改性剂改性的超细水镁石粉填充后的材料的阻燃等级较使用未改性的水镁石粉填充的材料提高了一个等级，燃烧时没有熔滴和烟雾产生。说明表面改性有助于水镁石粉阻燃作用的发挥。

7.9 叶蜡石

叶蜡石是一种层状结构的硅酸盐矿物，主要化学成分为 SiO_2 和 Al_2O_3。叶蜡石粉具有耐热、抗腐蚀、绝缘、硬度低、折射率低、片状颗粒等特性，是常用的无机矿物填料之一。

叶蜡石的表面改性主要是采用偶联剂进行处理，常用的偶联剂有硅烷和钛酸酯。叶蜡石粉表面处理的目的是改善与高聚物的润湿性和化学亲和性，提高其在橡胶和塑料等高聚物基料中的分散性，改进高聚物基复合材料的综合性能。以异丙基三（二辛基焦磷酸酯）钛酸酯和γ-巯基丙基硅烷为例，偶联剂与叶蜡石粉的反应如图 7-23 所示。

钛酸酯的烷氧基团与叶蜡石端面羟基结合形成醇，使钛酸酯偶联到叶蜡石颗粒表面。图 7-23（b）为硅烷与叶蜡石的反应示意图，硅烷首先进行水解，生成硅醇，硅醇再与叶蜡石表面的羟基脱水结合，包覆在叶蜡石颗粒表面。

潘建强等用钛酸酯 NDZ201 和硅烷 KH590 采用湿法改性工艺对叶蜡石微粉（粒度全部小于 10 μm，比表面积 2.6m^2/g）进行了表面改性和应用研究。工艺过程如下[89]：

① 将偶联剂在无水有机溶剂（石油醚、丙酮、乙醇等）或水中乳化，溶剂与偶联剂的比例为 1：1；

② 将叶蜡石粉置于反应锅中进行搅拌，加热恒温至 90～100℃；

③ 分批加入偶联剂乳液；

④ 混合 15min，冷却后，即得表面改性产品。

试验结果表明：用钛酸酯改性后的叶蜡石微粉填充硬质 PVC 可提高制品的冲击强度及阻燃性，填充丁苯橡胶，可提高填料量并有阻燃作用；用硅烷改性后的叶蜡石粉填充天然橡胶、顺丁橡胶等硫化橡胶，特别是浅色橡胶，可提高其机械强度和耐磨性。

叶蜡石的表面改性工艺有干法和湿法两种。

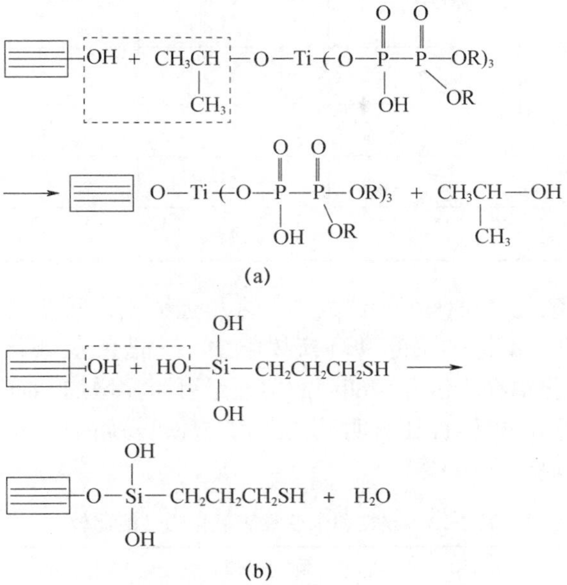

$$\text{▤}-OH + CH_3CH(CH_3)-O-Ti{\left(O-\overset{O}{\overset{\|}{P}}(OH)-\overset{O}{\overset{\|}{P}}(OR)-OR\right)_3}$$

$$\longrightarrow \text{▤}\ O-Ti{\left(O-\overset{O}{\overset{\|}{P}}(OH)-\overset{O}{\overset{\|}{P}}(OR)-OR\right)_3} + CH_3CH(CH_3)-OH$$

(a)

$$\text{▤}-OH + HO-Si(OH)_2-CH_2CH_2CH_2SH \longrightarrow$$

$$\text{▤}-O-Si(OH)_2-CH_2CH_2CH_2SH + H_2O$$

(b)

图 7-23　叶蜡石与偶联剂结合状态示意图

（a）钛酸酯偶联剂；（b）硅烷偶联剂

7.10　氢氧化铝

氢氧化铝（三水氧化铝 $Al_2O_3 \cdot 3H_2O$）无毒，不挥发，价格低，具有良好的阻燃性和消烟作用，是一种用量最大的无机阻燃剂，广泛应用于热固性塑料和合成橡胶之中。但是，氢氧化铝作为无机填料和高分子聚合物在物理形态和化学结构上极不相同，两者亲和性差。为了改善其与聚合物的相容性，一般是通过加入适当的表面活性剂或偶联剂进行表面包覆处理，以达到提高氢氧化铝和树脂之间的亲和力，改善物理机械性能和加工性能，提高制品的阻燃性和电性能以及降低成本等目的。

氢氧化铝填料表面有机改性中，适用的改性剂品种主要有氨基硅烷、乙烯基硅烷、甲基乙烯酰氧基硅烷、钛酸酯偶联剂、铝酸酯偶联剂、脂肪酸。单独使用一种改性剂往往不能使复合 EVA 阻燃材料的力学性能、阻燃性能和加工性能全部得到提高，需要不同改性剂复配使用。各类改性剂对无机复合阻燃材料性能指标的作用见表 7-21[90]。

表 7-21　各类改性剂对无机复合阻燃材料性能指标的作用

改性剂	拉伸强度	断裂伸长率	氧指数	熔融指数
氨基硅烷	↑	—	↑	↗

续表

改性剂	拉伸强度	断裂伸长率	氧指数	熔融指数
乙烯基硅烷	↗	↑	↑	↗
甲基丙烯酰氧基硅烷	↑	↑	↑	↗
钛酸酯	—	↑	↘	↑
铝酸酯	—	↑	—	—
硬脂酸	—	↑	↘	↗

氢氧化铝的表面改性通常采用干法处理，采用连续式或间歇式表面改性设备。表 7-22 是改性氢氧化铝用于不饱和聚酯和环氧树酯中与未改性氢氧化铝应用性能的比较。由此可见，改性氢氧化铝在不饱和聚酯中的填充量可明显增加，而其物理机械性能保持不变，其中冲击强度和耐电弧性还有明显提高。在环氧树脂中，表面改性的氢氧化铝可将阻燃性从 V-1 级提高到 V-0 级[91]。

表 7-22　改性和未改性氢氧化铝性能比较

机械物理性能		不饱和聚酯		环氧树脂	
		未改性 $Al(OH)_3$	改性 $Al(OH)_3$	未改性 $Al(OH)_3$	改性 $Al(OH)_3$
配比	树脂	250	250	100	100
	玻璃纤维	160	160	固化剂 30	固化剂 30
	$Al(OH)_3$	600	800	200	200
物理机械性能	弯曲强度（MPa）	1.26	28	0.96	0.98
	冲击强度（kJ/m^2）	23.4	25.8		
	介电强度（kV/mm）	15.9	17.0		
	介电常数 ε	4.31	4.32	4.11	4.23
	耐电弧性（s）	191	232		
	阻燃性	V-0	V-0	V-1	V-0

7.11　海泡石和凹凸棒石

7.11.1　海泡石

海泡石（Sepiolite）是一种富镁纤维状黏土矿物。其晶体结构与凹凸棒石相近，属链层状结构的含水铝镁硅酸盐矿物。晶体结构属于 2∶1 型黏土矿物，即两层硅氧四面体夹一层镁（铝）氧八面体；在四面体条带间形成与链平行的孔洞。同时，又因它的三维立体键结构和 Si—O—Si 键将细链拉在一起，使其具有一向延长的特殊晶型，故颗粒呈棒状，微细颗粒则呈纤维状。海泡石的化学式为 $Mg_8(H_2O)_4[Si_6O_{16}]_2(OH)_4 \cdot 8H_2O$。海泡石纤维表面含有丰富的 Si—OH 基及 Bronsted-Lewis 酸中心。

海泡石作为一种天然的含水镁硅酸盐，自西班牙 Tolsa AS 公司开发出橡胶级的海泡石填料（商品名 Pansil）以来，海泡石便作为一种新的无机半补强填料在橡胶工业中得到了应用。涉及的橡胶包括天然橡胶、SBR、氯丁橡胶、丁腈橡胶和乙丙橡胶等。例如在现有的橡胶软木静密封材料的原料中加入一定比例的海泡石和酚醛树脂后，不仅抗热松弛、撕裂强度有了显著提高，而且密封性能、使用寿命均显著提高。但由于表面的亲水性，其不易被胶料润湿和分散，因此，为了改善海泡石的分散性能，提高硫化速度，强化海泡石-橡胶界面黏结，通常要采用偶联剂或表面活性剂对海泡石进行表面改性。改性的原理主要是利用海泡石表面的酸性中心和活性 Si—OH 基团[92]。

（1）硅烷偶联剂改性

这是目前应用最普遍的表面改性方法。有机硅烷水解后产生的硅醇可与海泡石表面的—OH 基发生醚化反应，从而使有机硅烷被接枝到海泡石粒子表面。如在盐酸-异丙醇介质中用甲基乙烯基二氯硅烷对海泡石进行表面改性，在其表面可接枝含 4～6 个硅原子的乙烯基衍生物。硫丙基三氧基硅烷改性海泡石已用于橡胶的补强，Si-69 除偶联作用外，还兼具软化和增黏作用，并起硫化剂作用，能提高胶料的拉伸强度、耐磨、耐疲劳、弹性和加工性，Si-69 改性的海泡石已用于 NR 的 SBR 等橡胶的改性。赵志刚等[93]将硅烷偶联剂 KH570 与无水乙醇以一定比例混合，将其加入海泡石矿浆，用稀盐酸调节 pH 值，在一定温度条件下，经搅拌反应、脱水、洗涤、干燥、球磨得到有机化改性海泡石粉体；采用机械共混方法制备出改性海泡石复合三元乙丙橡胶（EPDM）。由于 KH570 水解后的 Si—OH 基与海泡石表面活性羟基基团发生缩合反应生成 Si—O—Si 键，其在海泡石与 EPDM 基体之间起桥键作用，增大复合橡胶的交联密度，同时偶联剂降低了海泡石的表面能，改善其在橡胶基体中的浸润性和分散性。

（2）钛酸酯偶联剂改性

目前用于海泡石表面改性的主要是三异硬脂酰基钛酸异丙酯（KR-TTS）。

（3）有机酸和有机醛改性

有机酸可与海泡石表面的 Si—OH 基发生酯化反应，从而在其表面引入不同碳链长度的烃基。利用有机醛与海泡石表面 Si—OH 基发生缩合反应，也可在海泡石表面引入不同的碳氢链，从而改善表面的疏水性能。已用于海泡石表面改性的有机醛有丙烯醛、庚醛、癸醛等。

（4）吡啶及其衍生物改性

海泡石表面存在的 Bronsted 酸活性中心能与吡啶及其他衍生物中吡啶环上的氮原子配位，用带有活性基团的吡啶衍生物处理海泡石可在海泡石表面吸附上含有活性基团的有机分子，借助于活性基团与高分子基质的进一步反应，可提高海泡石的补强性能。已用于海泡石表面改性的吡啶衍生物有 4-乙烯基吡啶和 4-氨甲基吡啶。4-乙烯基吡啶改性海泡石用于填充乙丙橡胶，4-氨甲基吡啶改性海泡石用于填充 ECO。

（5）阳离子表面活性剂改性

由于海泡石具有较强的吸附能力，用阳离子表面活性剂处理海泡石后，表面活性剂定向吸附于海泡石表面，能改善海泡石的疏水性能和在树脂中的分散性能。

7.11.2　凹凸棒石

凹凸棒石是一种链层状结构的硅酸盐黏土矿物，其晶体结构与海泡石相似，表面具有亲水性的Si—OH基和水分子，呈弱碱性，因此，它同样难以与高聚物基料（如橡胶）形成良好的界面结合力，用作橡胶等高聚物基材料的填料时要对凹凸棒石进行表面改性处理。

由于内部孔洞充满水分（吸附水、结构水、结晶水及沸石水），因此，在对作为高聚物基填料的凹凸棒石进行表面改性前，一般应对其进行加热处理。

硅烷、钛酸酯、磷酸酯、锆铝酸盐等偶联剂以及表面活性剂均可用于凹凸棒石填料的有机表面改性，具体选用时要综合考虑聚合物的品种、质量要求和生产成本。

刘庆丰[94]采用异丙醇溶解的钛酸酯偶联剂NDZ-311对凹凸棒石进行超声湿法表面改性。钛酸酯质量分数为4%时，改性效果较好。改性后凹凸棒石粉体的活化指数达最大值98%，吸油值由改性前的0.75mL/g下降到0.50mL/g。将改性过的凹凸棒石应用到天然橡胶中，其拉伸强度、拉断伸长率、屈挠性均提高，但是胶料的撕裂强度和耐磨性能有所下降。

姚超[95]利用硅烷偶联剂（LM-N308）对纳米凹凸棒石表面进行有机改性。红外光谱和高分辨透射电镜照片表明，约有占改性产品质量6.1%的LM-N308以化学键的形式结合在纳米凹凸棒石的表面，形成有机包覆层。表面改性后的纳米凹凸棒石的表面性质由亲水性变成了疏水性，用于复合材料中能同时提高其强度和韧性。

蒋运运[96]以凹凸棒石为原料，选取以硅烷偶联剂为主、聚乙二醇400为辅的改性配方，进行了干法表面改性研究。试验结果得出：

① 单一偶联剂改性配方中，硅烷偶联剂SCA903对填充材料的力学性能提升较大，拉伸强度提升幅度为213%，断裂伸长率提升幅度为117%，撕裂强度提升幅度为149%。

② 单一偶联剂与表面活性剂复合改性配方中，SCA903（0.5%）＋聚乙二醇400（1%）配方对材料的力学性能提升较大，拉伸强度提升幅度为296%，断裂伸长率提升幅度为121%，撕裂强度提升幅度为143%。

③ 两种偶联剂与表面活性剂复合改性配方中，硅烷SCA503（0.25%）＋Si69（0.5%）＋聚乙二醇400（0.5%）配方对材料的力学性能提升较大，拉伸强度提升幅度为342%，断裂伸长率提升幅度为113%，撕裂强度提升幅度为151%。

④ 改性剂对凹凸棒石的改性机理和橡胶填充增强机理是硅烷偶联剂以化学吸附形式作用于凹凸棒石填料表面，表面活性剂以物理吸附形式作用于凹凸棒石填料表面，改善了填料颗粒表面与橡胶基料的相容性及在橡胶中的分散状况，增强了填料颗粒和橡胶之间的界面作用，从而提高了填充硫化橡胶的力学性能。

7.12　粉煤灰

燃煤电厂排放的废渣（粉煤灰）是一种性能良好的无机填料，可以广泛用作各种塑料、橡胶及聚酯等的填料。但作为无机填料，为了改善其表面与高聚物基料的相容性，也需要对其进行适当的有机改性。

粉煤灰具有化学组成较复杂的特点。一般来说，其主要成分是 SiO_2、Al_2O_3，同时不同程度地含有 Fe_2O_3、CaO、MgO、Na_2O、K_2O 以及 C 等成分，因此，表面活性较高，能与各种表面改性剂作用。

从粉煤灰中可以提取应用性能更好和应用价值更高的玻璃微珠。粉煤灰或玻璃微珠的表面有机改性可以使用硅烷、钛酸酯、铝酸酯等偶联剂，硬脂酸等表面活性剂以及不饱和脂肪酸和有机低聚物或将两种以上的表面改性剂混合使用。笔者等人在工业生产线上用硅烷偶联剂处理玻璃微珠，然后与 LLDPE 混合后用单螺杆挤出机挤出造粒，结果表明，填充于尼龙 66 中可以部分代替玻璃纤维，有一定的补强性能；选用适当的硅烷偶联剂进行表面处理，并与 LLDPE 混合造粒后填充 PP 保险杠，较之未改性的玻璃微珠可以显著提高其冲击强度。图 7-24 和图 7-25 分别给出了未改性和改性粉煤灰在橡胶中应用时对胶料强度的影响[97]。

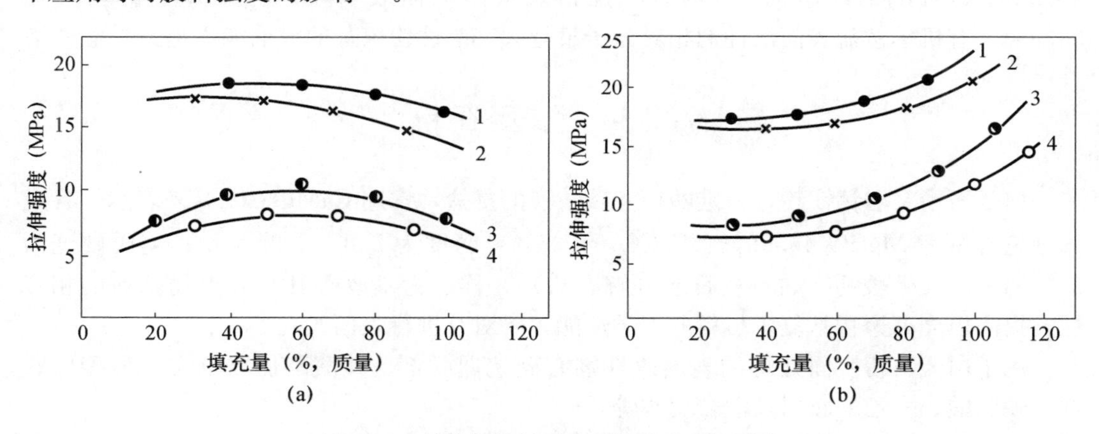

图 7-24　粉煤灰填料对胶料拉伸强度的影响

（a）未改性粉煤灰；（b）改性粉煤灰

1—天然橡胶；2—氯丁橡胶；3—丁苯橡胶；4—丁腈橡胶

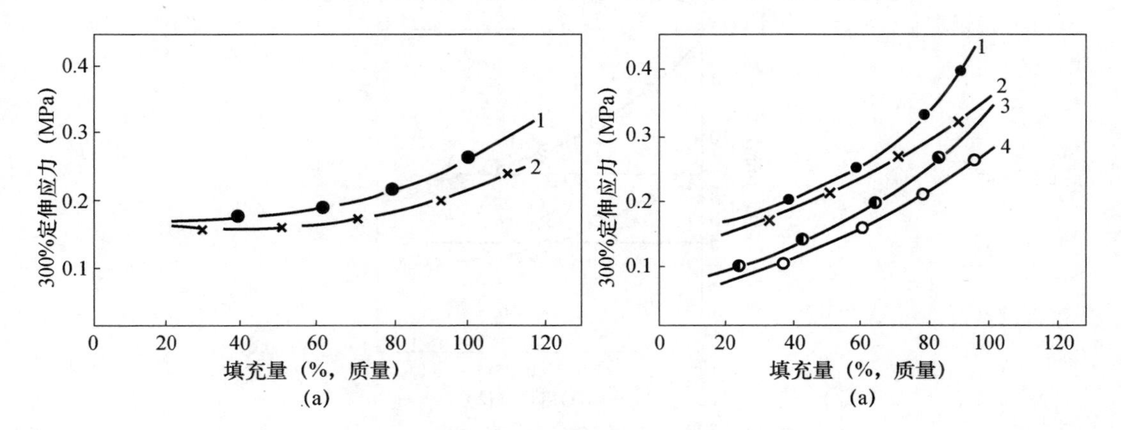

图 7-25　粉煤灰填料对胶料 300％定伸应力的影响

（a）未改性粉煤灰；（b）改性粉煤灰

1—天然橡胶；2—氯丁橡胶；3—丁苯橡胶；4—丁腈橡胶

由图 7-24 和图 7-25 可见，表面改性后，在 20%～120%范围内，胶料的拉伸强度随着填充量的增大而提高；而未经表面改性的粉煤灰在天然橡胶和氯丁橡胶中随填充量的增加而下降，在丁苯橡胶和丁腈橡胶中填充量超过 60%后随填充量增大而下降。表面改性后粉煤灰填料对 300%定伸应力的影响显著大于未改性的粉煤灰。

陈泉水[98]比较了硅烷偶联剂（KH-560）、钛酸酯偶联剂（TC-F）、铝酸酯偶联剂（DL-411）及硬脂酸和液体石蜡等表面改性剂对粉煤灰改性效果的影响。通过测定表面改性后粉煤灰的润湿接触角和包覆牢固度表征表面改性的效果。试验结果表明，钛酸酯偶联剂（TC-F）和液体石蜡改性后粉煤灰的表面疏水性较好。

多孔性蜂窝状粉煤灰由于具有较大的比表面积、吸附活性强，广泛应用于污水处理中，但由于粉煤灰表面有很强的亲水性，影响其吸附有机废水的性能。刘吉洲等以有机季铵盐为改性剂，对粉煤灰进行了改性处理，结果表明，当改性温度为 75℃、时间为 100min、改性剂的用量为 3%时，改性粉煤灰的除油效果较好，COD 去除率可达 98.9%，有机季铵盐表面活性剂相对分子量越大，改性粉煤灰的吸油能力越强[99]。

7.13 白云石粉

白云石粉又名钙镁粉，是碳酸钙和碳酸镁的复盐，常用 $CaMg(CO_3)_2$ 来表示。各成分理论含量为 $MgCO_3$ 46.65%、$CaCO_3$ 54.35%，密度为 2.8～2.9g/cm³，莫氏硬度为 3.4～4.0。与碳酸钙（如石灰石或方解石粉）一样，为了改善其与高聚物基料的相容性，提高填充高聚物基复合材料的力学性能，要对其进行表面改性。

用于白云石粉表面处理的表面改性剂有硅烷偶联剂、钛酸酯偶联剂、铝酸酯偶联剂、硬脂酸、三乙醇胺以及混合烷醇等。

李玉俊等研究了混合烷醇（ATO）对白云石粉表面处理的效果及在橡胶中的应用性能。这种 ATO 是一种多元醇化的混合物，其成分和含量分别为：乙二醇≤0.01%，二乙二醇 1.55%，三乙二醇 58.41%，多乙二醇 40.27%。白云石粉的平均粒径为 6.5 μm[100]。

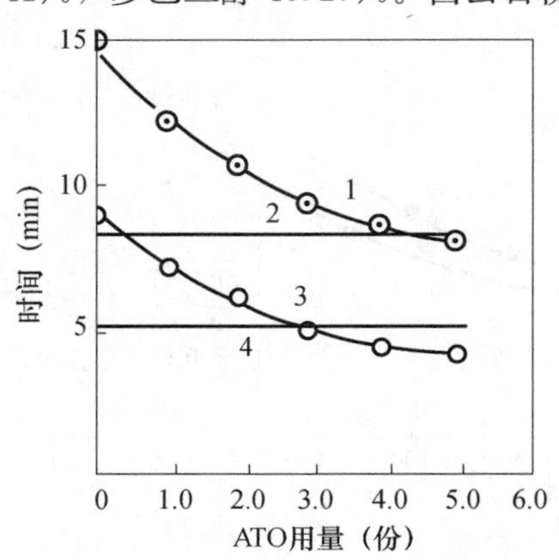

图 7-26　ATO 用量对白云石粉填充橡胶后胶料硫化特性的影响

1—钙镁粉（t_{90}）；2—碳酸钙（t_{90}）；3—钙镁粉（t_{10}）；4—碳酸钙（t_{10}）

图7-26是ATO用量对白云石粉填充橡胶后胶料硫化特性的影响。由此可见，随着ATO用量的增加，t_{10}和t_{90}迅速降低，这是因为ATO是一种多羟基物质，有促进硫化的作用。当ATO用量为4.0份时，白云石粉与参比物（轻质碳酸钙）的t_{90}相当；而当ATO用量为2.7份时，白云石粉与参比物的t_{10}相当。因此，选择3%ATO处理白云石粉的效果较好。

ATO用量对白云石粉填充天然橡胶（NR）和顺丁橡胶（BR）共混胶料力学性能的影响见表7-23。随着ATO用量的增加，胶料的力学性能有所改善，尤其是300%定伸应力提高较显著。因此，经ATO表面改性后的白云石粉对橡胶有一定的补强效果，可等量代替轻质碳酸钙用作橡胶填料。

表7-23 ATO用量对白云石粉填充NR/BR共混胶料力学性能的影响

性能	品种						
	轻质碳酸钙	钙镁粉	钙镁粉（1%ATO）	钙镁粉（2%ATO）	钙镁粉（3%ATO）	钙镁粉（4%ATO）	钙镁粉（5%ATO）
硬度（邵A）（度）	73	74	73	72	72	73	73
300%定伸应力（MPa）	9.9	7.6	5.9	7.8	9.2	8.8	10.1
拉伸强度（MPa）	11.1	10.4	9.9	10.0	11.5	11.1	12.8
拉断伸长率（%）	300	368	368	362	367	364	362
撕裂强度（kN/m）	22.0	23.3	23.8	24.0	24.3	27.0	23.0

用硬脂酸和钛酸酯偶联剂对白云石粉进行的表面改性及其在橡胶和塑料中的填充性能结果表明，经3%硬脂酸表面处理的白云石粉，其填充橡胶的加工性能、硫化特性以及力学性能等与轻质碳酸钙相当。用钛酸酯偶联剂改性后的白云石粉，不仅可增加白云石粉在PP及PVC中的填充量，而且可以降低填充体系的黏度，增加熔体流动性并显著提高制品的冲击强度和拉伸强度[101]。

7.14 玻璃纤维

玻璃纤维的表面处理常用硅烷偶联剂。将硅烷偶联剂和钛酸酯偶联剂并用，可产生协同效应，如用螯合型钛酸酯偶联剂处理经硅烷偶联剂改性过的玻璃纤维，偶联增强效果可进一步提高。此外，有机浸润、热处理也可对玻璃纤维进行表面处理。表7-24为不同表面处理剂对复合材料力学性能的影响（配方为纤维：树脂=30：70）。由表中可见，玻璃纤维表面未经处理时（A-30），材料的力学性能较差，抗拉伸强度低于纯PP（A-O）。表中C-30为采用增强PP专用玻璃纤维浸润处理后的试样，因主要成膜组分为羧化聚乙烯蜡（MPEW），可使玻璃纤维与PP间产生良好的界面润湿性，故复合材料的填充性能比A-30有明显提高。采用A-174、A-1100、A-1120三种硅烷偶联剂处理玻璃纤维时，其试样B-30和E-30的性能依次显著提高[102]。

表 7-24　不同表面改性处理对复合材料力学性能的影响

样号	玻纤表面处理剂类型	拉伸强度 (MPa)	弯曲强度 (MPa)	缺口冲击强度 (kJ/m^2)	热变形温度 (℃)
A-30	烧蚀后不处理	32.1	58.2	6.3	105
B-30	A-174（硅烷）	42.2	60.9	7.0	135
C-30	MPEW 浸润剂	43.7	66.9	6.7	136
D-30	A-1100（硅烷）	44.6	77.4	5.9	137
E-30	A-1120（硅烷）	59.1	93.6	7.1	141
F-30	A-174 加 MAH 和 INIT*	67.2	120.3	8.2	147
G-30	A-1120 加 MAH 和 INIT*	68.8	130.9	9.7	148
H-30	A-1100 加 MAH 和 INIT*	79.9	152.2	9.4	150
A-0	纯 PP	36.7	76.5	4.4	67
H-0	接枝 PP 加 MAH 和 INIT*	32.9	74.3	3.2	62

*MAH 为顺酐，INIT 为引发剂，加入量均小于 3.0%。

玻璃纤维表面含有极性较强的硅羟基，用硅烷偶联剂处理时，玻璃纤维表面硅羟基与硅烷的水解物缩合，同时硅烷之间缩聚使纤维表面极性较高的羟基转变为极性较低的醚键，纤维表面为 R 基覆盖，这时 R 基团所带的极性基团的特性将影响偶联剂处理后玻璃纤维的表面能及其对树脂的浸润性。借助偶联剂提高玻璃纤维与树脂的黏结强度与一系列复杂的因素有关，如润湿性、表面能、边界层吸附、酸碱反应、互穿网络和共价键形成等。设计合理的界面黏结状态，首先应估计纤维和树脂各自对各种偶联剂的敏感性。有机硅烷偶联剂强化玻璃纤维与树脂的界面黏结通常可用图 7-27 来示意。传统的硅烷偶联剂有三个可水解基团，往往可形成硬度较大的、亲水性较高的界面层；带有一个可水解基团的硅烷偶联剂可形成较大的憎水性界面层；带有两个可水解基团的硅烷偶联剂可形成硬度较小的界面层，这种偶联剂通常被用于弹性体和低模量热塑性塑料基体。为了调节界面层的特性，也可采用混合偶联剂。偶联剂的类型及其特性还将影响复合材料的热稳定性，含有芳环的偶联剂具有较高的热稳定性。此外，经有机硅烷偶联剂处理后，玻璃纤维表面自由能下降的程度与所用硅烷偶联剂中 R 基团的结构特性有密切关系。有机硅烷偶联剂的 R 基团中还带有极性基团（如—NH_2、—OH、—SH 或环氧基等）、不饱和双键或非极性的饱和烃键。用这些不同的硅烷偶联剂处理后，玻璃纤维的表面能降低的程度依次是非极性的饱和烃键>不饱和双键>极性基团。因此，研究不同的偶联剂使玻璃纤维表面能的改变及其对树脂的浸润、吸附和黏结等性能的影响，将为选择合适的树脂基体和优化复合工艺及合理设计界面层提供科学依据。研究结果表明，玻璃纤维表面改性处理所用的偶联剂不仅只是具有一端能以化学键（或同时有配位键、氢键）与玻璃纤维表面结合，另一端可溶解扩散于界面区域的树脂、与树脂大分子链发生纠缠或形成互穿高聚物网络等化学键，而且偶联剂本身应含有长的柔软链段，以便形成柔性的有利于应力弛豫的界面层，提高其吸收和分散冲击能，使复合材料具有更好的抗冲击强度。此外，在提高玻璃纤维表面对树脂的湿润性时，还应使界面区域偶联后余留的极性基团尽可能少，以提高复合材料的界面抗湿性。因此，钛酸酯类偶联剂比硅烷类偶联剂可使玻璃纤维与树脂的复合材料具有更好的抗湿性能。

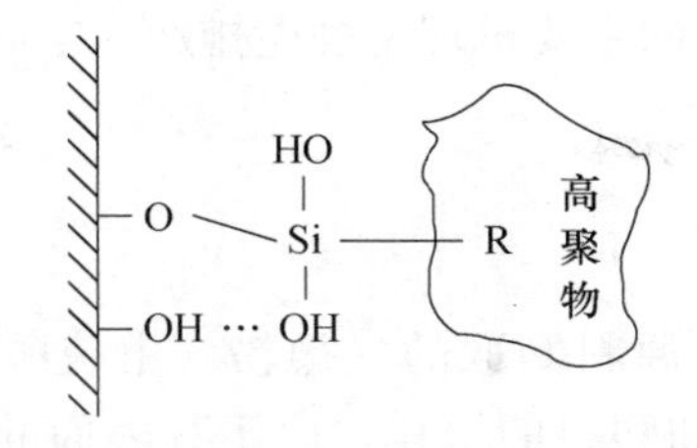

图 7-27　无机基质—Si—R—有机高聚物基体

采用偶联剂对玻璃纤维进行表面处理后，可以显著提高玻璃纤维与树脂基体的界面黏结力和界面憎水性能，从而提高玻璃纤维增强树脂基复合材料的力学性能、耐候性和耐水性。

7.15　其　他

7.15.1　氧化铁红

纳米氧化铁由于具有良好的耐温、耐候、耐光、磁性等性能，并对紫外光具有强吸收和屏蔽效应，可广泛应用于高档汽车涂料、建筑涂料、防腐涂料、粉末涂料及塑料、尼龙、橡胶、油墨、磁记录材料、催化剂及生物医学等领域。

然而，纳米氧化铁本身具有很大的比表面积和较高的比表面能，未改性的氧化铁表面覆盖有大量的羟基，易于团聚，通常以二次聚集体的形式存在，限制了其超细效应的充分发挥，在有机介质中难以润湿和分散。因此，必须对其进行表面改性，以改善纳米氧化铁表面的物理性质，提高纳米氧化铁在有机介质中的分散能力和亲和力，改善加工工艺。

郑静等[103]研究了纳米氧化铁有机表面改性的影响因素，确定了适宜的改性剂和改性条件。采用红外光谱（FT-IR）、热分析（TG）、透射电镜（TEM）和分散性试验对表面改性前后的纳米氧化铁进行了表征。结果表明，以硬脂酸为改性剂、用量为 15%、pH 值为 8、改性时间为 2h 时，改性后的纳米氧化铁的亲油化度达到 89.47%。红外光谱和热分析显示，硬脂酸以化学键合的方式包覆在纳米氧化铁的表面，其质量分数约为 11%。透射电镜（TEM）和分散性试验表明，经硬脂酸有机表面改性的纳米氧化铁具有亲油疏水性能，能较好地分散于有机溶剂二甲苯中。

郑水林等[104]采用干式表面改性方法研究了表面改性剂和助剂的品种和用量等对超细氧化铁红颜料在水溶液中及干态分散性能的影响，同时分析了表面改性剂和助剂与氧化铁红的作用机理，得出提高超细氧化铁红颜料在水溶液中及干态分散性能的优化改性剂配方如下：

改性剂：D3008（聚丙烯酸盐），用量：1.5%～3.0%；

改性助剂：沉淀 SiO_2，用量：3.5%～4.5%。

用该配方改性的超细氧化铁红颜料着色力较原样有较大提高，在水溶液中的分散稳定时间长，干态下的分散性好。表面改性后超细氧化铁红颜料在水溶液中分散稳定性的提高和干态下分散性得到改善的主要机理是静电排斥、空间排斥作用的增大和粒子间液桥力的降低。

7.15.2 重晶石与立德粉

重晶石粉以及用重晶石为原料制取的立德粉（由硫酸钡和硫化锌所组成，比例为7∶3），广泛用作涂料、橡胶和塑料的填料。由于其表面的亲水性，使其在有机体系中的应用受到一定的限制。表面改性的目的是改善其在有机体系中的分散性，防止在油漆中使用时沉淀结块，同时增加漆膜的光泽、韧性、附着力等。

张凤仙、郭翠梨研究了应用于油漆中的重晶石粉体的表面改性，试验了硅烷偶联剂、锆铝酸盐偶联剂、非离子型表面活性剂以及一种含有—COOH、—OH、—SO_3官能团的表面改性剂（SA-101）。结果表明，用SA-101改性后的重晶石粉不仅活化指数高、分散性和流动性好，而且能够满足C03-1红醇酸调和漆的指标要求，可以代替沉淀硫酸钡[105]。

用油酸钠对立德粉进行的表面改性研究表明，硫酸钡对油酸钠的吸附等温线类似气体吸附中的BET二型等温线，是多层吸附，吸附量无极限饱和值，在平衡浓度较低时就有较高的吸附量。如平衡浓度为6.25mmol/L时，硫酸钡吸附的油酸钠分子为4.19个/nm^2，相当于1.25层吸附，是化学吸附，该浓度以上则为物理吸附。如平衡浓度为33.45mmol/L时，硫酸钡吸附的油酸钠分子为20.68个/nm^2，相当于6.18层吸附。已知油酸钠的CMC为1mmol/L，所配制的油酸钠溶液除1个7倍于CMC外，其他的均在10倍以上，在这样浓度的溶液中，油酸钠形成的胶团有球状的，也有棒状和层状的。当加入立德粉时，首先发生化学吸附，油酸钠结合在固体颗粒表面，然后球状胶团和聚集度较大的棒状胶团及聚集度巨大的层状胶团通过碳氢链之间的疏水作用覆盖在硫酸钡表面。吸附量越大，覆盖的层状胶团越多。

立德粉的吸附等温线和硫酸钡的一样，吸附量没有饱和值，而是随着平衡浓度的增加，吸附量不断增加。除了浓度16～31mmol/L这一段外，其他浓度段的吸附量呈急剧上升趋势。根据立德粉的比表面积值13.557m^2/g和油酸钠分子的截面面积0.3nm^2计算，浓度小于4.44mmol/L为化学吸附，该浓度以上为物理吸附，该段吸附是一层一层进行，最大吸附层可达8.7。

表面改性后立德粉、水和空气的接触角基本上在80°左右，说明改性立德粉表面为油酸钠所覆盖，呈现疏水性。表面改性后硫酸钡和立德粉在环己烷中的润湿热大于在水中的润湿热（表7-25），说明改性后的硫酸钡和立德粉由极性变为非极性，由亲水变为疏水，符合极性固体在极性液体中的润湿热比在非极性液体中的大，而非极性固体的润湿热与此规律相反。改性后硫酸钡和立德粉对水的润湿热呈现随浓度的增大而递减的趋势，说明其表面疏水性随浓度的增加而增大[106]。

表7-25 改性立德粉的润湿热 (J/g)

c (mmol/L)	0	1.27	4.44	7.04	13.9	16.14
水	17.32	15.88	9.57	9.86	6.97	1.75
环己烷	7.65	19.32	12.79	24.28	10.21	6.31

胡春艳等[107]以硬脂酸、硬脂酸钠、硬脂酸锌、硬脂酸镁、硬脂酸钙作为改性剂对天然重晶石粉末进行改性，研究结果表明，硬脂酸钠对重晶石粉末的改性效果较好，当硬脂酸钠的用量为 0.8%时，得到的改性产品的活化指数达到 96%。经硬脂酸钠改性后的重晶石粉末的吸油量降低了 13%，用于涂料能够提高涂料的流平性和光泽度，用于有机质油漆能提高其遮盖力。

张德等[108]研究了重晶石粉的干法表面改性及改性重晶石粉在丁苯橡胶中的应用，并通过测定改性重晶石粉的活化指数，确定了改性剂的种类、用量和改性温度。结果表明：①MZ-1、MZ-2、MZ-21、MZ-5 和硬脂酸的最佳改性温度分别为 70℃、80℃、70℃、80℃和 85℃。其中，MZ-5 和硬脂酸对重晶石粉的改性效果较好。②物料粒度越细，改性剂用量越大。对重晶石粉Ⅰ（平均粒径 6.93μm），改性剂硬脂酸的最佳用量和 MZ-5 的优化用量为 0.1%；对于重晶石粉Ⅱ（平均粒径 1.21μm），硬脂酸和 MZ-5 的优化用量为 1.0%。③改性重晶石粉填料比未改性重晶石粉填料填充在橡胶中的产品的力学性能好。用硬脂酸改性后的重晶石填料比用金属酸酯改性的重晶石填料的填充效果要好。④粒度越细，改性后填充到橡胶中使得橡胶制品的力学性能越好。

7.15.3　硅藻土

硅藻土是一种生物成因的硅质沉积岩，主要成分为非晶质二氧化硅（与白炭黑的成分相同），具有质轻、多孔、孔道贯通且分布有规律、孔径主要为介孔等特点，广泛用于制备助滤剂、吸附剂、功能填料等制品。

杜玉成等[109]用溴化十六烷基三甲铵、四甲基溴化铵以及聚丙烯酰胺对硅藻土进行改性，并用制备的改性硅藻土对苯酚、脂肪酸进行去除效果研究。结果表明：质量分数为 1.0%的溴化十六烷基三甲铵、质量分数为 0.01%的聚丙烯酰胺改性的硅藻土对废水中苯酚、脂肪酸等有机污染物的吸附去除率可达 80%。

罗道成等[110]用质量分数为 10%的溴化十六烷基三甲铵溶液对硅藻土进行改性，然后对其进行焙烧活化，制备出改性硅藻土，并用改性硅藻土对含 Pb^{2+}、Cu^{2+}、Zn^{2+} 的电镀废水进行吸附试验研究。结果表明，吸附后废水中 Pb^{2+}、Cu^{2+}、Zn^{2+} 的浓度显著低于国家排放标准。

高保娇等[111]采用浸渍法，用聚乙烯亚胺（PEI）对硅藻土进行表面改性，研究了经 PEI 表面改性的硅藻土对苯酚的捕集行为。结果表明，凭借强烈的静电相互作用，表面带负电荷的硅藻土粉体对阳离子性大分子 PEI 具有很强的吸附能力，表面改性后，硅藻土粉体表面的电性发生了根本性改变，且等电点由 pH=2.0 移至 pH=10.5。在中性溶液中，硅藻土对水溶液中的苯酚饱和吸附量可达 92mg/g；在酸性溶液中，改性硅藻土对水溶液中的苯酚产生一定的吸附作用，但由于 PEl 分子链高度的质子化，吸附量很低。

詹树林等[112]先对硅藻原土进行焙烧和酸洗（活化）以改善其孔结构和表面活性，然后用有机高分子聚合物聚二甲基二烯丙基氯化铵、聚双氰胺甲醛、聚丙烯酰胺中的一种或两种对硅藻土进行改性，制得改性硅藻土。改性硅藻土对含有机物废水的处理效果得到明显提高。

李增新等[113]用壳聚糖（脱乙酰度为90%）的醋酸溶液，对焙烧活化处理后的硅藻土进行改性，制成壳聚糖改性硅藻土，用于处理有机废液。静态吸附试验结果表明，壳聚糖与硅藻土的质量比为1∶20，吸附剂用量为30g/L，废液中COD的质量浓度不大于1000mg/L，pH=6，吸附平衡时间为30min时，有机废液经处理后COD去除率最好，为72%。动态吸附试验结果表明，COD浓度不大于1000mg/L的有机废液，经两级处理，流经壳聚糖改性硅藻土吸附柱后，流出液COD的残留量小于100mg/L。

7.15.4 煤粉

杨伏生等[114-115]采用偶联剂KH550、偶联剂KH560、偶联剂RSiB、偶联剂NDZ311-W、偶联剂OL-AT1618对神府3^{-1}煤进行了表面改性处理，并用吸油量、粒度对改性煤粉进行了表征。结果表明，不同偶联剂对神府3^{-1}煤的改性效果顺序为RSiB>NDZ-311W>OL-AT1618>KH550>KH560，RSiB、NDZ-311W、OL-AT1618、KH550改性神府3^{-1}煤粉的最佳用量分别为1.5%、1.0%、0.5%、1.0%。神府3^{-1}煤经适量偶联剂原位机械力化学改性后，表面有机基团增加，化学活性增大。其工艺流程如图7-28所示。

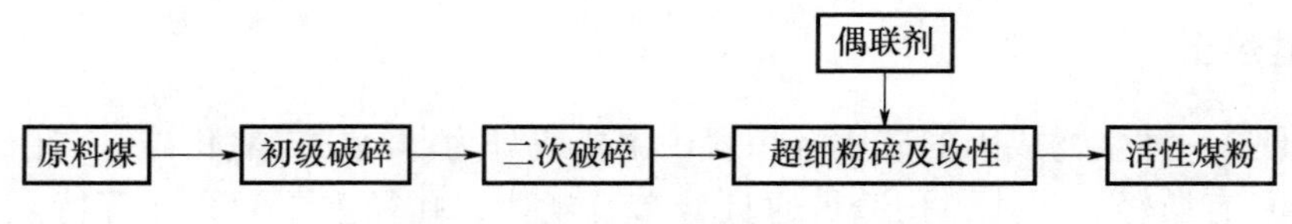

图7-28　神府3^{-1}煤粉改性工艺流程

刘杰[116]采用硅烷和聚乙烯蜡对贫煤进行了改性，硅烷SCA1623/0.8%+聚乙烯蜡/0.4%对硫化天然橡胶扯断强力提升幅度大，为30.8%。对干法改性前后的贫煤样品进行了红外光谱（FTIR）分析。红外光谱图片如图7-29所示。

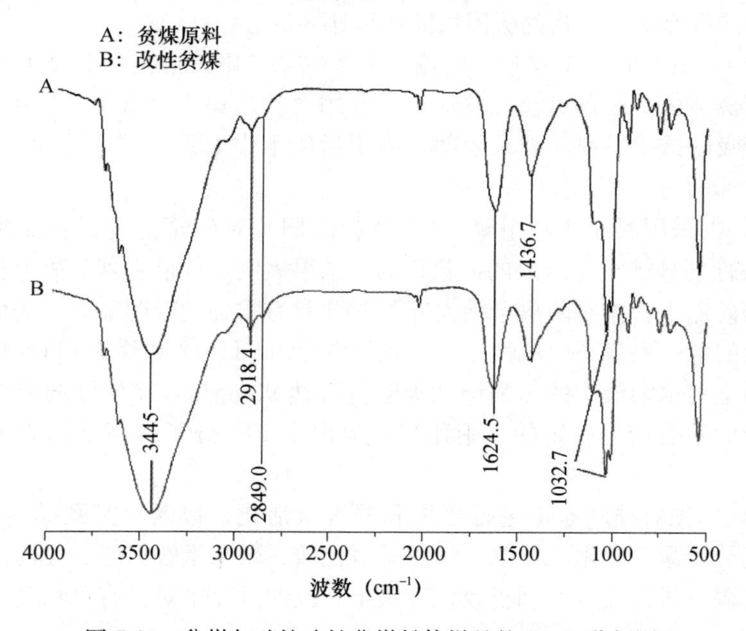

图7-29　贫煤与硅烷改性贫煤粉体样品的FTIR分析图

由图7-29可以看出，改性前后贫煤的基本骨架没有发生大的变化；C—H伸缩振动和弯曲振动吸收峰强度有少许变化，说明聚乙烯蜡与贫煤表面有吸附作用，—OH基伸缩振动强度的少许变化说明SCA1623与贫煤表面羟基发生反应。硅烷SCA1623在改性贫煤时，硅烷分子在贫煤表面发生了吸附键合，两者之间形成填料—O—M（M为贫煤粉体表面）键合。硅烷SCA1623分子先水解形成硅醇，硅醇分子再与贫煤表面羟基形成氢键并缩合成填料—O—M共价键。同时，硅烷各分子间的硅醇又相互缩合齐聚形成网状结构的膜，覆盖在贫煤粉体的表面，使得贫煤粉体表面进一步有机化，从而使贫煤填充至高聚物基料中能够与其相容。其改性作用过程示意图如图7-30所示。

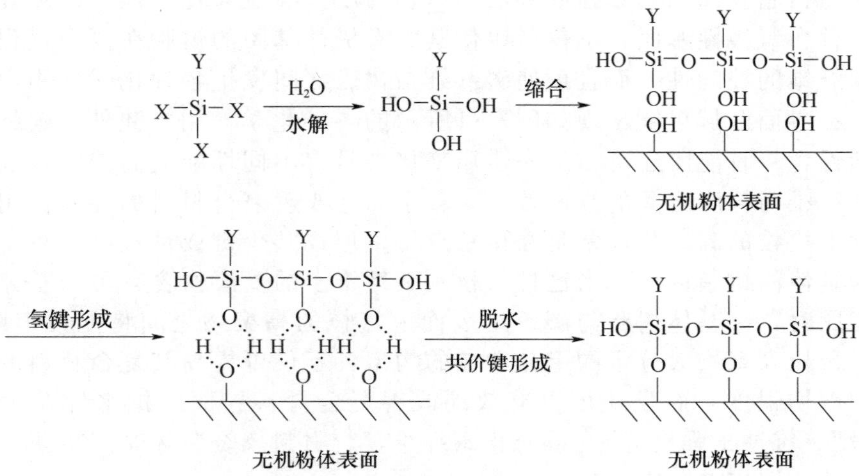

图7-30　硅烷SCA1623与贫煤颗粒表面作用机理

其中：X为 $(OCH_2CH_2OCH_3)_3$，Y为 $CH_2=CH$

7.15.5　碳纤维

碳纤维增强体本身的结构特征（由沿纤维轴向择优取向的同质多晶所组成）使其与树脂的界面黏结不好（特别是石墨纤维），致使碳纤维填充的树脂基复合材料具有较低的层间剪切强度。为了改善碳纤维（特别是石墨纤维）和树脂的界面黏结性及合理设计界面层，人们提出了各种碳纤维表面处理方法和改进其界面层结构的各种有效途径。在树脂基复合材料领域，通常采用的碳纤维表面处理方法大致有如下几种。

1. 氧化法

① 干法（气相法）氧化。采用空气、氧气、臭氧等氧化剂或等离子体表面氧化。

② 湿法（液相法）氧化。采用 HNO_3、$NaClO_3+H_2SO_4$、$K_2CrO_7+H_2SO_4$ 等强氧化剂——含氧酸溶液氧化法或电解氧化等。

2. 物理或化学涂层法

① 有机物涂层。电聚合涂层、等离子体接枝聚合涂层及化学接枝反应等。

② 无机物涂层。化学气相沉积法形成碳、FeC 或 SiC 涂层。

氧化法是最常用的碳纤维表面处理方法。经过氧化处理的碳纤维表面往往出现化学效应：表面形成各种含氧的活性官能团，如羧基（—COOH）、羟基（—OH）、羰基（>C=O）、醌基（O=C₆H₄=O）、醚基（—O—）、内酯基（—C(=O)—O— 环状结构）等，以及物理效应：改变碳纤维表面的表面积、结晶大小、表面形态和表面能等，从而提高碳纤维与树脂界面的黏结强度和层间剪切强度。经过氧化处理后的碳纤维表面形成的各种含氧极性基团，不仅可以使其含有极性基团的树脂在复合过程中改善树脂对碳纤维的浸润性，而且可使碳纤维与树脂之间发生各种化学作用而强化界面黏结。在界面区域可能出现如图7-31所示的各种化学作用。此外，碳纤维表面的这些活性含氧官能团还可被进一步用来接枝具有不同性能的高聚物，以调节复合材料中纤维与树脂之间的界面效应，较全面地改善复合材料的性能。用来在碳纤维表面上接枝的高聚物通常是在接枝点可以形成共价键或可选择的离子键，且可与作为基体的树脂混溶。当这种接枝到碳纤维上的高聚物含有可与基体树脂反应的官能团时，则基体树脂与碳纤维表面上接枝的高聚物之间将能最牢固联结。借助选择接枝高聚物大分子的组分和链的构型，不仅可提高其复合材料的界面黏结和层间剪切强度，而且还可以有效地改善复合材料界面的抗水性及力学性能（抗弯强度、抗冲击强度等），或防止碳纤维复合材料燃烧破坏时产生飘散的导电性碳纤维碎片造成电公害。

近年来，人们还广泛研究在石墨纤维上的电化学聚合（或接枝）涂层。电化学聚合往往可在数秒钟内完成，因此，有利于碳纤维的连续表面处理。通过调节电化学聚合涂层，可以设计和控制复合材料的界面层。此外，人们越来越多采用气相等离子体处理碳纤维或 Kevlar 纤维表面以改善纤维表面对树脂的浸润性和调节界面层特性，从而使复合材料的综合性能有很大改善。气相等离子表面处理碳纤维可用非活性气体（如氦）或活性气体（如氧）；若用可以聚合的单体蒸气，则可以发生接枝反应。活性气体等离子体表面处理碳纤维可除去纤维弱的表面层，改善纤维表面形态（刻蚀的凹坑），创立一些活性位置（反应官能团），以及可扩散到纤维表层内发生交联（特别是对有机纤维和碳纤维），从而改善纤维表面的浸润性和与基体树脂的反应性，以便合理设计复合材料界面层。特别应指出的是，还有可能改善结晶性高度各向异性纤维增强体本身的织构（通过联结其内部微结构单元），使复合材料断裂破坏时，纤维不易被剥层或断裂，从而显著提高复合材料的剪切强度[117]。

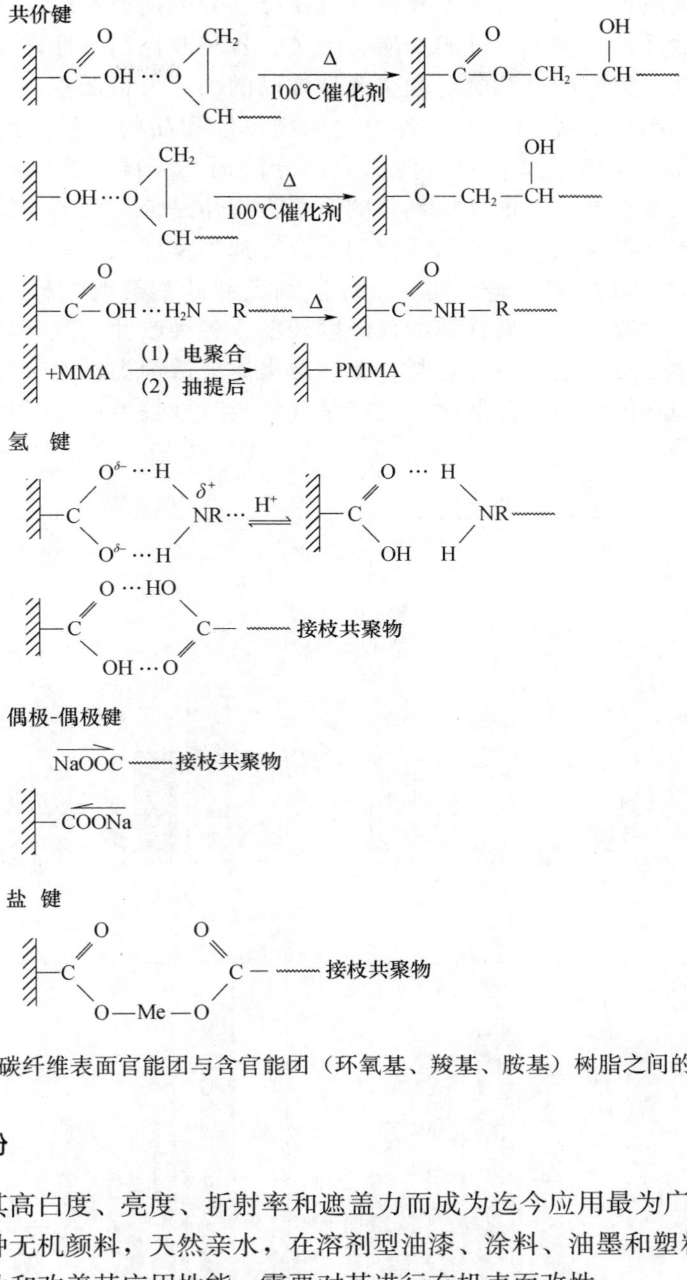

共价键

—C(=O)—OH ··· O(CH₂)CH〰 $\xrightarrow[100℃催化剂]{\Delta}$ —C(=O)—O—CH₂—CH(OH)〰

—OH ··· O(CH₂)CH〰 $\xrightarrow[100℃催化剂]{\Delta}$ —O—CH₂—CH(OH)〰

—C(=O)—OH ··· H₂N—R〰 $\xrightarrow{\Delta}$ —C(=O)—NH—R〰

+MMA $\xrightarrow[(2)\ 抽提后]{(1)\ 电聚合}$ —PMMA

氢　键

—C(O$^{\delta-}$···H)(O$^{\delta-}$···H) δ^+ NR··· $\overset{H^+}{\rightleftharpoons}$ —C(=O ··· H)(OH　H) NR〰

—C(=O ··· HO)(OH ··· O=) C— 〰 接枝共聚物

偶极-偶极键

NaOOC 〰 接枝共聚物

—COONa

盐　键

—C(=O)—O—Me—O—C(=O)— 〰 接枝共聚物

图 7-31　碳纤维表面官能团与含官能团（环氧基、羧基、胺基）树脂之间的相互作用

7.15.6　钛白粉

钛白粉因其高白度、亮度、折射率和遮盖力而成为迄今应用最为广泛的白色颜料。但钛白粉是一种无机颜料，天然亲水，在溶剂型油漆、涂料、油墨和塑料中应用时，为了提高其分散性和改善其应用性能，需要对其进行有机表面改性。

改性剂的种类直接影响钛白粉的吸油量、消色力、干粉白度、遮盖力、光泽度以及在塑料体系中的分散性（滤压值）。郑水林等采用硅烷、分散剂、钛酸酯、铝酸酯、多元醇类、离子型表面活性剂、硅油类、醚类、酯类对钛白粉进行了有机表面改性研究。图 7-32 为不同品种改性剂改性钛白粉样品的吸油量、消色力、干粉白度、遮盖力、光泽度以及在塑料体系中的分散性（滤压值）变化规律图。由图可知，各种改性剂改性样品的吸油量规律是硅烷类＞分散剂类≈钛、铝酸酯≈多元醇类＞离子型表面活性剂类≈硅油类≈醚、酯类；各种改性剂改性样品的消色力规律是多元醇类，钛、铝酸酯类和醚、酯类改性样品的消色力稍低些，其余几个品种改性剂改性样品的消色力差别不大；各种改性剂改性样品的干粉白度规律是多元醇类≈钛、铝酸酯类≈离子型表面活性剂类＞分散剂类≈硅烷类≈硅油类≈醚、酯类；各种改性剂改性样品在油性体系里的遮盖力规律是分散剂类＞钛、铝酸酯类≈醚、酯类＞多元醇类≈离子型表面活性剂类＞硅油类≈硅烷类；各种改性剂改性样品的光泽度规律是硅烷类，醚、酯类，分散剂类和硅油类改性样品的光泽度稍高些，其余几个品种改性剂改性样品的光泽度较低；各种改性剂改性样品在水性体系里的遮盖力规律是醚、酯类＞硅烷类＞多元醇类＞分散剂类；所选改性剂改性样品的滤压值（在塑料体系中的分散性）规律是硅油类＞硅烷类＞离子型表面活性剂＞铝酸酯类。

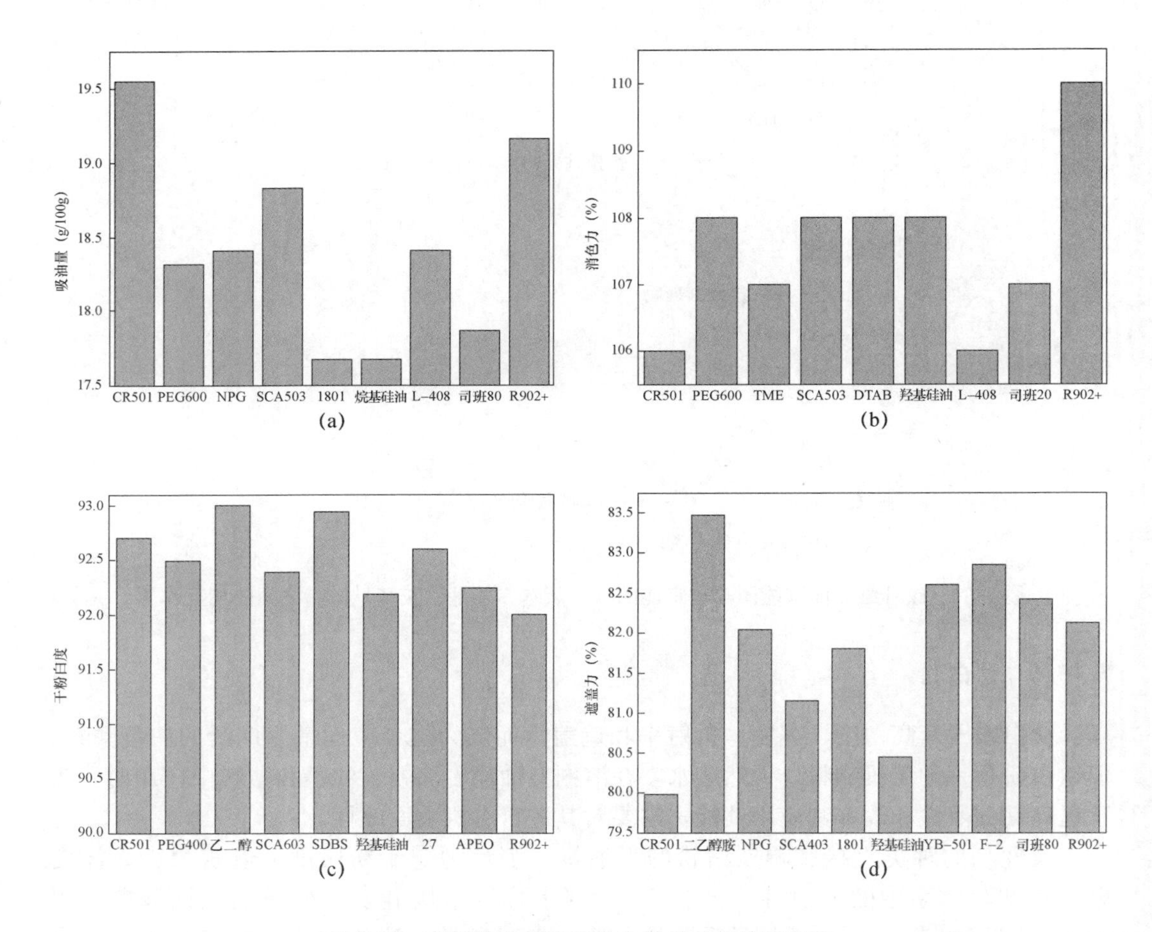

图 7-32　不同改性剂改性钛白粉样品的物理性能

(a) 吸油量；(b) 消色力；(c) 干粉白度；(d) 油性体系遮盖力；

(e) 光泽度；(f) 水性体系遮盖力；(g) 塑料体系中的滤压值

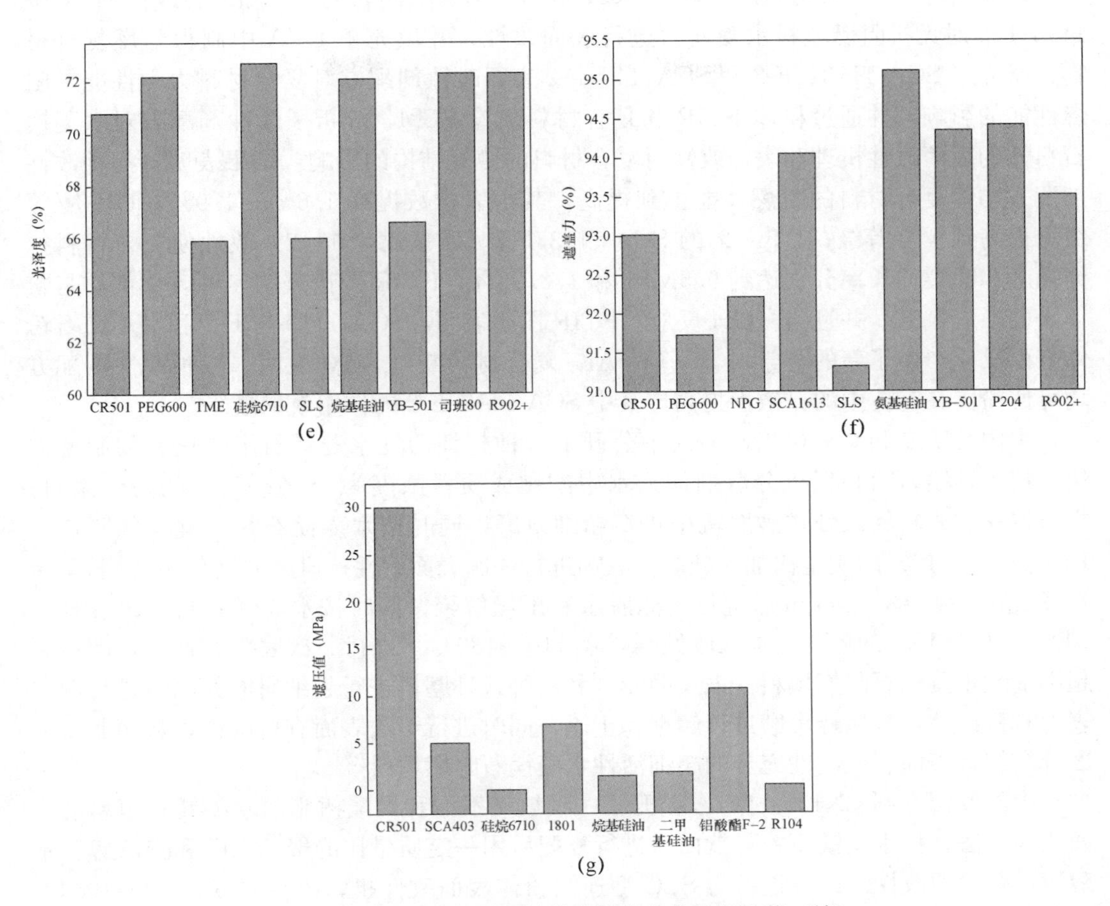

图7-32　不同改性剂改性钛白粉样品的物理性能（续）

（a）吸油量；（b）消色力；（c）干粉白度；（d）油性体系遮盖力；

（e）光泽度；（f）水性体系遮盖力；（g）塑料体系中的滤压值

7.15.7　水菱镁石粉

水菱镁石的主要化学成分为碱式碳酸镁［$4MgCO_3 \cdot Mg(OH)_2 \cdot 4H_2O$］，起始分解温度为220～240℃，吸热分解产生$H_2O$和$CO_2$气体，在降低周围环境温度的同时稀释周围可燃气体及氧气浓度，分解产物MgO附着于可燃物表面，阻止可燃物与氧气接触，从而起到阻燃作用。加工处理的水菱镁石粉体填充PVC、EVA和PP电线、电缆绝缘料，其机械性能和阻燃性能与$Mg(OH)_2$相当。水菱镁石在高分子材料中的应用主要存在以下两个问题：①水菱镁石表面极性大，与高分子基体的表面性质差异大；②为达到较好的阻燃效果，填充量较大。这对水菱镁石在高分子基料中的分散性及填充高分子材料的力学性能产生不良影响。有机改性可以改善水菱镁石与有机树脂的相容性，改善其在高分子基体中的分散性以及与高分子基体的界面结合力，从而提高复合材料的力学性能和阻燃性能。

刘立新等[118-119]采用硅烷偶联剂 SCA-1113、铝酸酯偶联剂 F-2 和复合改性剂 SCA-1113/F-2 对无机阻燃填料水菱镁石进行表面改性，并填充于 EVA 中制得阻燃复合材料；研究了 SCA-1113、F-2 和 SCA1113/F-2 表面改性剂配方对复合材料力学性能及阻燃性能的影响，并通过粉体 FTIR 和复合材料断口 SEM，分析了改性剂配方对水菱镁石粉体的表面改性机理和表面改性对复合材料的微观结构的影响。结果表明：三种改性剂配方均使复合材料的阻燃性能得到提高，其中氧指数提高 1.6%～1.9%，UL-94 等级均提高到 V-0 等级；1.5wt%的 SCA-1113/F-2（质量比为 1：2）改性使复合材料拉伸强度和断裂伸长率分别达到 9.5MPa 和 176.02%；FTIR 图谱表明三种改性剂均与粉体表面形成氢键，并且与—OH 反应；FTIR 图谱表明，SCA-1113 与 F-2 和水菱镁石粉体表面反应产生了新的化学键 Si—O—Al；复合材料断口 SEM 表明，三种改性剂配方均可使粉体在基体中的分散性提高，其中 SCA-1113/F-2 的作用效果最好。

中国发明专利 CN106220890A 中公开了一种超细活性水菱镁石阻燃填料的制备方法：将水菱镁石粉和无机分散剂加入水中配制成质量浓度为 35%～55%的粉体浆料；之后将粉体浆料给入卧式砂磨机中进行超细研磨，同时按水菱镁石粉：硅烷偶联剂＝1000：（3～10）的质量比加入硅烷偶联剂进行一次表面改性；研磨粒度分布达到 d_{50}＝1～3 μm、d_{97}＝3～10 μm 后进行压滤脱水和干燥解聚，同时按水菱镁石粉：改性剂＝1000：（5～15）的质量比加入改性剂，在 110～180℃下进行二次表面改性后，即得到超细活性水菱镁石阻燃填料。该发明专利利用卧式砂磨机进行超细研磨并同时进行湿法表面有机改性，利用蜂巢磨进行解聚和干燥，同时进行干法表面有机改性，从而制得粒度分布细且表面有机改性充分的超细活性水菱镁石阻燃填料[120]。

中国发明专利 CN10598877A 公开了一种填充不饱和聚酯树脂的水菱镁石填料的表面改性方法，按水菱镁石粉与钛白粉进行复配后用一定质量比的聚乙二醇和三乙醇胺水溶液进行表面改性。改性设备为 SLG 型连续粉体表面改性机，改性温度为 70～100℃。改性得到的水菱镁石填料与不饱和聚酯树脂的相容性好，而且白度较高[121]。

第 8 章　粉体表面无机改性

8.1　概　述

粉体表面无机改性是功能粉体材料或复合粉体材料的主要制备技术之一，已成为十多年来的研究开发热点，具有良好的发展前景。通过表面无机包覆改性可以优化粉体材料的性能和赋予材料新的功能。例如，硅藻土、沸石、蛋白土等多孔矿物粉体表面包覆或负载纳米 TiO_2 制备的纳米 TiO_2/多孔矿物复合材料具有优良的吸附和光催化降解两种功能[122]，粉煤灰空心微珠表面包覆纳米硅酸铝可显著提高其白度[123]，ZnO 表面包覆 BN 可以显著增强其发光性能[124]，$Mg(OH)_2$ 表面包覆 ZnO 可显著提高其阻燃性能[133]，等等。

粉体表面无机改性的主要科学问题是：①改性方法的基本原理与工艺基础；②无机改性剂与粉体颗粒表/界面的作用机理和作用模型；③无机改性剂的成分、结构、晶粒尺寸等与改性复合粉体结构与性能的关系及其调控规律；④无机改性粉体的应用性能与应用基础。

粉体表面无机改性的主要技术问题是：①改性剂配方；②表面改性工艺与设备；③表面改性效果的主要影响因素及其调控技术；④过程控制与产品表征技术：改性产品性能检测与表征方法、改性剂包覆率或包膜厚度等的在线控制等。

8.1.1　粉体表面无机改性方法及工艺与设备

粉体颗粒表面无机改性的方法有多种。现有的方法大体可分为物理法和液相化学法两种。物理法包括机械复合（即机械力化学复合）、超临界流体快速膨胀、气相沉积、等离子体法等；液相化学法主要是化学沉淀、溶胶-凝胶、醇盐水解、非均相成核、浸渍法等（详见第 2 章 2.2）。

粉体表面无机改性复合的工艺因方法不同而异。对于机械力化学复合法，主要是高速气流或机械冲击式粉碎或改性设备、高能量密度的转筒式球磨机、振动球磨机、珠磨机或超细搅拌磨等。工艺可以分为干法和湿法两种。其中高速气流或机械冲击粉碎或改性法常采用干法工艺；珠磨机常采用湿法工艺；转筒式球磨机、振动球磨机、超细搅拌磨等既可以采用干法工艺，也可以采用湿法工艺。其他物理复合方法，如气相沉积、等离子法均采用相应的专业设备，这里不再赘述。

液相法粉体无机表面改性工艺也因方法不同而异。对于应用较为广泛的沉淀法而言，原则工艺过程为：原料调浆→无机表面改性剂前驱体配制→沉淀包覆→过滤洗涤→干燥→煅烧。沉淀反应一般采用可控温反应釜或反应罐；过滤采用通用的过滤设备，如厢式压滤机；干燥采用自解聚式干燥机或闪蒸式干燥机；煅烧采用温度和停留时间可调的连续回转式窑炉。

8.1.2　粉体表面无机改性与复合粉体的表征

粉体表面无机包覆改性与复合粉体的表征技术主要涉及三个方面：一是表面包覆层的结构、成分和晶粒、晶型等；二是表面包覆改性物的质量或包覆物质量与复合粉体的质量比；三是复合粉体的物理化学特性，如比表面积、孔体积与孔径分布、电性（如体积电阻率、电导率）、磁性、光学性能、阻燃性能、吸附与催化性能、光催化性能、抗磨或减磨性、蓄能性、抗菌性、负离子释放率、耐候性、耐腐蚀性等。

（1）表面成分、结构和晶型

表面成分、结构和晶型的表征方法主要是一些能谱方法和基于量子力学效应的显微技术。这些能谱按其物理原理或过程可分为电子能谱、离子能谱、光谱、声子谱、热脱附（原子）谱等（详见第 6 章）。常用 XRD（X 射线衍射）、SEM（扫描电镜）、EDS（扫描电镜能谱）、TEM（透射电镜）以及 X 射线光电子谱（XPS）和原子力显微镜等。

（2）表面包覆改性物的质量

表面包覆改性物的质量的表征方法主要是包覆量或包覆率。

（3）物理化学特性

① 比表面积、孔体积与孔径分布：氮吸附仪；BET 法比表面仪；孔容积测定仪；孔径分析仪；孔隙度和孔结构分析仪。

② 电性（如体积电阻率、电导率）：电阻率/电导率仪。

③ 磁性：磁强计；振动磁强检测仪。

④ 光学性能：分光光度计；折光率仪。

⑤ 阻燃性能：氧指数仪；垂直燃烧测定仪；锥形量热计。

⑥ 吸附与催化/光催化性能：低温 N_2吸附-脱附；紫外可见光谱；紫外-可见分光光度计。

⑦ 耐候性和耐腐蚀性：紫外灯；人工加速老化仪；SEM 扫描电镜；EDS 能谱分析。

⑧ 热性能（导热系数或热导率、相变调温性能）：导热系数测定仪；激光热导仪；加速热循环测试仪；储放热特性测试仪。

⑨ 其他（抗菌、吸/放湿、负离子、抗磨性等）：抗菌性、吸/放湿、负离子、抗磨性检测仪等。

8.1.3　影响粉体表面无机改性与复合粉体性能的主要因素

影响粉体表面无机改性及复合粉体性能的因素是复杂的。首先是无机改性剂的种类或颗粒表面无机包覆层的成分、物相与晶型结构；其次是改性的方法、工艺与设备因素。对于相同的改性剂，其主要因素也因改性方法和工艺不同而异。对于物理法，主要影响因素是工艺与设备的类型及其主要的操作参数；对于液相化学法，主要有反应温度、反应体系浓度、包覆剂加入速度、陈化时间以及洗涤、干燥、煅烧温度和停留时间等（见第 3 章 3.2.2）。

8.2　珠光云母与着色云母

8.2.1　概述

珠光云母是以薄片状的细磨白云母粉为原料，用二氧化钛和（或）其他金属氧化物，如氧化铁、氧化铬、氧化锆等进行表面包覆复合而成的一种新型珠光颜料。珠光云母又称为云母钛或着色云母钛，因其具有高的折射率及遮盖力、无毒、耐热性、耐候性以及化学稳定性好等特点，广泛应用于涂料、油漆、塑料、造纸、化妆品、陶瓷和建筑材料等领域，是最有发展前途的新型珠光颜料。

1. 云母钛珠光颜料的分类

云母珠光颜料在光线的照射下呈现出各种颜色，这些不同颜色是由于包覆不同类型金属氧化物及包覆层厚度不同而导致的结果。如图 8-1 所示，根据包覆层金属氧化物类型的不同，可将珠光云母颜料分为三种类型：云母钛颜料（干涉颜料）、云母铁颜料（闪光颜料）和复合颜料（TiO_2/Fe_2O_3或 TiO_2/Cr_2O_3）。云母钛珠光颜料根据其组成和性质特点也可分成三类：

① 银白色云母钛。表面 TiO_2包膜有锐钛矿型和金红石型两种晶型，后者的耐候性好。

② 虹彩云母钛。TiO_2包膜光学厚度在 210～400nm 的干涉现象，产生（黄、红、紫、蓝、绿）色彩。

③ 着色（复合）云母钛。在云母钛表面再包覆一层透明或较透明的有色无机物或有机物（如 Fe_2O_3、Cr_2O_3、氧化锆、铁蓝、铬绿、炭黑和有机颜料或染料），形成各种色谱的着色珠光颜料。这种复合着色云母钛珠光颜料主要用于汽车涂料，可提高汽车的外观质量和耐候性。

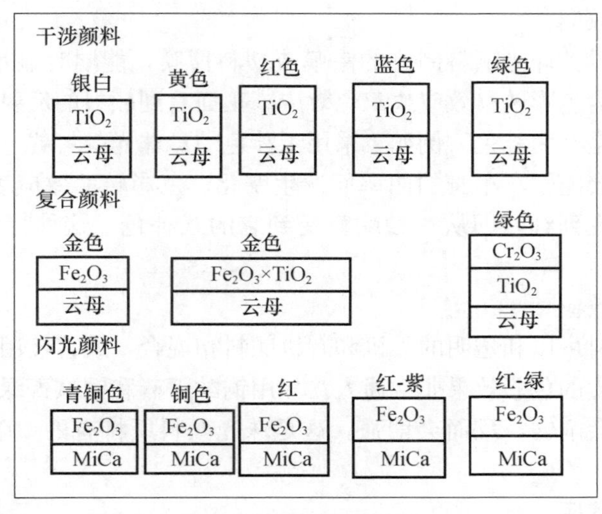

图 8-1　珠光云母颜料的分类

2. 云母钛珠光颜料的光学特性

云母钛珠光颜料是由研磨的云母粒子用二氧化钛和（或）其他金属氧化物包膜而成。当白光照射在这些薄片表面上时，经光线的多重反射，呈现出彩虹般鲜艳夺目的干涉色。依据二氧化钛或金属氧化物薄膜的厚度不同，从而产生不同色彩的干涉色，并给人带来深远的三维空间质感、柔软的丝光感以及其他多种色彩效应。云母钛珠光颜料的光学特性如下[125]。

(1) 珠光效应

珠光效应是指珠光颜料具有珍珠般的柔和光泽。珠光色泽是由包覆于云母薄片上的二氧化钛多晶膜对入射光产生多重反射和透射的结果，即光的干涉现象所致。对于粒径小的珠光颜料，由于包覆于云母薄片表面的二氧化钛多晶膜被分成许多微小层次，因而当入射光照射其表面时，会呈现类似丝绸般的柔和色泽。

(2) 金属闪光效应

平滑的金属表面对人眼产生的闪烁视感称为“金属闪光效应”。云母薄片通过包覆钛或其他金属、非金属氧化物，或者对已制成的云母钛珠光颜料进行表面金属化处理，可以获得一系列金属色泽。例如，纯二氧化钛包覆的云母钛珠光颜料显示银白金属光泽；氧化银、氧化铋包覆的云母钛珠光颜料呈现黑色金属光泽；银白珠光颜料用炭黑或石墨包覆产生铅金属效果；二氧化钛和石墨混合包覆云母钛珠光颜料产生深灰色珠光。

(3) 视角闪色效应

云母钛珠光颜料由透明的云母薄片表面沉积金属氧化物所构成。当光线在折射率不同的透明层界面发生多次光的折射、反射及部分吸收、穿透作用时，平行的反射光之间必将产生光的干涉现象，因而会产生珍珠般的光泽和色彩。当珠光颜料制成涂膜或塑料薄膜后进行观察，对观察者而言，当处于光线的反射角时，能看到最强的干涉色；当偏离反射角时，只能看到珠白色或其他颜色。这种随观察者观察角度的不同而看到不同干涉色的现象称为“视角闪色效应”。

(4) 色彩转移效应

采用干涉色云母钛珠光颜料制成的涂膜或塑料薄膜，能同时显示两种不同的颜色。这种颜色的变化称为色彩转移效应或双色效应。正面看到颜料的反射色，侧面能看到其透射色，且色相总是互为补色。例如，采用干涉色幻彩珠光颜料着色的珠光汽车涂料涂装的轿车，其色彩会随轿车车身的曲率而发生变化。色彩转移效应表现为从黄变到紫，从蓝变到橙，从绿变到红，即从一种颜色变到它的互补色。这种特殊的光学现象称为“色彩转移效应”。

(5) 附加色彩效应

云母钛珠光颜料可以和透明的无机和有机颜料相混合，或直接用这些颜料对珠光颜料进行着色，所产生的色彩效果非常迷人。如用铜酞菁蓝和铜酞菁绿对珠光颜料进行着色，其色彩不但不会削弱，反而会增强。这是珠光颜料所特有的“附加色彩效应”，也叫“增色效应”。

(6) 三维空间效应

不论是何种类型的珠光颜料，它总是透明或半透明的薄片。当光线照射到薄片表面时，它总是反射大部分入射光，而把剩余的光透射到下一层颜料晶片上，于是重复一次光的反射和透射，这样反复多次，直到穿过基底材，到达颜料片背光面的二氧化钛多晶膜上，才被完全吸收和反射。这一光学特性使得珠光颜料在透明性的涂膜或塑料薄膜中具有深远的三维空间质感。薄膜几何厚度虽然很薄（15～40μm），但给人的视感总是厚膜。这是珠光颜料不同于一般颜料的重要光学特性。这种三维空间质感称为"三维空间效应"。

（7）背景衬托效应

由于云母钛珠光颜料总是透明或半透明的晶片，它的遮盖力远不如常规二氧化钛。因此，可以在有色物体的表面覆盖由颜料晶片组成的透明涂膜，使底层的色彩透明或半透明的珠光颜料面涂层显露出来。这种光学特性称为"背景衬托效应"。

3. 云母钛珠光颜料的研究进展

（1）离子掺杂

曾珍等[126]采用加碱中和液相共沉淀法制备了 Co 着色云母钛珠光颜料，在此基础上进行稀土元素 Eu^{3+}、Nd^{3+}、Ce^{3+} 的掺杂以改善颜料的色纯度；用 XRD 对颜料的结构进行表征，用色差仪对颜料的颜色值进行测量。结果表明：Eu_2O_3的掺杂量为 1.4%时，钴蓝、钴绿云母珠光钛颜料的饱和度较掺杂之前分别增大 13.3%和 8.5%；CeO_2的掺杂量为 1%时，掺杂对钴蓝着色云母钛珠光颜料效果最好，其饱和度提升约 28%，Nd_2O_3随着掺杂量的增加会提高钴绿着色云母钛珠光颜料的饱和度，其提升量超过13%。制得的稀土掺杂 Co 着色云母钛珠光颜料具有良好的耐热性、耐酸碱性和耐溶剂性。

Gao Q 等[127]研究了 Sn^{4+} 掺杂对云母钛颜料光活性抑制和近红外光谱反射性能的影响。X 射线衍射分析表明，Sn^{4+} 掺杂促进了锐钛矿相的转变。Sn^{4+} 掺杂对云母钛颜料的光活性有很大影响，在低掺杂水平下云母钛颜料光活性增强，而在高掺杂浓度下则被抑制。此外，云母钛颜料近红外太阳光反射率达到 0.97，涂覆云母钛的硅酸钙板内表面温度下降了约 8.3℃。

（2）氧化物包覆

相比于以往的涂覆方式，Topuz B. B. 等[128]涂覆 TiO_2之前，在经过筛分和预处理的白云母上先涂覆 SnO_2涂层，研究了金红石助剂以及二氧化锡对二氧化钛（TiO_2）相变的影响。相比于之前报道的 SnO_2与 TiO_2共沉积，该研究在 1073K 下得到的二氧化钛涂层包含 95%的金红石相。扫描电镜分析表明，SnO_2促进 TiO_2在某些特定的成核点进行生长。将制备的复合云母钛颜料加入丙烯酸系列涂料，可以明显改善光泽。图 8-2 是云母钛颜料以及包含 0.66%SnO_2的云母钛颜料 SEM 图，通过对比可以发现，SnO_2的引入会导致更多的粒状沉积。

Lin 等[129]利用 $BiVO_4$ 包覆云母钛合成了一系列近红外反射颜料。通过 XRD、FESEM、UV-Vis-NIR 等对颜料进行了表征。FESEM 的结果表明，$BiVO_4$颗粒粒径在 500nm 左右（图 8-3）。随着 $BiOV_4$负载量的增加，复合颜料的颜色由白色逐渐变为亮黄色。模拟试验结果表明，涂层的内表面温度和箱内空气温度差别分别达到 4.5℃和 2.3℃。说明复合样品具有良好的保温性能，可用于建筑屋面材料，从而减少热量积聚，降低室内温度。

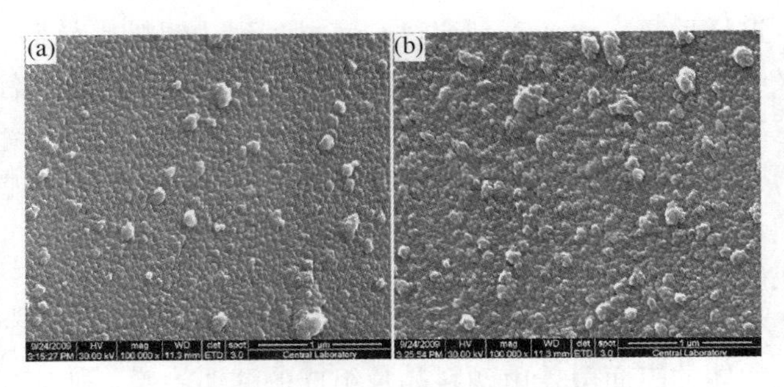

图 8-2　云母钛颜料 SEM 图

(a) 云母钛颜料；(b) 包含 0.66%SnO_2云母钛颜料

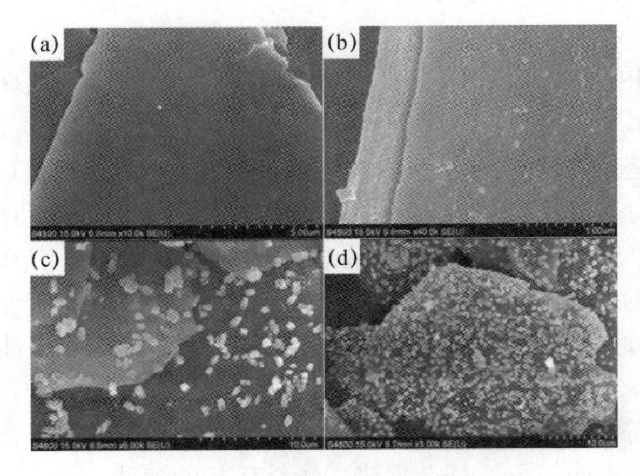

图 8-3　不同云母钛颜料的 SEM 图

(a) 云母；(b) 云母钛颜料；(c) 包含 10%$BiVO_4$云母钛颜料；(d) 包含 30%$BiVO_4$云母钛颜料

Lin 等[130]采用溶胶-凝胶法结合沉淀法制备了掺铝 $BiFeO_3$ 云母钛颜料。采用 XRD、FESEM、TG-DTA、UV-Vis 近红外分光光度计等对复合样品进行表征，结果表明 $BiFeO_3$纳米颗粒在云母钛表面均匀包覆，且 $BiFe_{1-x}Al_x$/云母钛、$BiFeO_3$/云母钛的形貌类似。此外，复合颜料的吸收边向短波长（533～495nm）移动。O_{2p}-Fe_{3d}电荷的转移使颜料颜色从棕色变为橙色。复合粉状颜料和颜料涂层的近红外太阳光反射率的测定结果表明，随着 Al^{3+} 对 Fe^{3+} 掺杂量的逐步增加，近红外太阳光反射率增大。图 8-4 分别是云母钛颜料、$BiFeO_3$/云母钛颜料以及 $BiFe_{0.8}Al_{0.2}O_3$/云母钛颜料的扫描电镜图。

Wang Y 等[131]报道了一种快速合成石墨烯/云母钛复合颜料的方法，锌粉首次被用作还原剂制备复合珠光颜料。通过与以前氩气退火还原的样品相比，复合颜料在室温下的短时间内抗静电性能可提高 100～4600 倍。其中复合颜料最小的体积电阻率为 12kΩ · cm，与不添加石墨烯的样品相比提高了 10^4 倍。通过拉曼光谱和 X 射线光电子能谱测试，证明了钛和氧化还原石墨烯的稳定性。图 8-5 是石墨烯/云母钛复合颜料样品的电镜图，图中可以看出，二氧化钛纳米颗粒在云母表面致密均匀，而石墨烯片层则在云母钛表面嵌合分布。

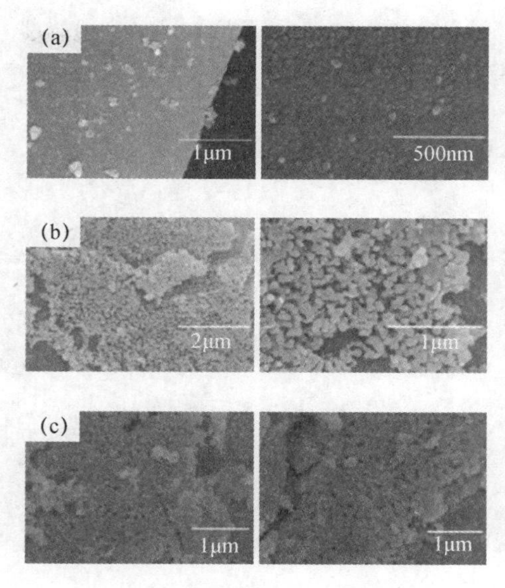

图 8-4 不同云母钛颜料电镜图

（a）云母钛颜料；（b）$BiFeO_3$/云母钛颜料；（c）$BiFe_{0.8}Al_{0.2}O_3$/云母钛颜料

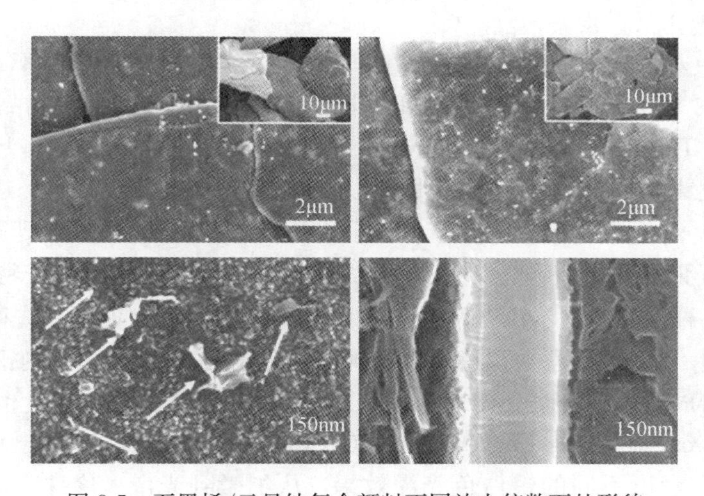

图 8-5 石墨烯/云母钛复合颜料不同放大倍数下的形貌

Gao Q 等[132]采用四氯化钛乙醇溶液水解法在 70℃下制备了金红石型 TiO_2 包覆云母钛颜料。二氧化锰作为金红石的促进剂首先在云母上沉积，之后进行二氧化钛的包覆。X 射线衍射和拉曼光谱分析证实，仅使用 2.07wt%的 MnO_2 即可促使 TiO_2 在不用煅烧的前提下呈现金红石晶型。这种促进作用源于 MnO_2 与金红石结构具有相似性。扫描电子显微镜结果分析表明，预先在云母表面沉积 MnO_2 会使得云母表面呈现具有一定取向的细针结构或纳米花结构（图 8-6），从而使云母钛复合颜料在紫外线照射下具有较高的光稳定性。

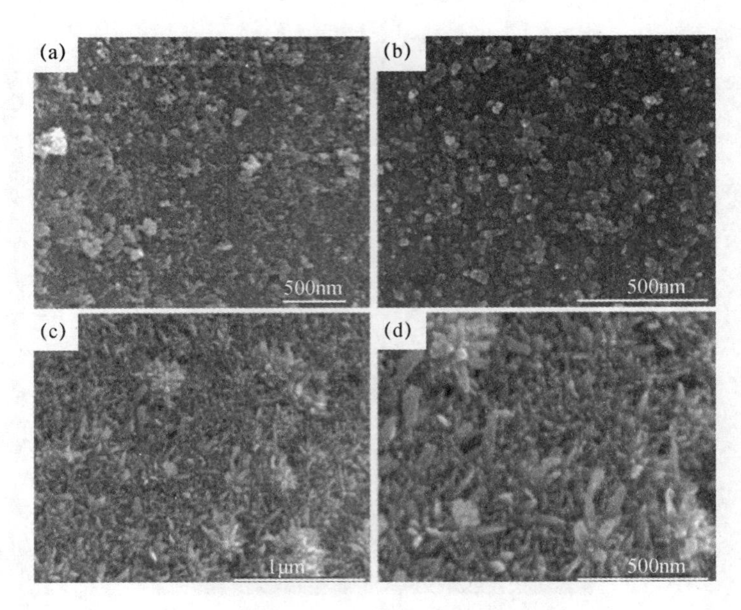

图 8-6 云母钛的 SEM 图

（a）（b）云母钛形貌图；（c）（d）掺杂 2.07wt%MnO_2的云母钛形貌图

4. 国外主要生产厂家及产品品种

国外的珠光云母生产厂家主要有德国默克（Merck）公司和美国安格（Engelhard）公司，后者于 2006 年被德国巴斯夫（BASF）收购。德国默克公司的产品品种和牌号分为 Pyrisma®系列、Timiron®系列以及 Colorona®系列，其中 Pyrisma®系列是基于天然云母开发的具有二氧化钛干涉层、能够变换多种色彩的产品，主要应用于汽车、建筑以及涂料行业，新型的产品（如 Pyrisma® 30 系列）已可以用于柔性版印刷、凹版印刷和丝网印刷，或用于压力和纸张涂料。总体上来说，Pyrisma®系列最突出的特点在于特制的二氧化钛层，可以产生各种干涉效应，借助高度发达、复杂的比色计算，基于预先确定的 8 个 Pyrisma®干涉色调，混合后几乎可以得到无限制的颜色光谱。Timiron®系列银白色颜料的特征在于天然或合成的云母表面上具有可变的二氧化钛层。其粒度分布上也有所不同，从 1～15μm（Timiron® Supersilk MP-1005）到 20～180μm（Timiron® Ice Crystal），根据粒度和颜料组成，显示出不同的银白色光泽效果，从细微到光滑、珍珠、金属甚至闪烁。Timiron®系列广泛地应用于化妆品及个人护理行业。Colorona®系列是由两层结构组成，一层光干涉与一层光吸收相结合，从而产生特殊的效果：所观察到的颜色随观察角度而变化，在镜面角度，可以看到干涉颜色，而在其他角度，附加层的色调颜色占主导地位。

8.2.2 改性及复合方法与工艺

1. 改性工艺方法

在云母表面包覆二氧化钛等金属氧化物以制备珠光云母的方法，主要是在水溶液中的沉淀反应。以包覆二氧化钛为例，常用的工艺有四氯化钛加碱法、有机酸钛法、热水解法和缓冲法等。常用的包覆原料是可溶性钛盐（四氯化钛和硫酸氧钛）。利用钛盐易于水解的特点，在控制温度条件下让钛盐均匀地水解出水合氧化钛，沉淀在云母片上，形成水合氧化钛包覆层，经洗涤、干燥、焙烧，成为锐钛矿型或金红石型二氧化钛包覆的云母珠光颜料。

（1）四氯化钛加碱法

如图 8-7 所示，将湿磨云母粉悬浮于水中加热，加入四氯化钛溶液，让氧化钛水化产物沉淀到云母片上，制得第一层很薄的二氧化钛；接着加入二价锡盐溶液，在氧化剂（如 H_2O_2 或 $KClO_3$）或水溶性铝盐（如 $AlCl_3$ 等）存在下缓慢沉积氧化锡。在得到均匀光滑的氧化锡层后，再包覆一层二氧化钛，呈现出银色的珍珠光泽，经洗涤、干燥、煅烧后，珠光光泽明显。如需制备金色或其他彩虹色，则应交替包覆氧化锡层和氧化钛层，直至出现所需的干涉色为止。在整个包覆过程中需要不断加入碱液（如 NaOH、NH_4OH），使之中和钛盐水解过程中产生的酸。为了得到高质量的珠光颜料，TiO_2 包覆层必须均匀。包覆过程需缓慢进行，反应温度应稳定且适宜，钛盐和锡盐的添加量控制在单位时间水解的钛盐量和锡盐量正好满足形成均匀包膜所需的 TiO_2 或 SnO 水合物的量。

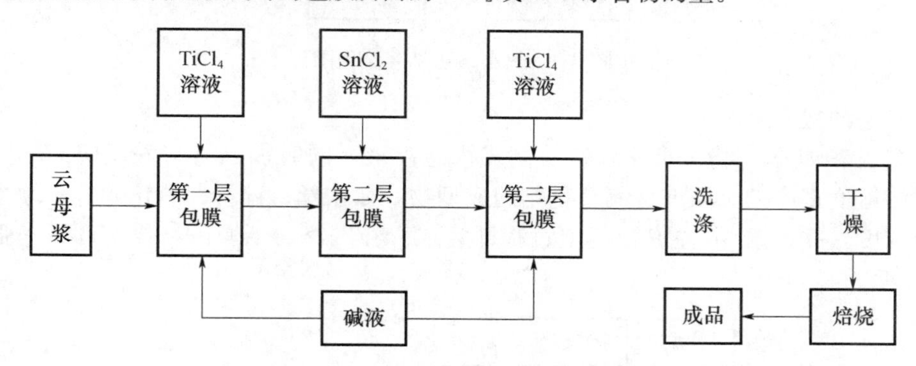

图 8-7　四氯化钛加碱法工艺流程图

（2）有机酸钛法

图 8-8 所示为有机酸钛法制备云母钛的工艺流程图。采用一次加入有机酸-钛盐混合液的方式，在一定温度下与云母反应。可选用柠檬酸或酒石酸与 $TiCl_4$ 混合来配制有机酸钛混合溶液。

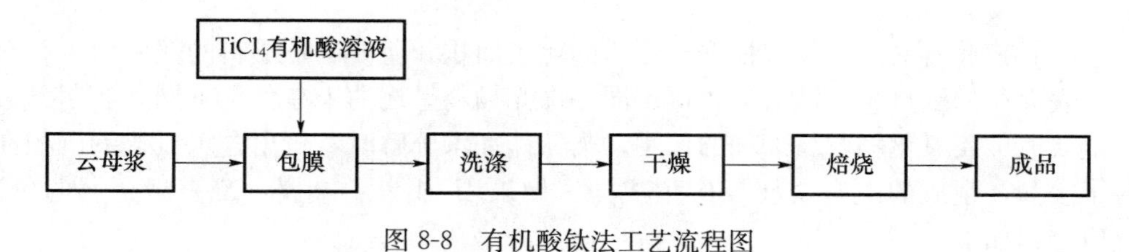

图 8-8　有机酸钛法工艺流程图

（3）热水解法

热水解法的工艺流程如图 8-9 所示。将硫酸氧钛配成酸性溶液，将云母粉加入其中，强力搅拌，使其悬浮，然后加温至 75～95℃，钛盐发生水解，其反应式为

$$TiOSO_4 + 3H_2O \xrightarrow{加热} H_4TiO_4 \downarrow + H_2SO_4$$

水解出的水合二氧化钛连续沉淀在微细的云母片上，经过一定时间的反应后，洗涤、脱水、干燥、焙烧，即得云母钛珠光粉。

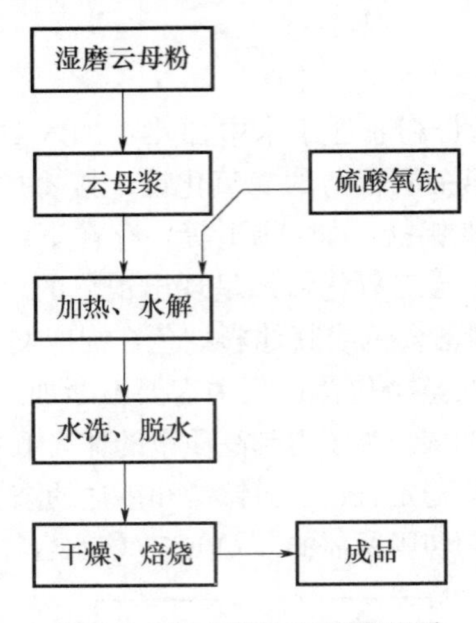

图 8-9　热水解法工艺流程图

（4）缓冲法

如图 8-10 所示，将云母粉和钛盐制成水悬浮液，同时加入易与酸反应而不溶于水或对水溶解度很小的金属或金属氧化物的成型物，如铁丝、锌粒、氧化锌等。缓慢升温至反应温度，并保温 3h 左右，包覆过程即完成。经洗涤、干燥、焙烧，可得呈强烈珠光光泽的颜料。

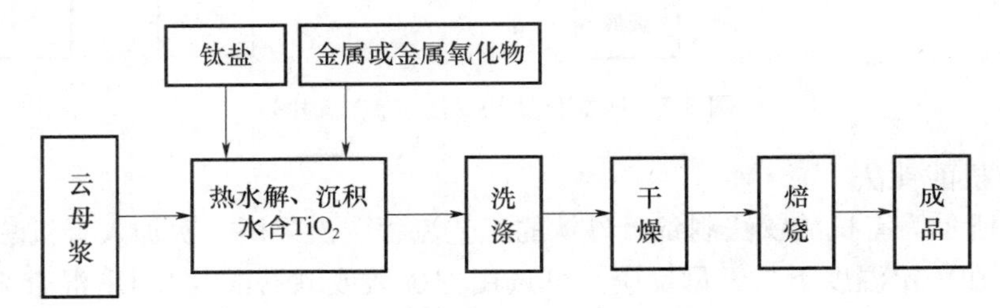

图 8-10　缓冲法工艺程图

包覆时，钛盐的加入量应根据云母粉的比表面积和所要制备颜料的颜色而定。对于同一比表面积的云母粉，钛盐加入量不同，珠光颜料呈现的干涉色也不同。在制备过程中，金属或金属氧化物起缓冲剂的作用，当钛盐加水分解时，析出含水氧化钛沉积在云母粒子表面，生成的酸与金属反应生成盐。如果用 M 表示金属，X 表示金属的价数，则反应过程如下：

$$TiCl_4+4H_2O\xrightarrow{加热}H_4TiO_4\downarrow+4HCl$$

$$xHCl+M\xrightarrow{加热}MCl+\frac{x}{2}H_2\uparrow$$

采用硫酸氧钛时：

$$TiOSO_4+3H_2O\xrightarrow{加热}H_4TiO_4\downarrow+H_2SO_4$$

$$H_2SO_4 + M \xrightarrow{\text{加热}} MSO_4 + H_2 \uparrow$$

由于不断水解出的酸与金属或金属氧化物反应生成了盐，悬浮液的 pH 值得以缓冲，酸度相对稳定，含水氧化钛连续地沉积到云母薄片上形成均匀的薄膜。缓冲剂对钛盐的理论摩尔数最好在 1.0 以上，低于 1.0 时，副产的酸多，云母表面形成的氧化钛薄膜不均匀。

为了形成均匀的氧化钛薄膜，反应体系升温需缓慢（升温时间 3.5h 左右），保温时间 2.5h 左右。反应完全后，溶液中残余钛盐一般在 1.0×10^{-5} g/mL。此法制成的云母钛银色珠光颜料的外观色泽好，含二氧化钛 21%。

以上四种工艺方法只是用钛盐水解产物包覆云母珠光粉的一般或原则工艺流程，具体的制备工艺方法大多为专利技术。

2. 着色云母钛的制备工艺

干法着色工艺是将云母钛、着色剂和辅助试剂按一定的配方进行混合后，焙烧制成着色云母钛珠光颜料。着色云母钛珠光颜料的制备工艺，除了选择好着色剂、用量及配方外，焙烧气氛十分重要。不同的焙烧气氛将影响云母钛颜料的颜色。通过选择焙烧气氛（如氧化或还原气氛），可以控制无机着色剂中着色离子的价态。着色离子的价态不同，对可见光中选择性吸收波长存在差异，从而导致颜色的变化。如铁离子，当氧化物为 Fe_2O_3 时呈红色；为 FeO 时呈青色；而为 Fe_3O_4 时呈蓝黑色。因此，必须正确控制氧化还原的气氛和程度，以达到所需要的颜色。对于易发生价态变化的着色物质更应注意，如铁的氧化物，不同的焙烧气氛，其化合物中都含有铁的不同价态，只是各价态的比例发生变化。当氧化程度低时，Fe_2O_3 含量少，FeO 含量多，呈黄色；氧化程度高时，Fe_2O_3 含量多，FeO 含量少，则呈红色；但过高时，则氧化为 Fe_3O_4，呈蓝黑色。氧化还原气氛的选择应考虑着色离子的初始价态，如氧化铬为 Cr_2O_3 时，着色为绿色，铬为 Cr^{3+}，为了防止其氧化为高价的铬，就应该保持还原气氛，即使有部分高价的铬，在还原气氛化下，也可以还原为 Cr^{3+}，使着色的云母钛比较纯正。当氧化铬为 CrO_3 时，着色为黄色，初态为 Cr^{6+}，就可以选择氧化气氛；若有 Cr^{3+} 存在，在氧化气氛下可将其氧化为 Cr^{6+}。由此可见，焙烧气氛的选择应视不同的着色剂、着色离子的不同初始价态以及要求的颜色而定。

着色云母钛是在云母包覆了二氧化钛的基础上再用着色剂进行包覆处理的。因此，较之云母钛的制备工艺其影响因素更多。

8.2.3　云母珠光颜料质量的检测方法

云母钛珠光颜料的主要质量指标有光泽和反射率、晶型、晶粒大小、二氧化钛包覆率等。

1. 光泽与反射率的测定

（1）MPV-I 型显微分光光度计测定法

①测定原理。云母为非均质透明矿物，对于表面平滑无蚀变的优质白云母而言，其本身具有一定的光泽，其光泽源于云母片对光的反射和透射作用。反射光的强弱可由 August Fresnel 方程求得：

$$R_{mica}=\left(\frac{n_2-n_0}{n_2+n_0}\right)^2 \tag{8-1}$$

式中，R_{mica}为云母的反射率；n_2为云母的折射率（n_2＝1.58）；n_0为介质折射率。空气作介质时，n_0＝1，因而空气中R_{mica}＝5.045％。

当在云母表面均匀包覆一层高折射率（$n_1>n_2$）的金属氧化物（如 TiO_2、ZrO_2、Cr_2O_3、Fe_2O_3等）时，就构成了云母颜料的包膜结构（图 8-11），这时透过光线的入射、透射和反射作用以及整个颜料片的反射率（$R_{颜料}$）将大大高于云母的反射率，即 $R_{颜料}>R_{mica}$。由于包覆有金属氧化物膜（增反膜），使反射率大幅度提高，因而增加了云母颜料的珠光光泽。所以增反膜反射率 R_{MO} 的大小是影响云母珠光光泽的主要因素。

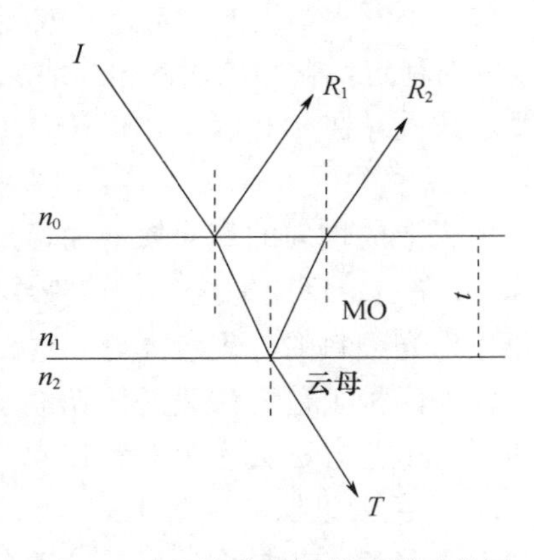

图 8-11　云母珠光颜料反射示意图

MO—增反膜；t—MO 的几何厚度；n_1—MO 的折射率；n_2—云母的折射率；n_0—介质的折射率；I—入射光；R_1、R_2—反射光；T—透射光

根据增反膜反射原理，当入射光垂直照射到颜料表面时，其反射率可用 Fresnel 方程表示：

$$R_{颜料}=\frac{\left(\frac{n_1-n_0}{n_1+n_0}\right)+\left(\frac{n_1-n_2}{n_1+n_2}\right)-2\left(\frac{n_1-n_0}{n_1+n_0}\right)\left(\frac{n_1-n_2}{n_1+n_2}\right)\cos\frac{2\pi n_1 t}{\lambda}}{1+\left(\frac{n_1-n_0}{n_1+n_0}\right)^2\left(\frac{n_1-n_2}{n_1+n_2}\right)^2-2\left(\frac{n_1-n_0}{n_1+n_0}\right)\left(\frac{n_1-n_2}{n_1+n_2}\right)\cos\frac{2\pi n_1 t}{\lambda}} \tag{8-2}$$

由式（8-2）可看出，入射光波长一定时，颜料片的反射率（$R_{颜料}$）与增反膜的折射率（n_1）及其光学厚度（n_1、t）有关。而增反膜的折射率（n_1）直接与增反膜的反射率（R_{MO}）有关。

用 MPV-I 型显微分光光度计测得的反射率为整个颜料片的反射率，是光线在其表层的入射、折射、透射、反射及其光线在其内部的入射、反射、透射、折射等一系列光学现象所形成的综合结果。欲计算增反膜的反射率 R_{MO}，须详细计算每一种光所产生的反射光强度，工作非常复杂，且不准确。一种简化处理方法是用增反膜涂覆前后反射率的变化得到 R_{MO}，免去了繁杂的光学过程及计算：

$$R_{MO}=R_{颜料}-R_{云母} \tag{8-3}$$

将 R_{MO}的数值代入式（8-4），可求得增反膜的折射率 n_1：

$$n_1=1.257\sqrt{\frac{1+\sqrt{R_{MO}}}{1-\sqrt{R_{MO}}}} \tag{8-4}$$

② 测定方法。将仪器调至最佳工作状态，然后分别将波长为 405nm、437nm、480nm、549nm、591nm、645nm 的单色光，以及混合波长的白光（接近自然光）垂直照射到每个样品上，在空气中连续随机测定样品的反射率，每个样品测 100 个点以上。经过统计，计算出样品的反射率，记为 $R_{颜料}$（％）。

（2）KGZ-I 型光泽度仪测定法

将云母钛珠光颜料与白色树脂墨充分混合，用印刷适应仪制成印刷样片，干燥后用

KGZ-I 型光泽仪测定样品对 60°角入射光的反射率。随机测量多个点，取其平均值即得样品的反射率数据。

2. 二氧化钛包覆层晶型结构测定

采用 X 射线衍射（以下简称 XRD）技术可以测定云母钛包覆层中二氧化钛的物相、晶粒的平均粒度大小及结构特征。

（1）测定原理

XRD 技术是研究物质结构的重要手段。该技术对样品的表面相当敏感，大部分物质信息来源于样品的表面，因此，XRD 法对颜料包覆物的研究是很有效的。云母钛珠光颜料的 XRD 图中除载体白云母谱线外，还显示有包覆层中二氧化钛结晶的衍射谱线。这表明包覆层中的二氧化钛呈结晶态。然而，它们的衍射图谱与同类颜料钛白的衍射图谱相比较，其衍射线普遍宽化；各晶面产生的衍射线强度分布出现显著的畸变。图 8-12 为云母钛中锐钛矿型二氧化钛（A-TiO_2）[图 8-12（a）] 和金红石型二氧化钛（R-TiO_2）[图 8-12（c）] 的 XRD 图，以及相应的同类型颜料钛白的 XRD 图 [图 8-12（b）和（d）]。为便于比较，图 8-12（a）、（c）衍射图中的白云母衍射线已删去。在图 8-12 中，除云母钛 [图（a）与图（c）] 的二氧化钛衍射线较相应的颜料类钛白 [图（b）与图（d）] 的衍射线宽肥外，在图 8-12（a）与图 8-12（b）中颜料 A-TiO_2 的最强线 [101] 在图（a）中显著削弱，而中等强度的 [002] 线在图（a）中显著增强。图 8-12（c）与图 8-12（d）的比较也存在类似的情况，这说明，包覆层中的 TiO_2 与普通颜料钛白中的 TiO_2 在形态结构上存在着较大的差异。

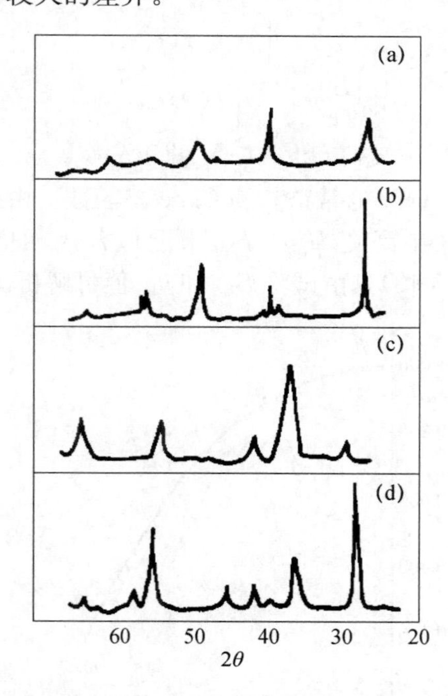

图 8-12　包覆层中 TiO_2 与颜料 TiO_2 的 XRD 图

（a）（c）包覆层中 A-TiO_2 和 R-TiO_2 的 XRD 图；（b）（d）为（a）（c）对应颜料钛白的 XRD 图

上述云母钛中 TiO_2 的衍射线呈宽化的倾向，反映了 TiO_2 晶粒微晶化状态。当晶粒大小在 10^{-5}cm（1000Å）数量级或更小时，由于每一晶粒中晶面数目的减少，衍射线条会宽化而弥散。晶粒大小和衍射线宽化的关系由 Schcrrer 方程给出：

$$D_{hkl}=K\lambda/(\beta_{hkl}\cos\theta_{hkl}) \tag{8-5}$$

式中，D_{hkl} 为垂直于衍射面（hkl）方向的平均晶粒大小；λ 为单色 X 射线波长；β_{hkl} 为纯晶粒宽化度；K 为晶粒形状因子，对于未知形状晶体 $K=0.9$。

由结晶物质的 XRD 图中得到的衍射线宽化值（通常为半高宽 FWHM)，不能直接代入式（8-5）计算 D_{hkl} 值。因为试验宽化值包含了 X 射线非单色引起的 K_{a1}、K_{a2} 双峰重叠，仪器宽度及纯晶粒宽化度三方面因素。

Joncs 提出，$h(x)$、$g(x)$、$f(x)$ 分别为 K_{a1} 衍射线、仪器因子和晶粒因子的线性函数。则有

$$h(x)=\int g(x)f(x)\mathrm{d}x \tag{8-6}$$

即 K_{a1} 衍射线的线形函数 $h(x)$ 为仪器因子函数 $g(x)$ 和晶粒因子函数 $f(x)$ 的卷积。并有

$$\begin{cases}\dfrac{\beta_i}{B_i}=\dfrac{\int g(x)f(x)\mathrm{d}x}{\int f(x)\mathrm{d}x}\\[2ex]\dfrac{b_i}{B_i}=\dfrac{\int g(x)f(x)\mathrm{d}x}{\int f(x)\mathrm{d}x}\end{cases} \tag{8-7}$$

式中，B_i、b_i 和 β_i 为 $h(x)$、$g(x)$ 和 $f(x)$ 的积分宽。$g(x)$ 由标样（α-SiO_2，粒径 5～15μm）峰形得到，$f(x)$ 通常被认为 Cauchy 函数。由此可计算得到 β_i/B_i-b_i/B_i 关系式。为便于测量，用其半高宽 $B_{1/2}$、$b_{1/2}$ 来近似替代相应的积分宽。因此，借助 $\beta_{1/2}/B_{1/2}$-$b_{1/2}/B_{1/2}$ 曲线（图 8-13），由试验 $B_{1/2}$ 和 $b_{1/2}$ 值可解析出晶粒宽化值 $\beta_{1/2}$。

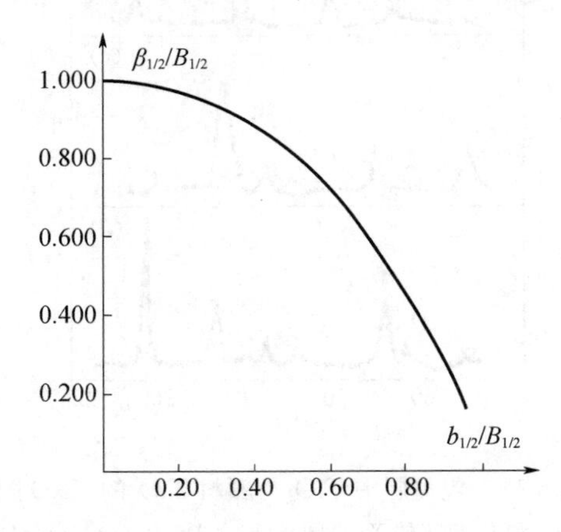

图 8-13 $\beta_{1/2}/B_{1/2}$-$b_{1/2}/B_{1/2}$ 曲线

将 hkl 衍射线的 $\beta_{1/2}$ 代入 Scherrer 方程，即可求出 D_{hkl}。

前已所述，云母钛包覆层中 TiO_2 的 XRD 图与颜料 TiO_2 的 XRD 图相比较，衍射线强度出现畸变。这表明包覆层中 TiO_2 晶粒在云母片上的沉积呈择优取向状态。因此，可采用 B. Horta 的反极图法来表征 TiO_2 在云母片上沉积的择优取向（织构）状态。

在 Horta 的反极图法中，用取向率因子 P^*_{hkl} 表征晶粒在某一方向（hkl）上的取向状况。P^*_{hkl} 表示包覆于云母片的沉积物 TiO_2 晶体中（hkl）晶面平行于样品表面的晶体分数相对于 TiO_2 晶体呈随机分布时该晶体分数的比值：

$$P^*_{hkl} = \frac{I_{hkl}}{I_{Rhkl}} \cdot \sum_{i}^{n} N_{hkl} / \sum_{i}^{n} \frac{N_{hkl} \cdot I_{hkl}}{I_{Rhkl}} \tag{8-8}$$

式中，I_{hkl} 为 TiO_2 晶体（hkl）晶面的实测衍射强度；I_{Rhkl} 为 TiO_2 晶体随机取向时（hkl）晶面的衍射强度；N_{hkl} 为（hkl）衍射线多重因子；n 为被测定的衍射线数。

云母钛的主体为白云母，呈片状结晶体。在制样时受外力作用云母片很易呈［001］取向，云母片［001］面与样品面平行。因此，实测的 P^*_{hkl} 实际上反映包覆物 TiO_2 晶体中（hkl）晶面平行于云母片平面［001］的晶体取向程度。

（2）测定实例

采用典型的云母钛珠光颜料——德国 Merck 公司的珠光红 Iriodin 9219（以下简称样 1）和珠光银 Iriodin120（简称样 2）作为测试样品。

样品的 XRD 图表明，除载体白云母的谱线外，还存在宽化的 TiO_2 衍射线。经检测和计算，样 1 中 95％的 TiO_2 呈金红石型，其余 5％呈锐钛矿型。样 2 中 TiO_2 则全部以锐钛矿型形式存在。因此，样 1 基本为金红石型云母钛珠光颜料；样 2 则为锐钛矿型云母钛珠光颜料。

宽化的衍射线按测定原理中叙述的步骤进行数学处理，样 1 和样 2 包覆层中 TiO_2 在［110］和［101］等方向上的平均晶粒大小分别列于表 8-1 和表 8-2。由表 8-1 和表 8-2数据可见，无论是珠光银（样 2）中的 A-TiO_2，还是珠光红（样 1）中的 R-TiO_2，其平均粒径大小都较颜料级同晶型二氧化钛（1000～2000Å）要小得多，其包覆层中的锐钛矿型二氧化钛晶粒更小。

在包覆层中，TiO_2 晶粒在各个方向上粒度不尽相同，在［001］方向上（表 8-1 中的［002］与表 8-2 中的［004］）两种晶型的晶粒平均粒度都较大。

表 8-3 和表 8-4 是按前述测定原理对样 1 和样 2 包覆层中 TiO_2 在［110］和［101］等方向的取向率的测定和计算的结果。

表 8-1　样 1 中的 R-TiO_2 平均晶粒大小

hkl	2θ（°）	d（Å）	$b_{\frac{1}{2}}$（°）	$B_{\frac{1}{2}}$（°）	$b_{\frac{1}{2}}/B_{\frac{1}{2}}$	$\beta_{\frac{1}{2}}/B_{\frac{1}{2}}$	$\beta_{\frac{1}{2}}$	D_{hkl}（Å）
110	27.5	3.24	0.160	0.399	0.440	0.870	0.347	234
101	36.0	2.48	0.160	0.281	0.569	0.738	0.207	395
111	41.2	2.18	0.150	0.334	0.449	0.850	0.284	294
002	62.7	1.48	0.140	0.224	0.625	0.702	0.162	575

表 8-2 样 2 中 A-TiO_2 平均晶粒大小

hkl	2θ (°)	D (Å)	$b_{\frac{1}{2}}$ (°)	$B_{\frac{1}{2}}$ (°)	$B_{\frac{1}{2}}/B_{\frac{1}{2}}$	$\beta_{\frac{1}{2}}/B_{\frac{1}{2}}$	$\beta_{\frac{1}{2}}$	D_{hkl} (Å)
101	25.3	3.51	0.160	0.365	0.438	0.855	0.312	260
103	36.9	2.43	0.160	0.285	0.561	0.772	0.220	377
004	37.8	2.38	0.160	0.344	0.465	0.840	0.289	288
200	48.0	1.89	0.150	0.573	0.262	0.946	0.542	158

制样时云母片平面［001］与样品平面基本平行，因此所测的 P^*_{hkl} 反映了包覆层中 TiO_2 晶粒的各个晶面在云母片表面上的取向程度。$P^*_{hkl}=1$ 表明 TiO_2 晶粒的（hkl）晶面在云母片呈随机无序取向；$P^*_{hkl}>1$ 表明 TiO_2 晶粒的（hkl）晶面在云母片上呈优势取向，在结晶学上称择优取向，数值越大，取向的优势越显著；$P^*_{hkl}<1$ 表明（hkl）晶面在云母片上呈弱取向，为择优取向的互补态。

表 8-3 样 1 包覆层中 R-TiO_2 的取向率

序号	hkl	I_{hkl}	I_{Rhkl}	$\frac{I_{hkl}}{I_{Rhkl}}$	N_{hkl}	$\sum_i^n N_{hkl}\cdot\frac{I_{hkl}}{I_{Rhkl}}$	$N_{hkl}\cdot\frac{I_{hkl}}{I_{Rhkl}}$	P^*_{hkl}
1	110	7.6	100	0.076	4	4.10	0.304	0.34
2	101	22.1	41	0.539	8	29.1	4.31	2.9
3	200	0.0	7	0.00	4	0.00	0.00	0.00
4	111	9.2	22	0.418	8	22.6	3.34	1.9
5	210	0.0	9	0.00	8	0.00	0.00	0.00
6	211	4.9	50	0.098	16	5.29	1.57	0.44
7	220	0.0	16	0.00	4	0.00	0.00	0.00
8	002	10.3	8	1.287	2	69.5	2.57	5.8
$\sum$					54		12.1	

表 8-4 样 2 包覆层中 A-TiO_2 的取向率

序号	hkl	I_{hkl}	I_{Rhkl}	$\frac{I_{hkl}}{I_{Rhkl}}$	N_{hkl}	$\sum_i^n N_{hkl}\cdot\frac{I_{hkl}}{I_{Rhkl}}$	$N_{hkl}\cdot\frac{I_{hkl}}{I_{Rhkl}}$	P^*_{hkl}
1	110	21.9	100	0.219	4	5.69	0.880	0.85
2	103	2.5	9	0.278	8	7.23	2.22	1.08
3	004	19.4	22	0.882	2	22.9	1.76	3.5
4	112	1.1	9	0.122	8	3.17	0.98	0.47
5	200	7.1	33	0.215	4	5.59	0.86	0.83
$\sum$					26		66.7	

由表 8-3 和表 8-4 可知，云母钛包覆层中 R-TiO_2 和 A-TiO_2 晶粒分别在［002］和［004］，即［001］方向上都表现了明显的择优取向状态，P^*_{002} 和 P^*_{004} 分别为 5.8 和 3.5。颜料钛白不存在择优取向的情况。包覆层中 TiO_2 晶粒的这一特点，与 TiO_2 在云母片上沉积的物理化学过程相关。

云母钛的 TiO_2 包覆层载体为白云母，$KAl_2(OH)_2(Si_3Al)O_{10}$ 是层状硅酸盐晶体结构，层内由两个 Si、Al 四面体层和一个（Mg、Fe）—（O、OH）八面体层组成，并以共同占有的氧原子相连构成一结构单位层。在两结构单位层之间，有一层 K^+、Na^+ 等正离子起平衡电荷的作用。白云母层内各原子多由共价键连接，结构紧密而层间作用弱，极易产生［001］面解理。云母片表面上的正金属离子（K^+、Na^+ 等）的力场只有部分被内层 Si—O 等负离子平衡，还有部分“剩余价力”伸向空间，造成对表面物质的静电吸附倾向。

在二氧化钛的晶体结构中，Ti^{4+} 置于氧八面体的空隙内。无论是 R-TiO_2 还是 A-TiO_2，两相邻八面体都有水平棱相连（图 8-14）。因此，O^{2-} 在水平方向［001］上的密度较其他方向高，具有一定的负电性。TiO_2 在云母片表面沉积过程中，TiO_2 晶粒的［001］晶面受云母片表面“剩余价力”的作用，定向地沉积于云母片上，形成显著的［001］取向。TiO_2 微晶在云母表面力场的作用下，定向地沉积于云母片的表面，构成光学性能优异的包覆层。

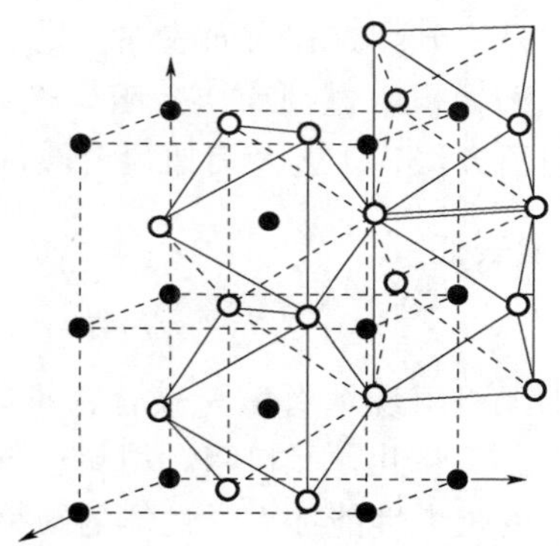

图 8-14　金红石型二氧化钛的晶体结构

●—Ti；○—O

3. 二氧化钛包覆率的测定

氧化还原滴定法是将四价钛离子（Ti^{4+}）还原为三价钛离子（Ti^{3+}），再用硫酸高铁铵标准溶液滴定，然后用式（8-9）计算云母表面的二氧化钛包覆率：

$$TiO_2=\frac{N\times V\times 0.0799}{G}\times 100\% \tag{8-9}$$

式中，N 为硫酸高铁铵溶液当量浓度；V 为消耗硫酸高铁铵溶液体积；G 为试样质量；0.0799 为二氧化钛毫克当量。

8.3　无机复合阻燃填料

8.3.1　概述

二十多年来，阻燃剂的无卤化已成为阻燃剂行业发展的主流，无机阻燃剂（如氢氧化铝、氢氧化镁等）得到了迅速的发展。金属氢氧化物阻燃剂的主要特点为：分解吸热，减少反馈回基体中的热量，从而降低基体温度；热分解产物为水蒸气，对环境友好，且能够稀释空气中的氧气浓度；可能生成致密的金属氧化物层，阻碍能量及物质的传递。以上这些优点都使得金属氢氧化物成为一种理想的阻燃剂。但单一的氢氧化铝、氢氧化镁等无机阻燃剂存在着填充量大且严重影响高分子基复合材料的加工性能和制品的物理力学性能等缺点，不能满足材料高效阻燃、填充增强和低烟（甚至无烟）、无毒以及高适用性的要求，因此，复合无机阻燃填料逐渐成为阻燃材料加工与应用的主要发展方向之一。例如，氢氧化铝受热分解温度较低，不能满足某些材料高温阻燃的需要，但将其与氢氧化镁复配使用，不仅可提高材料的阻燃温度，还可提高氧指数（阻燃性能）。通过化学或物理方法将一种阻燃剂包覆于另一种阻燃剂颗粒表面，实现两种阻燃剂的化学复合，则可从根本上解决两种复配阻燃剂间分配不均的问题，使无机阻燃剂各自的优点和相互间的协同阻燃效应最大限度地发挥出来，提高阻燃效率。

目前，无机复合阻燃填料的制备方法可以分为物理复合法和化学复合法。物理法主要是机械混合法，其核心技术是组分配方和表面改性；化学法主要是采用液相化学法在一种无机阻燃剂表面包覆另一种无机阻燃剂或协效阻燃剂，并进行表面有机复合改性，其核心技术是表面无机组分包覆方法、工艺及有机复合改性工艺与配方。

8.3.2 制备方法、工艺与性能表征

1. 物理法

一般情况下，采用单一的无机阻燃填料填充聚合物难以满足复合阻燃填料氧指数、拉伸强度和断裂伸长率的要求。而将几种无机阻燃填料进行物理复配混合，则可弥补单一阻燃填料填充聚合物所造成的阻燃性能和力学性能的缺陷，即在大幅提高材料阻燃性能的基础上，可保持其原有的力学性能不变甚至有所改善。例如，采用单一的氢氧化铝或氢氧化镁填充 PVC 时，无机阻燃填料/PVC 体系的氧指数只有 30%左右。而将氢氧化铝、氢氧化镁、煅烧高岭土、白炭黑和三氧化二锑以一定比例复配混合制成的超细活性阻燃产品具有高效阻燃、填充增强和电绝缘性三种功能[134-138]。

2. 化学法

化学法制备无机阻燃填料主要有氧化锌/氢氧化镁（氢氧化铝）复合阻燃填料（简称锌包镁、锌包铝）的制备[133]、氢氧化镁/氢氧化铝复合阻燃填料（简称镁包铝）的制备[139]、羟基锡酸锌（ZHS）/氢氧化镁（MH）复合阻燃填料的制备[140]和磷酸锌/氢氧化镁阻燃填料的制备[133]。锌包镁、锌包铝和镁包铝复合阻燃填料的制备工艺如图 8-15 所示。

制备方法：将水镁石或氢氧化铝粉体原料均匀分散在含有分散剂的水中，制成稳定分散的悬浮液；然后将预先配制好的硫酸锌溶液（硫酸镁溶液）、氢氧化钠溶液同时加入悬浮液中并控制反应所需的 pH 值、温度等；反应结束后将所得到的悬浮液过滤、洗涤（直至滤液中用 0.1% $BaCl_2$ 溶液无法检验出硫酸根离子），然后进行干燥和打散解聚。

图 8-16 为锌包镁、锌包铝和镁包铝复合阻燃填料包覆前后的 SEM 图。可以看出，包覆后原料表面包覆了纳米级粒子，棱角得到了钝化。

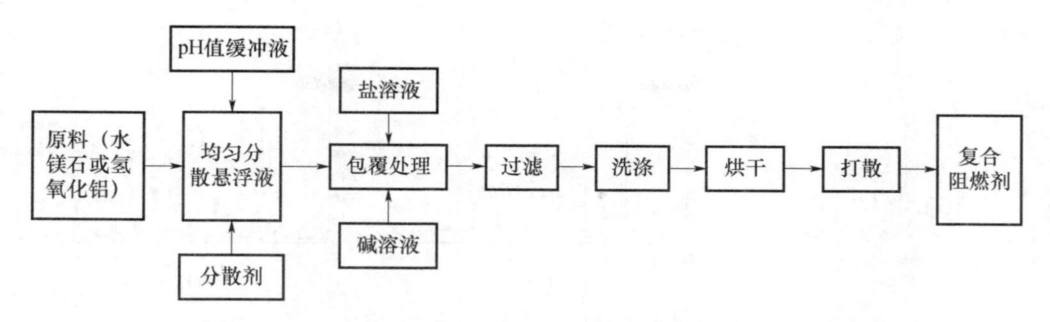

图 8-15　锌包镁、锌包铝和镁包铝复合阻燃填料的制备工艺流程

图 8-16　锌包镁、锌包铝和镁包铝复合阻燃填料包覆前后的 SEM 图

（a）氢氧化铝；（b）氢氧化镁；（c）锌包镁复合粉体；（d）镁包铝复合粉体；（e）锌包铝复合粉体

图 8-17 所示为锌包镁、锌包铝和镁包铝复合阻燃填料包覆前后的 XRD 图。由图可知，镁包铝样品中颗粒表面的包覆物为氢氧化镁，锌包铝和锌包镁样品中颗粒表面的包覆物则是氧化锌。

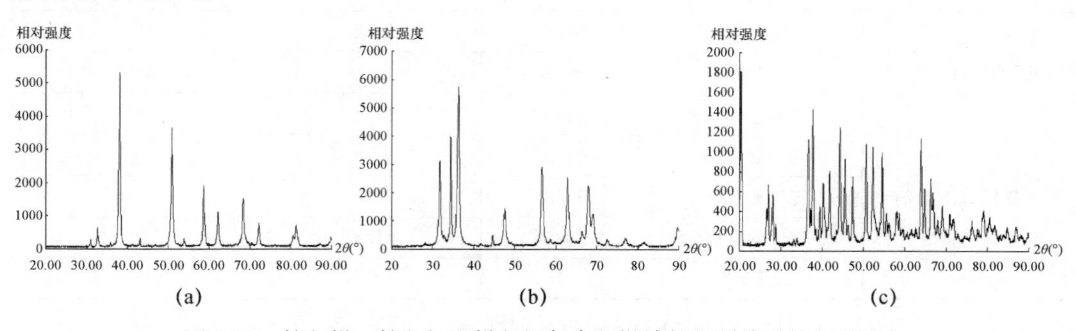

图 8-17　锌包镁、锌包铝和镁包铝复合阻燃填料包覆前后的 XRD 图

（a）氢氧化镁；（b）氧化锌；（c）氢氧化铝；（d）镁包铝复合粉体；（e）锌包铝复合粉体；（f）锌包镁复合粉体

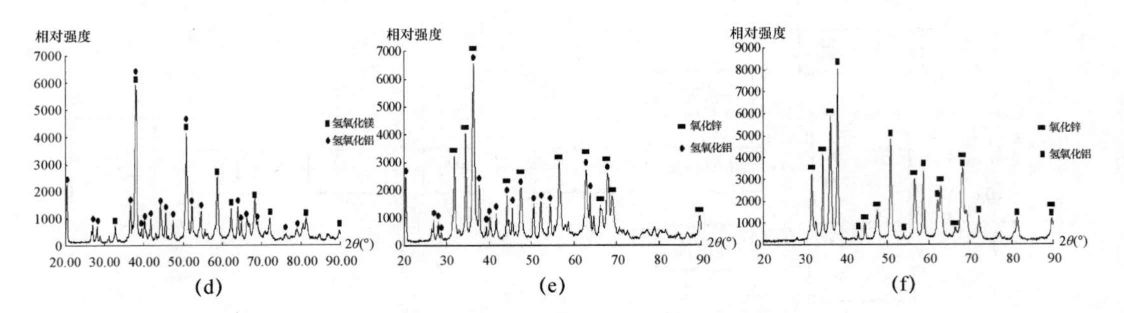

图 8-17 锌包镁、锌包铝和镁包铝复合阻燃填料包覆前后的 XRD 图（续）

（a）氢氧化镁；（b）氧化锌；（c）氢氧化铝；（d）镁包铝复合粉体；（e）锌包铝复合粉体；（f）锌包镁复合粉体

表 8-5 为锌包镁、锌包铝和镁包铝复合阻燃填料包覆前后的比表面积。复合阻燃剂颗粒的比表面积相对于氢氧化铝和氢氧化镁原料有明显提高，其中镁包铝样品的比表面积甚至提高了 3 倍以上。

表 8-5 锌包镁、锌包铝和镁包铝复合阻燃填料包覆前后的比表面积

样品	原料		复合阻燃剂		
	氢氧化铝	氢氧化镁	镁包铝	锌包铝	锌包镁
比表面积（m^2/g）	3.7979	10.1499	15.9414	3.9142	13.6762

用阻燃剂样品充填 EVA 材料经开辊混炼、硫化工艺制成阻燃复合材料，充填配方为：阻燃剂，180 份；EVA，100 份；抗氧化剂，1 份；润滑剂，2 份。测试这些复合材料的力学性能及阻燃性能，结果见表 8-6。其中机械混合样有三种：氢氧化铝与氢氧化镁的机械混合样（镁铝混合样）。氢氧化铝与市售氧化锌试剂的机械混合样（锌铝混合样）、氢氧化镁与市售氧化锌试剂的机械混合样（锌镁混合样）。机械混合样中两种成分的混合比例与相应的复合阻燃剂中两种成分的复合配比一致。

表 8-6 阻燃剂性能比较

复合材料对应的阻燃剂		氧指数	拉伸强度（MPa）	断裂伸长率（%）
原料	氢氧化铝	37.4	7.2	113
	氢氧化镁	37.2	5.7	136
改性复合阻燃剂	镁包铝	39.1	10.2	180
	锌包铝	38.4	8.5	480
	锌包镁	41.8	13.4	193
机械混合阻燃剂	镁铝混合样	38.5	8.6	130
	锌铝混合样	37.8	8.3	180
	锌镁混合样	38.6	11.3	83
—	纯 EVA	＜18	17.4	766

从表 8-6 中的数据对比可以看出以下几点：①与纯 EVA 相比，充填了阻燃剂的复合材料虽然力学性能有所下降，但阻燃性能有了质的提高，材料的氧指数均在 37 以上，

通过充填阻燃剂使得材料从易燃材料变成了难燃材料；②同未改性复合的氢氧化铝和氢氧化镁原料相比，在相同的充填比例下用改性复合阻燃剂（包括机械混合样）充填的 EVA 材料的综合性能有了较大提高，不仅可以提高材料的阻燃性能，而且能提高材料的力学性能；③在相同的充填比例下用改性复合阻燃剂充填的 EVA 材料较用机械混合样充填的 EVA 材料，综合性能有了显著的提高。

郑水林等[138]发明了一种磷酸锌包覆超细氢氧化镁/氢氧化铝型复合无机阻燃剂的制备方法：将超细氢氧化镁/氢氧化铝粉体分散在含有六偏磷酸钠分散剂的水中，制成悬浮液，然后将锌盐溶液、磷酸盐溶液、氢氧化钠溶液同时加入悬浮液中进行包覆反应，最后将包覆产物过滤、洗涤、干燥、解聚并用偶联剂进行表面改性处理。用此方法制备的磷酸锌包覆超细氢氧化镁/氢氧化铝型复合无机阻燃剂实现了氢氧化镁或氢氧化铝和磷酸锌这两种无机阻燃剂的化学复合，可充分地发挥氢氧化镁或氢氧化铝和磷酸锌这两种无机组分的协同阻燃效应，显著提高复合无机阻燃剂的阻燃效率。

中国专利 CN103773082A 公开了一种氢氧化镁包覆碳酸钙无机复合阻燃填料的制备方法。将碳酸钙粉体和硫酸镁加水制成浆液后在一定温度下加入氢氧化钙进行搅拌反应，反应一定时间后，对产物进行过滤、洗涤、干燥、解聚和表面改性，即得到氢氧化镁包覆碳酸钙无机复合阻燃填料，既具有氢氧化镁优良的阻燃和抑烟性能，又具有碳酸钙优良的填充工艺性能以及二水硫酸钙的增强性能和辅助阻燃及消烟性能[141]。

8.3.3 影响无机阻燃填料性能的主要因素

张清辉[142]将制得的无机复合阻燃填料填充 EVA，以复合材料氧指数和拉伸强度为评价指标，得出影响无机阻燃填料性能的主要因素是基体颗粒粒度、悬浮液浓度、包覆量、浆液 pH 值、反应温度等。

上述各种化学包覆型无机复合阻燃填料填充 EVA 材料的氧指数均随（氢氧化镁或氢氧化铝）基体粒度的增大而逐渐变小。原因是基体的粒度越小，包覆样品的粒度也越小，比表面积也就越大，因此当填充材料燃烧时同一时间受热分解的样品就越多，吸热越多，这样复合阻燃剂的阻燃效应就越明显，填充材料的氧指数就越高，阻燃性能越好；无机复合阻燃填料填充 EVA 材料的拉伸强度也是随着粒度的增大而逐渐变小。显然，包覆样品粒度越小，表面活性就越大，与 EVA 基料结合越好，填充 EVA 材料的强度就越好。

研究表明，制备时氢氧化镁或氢氧化铝悬浮液浓度对各种化学包覆型无机复合阻燃填料填充 EVA 材料的氧指数与拉伸强度的影响相似。对于镁包铝和锌包镁复合阻燃填料，随着悬浮液浓度的增大，其氧指数和拉伸强度均是先增后降；锌包镁样品在浓度为 0.5mol/L 时氧指数和拉伸强度达到最大；对于锌包铝样品，氧指数和拉伸强度随浓度的增大而缓慢增大。

包覆量是指表面包覆组分与基体氢氧化镁或氢氧化铝的质量之比。图 8-18 所示为氧化锌在氢氧化镁或氢氧化铝粉体表面的包覆量对复合材料氧指数和拉伸强度的影响。

由图可见，随着包覆量的增加，氧指数和拉伸强度指标都是先增后减。其中当包覆质量比为0.01左右时，结果最佳。两种化学包覆型无机复合阻燃填料填充EVA材料的性能变化趋势基本相似。

浆液的pH值对复合阻燃填料氧指数和拉伸强度的影响是：氧指数先随pH值增大而增大，达到一定数值后随pH值增大而减小。对于镁包铝和锌包铝样品，拉伸强度随pH值变化基本稳定；对于锌包镁样品，拉伸强度随pH值的变化趋势与氧指数相似。

反应温度对复合阻燃填料氧指数、拉伸强度的影响是：氧指数和拉伸强度随温度变化的趋势非常地相似，而且总趋势基本上都是随温度的升高而减小（图8-19）。

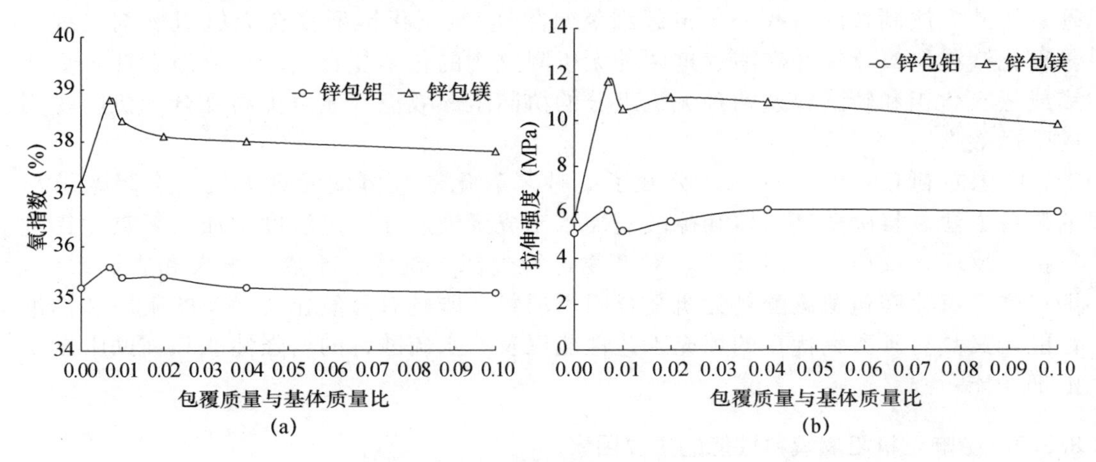

图8-18　包覆量对复合材料氧指数和拉伸强度的影响

（a）氧指数；（b）拉伸强度

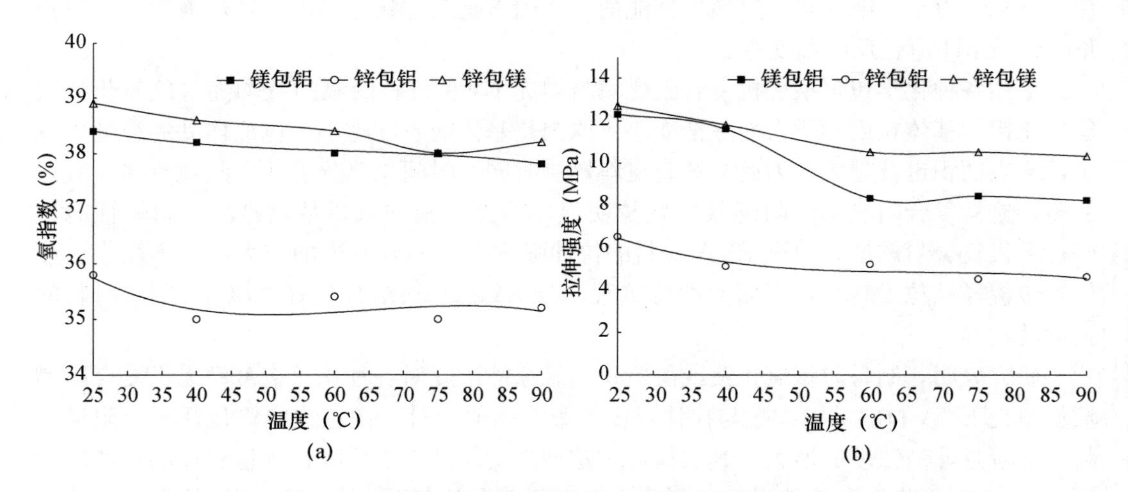

图8-19　反应温度对复合材料氧指数和拉伸强度的影响

（a）氧指数；（b）拉伸强度

8.3.4　无机复合阻燃填料的研究进展

聚磷酸铵（APP）是一种性能优良的阻燃剂。聚磷酸铵的含磷量和含氮量都很高，它们之间又存在 P—N 协同效应，具有高的阻燃效能，而且热稳定性好（分解温度高于250℃，在约 750℃下完全分解），在水中溶解度不大，发烟量不大，毒性小（LD_{50}>10g/kg），能与许多其他阻燃剂进行复配，提高材料的阻燃性，被誉为新型“环保型阻燃剂”。

渗析性也称渗透性，关系到添加聚磷酸铵的高分子制品的性能，特别是阻燃和电绝缘性能。在高湿度条件下，水蒸气渗入 APP 阻燃剂，使体相内 APP 溶解而向外迁移，造成高分子材料起“白霜”和材料的阻燃性不耐久等问题。渗析性与相容性和分散性有密切关系。通常两种物质间有亲和力，则相容性好，它们之间容易分散。高分子材料基材通常为有机聚合物，APP 为无机物，它们之间相容性差，APP 不易在基材内分散。机械分散的结果是，APP 粉末易在材料局部处形成团块，不仅使材料力学性能下降，而且由于它们之间无亲和力，阻燃剂易从材料内部迁移至表面，引起表面“泛霜”，使阻燃性能逐渐下降。所以在实际应用中常常是把两种或两种以上阻燃剂复配在一起，制成复合阻燃剂使用，使它们相互增效、取长补短，从而达到降低阻燃剂的用量，提高材料阻燃性能、加工性能和力学性能的目的。但当前聚磷酸铵阻燃剂的复合或复配大都是与三聚氰胺、季戊四醇组合成膨胀阻燃体系（IFR）。

针对聚磷酸铵实际应用中存在的渗析性缺陷，中国发明专利 CN105061811A 公开一种聚磷酸铵/高岭土复合阻燃剂的制备方法，该发明将改性聚磷酸铵与煅烧高岭土进行复合与表面改性处理，得到一种聚磷酸铵/高岭土复合阻燃剂。借助高岭土的复合抑制聚磷酸铵向制品表面迁移，加之表面有机改性技术，进一步提高复合阻燃剂的疏水性，增强与基料的相容性，使制品具有良好阻燃性的同时，显著提高制品的抗渗析性。具体制备方法为：①将超细水洗高岭土在 600～900℃下煅烧 1～2h，得到煅烧高岭土；②用三聚氰胺对聚磷酸铵进行表面改性，改性温度为 100～250℃，改性时间为 1～2h，三聚氰胺的用量为聚磷酸铵质量的 5%～25%，得到改性聚磷酸铵；③将煅烧高岭土和改性聚磷酸铵按质量比 1∶（2～6）进行混合，然后使用改性剂进行复合表面改性，改性温度为 60～120℃，改性时间为 15～60min，改性剂的用量为煅烧高岭土和改性聚磷酸铵总质量的 0.5%～3%，得到聚磷酸铵/高岭土复合阻燃剂。该复合阻燃剂可以显著提升聚磷酸铵填充高分子材料的抗渗析性能[63]。

8.4　纳米 TiO_2/非金属矿物复合粉体材料

8.4.1　概述

许多无机非金属矿物，如沸石、硅藻土、蛋白土、海泡石、电气石、凹凸棒石、膨胀珍珠岩等经过加工，具有选择性吸附各种有机、无机污染物的功能，而且具有原料易得、单位处理成本低、工艺简单、操作方便等优点，在环保领域尤其是废水、废气治理方面有着很好的应用前景。但利用天然矿物处理废水只是利用其吸附性能把污染物从水中转移出来，有害的物质并没有去除；另外，这种方法对废水的深度处理效果也不理想。纳米 TiO_2 作为一种光催化剂，具有光催化活性高、化学性质稳定、使用安全和无毒无害等优点，在环保领域有着显而易见的潜在优势。但是，采用化学方法制备的纯 TiO_2 光催化材料往往是高分散的微细粉末，直接使用存在着分散性差、难以回收、吸附捕捉能力不强等问题。自 20 世纪 90 年代末以来，人们开始研究采用玻璃及多孔矿物材料等作为载体负载纳米 TiO_2 制成载体复合型光催化材料以达到实用目的。

8.4.2　纳米 TiO_2/多孔非金属矿物复合粉体材料的制备与性能表征

1. 纳米 TiO_2/硅藻土复合材料

王利剑、郑水林等将硅藻土提纯后采用水解沉淀法在硅藻土粉体表面包覆 TiO_2，制备了纳米 TiO_2/硅藻土复合光催化材料。

制备方法：将一定量的硅藻土、水、少量盐酸配制悬浮液，然后在一定温度下依次加入 $TiCl_4$ 溶液、硫酸铵或氯化铵水溶液、碳酸铵或氨水溶液进行水解和沉淀负载反应，反应一定时间后过滤、干燥、煅烧晶化，即得到纳米 TiO_2/硅藻土光催化材料[30]。

纳米 TiO_2/硅藻土复合光催化材料已实现产业化，其生产工艺流程如图 8-20 所示。

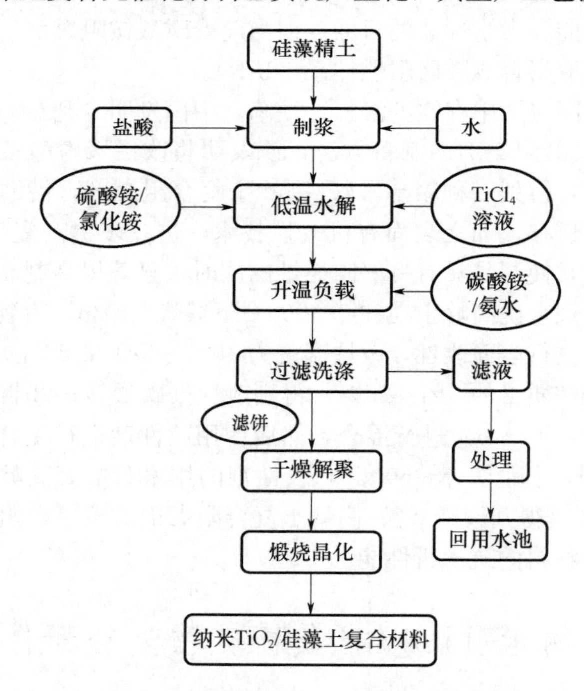

图 8-20　纳米 TiO_2/硅藻土复合材料的生产工艺流程图

制备原理：以四氯化钛为前驱体，利用水解沉淀法制备纳米 TiO_2/硅藻土复合光催化材料时，光催化活性物质锐钛矿型 TiO_2 粒子负载在硅藻土表面上的形成过程主要包括三个过程[143]：

（1）$TiCl_4$ 的水解，决定了无定形 TiO_2 粒子的粒径大小和分布。在低温和强酸介质中，$TiCl_4$水解反应是分三步进行的：

$$TiCl_4 + 2H_2O = TiOH^{3+} + H^+ + 4Cl^-$$

$$TiOH^{3+} = TiO^{2+} + H^+$$

$$TiO^{2+} + H_2O = TiO_2 + 2H^+$$

（2）纳米 TiO_2在硅藻土颗粒表面的沉积，决定纳米 TiO_2在硅藻土表面的异相成核和生长，从而影响纳米 TiO_2在硅藻土颗粒表面负载或包覆的均匀性。

（3）煅烧过程 TiO_2晶粒的生成和固定，决定硅藻土颗粒表面 TiO_2粒子的晶型及晶粒尺寸，从而最终影响复合材料的光催化性能。

图 8-21～图 8-23 所示分别为硅藻土和纳米 TiO_2/硅藻土复合光催化材料的扫描电镜图（SEM）、XRD 图及纳米 TiO_2/硅藻土复合光催化材料剖面的透射电镜图（TEM）。表征结果表明，负载在硅藻土表面的 TiO_2为锐钛矿型，晶粒平均尺寸 12nm，纳米 TiO_2在硅藻土表面形成了均匀包覆[144]。

图 8-21　硅藻土与纳米 TiO_2/硅藻土复合材料的 SEM 图

（a）硅藻土；（b）纳米 TiO_2/硅藻土复合材料

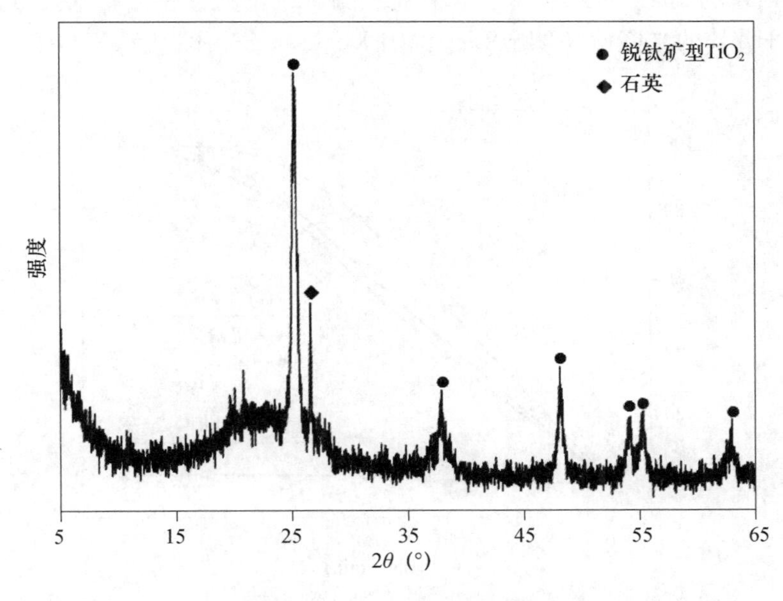

图 8-22　纳米二氧化钛/硅藻土复合材料的 XRD 图

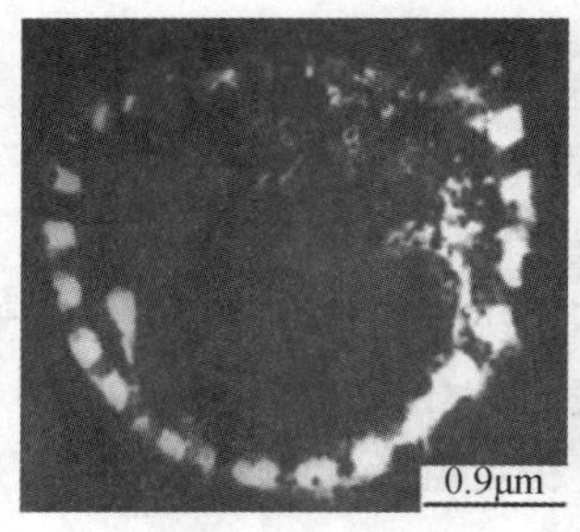

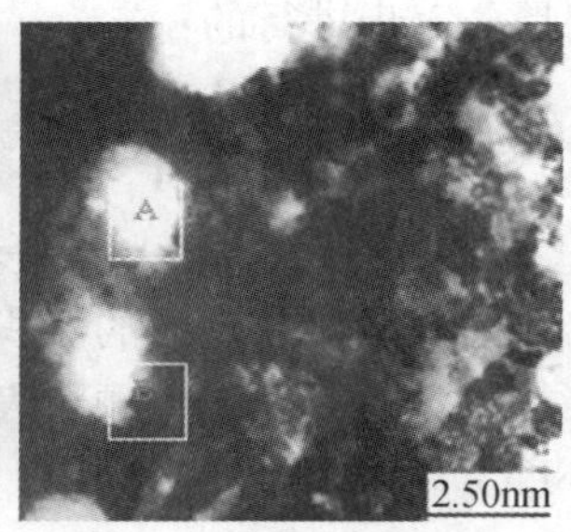

图 8-23 纳米 TiO_2/硅藻土复合材料剖面的透射电镜图（TEM）

表 8-7 所示为纳米 TiO_2/硅藻土复合材料降解甲醛的检测结果。结果表明，该复合材料对甲醛气体具有良好的降解效果[143]。

表 8-7 纳米 TiO_2/硅藻土复合材料降解甲醛的检测结果

检验项目	开灯时间（h）	采样时间（h）	检测值（mg/m³）	
			对照组	样品组
甲醛	24	1.5	0.420	0.188
		3	0.455	0.125
		5	0.445	0.100
		7	0.427	0.091
		9	0.385	0.080
		24	0.391	0.076

图 8-24 所示为纳米 TiO_2/硅藻土复合材料与 P25 的光催化活性试验结果。结果表明，其对罗丹明 B 的光降解率明显高于德国 Degussa 公司的纳米 TiO_2 商品 P25 的降解率[144]。

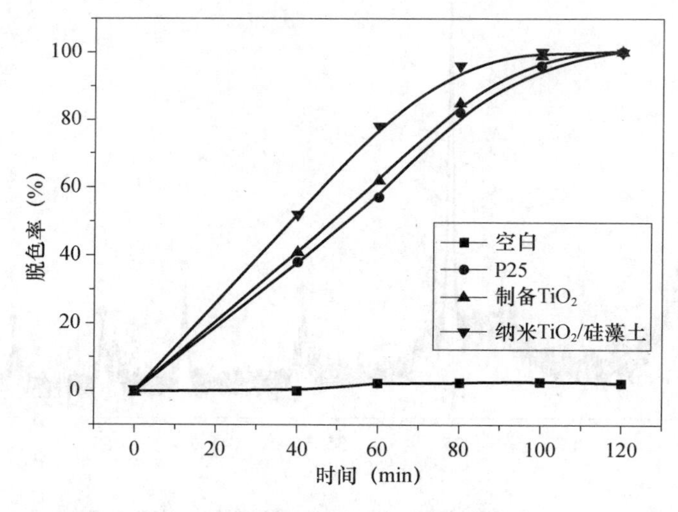

图 8-24 纳米 TiO_2/硅藻土复合材料与 P25 的光催化活性

张广心、郑水林等[145]研究了煅烧硅藻土（CD）、物理提纯硅藻土（PD）以及酸浸硅藻土（APD）负载纳米 TiO_2 光催化降解不同液相污染物的性能。结果发现酸浸、煅烧处理可改善硅藻土的表面性质，使 TiO_2 颗粒能够通过相互作用牢固地结合在硅藻土表面（图 8-25）。三种硅藻土中，酸浸硅藻土负载纳米 TiO_2 复合材料具有最佳的降解甲基橙、罗丹明 B 和亚甲基蓝性能。

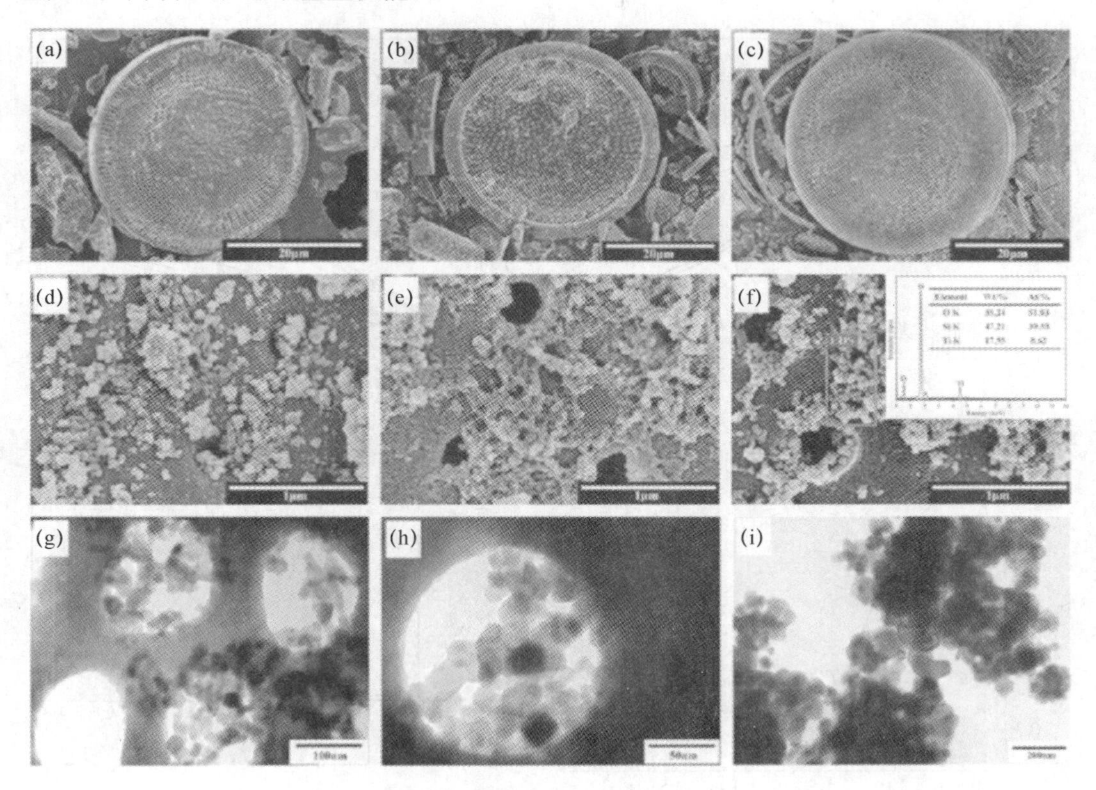

图 8-25　不同硅藻土载体负载纳米 TiO_2 复合材料的形貌

（a）～（c）煅烧硅藻土（CD）、物理提纯硅藻土（PD）以及酸浸硅藻土（APD）的 SEM 图；（d）～（f）TiO_2/煅烧硅藻土（T-CD）、TiO_2/物理提纯硅藻土（T-PD）以及 TiO_2/酸浸硅藻土（T-APD）的 SEM 图；（g）～（i）TiO_2/酸浸硅藻土（T-APD）的透射电镜图

尽管在紫外光下，纳米 TiO_2/硅藻土复合材料有优良的光催化性能。但是在太阳光的组成中，紫外光的占比较小，仅占 5%左右，而可见光则占 43%，因而拓展纳米 TiO_2/硅藻土复合材料的光响应范围是实现太阳光下工业化应用的关键。目前半导体催化剂可见光开发利用的方法主要有金属掺杂、非金属掺杂、构建异质结等。

汪滨、郑水林等[146]研究了金属掺杂（Ce、V）纳米 TiO_2/硅藻土复合材料。采用有机钛溶胶-凝胶法，以选矿精土作为 TiO_2 光催化剂的载体，以钛酸四丁酯［$Ti(OC_4H_9)_4$，TBOT］为原料，无水乙醇为溶剂，冰醋酸或乙酸（HAc）作为抑制剂，盐酸作为溶液 pH 值调节剂，硝酸铈和钒酸铵作为掺杂组分，通过 TBOT 的水解反应在硅藻土表面固载纳米 TiO_2，再经过干燥、煅烧晶化得到铈（钒）掺杂纳米 TiO_2/硅藻土复合光催化材料。图 8-26 所示为不同 Ce 掺杂量下制备的 Ce-TiO_2/硅藻土复合光催化材料在模拟太阳光下对染料罗丹明 B 的光降解曲线及其反应动力学曲线。可以看出，Ce 掺杂后复合材料的光催化性能明显提升，最佳掺杂量为 1.5mol%，光照 5h 罗丹明 B 的去除率达到 72.03%，而未掺杂样品在相同条件下对 RhB 的去除率仅为 38.64%。样品 1.5%-Ce/TD 的回收重复利用试验结果如图 8-26（d）所示，由此可见，复合材料表现出良好的重复利用性，经过 5 次循环使用后，仍能保持较高的催化活性。

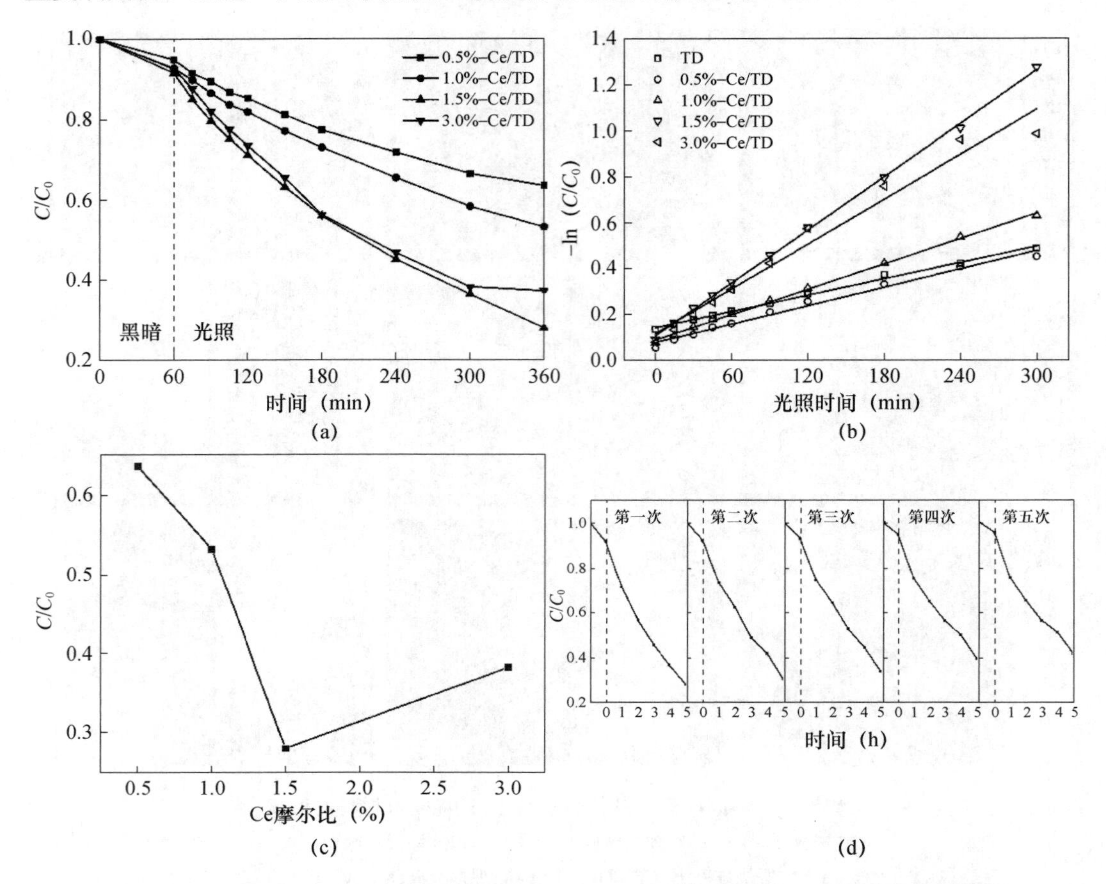

图 8-26　Ce-TiO_2/硅藻土复合光催化材料在模拟太阳光下对染料罗丹明 B 的光催化降解性能

（a）纳米 TiO_2/硅藻土和不同 Ce 掺杂量 Ce-TiO_2/硅藻土复合材料对 RhB 的光催化降解曲线；（b）动力学曲线；（c）去除率随掺杂量变化曲线；（d）1.5%-Ce/TD 样品的重复使用性能

李春全、郑水林等[147]研究了非金属（F）掺杂纳米 TiO_2/硅藻土复合材料。以氟化氢铵为氟源，采用溶胶凝胶法，制备了 F 掺杂纳米 TiO_2/硅藻土复合光催化材料，利用 F 掺杂效应，使得复合材料表面产生氧空位和缺陷位，从而使外部能级得到激发，自由载流子在可见光下进行表面化学降解。同时，F 元素的诱导效应使得具有更高活性的（001）晶面比例增大，并产生（001）晶面和（101）晶面异质结效应，继而增强对可见光的响应。

图 8-27 所示为硅藻土、纳米 TiO_2/硅藻土以及不同 F 掺杂量情况下制备的 F-TiO_2/硅藻土复合材料的 XRD 谱图及晶粒尺寸。可以看到，硅藻土的 XRD 图谱在 $2\theta=21.8°$ 有一个较宽的特征衍射峰，同时，$2\theta=26.6°$的石英特征衍射峰也很明显，说明了硅藻

土中含有少量的石英杂质。而对于 F 掺杂的 TiO_2/硅藻土复合材料样品来说，在 2θ＝25.3°、37.9°、48.1°、54.0°、55.1°和 62.8°等处出现了锐钛矿相 TiO_2 的特征衍射峰，分别对应于（101）、（004）、（200）、（105）、（211）和（204）晶面。因为煅烧温度较低的缘故，没有出现金红石、板钛矿相的 TiO_2。根据 Scherrer 公式并基于锐钛矿相 TiO_2（101）晶面计算的所有样品的平均晶粒尺寸，可以发现，在引入硅藻土载体后，锐钛矿相 TiO_2 的晶粒尺寸显著降低，从大约 20nm 下降到 12～13nm，说明硅藻土载体效应可以抑制 TiO_2 晶粒生长。同时可以发现，由于 F、O 离子半径相近的缘故，F 元素的掺杂效应对于晶粒尺寸的影响并不显著。进一步研究不同 F 掺杂量情况下制备的 F-TiO_2/硅藻土复合材料在可见光下对罗丹明 B 的降解情况（图 8-28），可以发现，F 掺杂量为 1.0%的复合材料降解速率分别是 F 掺杂 TiO_2 样品以及纯 TiO_2 样品的 4.4 倍和 26.1 倍。

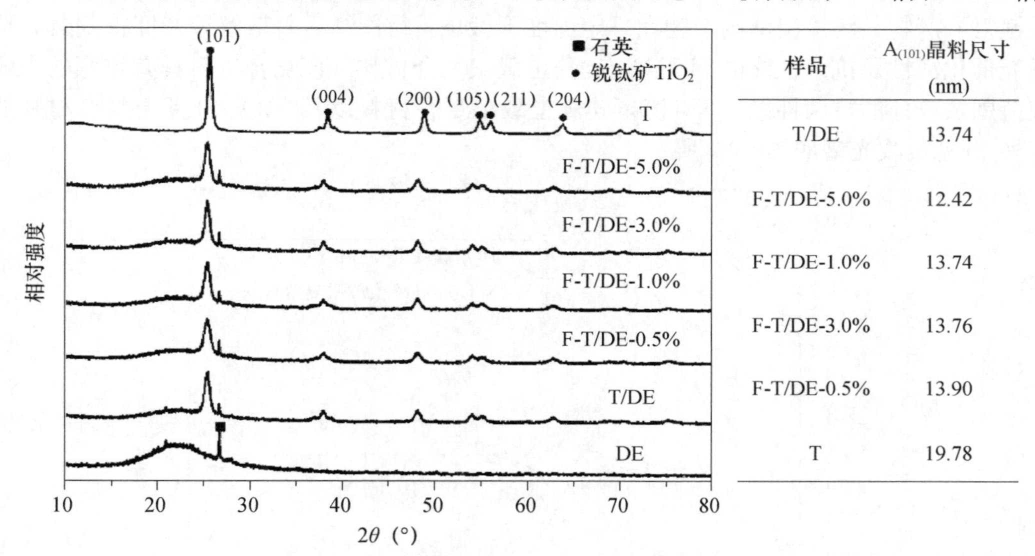

样品	$A_{(101)}$晶料尺寸 (nm)
T/DE	13.74
F-T/DE-5.0%	12.42
F-T/DE-1.0%	13.74
F-T/DE-3.0%	13.76
F-T/DE-0.5%	13.90
T	19.78

图 8-27　TiO_2、TiO_2/硅藻土和不同掺杂量下制备的 F-TiO_2/硅藻土复合材料的 XRD 图谱及晶粒尺寸

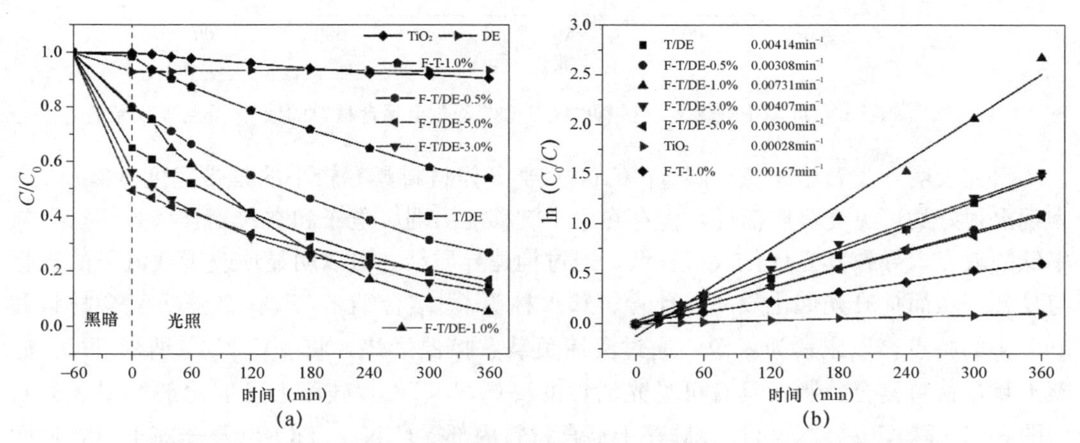

图 8-28　TiO_2、TiO_2/硅藻土和不同掺杂量下制备的 F-TiO_2/硅藻土复合材料可见光下对 RhB 的光催化降解性能

（a）降解率；（b）降解动力学（准一级）

中国专利 CN102698785A[148]涉及一种硅藻土负载 N 掺杂纳米 TiO_2光催化材料的制备方法。将硅藻土矿粉加水和浓盐酸搅拌制浆后加入四氯化钛水溶液和氯化铵水溶液，随后加入氨水溶液调节反应 pH 值，NH_4^+为氮源进行水解沉淀负载和液相 N 掺杂反应，将反应产物过滤、洗涤、干燥后在氮气气氛中煅烧晶化，得到硅藻土负载 N 掺杂纳米 TiO_2光催化材料，该发明所制备的复合材料可显著提升纳米 TiO_2在可见光下的光催化性能，对甲醛有持续降解作用，在可见光条件下 24h 内对甲醛的去除率达到 86%以上。

中国专利 CN104001537A[149]涉及一种提高 TiO_2/硅藻土复合材料可见光催化活性及抗菌性能的方法。将制备的 TiO_2/硅藻土复合材料在一定浓度的尿素和硝酸银溶液中搅拌浸渍，浸渍反应一段时间后将样品干燥，得到 TiO_2/硅藻土复合材料浸渍尿素、硝酸银复合产物；将该浸渍的产物在一定温度下煅烧，待冷却后打散解聚，即得到具有可见光催化活性及抗菌性能的 N-TiO_2/硅藻土载银复合材料。该复合材料具有较宽的光响应范围及较佳的抗菌性能。N-TiO_2/硅藻土载银复合材料以及 TiO_2/硅藻土复合材料的紫外-可见吸收光谱如图 8-29 所示。

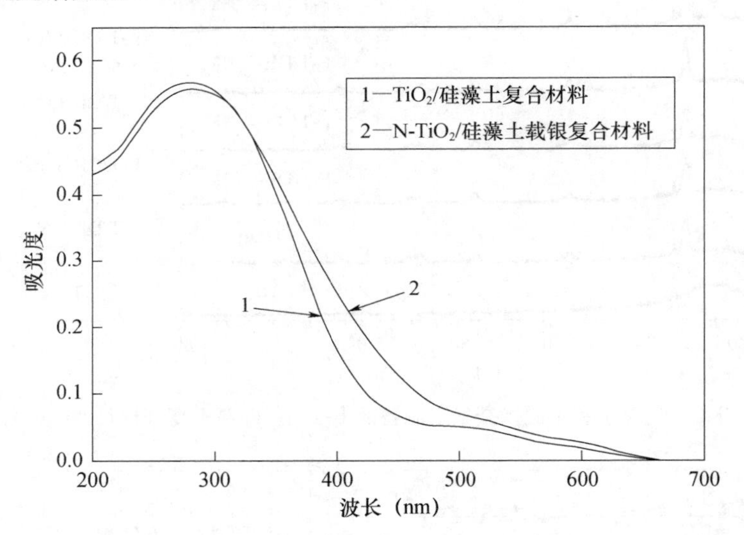

图 8-29 N-TiO_2/硅藻土载银复合材料以及 TiO_2/硅藻土复合材料的紫外-可见吸收光谱

研究表明，类石墨相氮化碳（g-C_3N_4）半导体材料具有较小的禁带宽度（2.7eV），表现出很好的可见光吸收活性，但存在电子转移能力弱、电子和空穴复合率高、量子效率低的缺点，导致其光催化效率较低。通过构建异质结，可以明显地改善载流子的迁移与复合，从而提升光催化效率。孙青、郑水林等[150]结合纳米 TiO_2/硅藻土复合材料和 g-C_3N_4的特点，以尿素为氮源，通过浸渍负载、控温煅烧，将 g-C_3N_4与纳米 TiO_2/硅藻土复合材料复合，制备具有可见光活性的 g-C_3N_4/TiO_2/硅藻土光催化剂（图 8-30）。由图 8-31 可知，g-C_3N_4/TiO_2/硅藻土复合材料内部 g-C_3N_4、TiO_2以及硅藻土三者形成了紧密的界面结合，这种结合利用 g-C_3N_4和 TiO_2价带、导带的位置关系，在硅藻土表面形成了三元异质结，从而改善载流子激发、迁移和利用效率。以重金属 Cr（VI）为对象，对比研究了 g-C_3N_4/TiO_2/硅藻土光催化剂在可见光下的催化性能（图 8-32），可以发现，不同煅烧温度的五组样品中，500℃下的样品 g-NTDIA-1-500 表现出了最优的可见光催化性能，高于 P25 的可见光催化性能。这主要是因为当煅烧温度为 600℃时，大部分 g-C_3N_4挥发升华，导致对可见光的吸收效果下降，因而 g-NTDIA-1-600 表现出较弱的光催化能力；当煅烧温度为 400℃和 500℃时，样品中的尿素分解得较完全，且一部分 N 原子进入 TiO_2内部，增强了 TiO_2对可见光的吸收效果，所以样品的可见光催化性能较强。

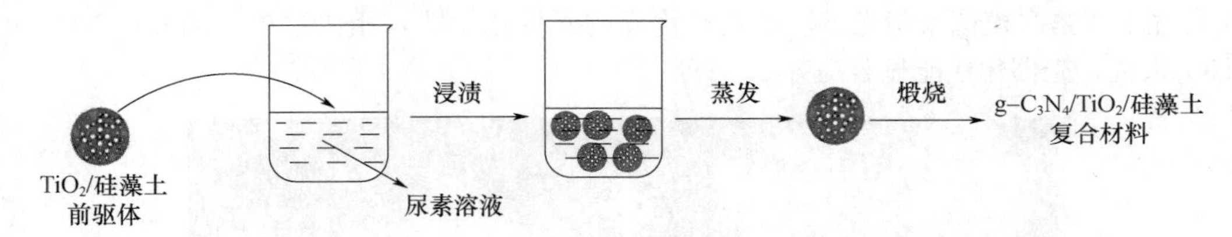

图 8-30　g-C_3N_4/TiO_2/硅藻土光催化剂的制备工艺流程示意图

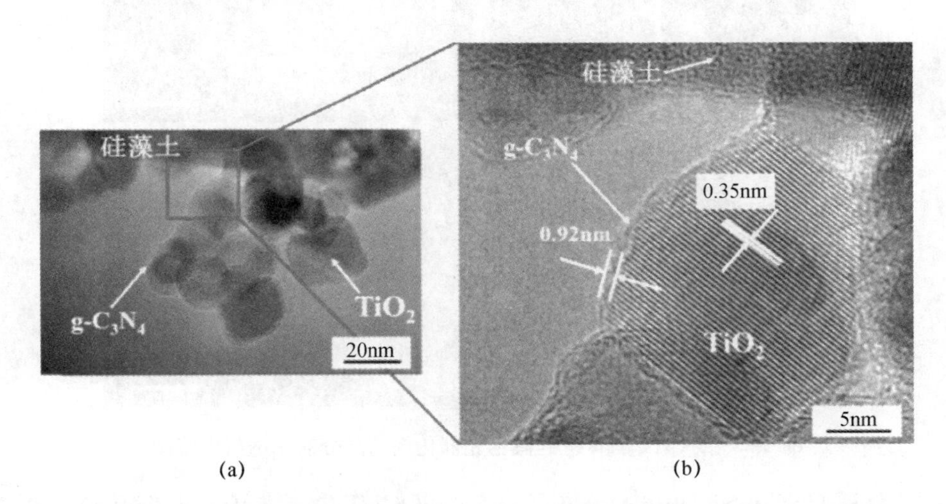

图 8-31　g-C_3N_4/TiO_2/硅藻土光催化剂（g-NTDIA-1-500）的高分辨率透射电镜图

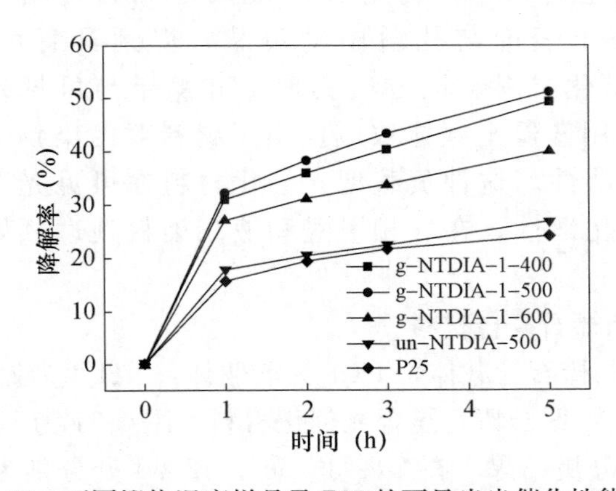

图 8-32　不同煅烧温度样品及 P25 的可见光光催化性能对比

孙志明、郑水林等[151]利用原位沉积的方法，同样将 g-C_3N_4/TiO_2异质结载到硅藻土的表面，制备出了高效的 g-C_3N_4/TiO_2/硅藻土复合光催化剂。由图 8-33 可见，g-C_3N_4/TiO_2均匀地载到硅藻土的表面与孔道中，硅藻土载体一方面促进了 g-C_3N_4/TiO_2异质结的分散，另一方面提供了更多的反应位点，这对于提升载流子分离效率、促进光反应的进行以及光生量子效率的提升具有重要作用。选取常见的两种阳离子染料（罗丹明 B 和亚甲基蓝）为目标污染物，在可见光以及模拟太阳光下进行降解研究，结果表明，优化制备条件下制备的 g-C_3N_4/TiO_2/硅藻土复合光催化材料无论是在可见光下还是在模拟太阳光下，都具有优异的光催化性能，相比于单一的 g-C_3N_4以及 TiO_2来说，光催化性能显著提升。

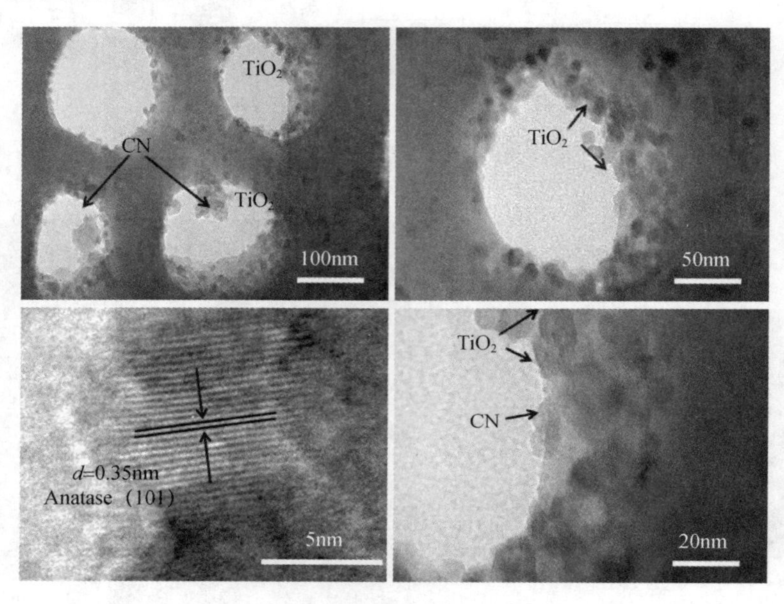

图 8-33 g-C_3N_4/TiO_2/硅藻土光催化剂的高分辨率透射电镜图

中国专利 CN105854906A 公布了一种 BiOCl-TiO_2/硅藻土光催化剂及其制备方法。以硅藻土为催化剂载体，利用溶胶-凝胶法和煅烧晶化法实现 BiOCl-TiO_2异质结催化剂在硅藻土表面与孔道中的负载，得到具有可见光响应的 BiOCl-TiO_2/硅藻土复合光催化材料。该方法实现了硅藻土与可见光响应的纳米 BiOCl-TiO_2异质结复合，利用硅藻土载体效应提高了材料对污染物吸附捕捉性能与催化剂的分散性及光催化活性。这种负载型光催化材料在可见光下对气相甲醛和液相染料具有优良的光催化活性，在气相甲醛和液相染料处理领域具有很大的潜在应用价值[152]。

2. 纳米 TiO_2/凹凸棒石复合材料

文献［153］以凹凸棒石为载体，$TiCl_4$为前驱体，NH_4^+为氮源，采用水解沉淀法制备了 N 掺杂纳米 TiO_2/凹凸棒石复合光催化材料。图 8-34 为 N 掺杂纳米 TiO_2/凹凸棒石复合材料的 XRD 分析结果，在 2θ=36.66°、42.60°处分别为 TiN 晶体（111）和（200）晶面的衍射峰。

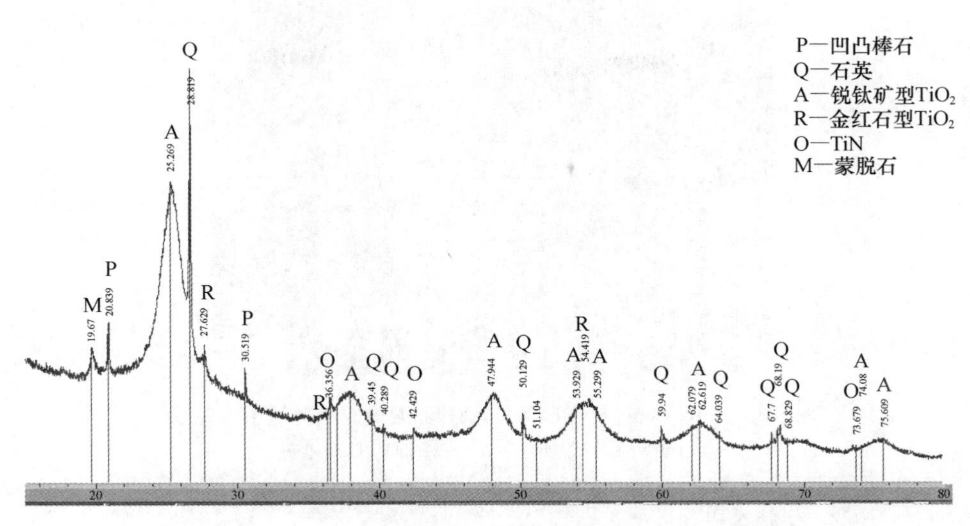

图 8-34　N 掺杂纳米 TiO_2/凹凸棒石复合材料的 XRD 图

表 8-8 所示为光源为 40W 白炽灯，环境温度 20℃，相对湿度 80%，降解时间为 48h 时，不同初始浓度下 N 掺杂 TiO_2/凹凸棒石复合材料的甲醛降解率随时间的变化。由表可知，在不同的甲醛浓度下，制备出的复合材料都可以对甲醛产生持续降解的作用，使甲醛浓度降到对人体无害的限定值以下。

表 8-8　不同初始浓度降解甲醛的最终浓度

初始浓度（mg/m^3）	0.86	1.63	2.43	3.21
甲醛降解率（%）	91.3	95.8	95.2	96.5
最终浓度（mg/m^3）	0.070	0.076	0.078	0.081

李春全、郑水林等[154]以凹凸棒石为载体，钛酸四丁酯为前驱体，采用溶胶-凝胶法制备了 V-TiO_2/凹凸棒石复合光催化材料。通过对材料的晶体结构、微观形貌及光学性能进行了表征。研究表明：凹凸棒石显著提高了材料的吸附能力，有效抑制了催化剂纳米粒子团聚；以 10mg/L 的罗丹明 B 溶液为目标降解物，研究了不同热处理温度下制备的 V-TiO_2/凹凸棒石复合材料在模拟太阳光下的降解效果，结果表明：400℃下煅烧 2h 的样品性能最优，对罗丹明 B 溶液的去除率达到 91%；与其他对照材料相比，V-TiO_2/凹凸棒石复合光催化材料性能更优。图 8-35 所示为不同材料的透射电镜图。从图 8-35（a）中可以看出凹凸棒石是一种典型的层链状结构，直径为10～20nm。由图 8-35（b）～（d）可知，负载后凹凸棒纤维表面变得粗糙，催化剂纳米颗粒均匀致密地附着在凹凸棒石纤维表面，粒子直径为 10～13nm，TiO_2 纳米颗粒之间存在空间位阻效应，可阻止颗粒的并聚。

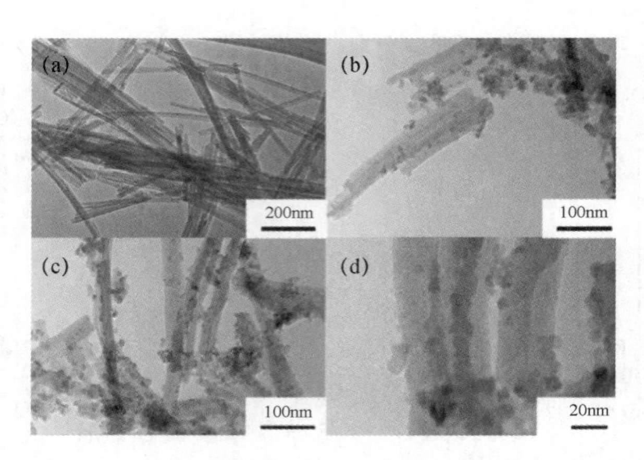

图 8-35　凹凸棒石与 V-TiO_2/凹凸棒石复合材料的透射电镜图
(a) 凹凸棒石；(b) ～ (d) V-TiO_2/凹凸棒石

3. TiO_2/电气石复合材料

中国专利 ZL02156763.8 公开了一种电气石粉体的表面 TiO_2包覆改性增白方法。将电气石粉体加水制成浆，同时加酸调节 pH 值至 1.5～3.5，然后加入钛盐溶液和助剂，用碱溶液调节 pH 值使钛盐水解产生 $TiO_2 \cdot H_2O$ 并在电气石粉体表面进行沉淀反应，最后将沉淀反应产物进行过滤、洗涤、干燥和焙烧即得到表面 TiO_2包覆改性增白的电气石粉体产品。该方法可显著提高电气石粉体的白度，同时增强电气石粉体的遮盖力和抗菌性能[155]。

中国专利 CN103464129A 公开了一种镧掺杂纳米 TiO_2/电气石复合材料的制备方法及应用[156]。制备方法为：在冰水浴下，将经预处理的电气石放入容器中，加入蒸馏水使电气石浸没于水中，搅拌下滴加硫酸铵溶液与浓盐酸的混合液，滴加 TiU_4 溶液，使钛离子和硫酸根离子的摩尔比为 1：(1.5～4.5)，再滴加硝酸镧溶液，搅匀，升温至 60～95℃，调节 pH 值到 6.5～7.5，反应 1～4h。反应结束后抽滤，用水、乙醇清洗、干燥，在 450～750℃下煅烧 1.5～4h 得到镧掺杂纳米 TiO_2/电气石复合材料。该发明实现了将电气石的天然电极性、释放负离子功能和纳米 TiO_2光催化性能的有机结合。

4. 纳米 TiO_2/沸石复合材料

中国专利 CN200510027382.8 公开了一种表面负载晶相可控纳米 TiO_2/沸石复合光催化材料及其制备方法。该材料以沸石为基体，可溶性钛盐为前驱物，采用浸渍焙烧方法制备。将不同骨架组成的沸石分子筛浸渍在含金属 Ti 离子的溶液中，然后蒸干、焙烧，通过改变基体沸石骨架组成达到制备锐钛矿和金红石不同晶相比例的纳米 TiO_2/沸石复合光催化材料[157]。

中国专利 CN105032471A 公布了一种可见光响应的纳米 TiO_2/沸石复合材料及制备方法，其中沸石原料为辉沸石，粒度分布范围为 10～100μm；纳米 TiO_2颗粒平均粒径为 10～14nm，晶型为锐钛矿型；S 元素的掺杂提高了 TiO_2的可见光催化活性。该复合材料以 $TiOSO_4$为钛源，以尿素为沉淀剂，采用均匀沉淀法制得纳米

TiO_2前驱体，再通过浸渍煅烧实现 S 元素的掺杂。该发明制备的可见光响应的纳米 TiO_2/沸石复合材料在可见光 390～500nm 范围内较普通 TiO_2/沸石复合材料吸光度显著提升[158]。

胡小龙、郑水林等[159]以 $TiCl_4$为前驱体，沸石为载体，采用水解沉淀法，制备一种纳米 TiO_2/沸石复合光催化材料，通过 X 射线衍射、扫描电子显微镜对复合材料的结构与形貌进行表征，并考察沸石负载 TiO_2催化剂对水中 Cr（VI）和甲醛的降解试验。结果表明，Cr（VI）-甲醛共存体系中 Cr（VI）和甲醛的降解率均比 Cr（VI）和甲醛单一体系中的降解率大，Cr（VI）和甲醛之间存在协同降解作用。

胡小龙、郑水林等[160]报道了一种具有增强光活性的纳米 TiO_2/红辉沸石复合材料。通过系列表征表明，TiO_2负载量和煅烧温度对吸附性能有显著影响。负载在沸石表面的 TiO_2粒径较小（约 12.0nm），且粒径分布较窄，在沸石表面形成一层薄膜。图 8-36 所示为沸石以及纳米 TiO_2/沸石复合材料的形貌图，沸石整体结构呈块状，TiO_2纳米粒子负载以后，在沸石表面致密均匀分布，随着负载量的增加，复合材料对苯酚溶液的降解率随负载量的升高先增大后减小，元素面扫结果进一步证实了 TiO_2纳米粒子在沸石表面呈均匀分布的状态。

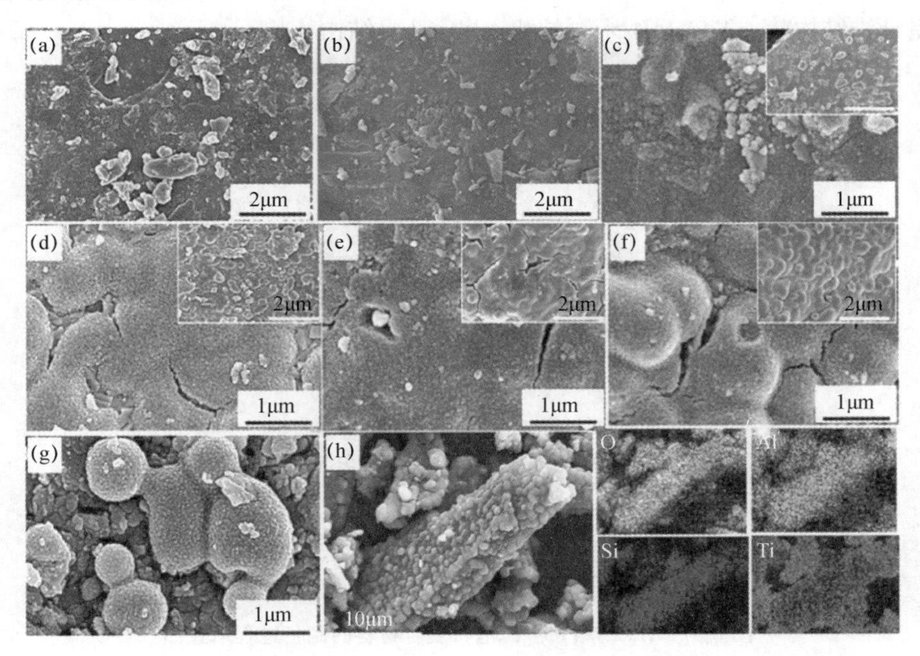

图 8-36　沸石及不同 TiO_2负载量的 TiO_2/沸石复合材料的 SEM 图

（a）沸石 SEM 图；（b）450℃下煅烧后沸石 SEM 图；（c）～（f）不同 TiO_2负载量的 TiO_2/沸石复合材料（负载量依次为 10%、20%、30%和 40%）；（g）、（h）50%TiO_2负载量的 TiO_2/沸石复合材料及其元素面扫图

5. 纳米 TiO_2/海泡石复合材料

纳米 TiO_2/海泡石复合材料或催化剂一般采用水解沉淀法和溶胶-凝胶法制备。

贺洋等[161]通过先将海泡石提纯，然后以提纯海泡石为载体，以 $TiCl_4$ 为前驱体，采用水解沉淀法在海泡石粉体上负载纳米 TiO_2。用 X 射线衍射仪和扫描电子显微镜等

对 TiO_2/海泡石复合结构进行了表征；并以甲醛为降解对象，考察了 TiO_2 复合材料的光催化性能。结果表明：纳米 TiO_2/海泡石复合粉体在 650℃煅烧后 TiO_2 为锐钛矿型，在紫外光照射下，对甲醛气体具有良好的降解效果。

中国专利 CN106925252A 报道了一种金属掺杂纳米 TiO_2/海泡石复合材料及制备方法：以海泡石为载体，利用溶剂蒸发-煅烧晶化法将金属元素铈、铋、钒掺杂纳米 TiO_2 负载于海泡石表面，得到具有可见光响应的纳米 TiO_2/海泡石复合材料。该方法实现了海泡石与金属掺杂纳米 TiO_2 的复合，增强了纳米 TiO_2 对可见光的利用率[162]。

胡小龙、郑水林等[163]以 $TiOSO_4$ 为 TiO_2 前驱体，$Bi(NO_3)_3 \cdot 5H_2O$ 为 BiOCl 前驱体，采用水解沉淀法制备出了可见光响应增强的三元非均相 BiOCl/TiO_2/海泡石复合材料。通过各种表征可以发现，与单一 BiOCl 和 TiO_2 相比，三元非均相 BiOCl/TiO_2/海泡石的结构能够有效改善可见光光催化性能，对四环素的降解性能显著提升。电子自旋共振（ESR）的结果表明，光诱导空穴和超氧自由基在四环素降解过程中是主要的活性自由基。图 8-37 所示为 BiOCl/TiO_2/海泡石复合材料的制备过程示意图。如图 8-38 所示，制备的三元 BiOCl/TiO_2/海泡石复合材料，实现了三者的异质结合和均匀分布，海泡石呈纤维结构状，TiO_2 呈纳米颗粒状，BiOCl 呈结构片状。

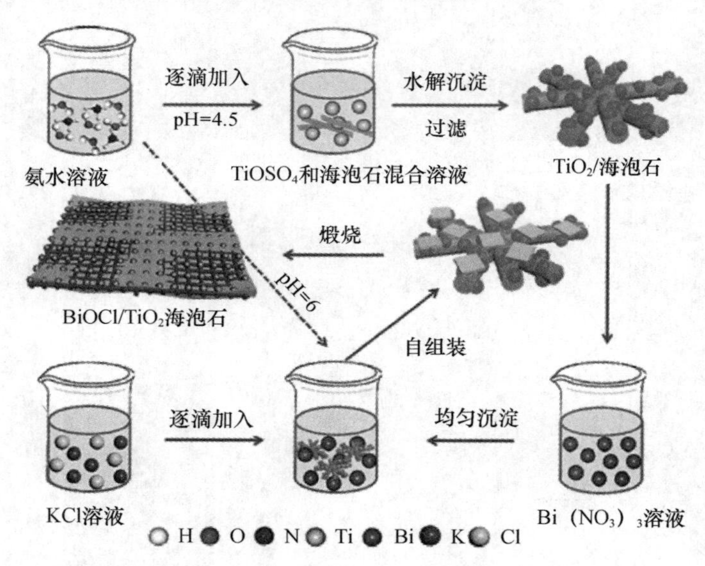

图 8-37　BiOCl/TiO_2/海泡石复合材料的制备过程示意图

6. 纳米 TiO_2/蛋白土复合材料

刘超、郑水林等[164]以酸浸蛋白土为载体，$TiCl_4$ 为前驱体，采用水解沉淀法制备了纳米 TiO_2/蛋白土复合材料。采用 XRD、TEM 等方法对复合材料性能进行表征，并进行复合材料的光催化降解甲醛试验研究。结果表明，负载在蛋白土表面的 TiO_2 晶型为锐钛矿型，晶粒粒度为 5～20nm。对甲醛降解试验结果表明，所制备的蛋白土负载纳米 TiO_2 复合材料具有良好的光催化降解性能，其 24h 对甲醛的降解去除率可以达到 90%以上。

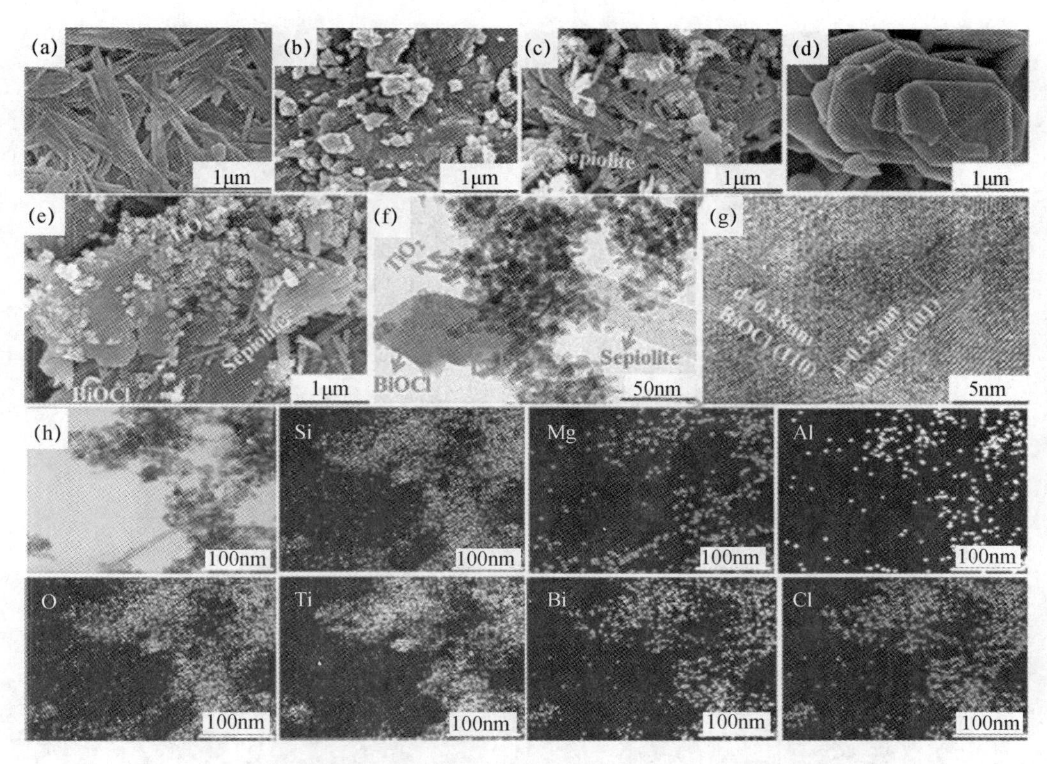

图 8-38　海泡石及 TiO_2/海泡石、BiOCl 及 BiOCl/TiO_2/海泡石复合材料的 SEM 图

（a）海泡石的 SEM 图；（b）TiO_2的 SEM 图；（c）TiO_2/海泡石的 SEM 图；（d）BiOCl 的 SEM 图；（e）BiOCl/TiO_2/海泡石复合材料的 SEM 图；（f）～（h）BiOCl/TiO_2/海泡石复合材料的 TEM 及元素面扫图

汪滨、郑水林等[165]采用钛盐水解沉淀法在蛋白土表面负载纳米 TiO_2从而制备了一种新型光催化剂。结合晶型与晶粒度、比表面积和孔结构等性质，讨论了煅烧工艺对其光催化性能的影响机理。结果表明，复合材料升温到 800℃时仍无金红石相出现，说明载体蛋白土对 TiO_2的晶型转变起到抑制作用。观察其形貌（图 8-39）可见，载体蛋白土颗粒呈球状结构，大小不一，表面带有毛刺，形似蒲公英；且具有较发达的孔结构，但孔分布没有规则，且体积不一。进一步观察 TiO_2/蛋白土复合材料可知，TiO_2包覆层厚度在 200nm 左右，包覆上去的 TiO_2粒径为 5～20nm，且从外向里粒度逐渐减小。

7. 纳米 TiO_2/膨胀珍珠岩复合材料

徐春宏、郑水林等[166]以膨胀珍珠岩为载体，$TiOSO_4$为钛源，采用均匀沉淀法制备了纳米 TiO_2/膨胀珍珠岩复合材料。以罗丹明 B 溶液为降解对象研究其光催化性能。结果表明，随着 $TiOSO_4$加入量的增加，复合材料的 TiO_2负载量和比表面积越来越大，而光催化性能先升高后降低。当 TiO_2负载量为 15.27％时光催化性能最好，此时纳米 TiO_2颗粒在膨胀珍珠岩表面均匀致密分布成一层薄膜（图 8-40），TiO_2晶粒尺寸为 11.93nm，经 300W 高压汞灯照射 60min 后对罗丹明 B 溶液的降解率超过 95％，达到了与 P25 相同的降解效果。

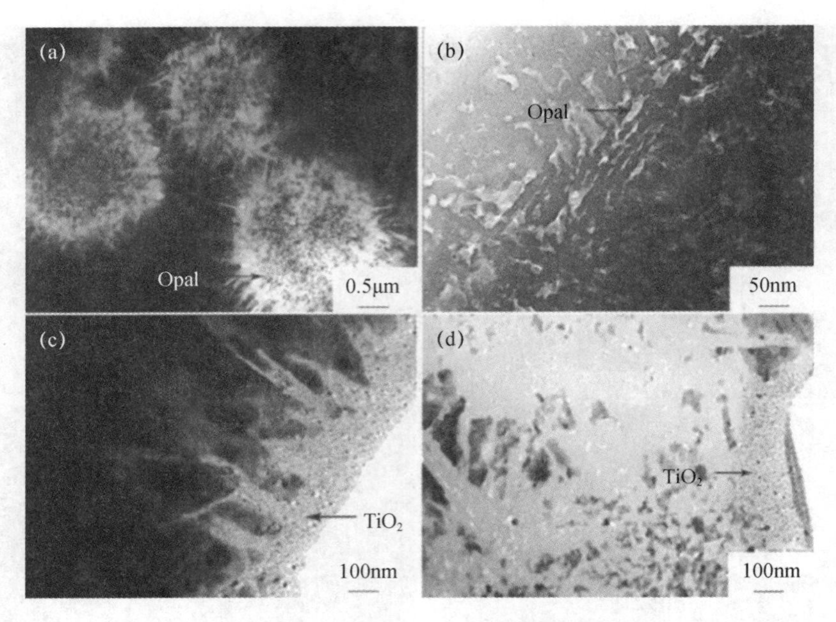

图 8-39 蛋白土原矿及纳米 TiO_2/蛋白土复合粉体的 TEM 图

(a)、(b) 蛋白土原矿；(c)、(d) 纳米 TiO_2/蛋白土复合粉体

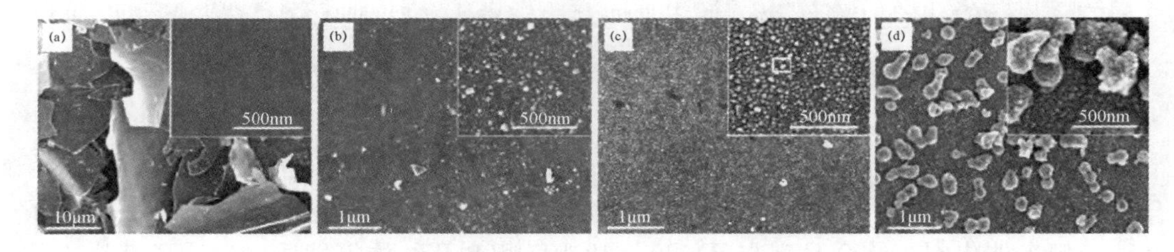

图 8-40 膨胀珍珠岩及不同 TiO_2 负载量复合材料的形貌/SEM 图

(a) 0%；(b) 10%；(c) 20%；(d) 40%

8. 纳米 TiO_2/蛇纹石尾矿渣复合材料

郑黎明、郑水林等[167]以蛇纹石尾矿酸浸渣（简称蛇纹石尾矿渣）为原料，以 $TiCl_4$ 为前驱体，采用水解沉淀法制备了纳米 TiO_2/蛇纹石尾矿渣复合材料。结构表征发现：制备的复合材料中锐钛矿 TiO_2 晶型占 89.8wt%，晶粒度为 10～30nm；TiO_2 与蛇纹石尾矿渣载体之间主要以 Si—O—Ti 化学键结合，纳米 TiO_2 与基体融合程度完好，载体颗粒表面和内部点位均有纳米 TiO_2 负载，且表面纳米 TiO_2 包覆均匀，复合材料具有较大的比表面积和孔体积。应用试验表明，该复合材料在紫外光下对含酚废水和含 Cr（VI）废水光催化降解效果好，降解率可达 90%以上。

8.4.3 影响纳米 TiO_2/多孔矿物复合粉体材料结构与性能的主要因素

影响纳米 TiO_2/无机多孔矿物复合材料的因素较多，主要影响因素有水解终点 pH 值、TiO_2 负载量、煅烧温度和煅烧时间、钛液初始浓度、水解温度、中和速度等。下面

以纳米 TiO_2/硅藻土复合材料为例，讨论影响其光催化性能的主要因素。

1. 水解终点 pH 值

制备过程中，碱中和终点的 pH 值会显著影响纳米 TiO_2/硅藻土复合材料的催化活性。表 8-9 所示为中和终点 pH 值对罗丹明 B 溶液的脱色率影响的试验结果。可见，随着中和终点 pH 值的提高，复合材料的光催化活性呈逐渐下降趋势。

表 8-9　中和终点 pH 值的试验结果

中和终点 pH 值	2.1	4.3	5.1	6.4	7.6
滤液中的 TiO_2 含量（mg/L）	2.96	0.031	0.021	0.143	0.985
罗丹明 B 溶液脱色率（%）	92.53	91.52	90.87	84.35	78.28

2. 水解温度

钛盐水解温度是控制 TiO_2 晶核形成和生长速度的最重要因素之一，TiO_2 晶核的形成和生长速度在一定程度上决定 TiO_2 晶粒大小及其在硅藻表面负载的均匀性，对复合材料的光催化性能有显著影响。图 8-41 所示为 $TiCl_4$ 水解温度对复合材料结构与光催化性能的影响规律。结果表明，低温水解（0℃以上，5℃以下）制备的复合材料晶粒小、光催化活性较高。

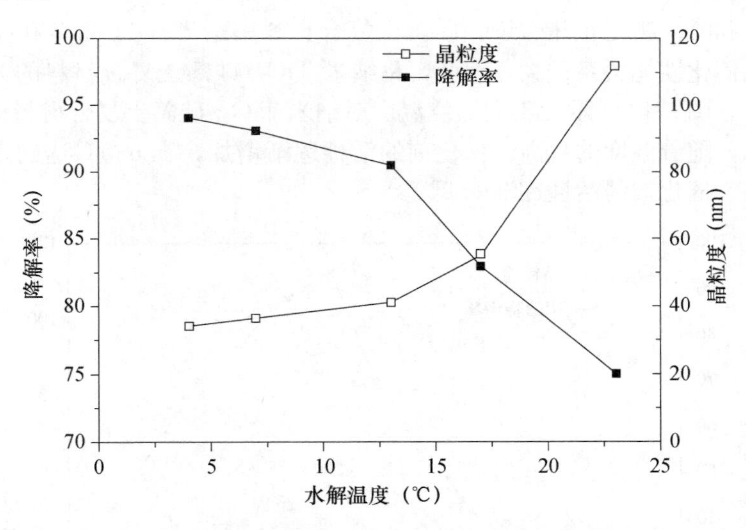

图 8-41　$TiCl_4$ 水解温度对复合材料结构与光催化性能的影响规律

3. TiO_2 负载量

制备纳米 TiO_2/硅藻土复合材料时，TiO_2 负载量是影响复合材料结构和催化活性一个重要因素。图 8-42 所示是 TiO_2 负载量对复合材料结构（晶粒）与光催化性能（罗丹明 B 溶液的脱色率）的影响规律。由图可见，随着 TiO_2 负载量的增加，硅藻土颗粒表面负载的 TiO_2 晶粒度减小；光催化活性先增加后减小，在负载量 45％左右达到最大值，此后随负载量的增加呈下降趋势；晶粒度在负载量超过 45％后几乎不再减小。

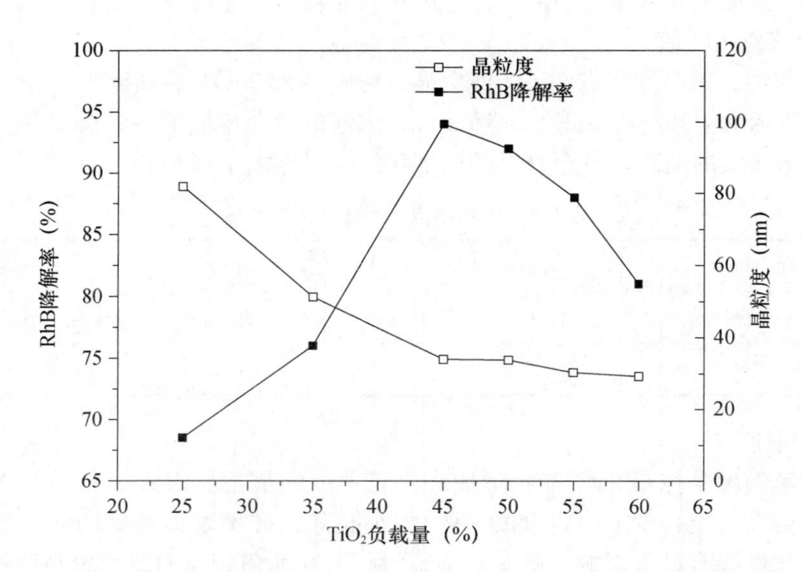

图 8-42　TiO_2负载量对材料纳米 TiO_2/硅藻土复合材料催化活性的影响

4. 煅烧温度和煅烧时间

煅烧温度和时间决定纳米 TiO_2/硅藻土复合材料中纳米 TiO_2晶型和晶粒大小，对复合材料的光催化性能关系重大，因此，是纳米 TiO_2/硅藻土复合材料的关键可控制备工艺参数之一。图 8-43 所示为不同煅烧温度对纳米 TiO_2/硅藻土复合材料催化活性的影响。由图可见，随着温度的提高，催化剂的活性逐渐增加，在 650℃达到最高，此后随着温度的增加，催化剂的活性逐渐降低。

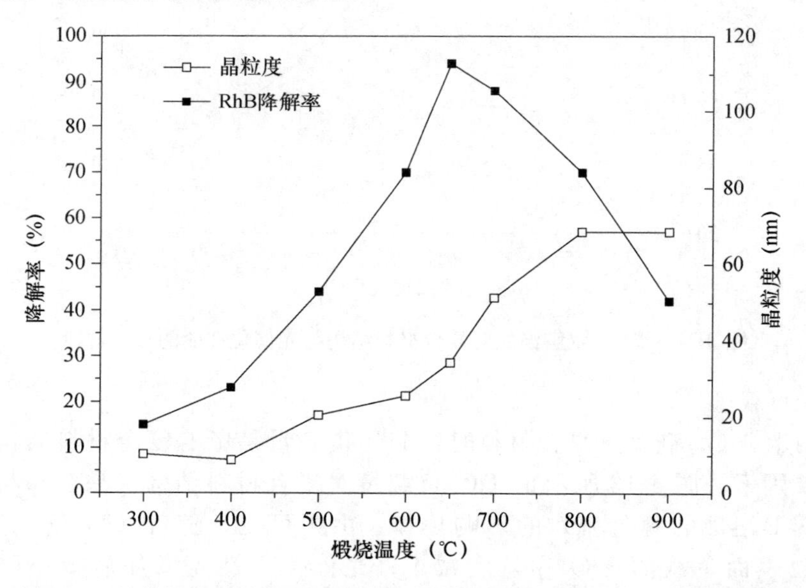

图 8-43　煅烧温度对纳米 TiO_2/硅藻土复合材料结构与光催化性能的影响

图 8-44 所示为不同煅烧温度的纳米 TiO_2/硅藻土材料的 XRD 图。可以看出，300℃时 TiO_2 为无定形结构，400℃时为较弱的锐钛矿相，650℃时为结晶完整的锐钛矿晶型，到 800℃时颗粒中还没有出现金红石相，直到 900℃左右时出现了少量的金红石相。

图 8-45 所示为不同煅烧时间对纳米 TiO_2/硅藻土材料催化活性的影响。图 8-46 所示为不同煅烧时间 TiO_2/硅藻土材料的 XRD 图。可见，随着煅烧时间的延长，XRD 图中衍射峰越来越尖锐，表明结晶越来越完整。样品的光催化活性也随着保温时间的延长越来越高，4h 达到最大，此后随煅烧时间的延长光催化活性逐渐降低。

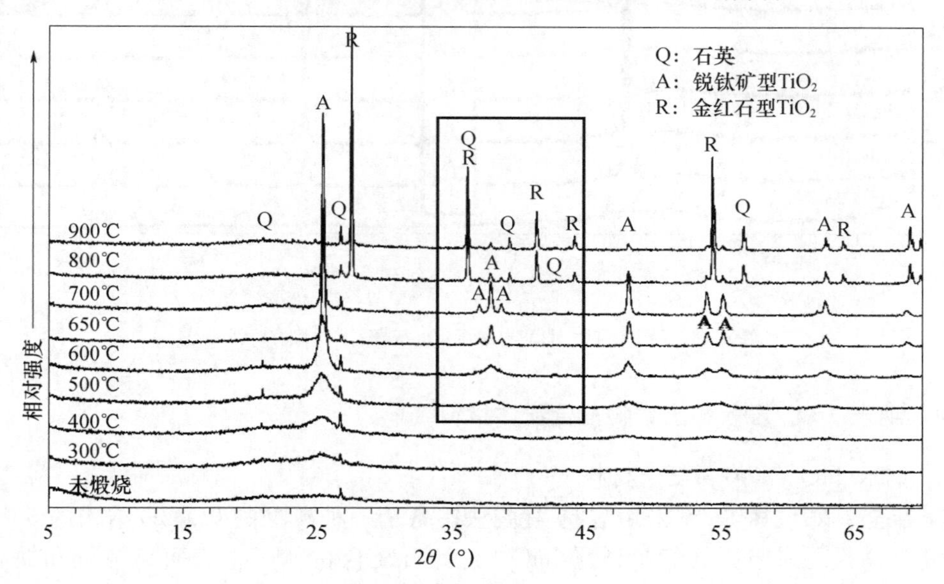

图 8-44　不同煅烧温度的纳米 TiO_2/硅藻土材料的 XRD 图

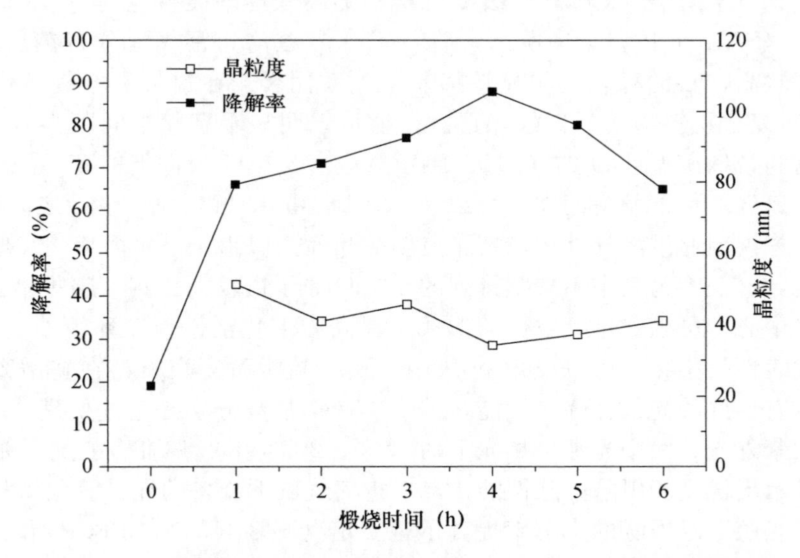

图 8-45　煅烧时间对纳米 TiO_2/硅藻土复合材料与催化性能的影响

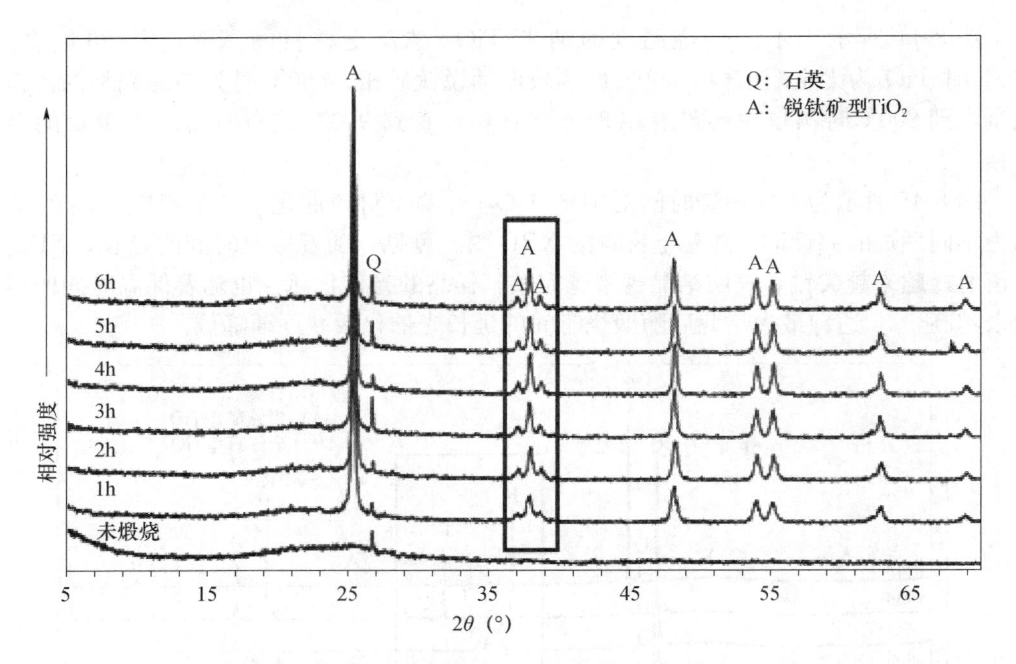

图 8-46　不同煅烧时间纳米 TiO_2/硅藻土材料的 XRD 图

8.4.4　纳米 TiO_2/层状黏土矿物复合粉体材料

1. 纳米 TiO_2/高岭石复合材料

李春全、郑水林等[168]采用溶胶-凝胶法制备了一种典型的 0D/2D 结构的 TiO_2/高岭石复合材料。采用氮气气氛诱导 TiO_2/高岭石复合材料产生表面氧空位和缺陷位，有效地改善了复合材料的光学、结构、解离吸附、电子和还原性能。图 8-47 所示为氮气和空气气氛下煅烧 TiO_2/高岭石复合材料的高分辨率透射电镜（HRTEM）和选区电子衍射（SAED）图。如图所示，纳米 TiO_2颗粒均匀密集地分布在高岭石表面。由于天然层状高岭石的存在，明显地抑制了颗粒团聚。在氮气和空气条件下煅烧的 TiO_2/高岭石复合材料均结晶良好，选区衍射可以明显看到晶格间距为 0.35nm 的晶格条纹，这与锐钛矿型 TiO_2的（101）面相对应。与空气条件下的 TiO_2/高岭石复合材料相比，氮气气氛下制备的样品可以在（101）和（011）原子平面之间观察到 82°的界面角，这说明通过氮气处理暴露了更多的晶面。（111）晶格面相比其他面具有更高的表面能，这是因为其中不规整排列的 Ti、O 原子占较大比例。这些原子在光反应中作为活性中心，可以促进氧空位的形成，提高光催化活性。以环丙沙星（CIP）和甲醛作为代表性污染物，可以发现 N_2 处理 TiO_2/高岭石复合材料在宽谱光照射下对环丙沙星具有良好的光催化降解性能，其反应速率常数分别是空气处理 TiO_2/高岭石复合材料在紫外光、太阳光和可见光下的 7.00、2.54 和 3.13 倍。此外，所制备的复合材料也显示出优良的甲醛去除性能，与在空气气氛下制备的纯二氧化钛相比，复合材料在宽谱光照下对甲醛的降解率提高了近 2 倍（图 8-48），在 PPCPs 和 VOCs 深度处理方面具有潜在的应用前景。

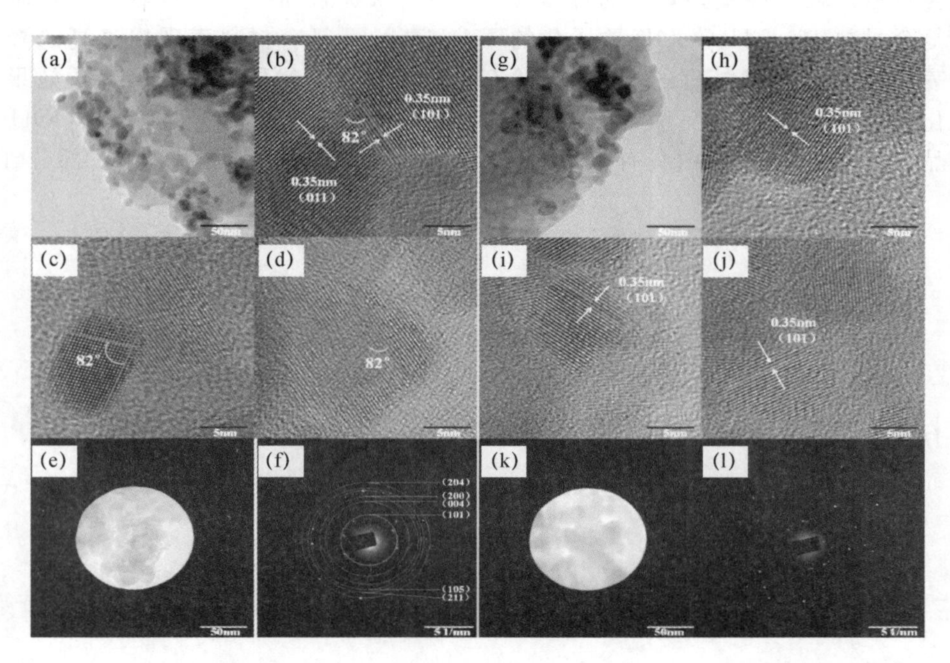

图 8-47　N_2气氛下 TiO_2/高岭石复合材料的透射电镜及电子衍射图

(a)～(d) N_2气氛下 TiO_2/高岭石复合材料（800℃）透射电镜图；(e)、(f) N_2气氛下 TiO_2/高岭石复合材料（800℃）选区电子衍射图；(g)～(j) 空气气氛下 TiO_2/高岭石复合材料（800℃）透射电镜图；(k)、(l) 空气气氛下 TiO_2/高岭石复合材料（800℃）选区电子衍射图

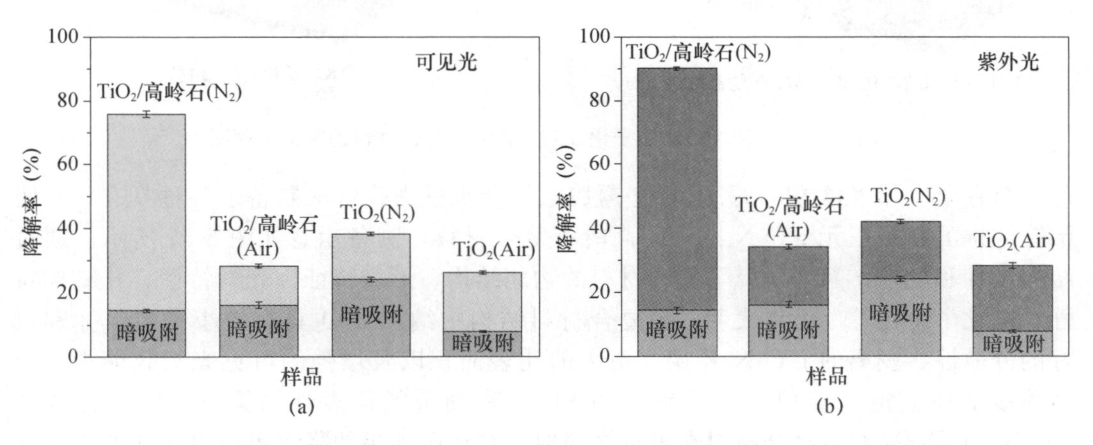

图 8-48　TiO_2/高岭石复合材料（N_2，800℃）对照样品在可见光和紫外光下降解甲醛效率

(a) 可外光；(b) 紫外光

李春全、郑水林等[169]进一步研究了酸种类对于质子化 TiO_2/高岭石复合材料的影响，复合材料的制备机理图如图 8-49 所示。不同的酸，包括强酸（H_2SO_4、HCl）、中强酸（H_3PO_4、$H_2C_2O_4$）和弱酸（CH_3COOH、$C_6H_8O_7$）被用来进行 TiO_2/高岭石复合材料表面质子化改性，并以环丙沙星为目标污染物，探讨了相应

的复合材料对环丙沙星的降解活性（图 8-50）。从降解曲线中可以看出，在制备的各种复合材料中，CH_3COOH 质子化的 TiO_2/高岭石复合材料表现出最高的降解效率，表明 CH_3COOH 处理的 TiO_2/高岭石复合材料具有优异的表面羟基化效果。不同催化剂样品的紫外-可见吸收光谱如图 8-50（d）所示。其中经过 CH_3COOH 处理的样品在近 400nm 范围内具有很强的光吸收，且由于质子化作用产生了部分红移。

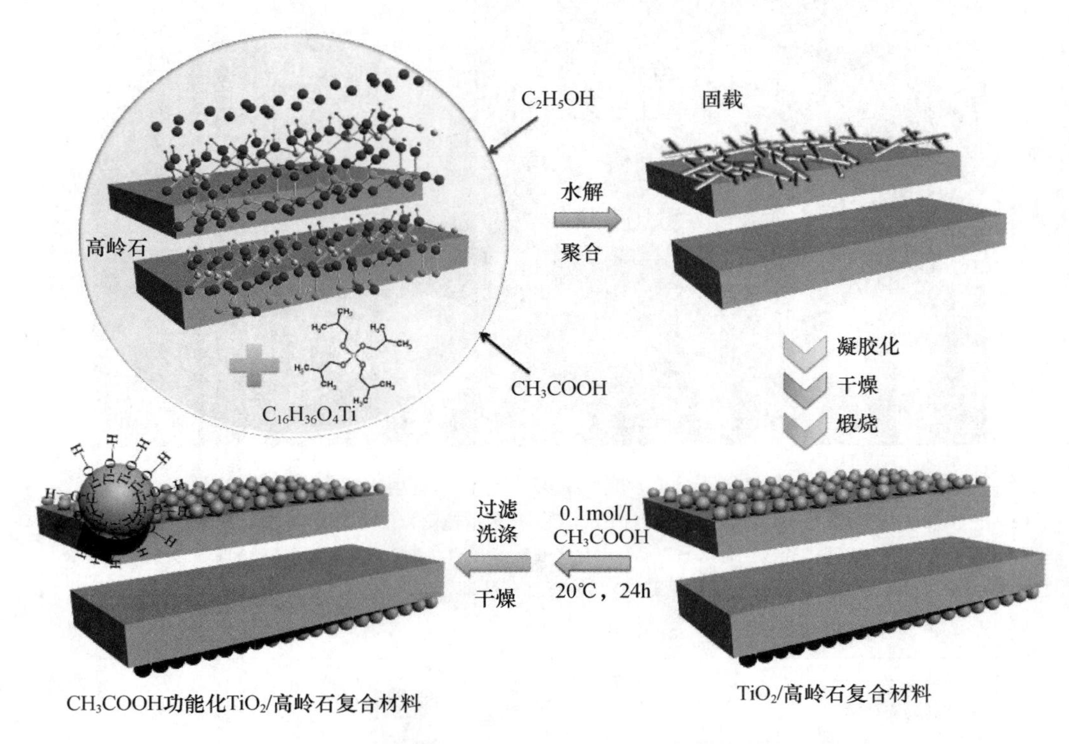

图 8-49　CH_3COOH 质子化 TiO_2/高岭石复合材料的制备机理图

李春全、郑水林等[170]采用溶胶-凝胶法结合机械力化学法制备了一种具有“三明治”结构的新型三元 g-C_3N_4/TiO_2/高岭石复合材料，制备示意如图 8-51 所示。通过结构设计和调控，系统研究了复合材料的物相结构、形貌特征、光学特性、孔结构特性、电化学特性等。结果表明，该复合材料结构中纳米 TiO_2 具有较小晶粒尺寸和更好的分散性、剥离的 g-C_3N_4 片层、更大的比表面积以及增强的可见光吸收能力。以环丙沙星和金黄色葡萄球菌分别作为 PPCP 和细菌的代表性污染物，发现合成的 g-C_3N_4/TiO_2/高岭石复合材料在可见光照射下对环丙沙星的降解表现出较强的光催化活性，其表观速率常数分别为纯 TiO_2、g-C_3N_4 和 P25 的 5.35 倍、6.35 倍和 4.49 倍。此外，所制备的复合材料对金黄色葡萄球菌具有较高的灭活能力（图 8-52）。表明了 g-C_3N_4/TiO_2/高岭石复合材料不仅对 PPCPs 有较强的降解能力，而且对环境细菌有较强灭活能力。

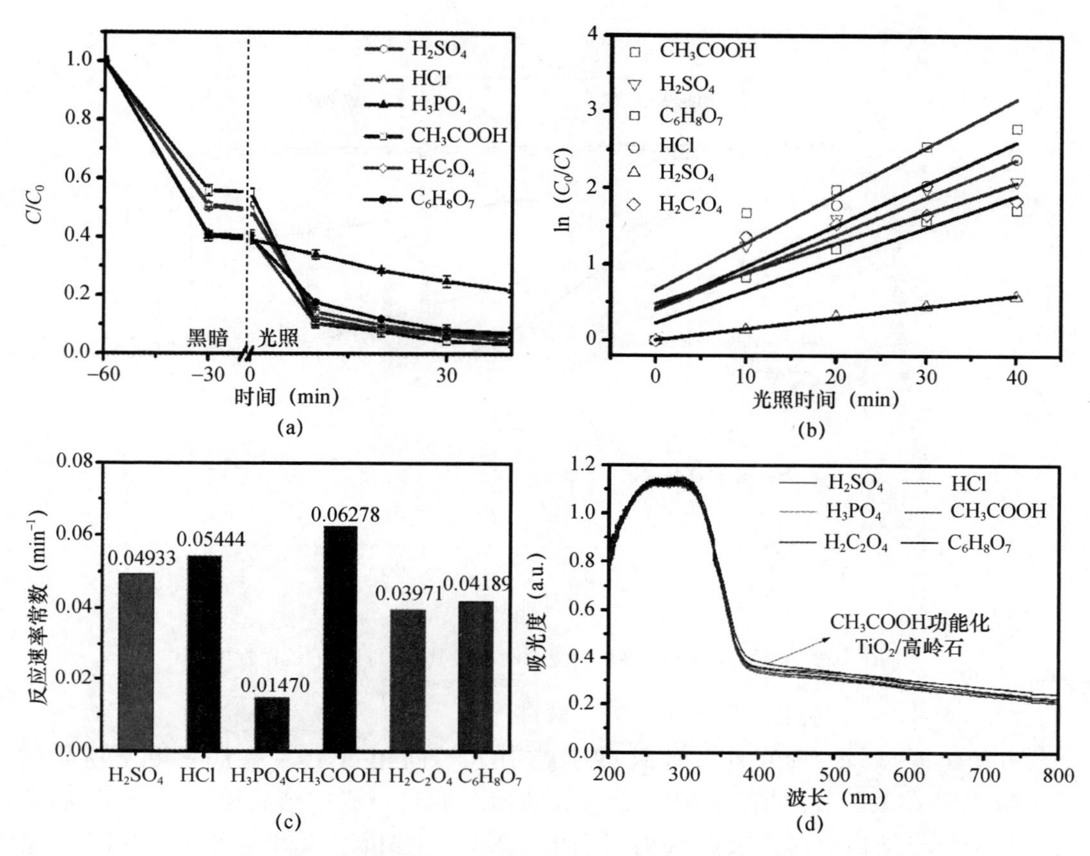

图 8-50　质子化 TiO_2/高岭石复合材料的光催化性能

(a)、(b) 不同酸质子化 TiO_2/高岭石复合材料紫外线下降解曲线及其准一级动力学曲线；(c) 不同酸种类降解环丙沙星反应速率常数；(d) 不同酸质子化 TiO_2/高岭石复合材料紫外-可见漫反射光谱

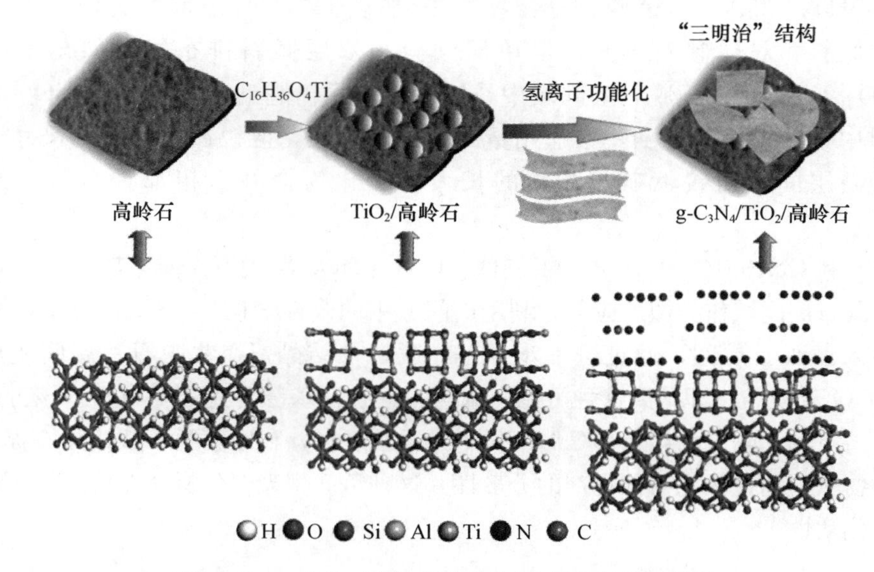

图 8-51　g-C_3N_4/TiO_2/高岭石复合材料制备示意图

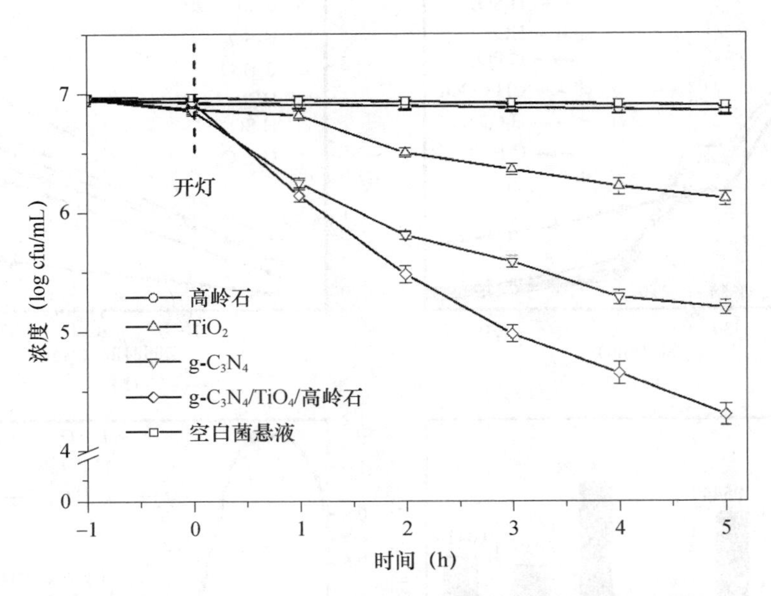

图 8-52　g-C_3N_4/TiO_2/高岭石复合材料及其对照材料的抗菌性能

2. 纳米 TiO_2/蒙脱石（膨润土）复合材料

古朝建等[171]将 TiO_2 前驱体钛酸丁酯引入不同用量十六烷基三甲基溴化铵（CTAB）柱撑蒙脱石的层间域中，经原位水解、脱羟、成核结晶作用制备 TiO_2/蒙脱石纳米复合结构材料。采用 X 射线衍射（XRD）分析手段对比研究了 CTA^+/蒙脱石、[Ti $(OH)_4$/CTA^+] /蒙脱石和 TiO_2/蒙脱石复合结构，揭示了不同阶段样品层间物在蒙脱石层间域中的组装方式。在季铵盐用量不同情况下，CTA^+/蒙脱石和 [Ti $(OH)_4$/CTA^+] /蒙脱石复合物中季铵盐阳离子的排布方式均出现单层平卧、单层倾斜和双层倾斜排布，但单层倾斜和双层倾斜排布的倾斜角不同，在 [Ti $(OH)_4$/CTA^+] /蒙脱石层间域中季铵盐阳离子仍起到骨架作用；TiO_2/蒙脱石复合材料中锐钛矿相含量随季铵盐用量的增加而增大，但锐钛矿晶粒的尺寸逐渐减小，蒙脱石层间域对锐钛矿相晶粒的长大和转化为金红石相都具有显著的阻滞作用。

中国专利 CN105107542A 公布了一种 g-C_3N_4/TiO_2/蒙脱石光催化剂及其制备方法。以有机蒙脱石层间域作为微反应区，利用层间域中的改性剂诱导 g-C_3N_4与 TiO_2的有机前驱体进入蒙脱石层间，通过进一步水解、脱羟及结晶，在蒙脱石片层间生成纳米 g-C_3N_4/TiO_2异质结，即得到这种可见光响应的蒙脱石基复合光催化材料。该方法实现了蒙脱石与可见光响应的纳米 g-C_3N_4/TiO_2异质结复合，利用蒙脱石载体效应提高了材料对污染物吸附捕捉性能与催化剂的分散性。这种负载型光催化材料在可见光下具有优良的光催化活性[172]。

8.5　二氧化钛颜料的表面无机包覆改性

8.5.1　概述

二氧化钛颜料，俗称钛白粉，是性能最好的一种白色颜料。它有很高的对光散射能力，着色力高、遮盖力大、白度好。但是，钛白粉也有明显的缺陷，即具有“光化活性”。当其配制成涂料在户外应用时，往往在短期内即可出现失光、变色、粉化、剥落等破坏现象。用无机物对其进行表面处理可克服这种缺陷，并能显著提高其抗粉化性和保色性。用于处理钛白粉的无机物很多，例如铝、硅、铁、锆、锑、镁等金属的可水解的白色盐类及其混合物，但在工业产品中普遍采用的是氧化铝、氧化硅、氧化锆、氧化钛等几种。

8.5.2　改性原理、方法与工艺

1. 氧化铝包覆二氧化钛

氧化铝作为表面处理剂或改性剂的应用较早，它是目前国内外钛白表面处理中必用的处理剂之一，氧化铝的处理技术比较成熟，它的基本作用是使颜料粒子表面稳定，从而改进颜料的耐光性和耐候性，在一定范围内，随着铝处理剂用量的增多，成品失光率相应降低，即耐光性较好。

氧化铝包覆 TiO_2 的原理是：在 TiO_2 的浆液中，加入可溶性的铝盐［$Al_2(SO_4)_3$ 或 $NaAlO_2$］，在均匀搅拌下用碱或酸中和至 pH＝9～10，使铝在 TiO_2 颗粒表面以 $Al(OH)_3$ 沉淀析出，包覆的 Al_2O_3 有 50%～75%是以 AlO（OH）形式存在，其余是以无定形水凝胶的形式存在。当采用 $Al_2(SO_4)_3$ 时，以 NaOH 中和，反应如下：

$$Al_2(SO_4)_3+6NaOH+(n-3)H_2O \longrightarrow Al_2O_3 \cdot nH_2O\downarrow+3Na_2SO_4$$

当采用 $NaAlO_2$ 时，以酸中和，反应如下：

$$2NaAlO_2+H_2SO_4+(n-1)H_2O \longrightarrow Al_2O_3 \cdot nH_2O\downarrow+Na_2SO_4$$

2. 氧化硅包覆二氧化钛

氧化硅是颜料表面改性中最常用的另一种无机改性剂，它能改进颜料的耐候性、亲水性和水分散性。但是，氧化硅也有使成品吸油量升高的缺点，而且浆液过滤、水洗困难，容易发生“假稠”现象，所以一般硅不单独使用，而是和氧化铝、氧化钛等改性剂一起应用。表 8-10 所示为 SiO_2 用量对成品吸油量的影响。

表 8-10　SiO_2 用量对成品吸油量的影响

改性剂加入量（%）		吸油量（%）	改性剂加入量（%）		吸油量（%）
Al_2O_3	SiO_2		Al_2O_3	SiO_2	
1.5	0	25.5	1.5	1.5	30.5
1.5	0.3	26.5	1.5	2.25	32
1.5	0.5	30	1.5	4.5	35

氧化硅包覆 TiO_2 的原理是：在 TiO_2 的浆液中，加入水溶性的硅化合物如 Na_2SiO_3，用酸中和至 pH＝8～9，使硅以 Si（OH）$_4$ 的形式沉淀在 TiO_2 颗粒的表面，反应式如下：

$$Na_2SiO_3 + H_2SO_4 + (n-1)H_2O \longrightarrow SiO_2 \cdot nH_2O\downarrow + Na_2SO_4$$

硅包覆通过生成“活性硅”形成一层无定形水合氧化硅的表面包覆膜。当 Na_2SiO_3 酸化时，最初析出 Si（OH）$_4$ 形式的正硅酸。单体形式的正硅酸活性很大，它很快缩聚生成硅氧烷链的聚合硅胶。活性硅就是指单体的和低聚合度的水合氧化硅。无定形水合氧化硅以羟基形式牢固地键合到 TiO_2 表面。换言之，它不是单纯的物理包覆，而是一种化学键合，这种化学结合的包膜可保护核体免受化学侵蚀。

氧化硅处理时根据控制的具体工艺条件的不同，在颜料表面上可以得到两种截然不同的 SiO_2 包膜，即呈粗糙多孔隙的海绵状包膜和呈光滑、坚实的致密包膜。致密状 SiO_2 包膜的制得是 SiO_2 包覆技术的重要进展，它是连续的包覆层，厚度基本均匀，结构致密，以羟基形式牢固地键合到二氧化钛颜料表面。因 SiO_2 本身不溶于热的浓 H_2SO_4，故可以保护颜料核体不被热 H_2SO_4 侵袭，所以致密 SiO_2 处理后的钛白粉在热浓 H_2SO_4 中溶解度很小，故通常将此酸溶性作为鉴别致密 SiO_2 处理的效果的方法之一。

致密 SiO_2 包覆显著提高了钛白粉的耐候性。它可以将平均粒径为 0.2μm 左右的具有最佳光学性能产品的耐候性提高到一个新水平，所以此项技术常应用于高光泽的、耐候性优良的钛白粉的生产。表 8-11 所示为不同形态 SiO_2 包膜后钛白粉的性能检验结果[173]。

表 8-11　不同形态 SiO_2 包膜后钛白粉的性能

样号	包膜物	酸溶性（%）	着色力（%）	吸油量（%）	研磨分散性（μm）	大气老化试验（曝晒场，月）											
						失光（级）				变色（级）				粉化（级）			
						1	2	3	4	1	2	3	4	1	2	3	4
1	5%致密 SiO_2	2.59	95	25	25		1	9			1			11	13	15	
2	5%致密 SiO_2	3.19	95	25	27		1	9			1			10	13		
3	5%多孔 SiO_2	11.1	95	33	25	1	6	9			1			9	10	13	14
4	3%Al_2O_3，5%多孔 SiO_2	9.36	95^+	32	25	1	6	10			1			11	13	14	15
5	3%Al_2O_3，5%致密 SiO_2	2.95	95^+	23	27	1	6	9			1			11	13	15	
6	无	23.2	85^-	17	10		1	6	9		1			8	9	11	14
日本 R820		25.8	100	22	25	1	6	9			1			10	11	13	

需要指出的是，致密状 SiO_2 包膜技术的进步并不排除以前老工艺多孔 SiO_2 的应用，对于某些钛白粉品种仍然需要采用多孔 SiO_2 包膜。例如，平光乳胶漆中就要应用数量较大的多孔 SiO_2 和 Al_2O_3 复合处理的钛白粉，使产品应用于高颜料体积浓度的乳胶中能获得额外的干遮盖（dry hiding），提高涂膜的不透明度。

3. 无机包覆二氧化钛改性工艺

钛白粉的湿法无机表面改性工艺流程如图 8-53 所示。用氧化法或硫酸法生产的 TiO_2

经预先分散后送入包膜（覆）处理罐，在一定 pH 值条件下加入改性（处理）剂，对分散好的颜料进行包膜（或包覆），然后水洗除去包覆处理过程中生成的水溶性盐类和杂质，再经干燥、粉碎后即得表面包覆或包膜处理后的钛白粉产品，各工序的主要设备列于表 8-12。

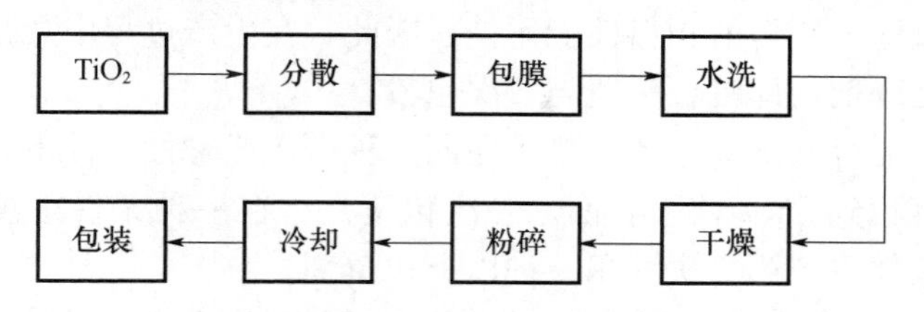

图 8-53　钛白粉的湿法无机表面改性工艺流程

表 8-12　钛白粉表面包覆处理的主要工艺设备[174]

工序	主要工艺设备
分散	打浆槽、砂磨机、分级机（卧式螺旋离心分级机）、水力旋流器等
包覆	包覆（膜）罐、反应罐
水洗	压滤机或真空转鼓过滤机等
干燥	带式干燥机、喷雾干燥机等
粉碎解聚	气流粉碎机

针对不同的无机表面改性剂，所采用的工艺条件也有所不同。

（1）氧化硅包覆工艺

二氧化硅的加入量一般为钛白粉质量的 1%～10%；浆液的 pH 值一般以 8～11 为宜，只有在碱性条件下才能获得完整致密的包膜；反应温度为 80～100℃；Na_2SiO_3 中碱金属离子浓度以 0.1～0.3mol/L 为宜，高于 1mol/L 会增大活性硅的凝聚倾向和反应时间；如果生成活性硅的速度太快，就不可能使活性硅逐渐沉积到粒子表面形成致密包膜，而是生成许多 SiO_2 小球状粒子，进一步增加活性硅数量，小球状粒子争先吸附活性硅，结果形成一种复杂的混合物，致密硅的沉积过程长达数 10h，在实践中通常采用 5h 左右。此外，要严格保持均匀的反应条件，整个过程中必须有良好的搅拌，加入酸的浓度一般用 10%的 H_2SO_4，在工业生产中最好用分布器多点加入，以避免 pH 值局部迅速降低，生成分散的游离硅胶。

（2）氧化铝包覆工艺

先将包覆剂 $Al_2(SO_4)_3$ 或 $NaAlO_2$ 按 TiO_2 质量的 1%～5%（以 Al_2O_3 计）配制成含 Al_2O_3 为 40%～100%（g/L）的溶液，然后加入到分散好的 TiO_2 浆液中，搅拌均匀后，以碱或酸进行中和，碱或酸的浓度一般为 10%，中和速度要缓慢而均匀。当采用 $Al_2(SO_4)_3$ 时，为了保持 TiO_2 的均匀分散，可同时加碱，保持 pH＝8.5～11，最后调至中性，使铝盐完全水解，处理温度可以是常温，但一般控制在 50～80℃，使生成的膜结构致密，也有加热至 100℃的。一般来说反应速度快则生成海绵状膜，使产品遮盖率高，但吸油率也高，要得到均匀致密的膜，常使中和反应缓慢延续至 5h 以上，继续搅拌 0.5h 后冷却。将加有 $NaAlO_2$ 的 TiO_2 碱性浆液在 pH＝10.5～11.5 下陈化约 50min，然后加酸沉淀，可提高产品的水分散性。

（3）混合包覆和二次包覆工艺

只采用一种金属水合氧化物或氢氧化物作包覆剂对 TiO_2 抗粉化性与保光性的提高是有限的。例如，单独采用铝，其保光性与抗粉化性不如铝、硅共同包膜的好；单独采用硅，浆液难以过滤，制得的颜料性能不佳。因此，在生产过程中总是应用硅、铝等两种或两种以上的处理剂，即混合包覆与二次包覆。

混合包覆又称混合共沉淀包覆，是指在同一种酸性或碱性条件下，用中和法同时将两种以上包覆剂沉积到 TiO_2 粒子表面。二次包覆是指在一种条件下沉积一种以上包覆剂，然后在另一条件下，第二次沉积一种以上包覆剂。

典型的混合包覆过程如下：将 TiO_2 浆液加入反应罐，在良好的搅拌下同时导入酸性和碱性两种液流。酸性液流含 50g/L $MgSO_4$、100g/L $TiOSO_4$、50g/L H_2SO_4；碱性液流含 100g/L Na_2SiO_3、75g/L $NaAlO_2$。加入的物料与速率使浆液始终保持在 pH=6～8。

二次包覆是一种常用的方法，前面提到的一种碱性条件下沉淀致密状 SiO_2，然后在酸性条件下沉积 Al_2O_3，就是一种典型的二次包覆。较新的一种改进工艺是，首先在碱性条件下（pH=11）沉积 SiO_2 与 Al_2O_3 的致密包膜，然后调 pH 值到 3 左右，进行酸性稳定化处理，此后，使浆液 pH 值回升到 5～5.5，用 Al_2O_3 进行第二次包膜。

最新发展了一种用 SiO_2、Al_2O_3 或 SiO_2/Al_2O_3 包覆 TiO_2 的方法——化学气相沉积法。这种方法与传统的包覆方法不同，是在 1300～1500℃高温下的管式反应器中，在流动的气氛下，首先 $TiCl_4$ 与 O_2 反应生成 TiO_2，然后与 $SiCl_4/AlCl_3$ 的混合物混合。通过调节温度和反应物浓度来控制包覆层的厚度和致密程度。这种方法的包覆机理有两步：首先，金属氧化物化学气相沉积在 TiO_2 颗粒的表面；然后，它们之间发生气相化学反应，生成氧化物 SiO_2、Al_2O_3 或 SiO_2/Al_2O_3，这些氧化物通过烧结紧密结合在一起。这种方法虽然为 TiO_2 颗粒的表面包覆提供了一种新的途径，但由于是在高温下通过气相来实现，生产成本较高[63]。

利用湿法沉淀反应对其他无机颜料进行表面包（覆）膜工艺，原则上与上述钛白粉的包（覆）膜工艺相似，只是各工艺参数要通过试验进行调整。

8.5.3 影响二氧化钛颜料表面无机包覆效果的主要因素

影响二氧化钛颜料表面无机包覆效果的主要因素有：料浆中粒子的分散状态；包覆（膜）过程的料浆浓度、改性（处理）剂的用量和用法以及料浆的 pH 值，包覆处理温度和处理时间等。其中良好分散（使料浆中的 TiO_2 粒子尽可能保持原级颗粒）是实现良好包膜的前提，因为如果改性（处理）剂包覆在凝聚的大颗粒上，那么包膜将会在后续的粉碎作业中被破坏从而影响包膜产品的质量。因此，为了强化分散作用，除了研磨和分级外还要在分散作业中添加分散剂。料浆中酸碱度、反应温度、反应时间等是包覆（膜）的关键因素，对包膜质量有很大影响。因此，上述因素，尤其料浆的 pH 值应连续检测和控制。

8.5.4 二氧化钛颜料表面无机包覆研究进展

1. Al_2O_3 包覆 TiO_2

董雄波、郑水林等[175]研究了不同 pH 值、不同反应温度、不同包覆时间和不同包

覆量下 Al_2O_3包覆 TiO_2的分散性（图 8-54）。在不同 pH 值条件下，Al_2O_3包覆 TiO_2产品分散性均明显优于氧化初品；随 pH 值升高，产品分散稳定性先降低后升高，pH 值为弱酸性或中性时，得到的产品在去离子水中的分散性能较差，随酸性增强或在碱性环境中进行包覆时，产品分散稳定性得到明显提升。在不同反应温度条件下，Al_2O_3包覆 TiO_2随反应温度的升高，包覆产品分散稳定性先升高后降低。在 70℃下反应，得到的产品在去离子水中的分散稳定性最好。在不同包覆时间条件下，Al_2O_3包覆 TiO_2随包覆时间的增加，即减缓包覆剂添加速度，浊度去除率降低，但变化不显著，包覆产品分散稳定性能趋于稳定。在不同包覆量条件下，Al_2O_3包覆 TiO_2随包覆量升高，产品分散稳定性先增加后降低，当包覆量为 3.2%时，产品分散最稳定。在 pH 值为 5 或 7 时，钛白粉表面形成一层致密 Al_2O_3膜，随酸性增强或在碱性环境中包覆时，疏松多孔 Al_2O_3网状结构包覆层逐渐形成；当 pH 值为 9 时，Al_2O_3包覆层疏松度最佳。图 8-55 所示为包覆原理示意图，Al_2O_3包覆 TiO_2过程主要是依靠化学键合和物理吸附的协同作用。

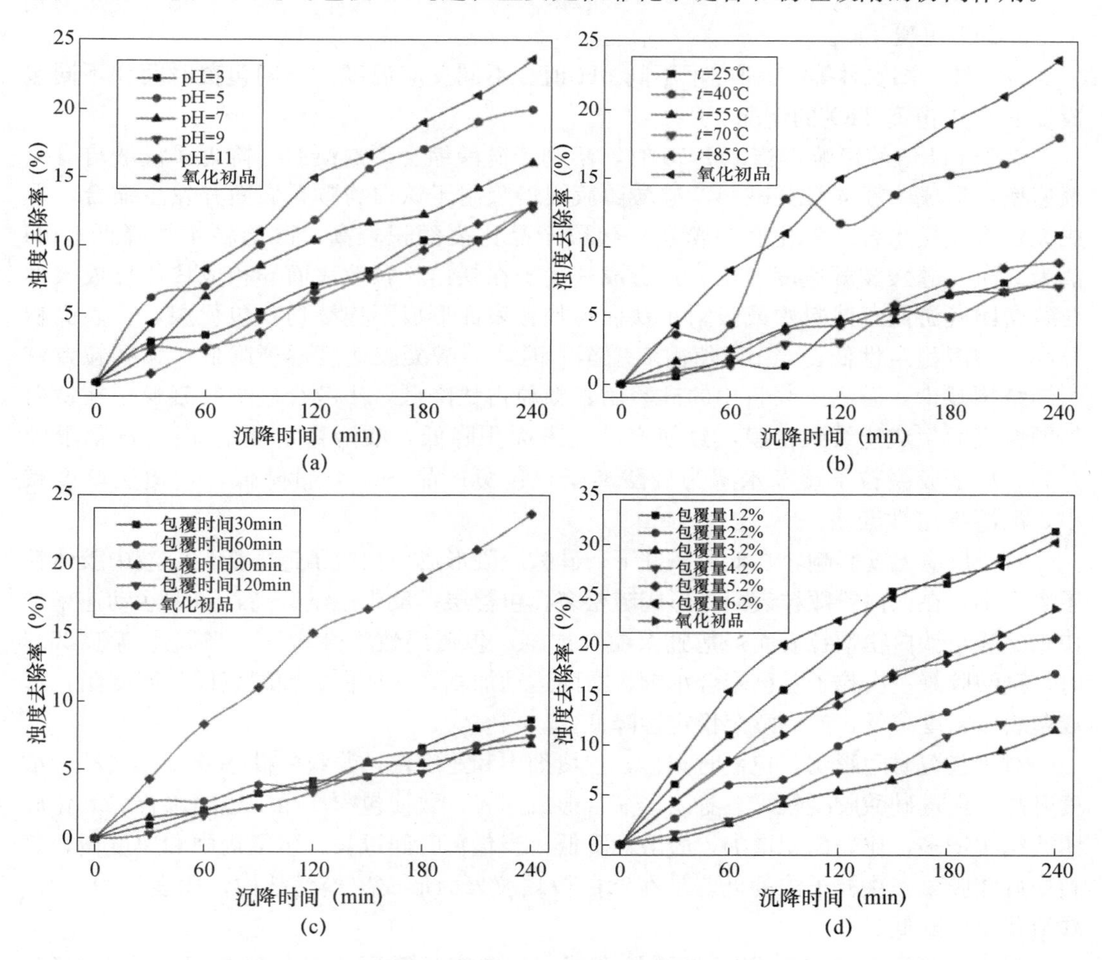

图 8-54　包覆工艺参数对 Al_2O_3包覆 TiO_2分散性能的影响

(a) pH 值；(b) 反应温度；(c) 包覆时间；(d) 包覆量

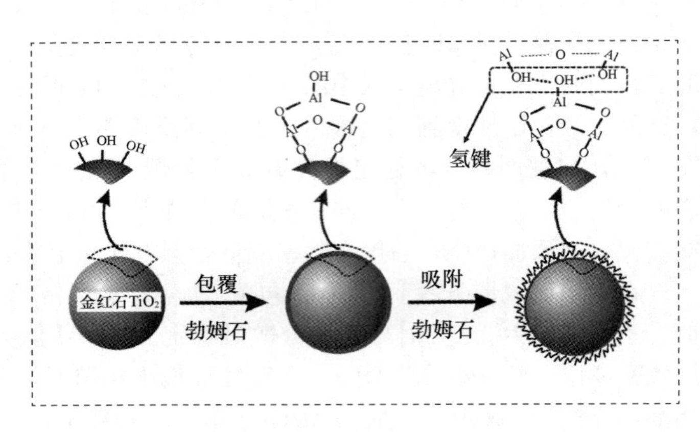

图 8-55　Al_2O_3包覆 TiO_2机理图

2. SiO_2包覆 TiO_2

董雄波、郑水林等[176]研究了不同 pH 值、不同反应温度、不同包覆时间和不同包覆量下 SiO_2包覆 TiO_2的情况。

对于 pH 值的影响，当 pH<5 时，不利于硅酸缩合形成凝胶，降低了硅酸自身缩聚速率，形成团簇体粒径减小，硅酸团簇缓慢吸附于钛白粉颗粒表面并发生缩合，形成无定形疏松水合二氧化硅包覆层，包覆产品比表面积较高，酸溶稳定性降低；pH 值为 5 时，硅酸胶凝速度加剧，自身成核优于在钛白粉颗粒表面异相成核，形成大颗粒致密团簇游离于浆料中或吸附于钛白粉颗粒表面形成不连续岛状包覆层，比表面积升高，酸溶稳定性低；当 pH 值由 5 增至 9 时，硅酸凝胶速度逐渐降低，大颗粒致密团簇结构减少，游离于浆料中的硅酸团聚颗粒占比降低，小粒径硅酸胶凝粒子在钛白粉颗粒表面生成连续致密膜，致使产品比表面积降低，酸溶稳定性增加；pH 值继续升高，硅酸胶凝粒子逐渐水解为硅酸离子，包覆产品 SiO_2含量降低，包覆层厚度减小，酸溶稳定性变差。

对于反应温度影响，在低温条件下，硅酸胶凝形成一次粒子速率低，溶液中胶体粒子浓度小，在钛白粉颗粒表面易形成疏松多孔包覆层；反应温度升高，布朗运动速率加快，硅酸与钛白粉颗粒表面羟基脱水缩合加剧，包覆层致密性增加；当温度高于 85℃时，硅酸胶凝一次粒子及已聚合小颗粒布朗运动加剧，在钛白粉颗粒表面吸附受阻，形成包膜致密度降低，产品酸溶稳定性降低。

对于包覆时间影响，包覆时间短，包覆剂中和速度快，浆料中硅酸胶凝一次粒子浓度升高，促进硅酸胶凝粒子自身团聚缩合形成团簇，致使包覆产品中游离水合二氧化硅团簇结构增多，比表面积增加，酸溶性降低；当包覆时间过长，包覆剂中和速度慢，浆料中硅酸胶凝一次粒子浓度低，易在钛白粉颗粒表面形成疏松膜结构，比表面积上升，酸溶稳定性降低。

对于包覆量影响，随 SiO_2包覆量升高，包覆产品膜层变厚，包覆层连续性变好，产品团聚现象加剧。根据产品指标要求，可选择合适包覆量作为最佳工艺，建议最佳包覆量为 2.5%～3.5%。

SiO_2包覆 TiO_2的机理图如图 8-56 所示。

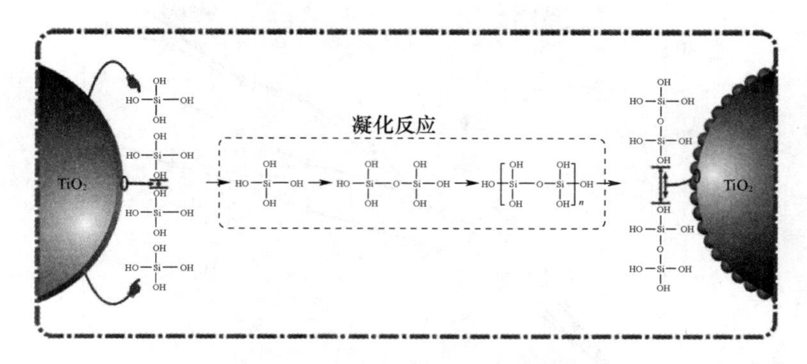

图 8-56　SiO_2包覆 TiO_2的机理图

3. SiO_2/Al_2O_3复合包覆 TiO_2

董雄波、郑水林等进一步研究了不同 Al—Si 包覆比以及不同反应温度下 SiO_2/Al_2O_3复合包覆 TiO_2的情况。固定反应温度 80℃下，SiO_2理论包覆量 2.5%，选取m Al_2O_3 ∶ n SiO_2包覆比 3∶5、5∶5、7∶5、9∶5、11∶5 进行包覆试验研究，结果如图 8-57 所示。由图 8-57 可见，随 m Al_2O_3 ∶ n SiO_2包覆比上升，包覆产品分散稳定性能呈现先升高后降低的趋势，当 m Al_2O_3 ∶ m SiO_2为 7∶5 时，产品分散稳定性能较优。这主要是因为复合包覆过程中，TiO_2颗粒表面首先形成了一层致密的水合氧化硅包覆层结构；随包覆剂硫酸铝溶液的加入，水合氧化铝一次粒子首先在颗粒表面异相成核，与水合二氧化硅表面羟基脱水缩合，形成连续致密水合氧化铝包覆层结构；随包覆比升高，水合氧化铝一次粒子趋于自身成核，后吸附沉积于 TiO_2颗粒表面，形成多孔疏松连续包覆层结构，包覆产品分散稳定性能得到提升；当包覆比高于 7∶5 时，包覆层厚度增加，TiO_2颗粒间通过絮状水合氧化铝连接，相互团聚，致使分散稳定性能降低。

固定 Al—Si 包覆比为 7∶5，SiO_2理论包覆量 2.5%，选取反应温度 60℃、70℃、80℃、90℃进行包覆，结果如图 8-58 所示。从图 8-58 中可见，随反应温度升高，包覆产品分散稳定性能先升高后降低，反应温度为 80℃时，产品分散稳定性能较优。反应温度较低时，TiO_2颗粒表面形成水合二氧化硅岛状包覆层；而水合氧化铝易于颗粒表面岛状部分优先沉积，致使 TiO_2表面复合包覆层连续性降低，水合氧化铝自身团聚加剧，TiO_2包覆产品分散稳定性降低；当温度高于 80℃时，一方面，因布朗运动加剧，硅酸凝胶一次粒子在钛白粉颗粒表面的吸附沉积作用受阻，水合二氧化硅包覆层连续性降低，致使水合氧化铝在已形成岛状部分优先沉积结晶，另一方面，因温度过高，水合氧化铝脱水缩合加快，水合氧化铝包覆层致密性增加，降低了产品的分散稳定性能。反应温度为 80℃时，有利于水合二氧化硅在 TiO_2颗粒表面的连续沉积，但不影响疏松多孔水合氧化铝包覆层结构的形成，TiO_2包覆产品具有优良的分散稳定性能。

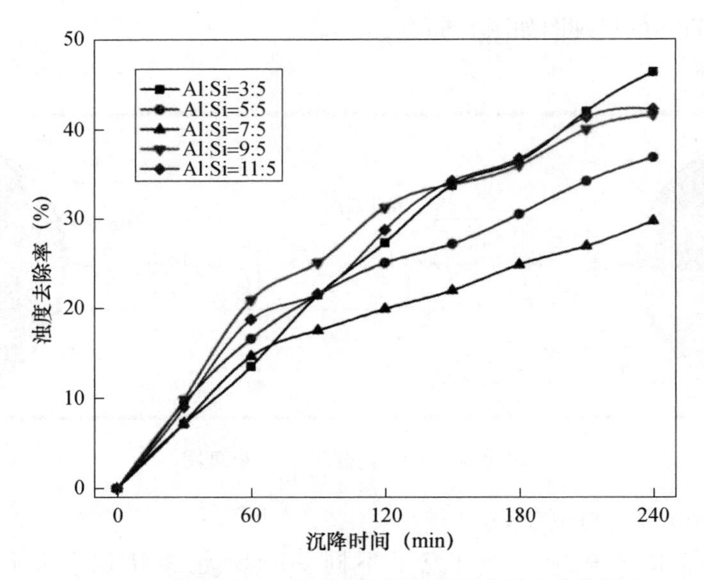

图 8-57 不同 Al—Si 包覆比条件下包覆产品的分散性能

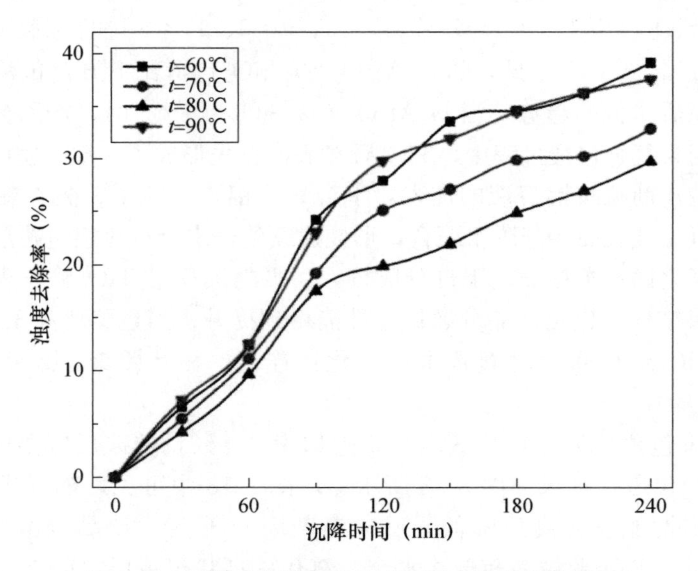

图 8-58 不同反应温度条件下包覆产品的分散性能

8.6 硅灰石的无机包覆改性

8.6.1 概述

硅灰石由于具有针状、纤维状晶体形态及独特的物理化学性能，可用作塑料、橡胶等高分子材料的功能填料，不但可以提高填充材料的力学性能，而且可以代替玻璃纤维，减少成本。但硅灰石填充塑料存在以下问题：①使有机高聚物基复合材料颜色变深；②硬度较高，对加工设备的磨损较严重；③与有机高聚物的相容性不好。采用偶联剂或表面活性剂对硅灰石进行改性可以解决其与有机高聚物的相容性问题，但是不能解决前两个问题。若在刚性粒子表面包覆一层白色超细或纳米级颗粒，那么填充有机高聚物基复合材料既可保留刚性粒子所带来的强度，又可改善颗粒与聚合物的结合界面和填充高分子材料的白度。目前对硅灰石进行无机包覆改性的主要方法有碳酸钙包覆改性、硅酸铝包覆改性、二氧化硅包覆改性、三氧化二锑包覆改性、二氧化钛包覆改性等[177-182]。

8.6.2 改性原理、方法与工艺

1. 碳酸钙包覆改性

碳酸钙包覆改性是将一定量的硅灰石微粉和一定浓度的石灰乳液（或氢氧化钙溶液）置于反应釜中，搅拌、混合使其充分均匀分散。然后通入空气和二氧化碳气体，继续搅拌使气、固、液三相均匀混合。控制合适的反应条件，使反应生成的纳米碳酸钙颗粒在硅灰石微粉表面形核、沉积、生长，最终实现表面碳酸钙包覆。

制备原理：$Ca(OH)_2$-H_2O-CO_2体系是以$Ca(OH)_2$水乳液作为钙源，空气和CO_2作为气源。该体系存在的化学反应主要有：

$$CaO + H_2O \longrightarrow Ca(OH)_2$$

$$Ca(OH)_2 \longrightarrow Ca^{2+} + 2OH^-$$

$$CO_2 + OH^- \longrightarrow HCO_3^-$$

$$HCO_3^- + OH^- \longrightarrow H_2O + CO_3^{2-}$$

$$Ca^{2+} + CO_3^{2-} \longrightarrow CaCO_3 \downarrow$$

当溶液中添加了硅灰石微粉后，依据非均相形核原理，反应生成的纳米$CaCO_3$颗粒将直接在硅灰石粉体颗粒上形核、长大，最终得到碳酸钙包覆硅灰石复合粉体。此复合颗粒表面几乎完全被碳酸钙颗粒包裹。与未被包覆的硅灰石颗粒相比，硅灰石颗粒原有的锐利棱角已被钝化，粉碎过程中形成的平整解理面已不复存在。经检测，硅灰石比表面积由1.74m^2/g提高到7.36m^2/g[177]。

表8-13为硅灰石和碳酸钙包覆硅灰石复合粉体填充PP材料的应用性能。结果表明，碳酸钙包覆硅灰石填充PP材料的力学性能明显好于硅灰石原料。

表8-13 硅灰石和碳酸钙包覆硅灰石复合粉体填充PP材料的应用性能

填料	拉伸强度（MPa）	断裂伸长率（%）	冲击强度（J/m）
硅灰石	21.32	80	140.98
无机碳酸钙包覆硅灰石	22.65	260	235.58

2. 硅酸铝包覆硅灰石

硅酸铝包覆硅灰石是将硅灰石、水按一定的质量配料并在反应罐中加热搅拌，待升到一定温度后，以恒定速度并流泵入相同体积、摩尔浓度比为1∶3的硫酸铝和硅酸钠，反应一段时间后，过滤、洗涤（用浓度为1mol/L的$BaCl_2$溶液滴定滤液，直至滤液中

没有沉淀为止），然后干燥和解聚。其反应原理如下：

$$Al_2(SO_4)_3+3Na_2O\cdot nSiO_2 = Al_2O_3\cdot 3nSiO_2\downarrow+3Na_2SO_4$$

硅灰石粉体无机包覆硅酸铝的改性工艺流程如图 8-59 所示。

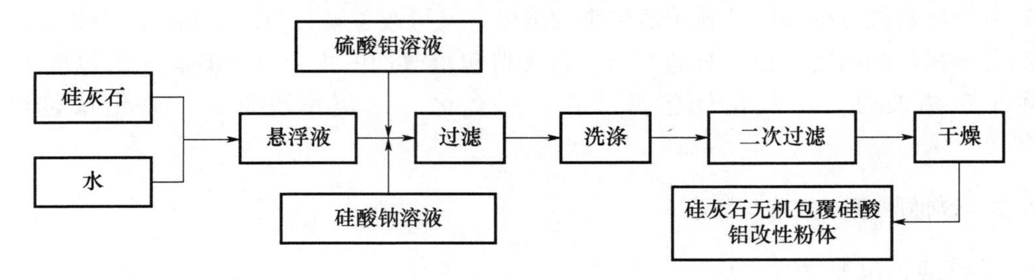

图 8-59　硅灰石无机包覆硅酸铝的改性工艺流程

图 8-60 为硅灰石和无机硅酸铝包覆硅灰石复合粉体的 SEM 图。可以看出，硅灰石表面均匀地包覆了硅酸铝粒子。硅灰石包覆硅酸铝后白度由 90.5 提高到 92.5，比表面积由 $1.4068m^2/g$ 提高到 $4.78m^2/g$。

图 8-60　硅灰石和硅酸铝包覆硅灰石复合粉体的 SEM 图

（a）硅灰石；（b）硅酸铝包覆硅灰石复合粉体

用硅灰石（样品 1）、硅烷改性硅灰石（样品 2）、无机硅酸铝改性硅灰石（样品 3）、无机硅酸铝和硅烷复合改性硅灰石（样品 4）分别填充 PP 和 PA6，填充 PP 质量分数均为 40%，填充 PA6 质量分数均为 30%，检测其力学性能和热性能，其结果见表 8-14 和表 8-15。

由表 8-14 可以看出，样品 1～4 填充 PP 复合材料与纯 PP 相比，其拉伸强度、弯曲强度和热变形温度均大幅提高，但缺口冲击强度均下降，特别是未改性硅灰石。经过硅烷改性（样品 2）、无机硅酸铝改性（样品 3）和复合改性（样品 4）的硅灰石填充 PP 复合材料的缺口冲击强度虽有所下降，但下降幅度减小，特别是无机硅酸铝与硅烷复合改性硅灰石。

由表 8-15 可以看出，样品 1～4 填充 PA6 复合材料与纯 PA6 相比，其热变形温度和弯曲强度均大幅提高，拉伸强度除了样品 1 以外，其余改性样品也显著提高，尤其是无机硅酸铝与硅烷复合改性硅灰石；虽然未改性硅灰石（样品 1）、无机硅酸铝改性（样品 3）缺口冲击强度有所下降，但无机硅酸铝改性（样品 3）的下降幅度有所减小；经过硅烷改性（样品 2）和复合改性（样品 4）的硅灰石填充 PA6 复合材料的缺口冲击强度与纯 PA6 相比虽有所下降，但与硅灰石（样品 1）填充 PA6 复合材料相比提高显著，特别是无机硅酸铝与硅烷复合改性硅灰石，其填充 PA6 复合材料的缺口冲击强度已与纯 PA6 接近。

表 8-14　填充 PP 复合材料的力学性能和热性能[178]

样品	PP	1	2	3	4
缺口冲击强度（kJ/m）	8.42	3.95	4.17	4.15	4.68
拉伸强度（MPa）	17.81	18.49	21.58	20.45	21.97
弯曲强度（MPa）	23.72	34.6	37.04	38.02	39.2
热变形温度（℃）	65.7	100.7	102.9	90.3	94.3

表 8-15　硅灰石填充 PA6 复合材料的力学性能和热性能[183]

样品	PA6	1	2	3	4
缺口冲击强度（kJ/m）	7.18	4.11	6.54	4.86	7.1
拉伸强度（MPa）	63.16	63.95	73.09	71.65	80.26
弯曲强度（MPa）	84.02	105.15	105.46	106.61	114.68
热变形温度（℃）	72.5	143.9	147.9	161.1	165.2

3. 二氧化硅包覆硅灰石

二氧化硅包覆硅灰石是将水玻璃和硅灰石粉以一定的比例混合配制成溶液，然后将溶液加热至适当的温度时，加入适量的盐酸与水玻璃反应，生成的纳米 SiO_2 晶粒包覆在硅灰石上。

4. 二氧化锡包覆硅灰石

贺洋、郑水林等[182]以硅灰石为原料，五水四氯化锡为沉淀包覆剂，采用化学沉淀法，制备了一种纳米 SnO_2/硅灰石复合抗静电粉体材料。其制备原理如下：

$$SnCl_4 + 4NH_3 + 4H_2O \longrightarrow Sn(OH)_4 + 4NH_4Cl$$

$$Sn(OH)_4 \longrightarrow SnO_2 + 2H_2O$$

采用比表面积仪、粒度仪、白度仪、扫描电子显微镜、X 射线衍射仪、透射电子显微镜和红外光谱仪对复合材料进行了表征，结果表明：硅灰石表面均匀地包覆了一层纳米 SnO_2，比表面积由包覆前的 3.2m²/g 提高到 4.7m²/g，中位径 D_{50} 由包覆前的 7.62μm 降低到 7.01μm，电阻率从包覆前的 10.683kΩ·cm 降低到 2.533kΩ·cm（图 8-61）。

(a) (b)

图 8-61 纳米 SnO_2/硅灰石抗静电复合材料的 TEM 图

(a) 包覆前；(b) 包覆后

8.6.3 影响表面无机包覆硅灰石性能的主要因素

影响表面无机包覆硅灰石性能的主要因素有无机包覆剂浓度、硅灰石悬浮液浓度、包覆量、反应温度、反应时间、pH 值等，一般情况下，需要通过调节溶液中离子的过饱和度来保证无机包覆剂以非均匀形核析出，而不是以均匀形核析出。下列以硅酸铝包覆硅灰石为例进行讨论。

硅酸铝在硅灰石表面的粒子大小和分布影响着其作为填料的填充性能。因此，各工艺因素对硅酸铝包覆硅灰石粉体性能的影响主要体现在对表面硅酸粒子大小及其分布的影响[184]。

1. 反应温度

图 8-62 是不同反应温度下硅酸铝包覆硅灰石粉体的 SEM 图。反应温度过低（25℃），硅灰石表面出现团聚，包覆不均匀且硅酸铝颗粒粒径大，高温（80℃）反应下得到的产品包覆均匀、粒径小。

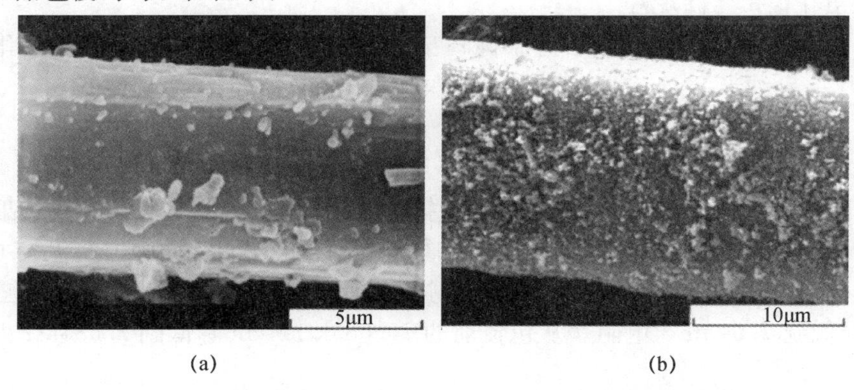

(a) (b)

图 8-62 不同反应温度下无机硅酸铝包覆硅灰石粉体的 SEM 图

(a) 25℃；(b) 80℃

2. 固液比

图 8-63 为不同固液比下无机硅酸铝包覆硅灰石粉体的 SEM 图。由图可见，固液比低时，生成硅酸铝粒径小，高时则生成硅酸铝粒径较大。

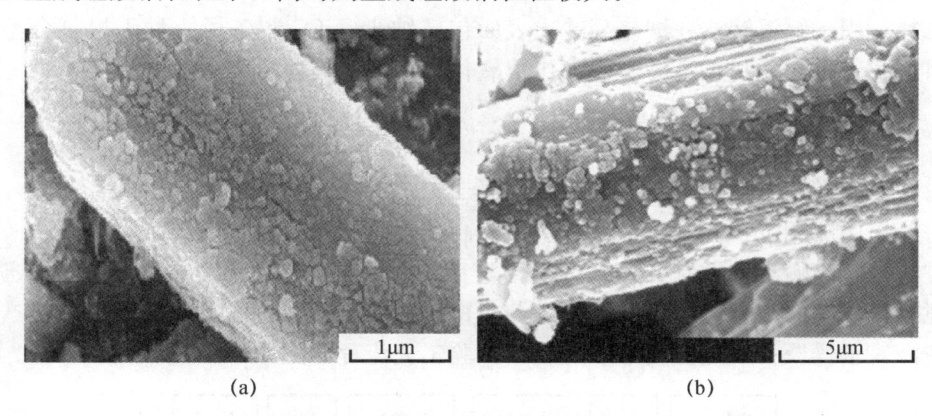

图 8-63　不同固液比下制备的无机硅酸铝包覆硅灰石粉体的 SEM 图

(a) 1∶10；(b) 1∶5

3. 反应时间

图 8-64 所示为反应时间对硅酸铝包覆改性硅灰石粉体粒度的影响。可以看出，随着反应时间的延长，产物粒度逐渐增大，到 30min 时达到最大，30min 以后却出现了微小下降趋势。

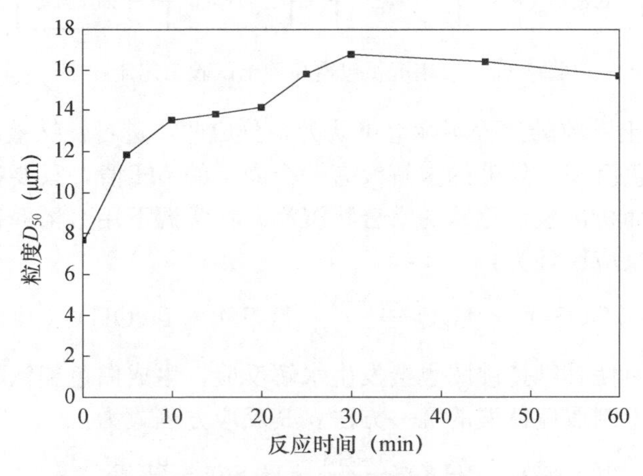

图 8-64　反应时间对硅酸铝包覆硅灰石粉体粒度的影响

8.7　高岭土粉体的无机改性

8.7.1　概述

通过合适的表面改性处理和超细化处理以及将二氧化钛粉体包覆于惰性基体高岭土颗粒表面制备复合钛白粉是节约钛白粉的方法之一。林海[185]研究了超细煤系煅烧高岭土颗粒表面包覆二氧化钛膜的工艺。郭奋等[186]人利用四氯化钛水解在高岭土表面包覆一层纳米 TiO_2 制成高岭土复合钛白，研究了其晶型转化规律。戴厚孝[187]对煤系高岭土颗粒表面进行了二氧化钛膜的包覆改性研究。沈红玲等[188]以煅烧高岭土和四氯化钛为主要原料，用水解沉淀法在煅烧高岭土表面包覆纳米 TiO_2 制备了一种无机复合型抗紫外材料。此外，有通过在高岭土表面包覆氧化锌作为抗紫外材料方面的报道[189]。

8.7.2　改性原理、方法与工艺

1. 二氧化钛包覆高岭土

一般采用液相沉积法制备二氧化钛包覆高岭土复合粉体材料。

方法是将高岭土分散制成均匀的悬浮液后，缓慢加入硫酸钛溶液，同时加入尿素，充分搅拌，水解的水合二氧化钛粒子沉淀包覆于高岭土颗粒表面。包覆完成后将产物过滤、洗涤、干燥及在一定温度下煅烧。其试验工艺流程如图 8-65[190]所示：

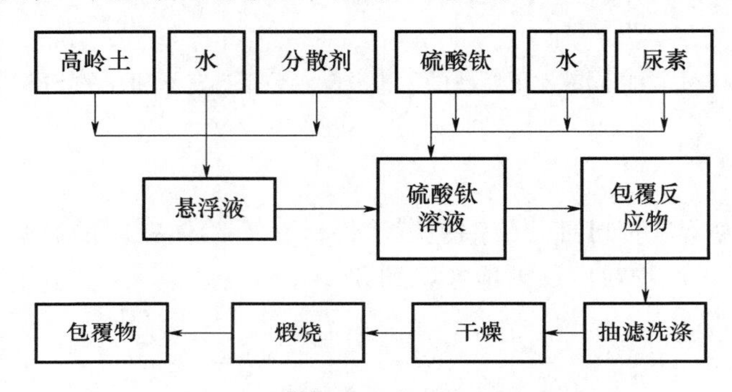

图 8-65　液相沉积包覆高岭土试验工艺流程

TiO_2包裹高岭土颗粒的过程实际上可认为是分成两步进行：钛液的水解和在高岭土表面形成偏钛酸白色沉积。钛液的水解没有一个固定的 pH 值，只要在稀释或者加热的条件下它即能水解而析出氢氧化钛的水合物沉淀。在常温下用水稀释钛液时，析出胶体氢氧化钛沉淀。其反应原理为：

$$TiOSO_4 + 3H_2O \xrightarrow[\text{强烈稀释}]{\text{室温}} H_2SO_4 + Ti(OH)_4 \downarrow$$

如果将钛液加热使其维持沸腾也会发生水解反应，生成白色偏钛酸沉淀。这是硫酸法钛白生产在工业上制取偏钛酸的唯一方法。其反应方程式为：

$$TiOSO_4 + 2H_2O \xrightarrow[\text{强烈稀释}]{\text{室温}} H_2SO_4 + H_2TiO_3 \downarrow$$

水解的过程可分为三个步骤：晶核的形成；晶体的成长与沉淀的形成；沉淀物的组成以及溶液的组成随着水解作用的进展而改变。而根据结晶学中的异相成核理论，高岭土在反应体系中使体系的过饱和度变大，钛液迅速地在高岭土表面沉淀形成偏钛酸白色沉淀，热处理后偏钛酸变成二氧化钛膜。

2. 氧化锌包覆高岭土

文献［189］利用水解沉淀法在煅烧高岭土表面包覆氧化锌制备了无机氧化锌包覆高岭土复合材料，其具体步骤如下：①制浆：制备分散性良好的一定浓度的煅烧高岭土

悬浮液；②将配置好的一定浓度的硫酸锌溶液和氢氧化钠溶液并流加入高岭土悬浮液中，在一定温度下进行搅拌反应；③反应结束后，调整反应液 pH 值为 7～8，保温陈化一定时间；④过滤、干燥、解聚、煅烧即得氧化锌包覆高岭土复合粉体材料。表 8-16 为制取的复合粉体材料的粒度和白度。由表 8-16 可见，复合材料样品的粒度大于高岭土原样的粒度，白度也有了一定的提高。

表 8-16　复合粉体材料的粒度和白度

样品	粒度 d_{50}（μm）	粒度 d_{97}（μm）	白度
煅烧高岭土	1.60	8.81	96.0
包覆改性样品	1.69	11.97	97.1

3. 四氧化三铁包覆高岭土

陈培等[191]以天然高岭土为载体，利用化学共沉淀法制备出纳米 Fe_3O_4/高岭土复合粉体。其具体制备步骤如下：

按 Fe_3O_4：高岭土＝1：4、1：5、1：8、1：10 的质量比制备复合粉体。首先，用 $FeCl_3 \cdot 6H_2O$ 和 $FeSO_4 \cdot 7H_2O$ 配制 100mL 总铁浓度为 0.04mol/L 的溶液，其中 Fe^{3+}：Fe^{2+}＝2：1（摩尔比）；将适量酸洗处理过的高岭土加入上述溶液中，室温下磁力搅拌 20min 后，再于 60℃水浴下磁力搅拌并滴加氨水至溶液 pH 值为 10.0，60℃下继续搅拌 1h、陈化 1h 后进行磁分离，所得固体颗粒水洗（至上清液呈中性）、过滤、真空干燥，即得具有磁性的纳米 Fe_3O_4/高岭土复合粉体。将磁分离后的溶液抽滤、干燥，得到未能磁分离的复合粉体。

图 8-66 所示为纳米 Fe_3O_4/高岭土复合粉体的形貌图，复合粉体中的铁氧化物呈单一的 Fe_3O_4 相，Fe_3O_4 晶粒的尺寸为 10～30nm，且均匀负载于高岭石晶体表面。

图 8-66　高岭土及 Fe_3O_4/高岭土复合粉体的 SEM 图

（a）高岭土；（b）Fe_3O_4/高岭土复合粉体

8.8　无机催化剂

8.8.1　概述

沉淀法是制备无机催化剂的主要方法之一。沉淀法用于催化剂的无机表面改性时，通常是在搅拌情况下将碱性沉淀剂加入含有金属盐和催化剂或催化剂载体的水溶液中，然后将生成的沉淀物或多组分沉淀包覆物进行洗涤、过滤、干燥和焙烧。

影响沉淀法所制备的催化剂活性的主要因素是沉淀剂、金属盐的性质和沉淀条件。沉淀条件包括沉淀浓度、温度、pH 值、加料顺序、沉淀物生成速度和沉淀时间、过滤洗涤和干燥方式等。

1. 沉淀剂的选择

选择沉淀剂首先要考虑催化剂的性能要求且易于分解并含易挥发物，其次要考虑环保和经济成本。同时，沉淀剂本身溶解度要大，沉淀物的溶度积要小，以使活性组分损失少。

常用的沉淀剂包括碱（NaOH、KOH、NH_4OH）、尿素、氨水、铵盐［$(NH_4)_2CO_3$、NH_4HCO_3、$(NH_4)_2SO_4$、$(NH_4)_2C_2O_4$等］、CO_2、碳酸盐（Na_2CO_3、K_2CO_3、Na_2HCO_3）等，其中以 Na_2CO_3、NH_4OH 以及（NH_4）$_2CO_3$较为常见，有些离子（如 Na^+）在洗涤时被除去，有些在焙烧时分解成挥发性气体（如 CO_2、NH_3）逸去，通常不会遗留在催化剂中。

2. 金属盐类的选择

一般选用硝酸盐的形式提供金属盐，因为硝酸根易于脱洗或加热时分解而无残留，而氯化物或硫化物残留在催化剂中，使用时会以 H_2S 或 HCl 形式释放出来，致使催化剂中毒。

3. 溶液浓度

生成沉淀首要的条件是浓度要超过溶液的饱和浓度，晶核的生成与长大与溶液浓度密切相关，它对沉淀物的分散度、孔隙度及颗粒形状产生重要影响。溶液浓度过稀，会使溶解损失增加，造成原料单耗上升，同时也使生产设备容积加大，设备投资增大；但溶液浓度过高，也会增加杂质在沉淀物上的吸附量，不易洗净，从而影响催化剂的活性。

4. 沉淀温度

沉淀温度影响溶液的过饱和度。提高温度会使过饱和度下降，晶核生成速率减缓；降低温度可增大溶液的过饱和度，使晶核生成速率加快；低温沉淀会形成较细的晶核。不同沉淀温度有时会得到不同产物。

5. 沉淀 pH 值

沉淀物的生成在相当大的程度上受到溶液 pH 值的影响，尤其是制备高活性的氧化物时影响更大。用共沉淀法从混合盐溶液中制备氢氧化物时，各种氢氧化物是在不同 pH 值下沉淀出来的，部分氢氧化物沉淀所需 pH 值见表 8-17。

表 8-17　部分氢氧化物沉淀所需 pH 值

氢氧化物	沉淀所需 pH 值	氢氧化物	沉淀所需 pH 值	氢氧化物	沉淀所需 pH 值	氢氧化物	沉淀所需 pH 值
$Mg(OH)_2$	10.5	$Pr(OH)_3$	7.1	$Be(OH)_2$	5.7	$Al(OH)_3$	4.1
AgOH	9.5	$Nd(OH)_3$	7.0	$Fe(OH)_2$	5.5	$Th(OH)_4$	3.5
$Mn(OH)_2$	8.5～8.8	$Co(OH)_2$	6.8	$Cu(OH)_2$	5.3	$Sn(OH)_2$	2.0

续表

氢氧化物	沉淀所需 pH 值	氢氧化物	沉淀所需 pH 值	氢氧化物	沉淀所需 pH 值	氢氧化物	沉淀所需 pH 值
$La(OH)_3$	8.4	$U(OH)_3$	6.8	$Cr(OH)_2$	5.3	$Zr(OH)_4$	2.0
$Ce(OH)_3$	7.4	$Ni(OH)_2$	6.7	$Zn(OH)_2$	5.2	$Fe(OH)_3$	2.0
$Hg(OH)_2$	7.3	$Pd(OH)_2$	6.0	$U(OH)_4$	4.2	$Ti(OH)_2$	2.0～3.0

如果要沉淀的两种氢氧化物所需 pH 值不相近则必须改变加料方式，如将两种金属硝酸盐同时加到沉淀剂氨水中；也可将一种原料溶解在酸中，另一种原料溶解在碱中，将两者混合即可得到均匀的共沉淀物。

8.8.2　氧化铝催化剂的无机改性

氧化铝是应用最为广泛的一种催化剂载体。它具有抗破碎强度高、比表面适中，孔径和孔隙率可调、能够担载足够量的活性组分等特性。一些无机物，如二氧化硅、稀土氧化物、氧化钡、氧化硼、二氧化钛、磷酸、矾土水泥等可改善氧化铝的催化活性、孔结构、热稳定性等性能[192]。

1. 二氧化硅改性

SiO_2是氧化铝载体常用的表面改性剂之一。分子筛也可作为二氧化硅改性剂使用。若在铝凝胶中加入硅铝凝胶，可得到强度高、热稳定性别好的 Al_2O_3载体。其具体的改性方法：①直接将铝凝胶与 5%～21%的硅铝凝胶相混；②用原硅酸酯浸渍后再焙烧；③用有机硅浸渍。

2. 稀土氧化物改性

稀土氧化物熔点高，可改善 Al_2O_3载体的热稳定性、孔结构、表面酸性及表面活性等。所用的稀土氧化物包括 La_2O_3、$La(NO_3)_3$、Nd_2O_3、Pr_2O_3等。其具体的改性方法如下：

① 涂敷。在 Al_2O_3载体表面涂敷一层稀土氧化物。

② 浸渍。在 Al_2O_3载体上浸渍含量为 Al_2O_3 1.5%～6%的 La_2O_3，可制备一种高性能汽车排气用催化剂载体，如将纯度为 99.99%的δ-Al_2O_3用 $La(NO_3)_3$液浸渍，得到 La/Al_2O_3摩尔比为 3%的浸镧 Al_2O_3载体，干燥后于 600℃空气中焙烧 10h，1000℃空气中保持 5h，它仍能保持δ-Al_2O_3结构，比表面积>60m^2/g，用于汽车排气及燃烧用环保催化剂的载体。

③ 共沉淀。用 La_2O_3、Nd_2O_3、Pr_2O_3改性 Al_2O_3载体，使部分 Al_2O_3形成β-Al_2O_3，Re_2O_3的含量为 11%～14%。如将 $Al(OH)_3$与 $Nd(NO_3)_3$（为前者的 6.14%）混合液用氨水沉淀，150℃干燥 24h 后粉碎至通过 60 目筛，500℃焙烧 2h，加 0.5%石墨压片成型，得到 5%Nd_2O_3 · 95%Al_2O_3载体，在 1200℃焙烧 2h 后比表面积仍有 23.4m^2/g。除 La、Nd、Pr 外，还可以添加 Cr、Sr、Ce、Mn、Zr、V、W、Mo、Ti、Ga、In、Bi、Ca、Ba 等。

3. 氧化钡改性

BaO 除了能提高 Al_2O_3载体的热稳定性外，还能减缓 Al_2O_3载体在空气或含氢气流中的孔隙烧结速度。一般 Al_2O_3载体在 1200℃时烧结，而由 1 ∶ 6 的 BaO 和 Al_2O_3组成的催化剂载体在1200℃时的比表面积仍为通常Al_2O_3的两倍。

4. 氧化硼改性

用硼酸处理Al_2O_3载体，即在Al_2O_3载体制备过程中，用硼酸处理$Al(OH)_3$或将硼酸和磷酸加入Al_2O_3凝胶中形成偏磷酸硼，可以提高Al_2O_3载体的比表面积。硼酸的含量为13%～15%。如将Na_2AlO_2与$Al_2(SO_4)_3$制成铝胶，喷雾干燥后再加硼酸，经干燥和1300℃焙烧后，载体含15%B_2O_3·85%Al_2O_3，比表面积13m^2/g。制得铝胶后也可先用Na_2SiO_3处理，干燥后再混入硼酸，1300℃焙烧后组分为19%SiO_2·5%B_2O_3·76%Al_2O_3，比表面积27m^2/g。

5. 氧化锌和氧化镁改性

在硝酸水溶液中用NH_4OH沉淀出$ZnO·Al_2O_3$及$MgO·Al_2O_3$等化合物，先在400℃下焙烧，然后在苯酚—甲醛混合液中真空蒸馏，获得微孔中含聚合酚醛树脂物，经120～150℃处理树脂，300～900℃碳化除去微孔中树脂，并在650～800℃空气中加热以形成尖晶石结构的载体，它具有高孔隙率、高比表面及吸附能力。

6. 二氧化钛改性

TiO_2是一种新型载体材料，20世纪90年代以来已用于加氢脱硫、甲烷化等的催化剂，以取代γ-Al_2O_3，它能使担载的活性金属含量更少，活性高，寿命长。TiO_2对硫有较强吸附能力，制得的加氢脱硫或耐硫宽温变换催化剂不需预硫化，且不易发生反硫化而失活。TiO_2还能削弱MoO_3的金属载体间的相互作用，使MoO_3易硫化成MoS_2活性相。但TiO_2载体抗破碎能力差，热稳定性也欠佳，将TiO_2添加到Al_2O_3中则可以用其所长，抑其所短。

用TiO_2改性Al_2O_3或制备$TiO_2·Al_2O_3$复合载体的方法主要有机械混合法、$Ti(SO_4)_2$氨解浸渍法及混胶法等。机械混合法工艺简单，但产品性能较差。用$Ti(SO_4)_2$氨解浸渍法浸钛后载体抗破碎强度下降。混胶法工艺较好，也易于实现工业化。用混胶法改性后的Al_2O_3载体，TiO_2趋于表面富集，呈岛状或片状分散在γ-Al_2O_3表面上，与不添加TiO_2的γ-Al_2O_3载体结构相似。

8.9 其他粉体的无机表面改性

8.9.1 天然沸石的无机表面改性

梁靖、郑水林等[193]采用均匀沉淀法，以醋酸锌为前驱体，尿素为沉淀剂，天然辉沸石为载体，制备了不同煅烧温度下的ZnO/辉沸石纳米复合材料，对其结晶性能、孔结构特性以及微观形貌进行表征。结果表明，随着煅烧温度的升高，复合材料中ZnO的晶粒先减小后增大，350℃时ZnO/辉沸石复合材料中ZnO晶粒尺寸最小；经煅烧后，复合材料的比表面积和孔径变化不显著，但微观形貌发生了显著变化；复合材料的光催化性能也呈现出先升高后降低的趋势，350℃煅烧得到的ZnO/辉沸石复合材料光催化效果较好，经300W高压汞灯照射2h后亚甲基蓝的降解效率达到95%以上。图8-67是天然辉沸石、纳米ZnO以及ZnO/辉沸石的扫描电镜图。可以看出，纳米ZnO呈颗粒状，负载到天然辉沸石表面，可以显著降低团聚。

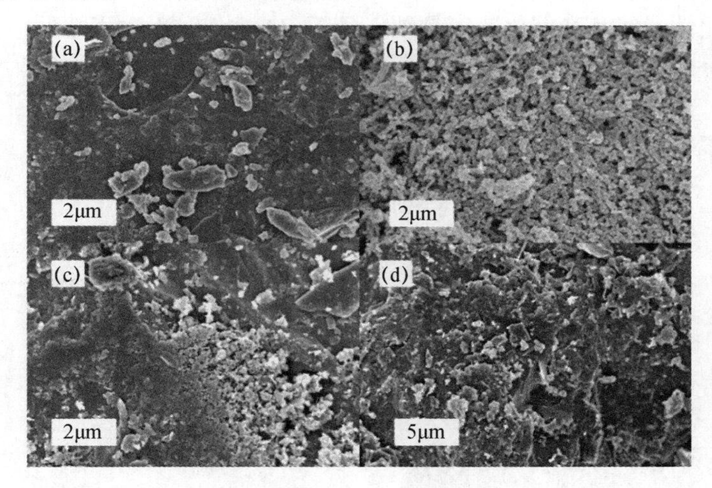

图 8-67　辉沸石、ZnO 及 ZnO/辉沸石的 SEM 图

(a) 辉沸石；(b) ZnO；(c)、(d) ZnO/辉沸石

邹艳丽等[194]将天然沸石研磨至过 100 目、200 目筛，去离子水清洗 5～6 次，105℃烘干后配制 2mol/L 的沸石及 $CaCl_2$ 溶液（沸石浓度为 20g/L），在水浴恒温振荡器中进行改性，温度控制在 30℃，振速 150r/min。10h 后取出，去离子水清洗 5～6 次，105℃烘干备用，从而制得 $CaCl_2$ 改性沸石。将此改性沸石用于静态吸附水中四环素的试验，结果表明，$CaCl_2$ 改性可以提高沸石对四环素的吸附能力。

林建伟等[195]采用液相沉淀法将氢氧化镧和天然沸石进行复合，制备得到镧-沸石复合材料，并通过批量吸附试验考察了该复合材料对水中磷酸盐的吸附作用以及去除水中低浓度磷酸盐效果的影响因素。结果表明，当沉淀 pH 值控制为 9～12，对水中磷酸盐的吸附能力较好，且当沉淀 pH 值由 9 增加到 11 时，吸磷能力明显增加，继续增加 pH 值为 11～12 时，复合材料的吸磷能力基本不变。

郭俊元等[196]采用氧化镁改性沸石作为吸附剂，研究其去除猪场废水中高浓度氨氮的性能和机理。通过 400℃焙烧负载氧化镁后，沸石对氨氮的吸附容量从 12.6mg/g 提高到 24.9mg/g。吸附饱和的氧化镁改性沸石，经 0.2mol/L 的 HCl 解吸再生后，可以多次重复使用。

8.9.2　伊利石的无机表面改性

王树江等[197]采用水热合成法对伊利石进行改性，再通过微波辅助和紫外灯还原法制备了高载银量的纳米银/伊利石复合材料。研究结果表明，改性后伊利石载银量最高可达 27.66%，而且还原的纳米银在伊利石表面分布均匀（图 8-68）。抑菌圈试验结果显示，这种复合材料对金黄色葡萄球菌和大肠杆菌均有良好的抑菌效果，最大抑菌尺寸分别达到 5.68mm 和 6.84mm。

孙志明、郑水林等[198]以伊利石为载体、双氰胺（$C_2H_4N_4$）为类石墨氮化碳（g-C_3N_4）前驱体，采用液相浸渍一热聚合联合工艺制备出一种可见光响应的 g-C_3N_4/伊利石光催化复合材料。考察其在可见光照射下光催化降解环丙沙星（CIP）的效果时发现

$g-C_3N_4$/伊利石光催化复合材料相比纯 $g-C_3N_4$，$g-C_3N_4$/伊利石复合材料在可见光下具有更高的光催化性能，其光催化速率是纯 $g-C_3N_4$ 的 11.26 倍；伊利石与 $g-C_3N_4$ 构成的复合结构能够有效地抑制光生载流子的复合，改善纯 $g-C_3N_4$ 材料的吸附性能和光催化活性。图 8-69 是伊利石、$g-C_3N_4$ 以及 $g-C_3N_4$/伊利石的形貌图，可以看出，$g-C_3N_4$ 与伊利石建立了紧密的二维界面结合。

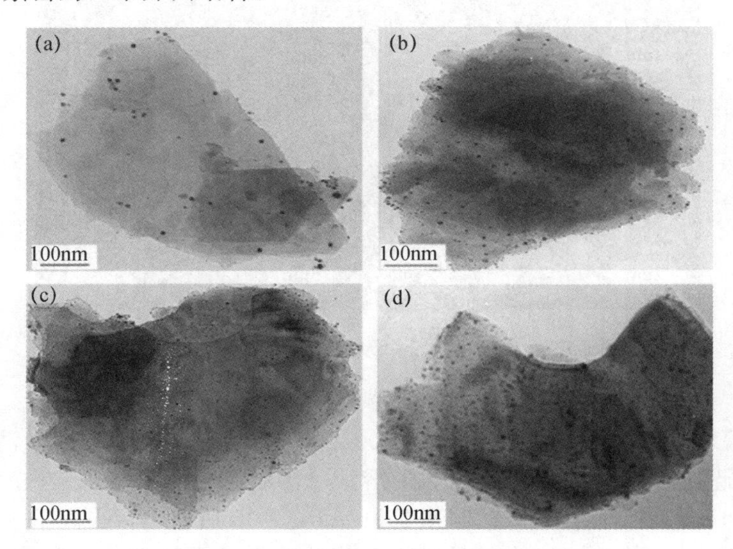

图 8-68　纳米银/伊利石复合材料的 TEM 图

（a）未改性伊利石负载纳米银；（b）氨水溶液中水热反应伊利石负载纳米银；（c）氨水溶液中加入聚乙烯吡咯烷酮水热反应伊利石负载纳米银；（d）氨水溶液中加入胱氨酸水热反应伊利石负载纳米银

图 8-69　伊利石、类石墨氮化碳及类石墨氮化碳/伊利石 SEM 图和类石墨氮化碳/伊利石 AFM 图

（a）伊利石 SEM；（b）类石墨氮化碳 SEM；（c）类石墨氮化碳/伊利石 SEM；（d）类石墨氮化碳/伊利石 AFM

胡春联等[199]采用化学共沉淀法制备了磁性伊利石复合材料。对其吸附性能进行研究发现，Co（II）在磁性伊利石上的吸附符合 Lagrange 准二级动力学方程，热力学符合 Langmuir 等温线方程，并且高温下有利于吸附。

8.9.3　石膏晶须的无机表面改性

石膏晶须（Calcium Sulfate Whisker，CSW），即硫酸钙晶须，也称硫酸钙微纤维，国际商品名称为 ONODA-GPF。该材料具有高强度、高模量、高介电强度、耐磨耗、耐高温、耐腐蚀、红外线反射性良好、易于表面处理、与高分子聚合物的亲和力强、无毒等诸多优良的理化性能。

石膏晶须可以分为二水硫酸钙晶须（$CaSO_4 \cdot 2H_2O$）、半水硫酸钙晶须（$CaSO_4 \cdot \frac{1}{2}H_2O$）及无水硫酸钙晶须（$CaSO_4$）三种。

石膏晶须的表面无机改性就是用二次沉降法或二次离子交换法在石膏表面形成两层难溶的无机盐保护层，以减小石膏晶须与水的接触面积，降低石膏晶须溶解度。其具体方法为：用氢氧化钡作改性剂，将石膏晶须与氢氧化钡按一定质量比混合成为悬浊料，石膏晶须表面钙离子与氢氧化钡溶液中钡离子进行离子交换，在石膏晶须表面形成由硫酸钡构成的保护层，接着向悬浊液中通入 CO_2，进行碳酸化反应，在晶须表面再沉积一层碳酸钙。二次沉降反应主要反应式如下：

$$CaSO_4 \cdot 2H_2O + Ba(OH)_2 = BaSO_4 \downarrow + Ca(OH)_2 + 2H_2O$$

$$Ca(OH)_2 + CO_2 = CaCO_3 \downarrow + H_2O$$

图 8-70 所示为不同氢氧化钡包覆量的石膏晶须透射电镜（TEM）图。

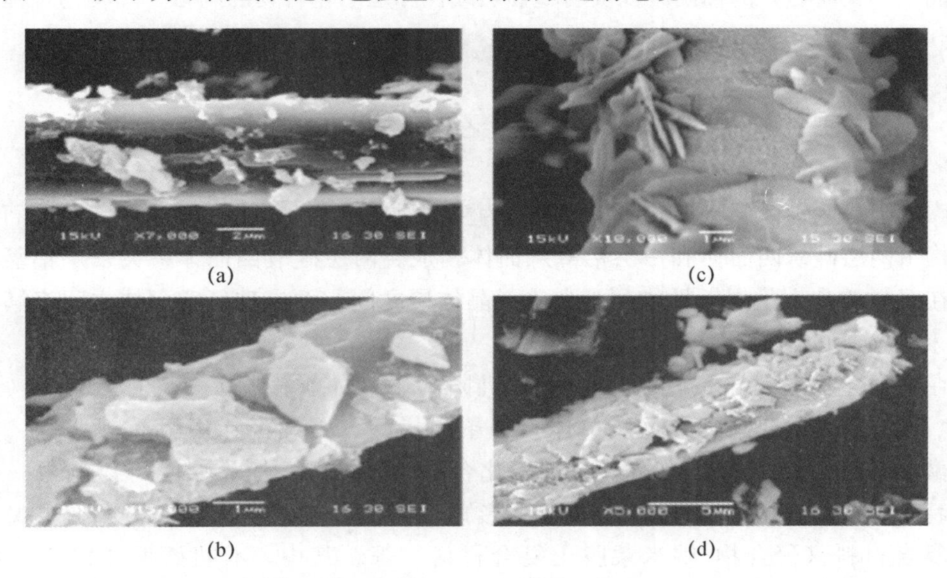

图 8-70　氢氧化钡包覆石膏晶须的 TEM 图

(a) 5%$Ba(OH)_2 \cdot 8H_2O$；(b) 8%$Ba(OH)_2 \cdot 8H_2O$；(c) 10%$Ba(OH)_2 \cdot 8H_2O$；(d) 15%$Ba(OH)_2 \cdot 8H_2O$

第9章 粉体插层改性

以层状结构矿物粉体（如蒙脱石、高岭石、绿泥石、蛭石等硅酸盐矿物）和石墨、硫化钼等为原料的插层改性复合材料是一种新型的功能材料。

石墨基插层改性复合材料已在20世纪60~70年代实现了产业化生产，并在高技术新材料产业和现代工业（如航空航天、机械电子、环境保护、新能源、化工）等领域得到了广泛应用；我国在20世纪80年代通过引进技术实现了酸化膨胀石墨的生产。黏土类插层改性复合材料中的有机膨润土（季铵盐插层改性蒙脱石复合材料）也在20世纪70年代之后实现了工业化生产和在油漆、涂料、石油钻井、油墨、环保、高温润滑剂等领域的广泛应用；我国在20世纪80年中期投产了第一条有机膨润土生产线。以蒙脱石有机插层改性为基础的聚合物/纳米黏土复合新材料也已在21世纪初进入产业化试生产阶段。这些插层改性复合材料是当今材料科学与工程、矿物材料工程、界面与胶体化学、化工等领域的研究热点之一，具有良好的发展前景。

以下重点介绍层状结构硅酸盐矿物（膨润土、高岭土、蛭石等）的插层改性，特别是膨润土（蒙脱石）的插层改性及石墨插层改性和层间化合物的制备、结构与性能及其应用。

9.1 膨润土（蒙脱石黏土）的插层改性

膨润土是一种以层状铝硅酸盐蒙脱石为主的黏土矿物。如图9-1所示，蒙脱石的晶体结构由两层硅氧四面体和一层铝氧八面体构成。两层硅氧四面体中夹一层铝氧八面体，在Z轴方向上呈周期性排列。在单元晶体层之间和两层硅氧四面体之间充满n个H_2O和可交换的阳离子。

在膨润土高度分散的前提下，用有机阳离子（如季铵盐）、无机交联剂（如羟基铝、羟基锆）、有机聚合物及单体（如聚丙烯酸、聚烯烃、聚酰胺、聚酯、甲基丙烯酸及其酯、氨基酸、有机磷、偶极化合物等）插入蒙脱石层间可以制备一系列具有特殊性能的改性复合材料，如有机膨润土、无机柱撑蒙脱石、纳米黏土聚合物插层复合材料（聚合物/纳米蒙脱土复合材料）等。其中，有机膨润土既是一种已经工业化和得到广泛应用的蒙脱石插层改性材料，也是制备纳米黏土聚合物插层复合材料的中间产品。

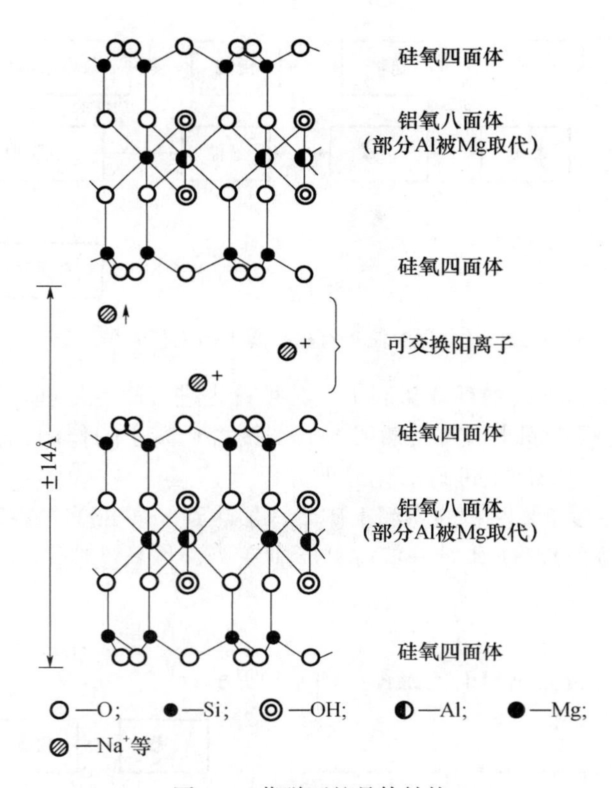

图 9-1　蒙脱石的晶体结构

9.1.1　有机膨润土

用有机铵阳离子置换蒙脱石类黏土晶体层间原有的可交换阳离子，使其层间结构发生改变。这种经有机物插层改性后的蒙脱石黏土，称为有机膨润土。有机铵阳离子置换蒙脱石中的可交换阳离子，同时因片层表面被有机阳离子覆盖，堵塞了水的吸附中心，使其变成疏水亲油的有机膨润土，这种置换反应后得到的有机膨润土在有机溶剂或非极性溶剂中显示出优良的分散、膨胀、吸附、黏结和触变等特性，广泛应用于涂料、油墨、石油钻井、灭火剂、高温润滑剂以及环境保护等领域。

1. 制备工艺

有机膨润土的常规制备工艺分为湿法、干法、预凝胶法等三种。近年来又发展了微波、超声波以及接枝改性合成工艺。

(1) 湿法工艺

湿法工艺原则流程如图 9-2 所示，现就主要工序分述如下：

制浆：首先将膨润土在水中充分分散，并除去砂粒及杂质（提纯）。矿浆浓度通常为 1%～7%。为使膨润土很好分散，可边加料、边搅拌，有时还要加分散剂。

提纯：如原土纯度不高，在进行有机插层之前还要进行选矿提纯。

改型或活化：从理论上讲，各种黏土矿物，如蒙脱石、皂石等都可作有机土原料，但以钠基膨润土和锂基膨润土最好。作为有机膨润土原料，可交换性阳离子的数量应尽

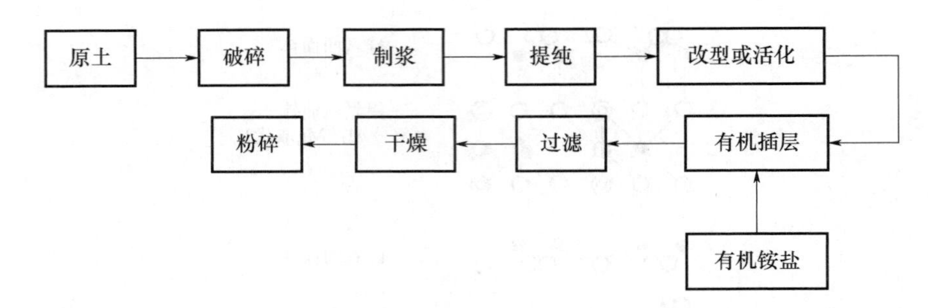

图 9-2 湿法制备有机膨润土的工艺流程

可能高。对于钙基膨润土或钠钙基膨润土，必须首先进行改型处理，所用的改型剂通常为 Na_2CO_3。为了增强膨润土与有机插层剂（季铵盐）离子的作用，在插层之前，还可以用无机酸或有机酸对膨润土进行活化处理。

有机插层：将浓度 5%左右的膨润土矿浆，加热到 38～80℃，在不断搅拌下，徐徐加入有机铵盐（季铵盐），使其充分反应。反应完毕，将悬浮液洗涤、过滤、烘干并粉碎至通过 200 目筛。

(2) 干法工艺

干法生产有机膨润上原则工艺流程如图 9-3 所示。

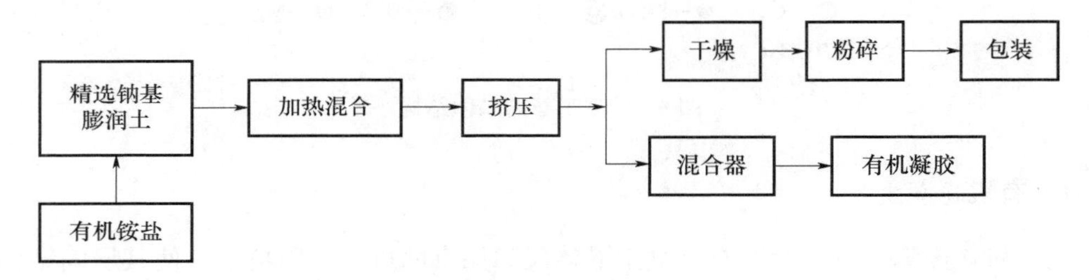

图 9-3 干法制备有机膨润土的工艺流程

将含水量 20%～30%的精选钠基膨润土与有机铵盐直接混合，用专门的加热混合器混合均匀，再加以挤压，制成含有一定水分的有机膨润土；也可以进一步加以干燥，粉碎成粉状商品；或将含一定水的有机膨润土直接分散于有机溶剂（如柴油），制成凝胶成乳胶体产品。

(3) 预凝胶法工艺

预凝胶法工艺流程如图 9-4 所示。先将膨润土分散、提纯改型，然后进行有机插层。在有机插层过程中，加入疏水有机溶剂（如矿物油），把疏水的有机膨润土复合物萃取进入有机相，分离出水相，再蒸发除去残留水分，直接制成有机膨润土预凝胶。

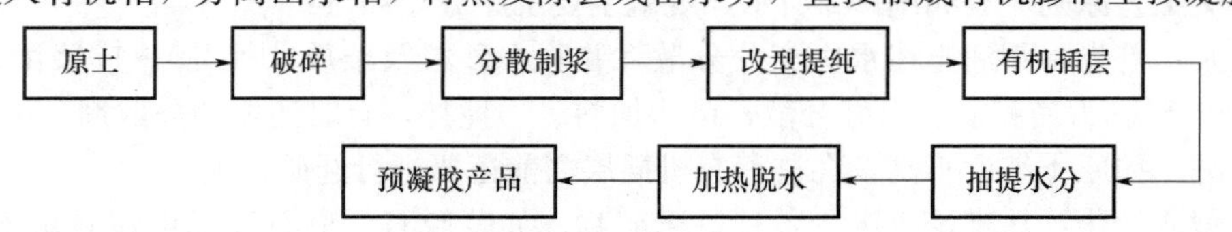

图 9-4 预凝胶法制备有机膨润土的工艺流程

（4）微波合成法

微波合成法是将膨润土与表面活性剂溶液混合后，在谐振腔式微波反应器中用微波辐射进行有机插层改性制备有机膨润土。其制备工艺流程如图 9-5 所示[200]。

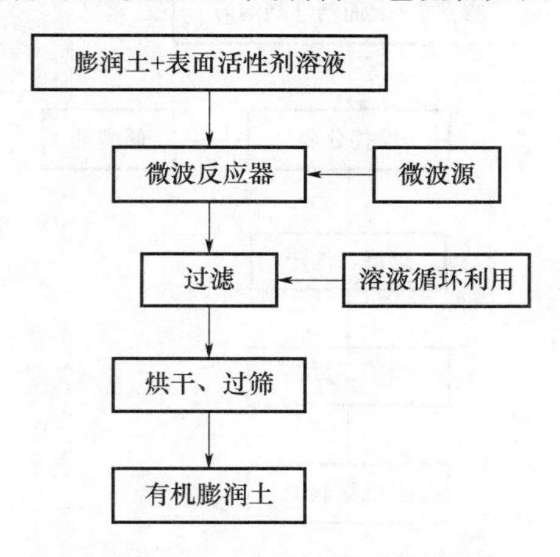

图 9-5　微波合成有机膨润土的工艺流程

（5）超声合成法

超声合成法同微波合成法类似，是将膨润土与表面活性剂溶液混合后，在超声波反应器中用超声能量进行有机插层改性制备有机膨润土。在采用恒温振荡器进行反应时，有机插层剂加入膨润土料浆中，扩散进入膨润土片层间，通过超声波振荡，可以加快有机化剂的扩散速度，2h 左右就能形成疏水性良好的有机膨润土，呈团絮状分散于表面，易于分离。其制备工艺流程如图 9-6 所示[201]。

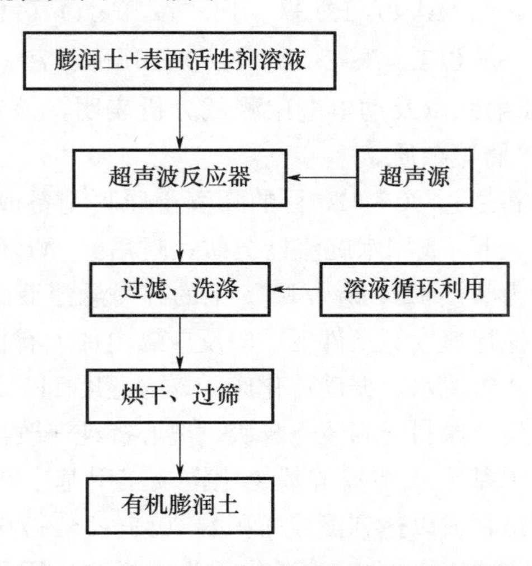

图 9-6　超声波合成有机膨润土的工艺流程

（6）接枝改性合成法

接枝改性合成法是指在用有机插层改性剂对膨润土改性的过程中，逐滴加入硅烷偶联剂作为疏水基团接枝在膨润土上。膨润土可与硅烷偶联剂水解基团发生接枝反应，使其表面偶联更多的疏水官能团，从而提高对有机物的吸附性能。其制备工艺流程如图9-7所示[202]。

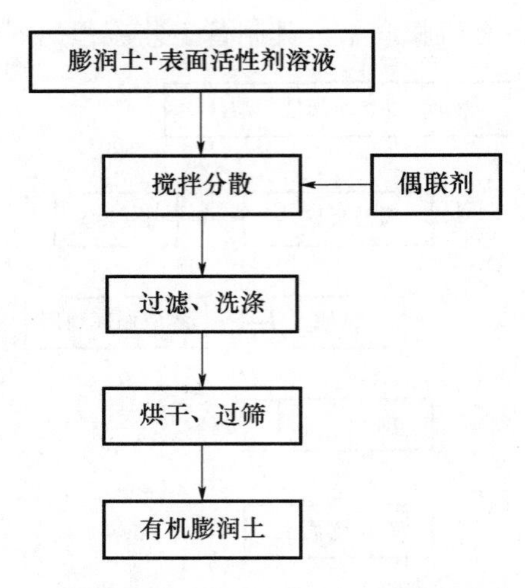

图 9-7　硅烷接枝改性有机膨润土的合成工艺流程

2. 有机膨润土制备实例与研究进展

（1）有机膨润土制备实例

浙江临安钠基膨润土，其阳离子交换容量为 50～75mmol/100g 土；可交换钠离子 $\sum Na^+$ 为 30～50mmol/100g 土；可交换钙离子 $\sum Ca^{2+}$ 为 10～20mmol/100g 土；−2μm粒级含量大于 60%；膨胀倍数为 12～30；在水中分散性能较好。原矿化学组成为（%）：SiO_2 66.81～71.5；Al_2O_3 13.37～16.77；Fe_2O_3 0.90～1.98；MgO 1.02～2.59；CaO 1.44～2.12；Na_2O 1.77～2.50；K_2O 1.15～2.79；TiO_2 0.03～0.12；烧失量 4.78～10.4。差热、X 射线以及动电电位测试分析表明，该钠基膨润土属怀俄明型。原土含有 20%～40%的碎屑等杂质。

制备工艺过程如下：将通过 80～120 目的膨润土原料制备成 5%～10%的水悬浮液。首先用沉降法自然沉降 4～6h，或用水旋流器分级，然后经 WLdb-450 型变锥卧式螺旋离心机提纯，得到交换容量为 90～120mmol/100g 土的纯净悬浮液。将此悬浮液改性及活化后，在一定温度、浓度、搅拌速度等条件下，向反应罐内加入有机季铵盐。经与膨润土充分交换反应后，用板框压滤机脱水、振动流化床干燥（温度 110℃以下），磨粉后即得有机膨润土产品。其工艺流程为：原料→制浆→分级→离心提纯→改性活化→有机插层→过滤脱水→干燥→粉磨。用二甲基十八烷基苄基氯化铵及三甲基十八烷基氯化铵等作为插层剂。插层剂的用量为等当量，或以达到覆盖面积的 80%～85%为适宜用量。

改性活化工序与有机插层同时进行，活化剂为无机酸，用量为膨润土投料量的 2%左右。有机插层在 60～70℃温度下进行，反应时间为 2h。边反应边搅拌。

最终产品的动力黏度大于 1.2Pa·s，稠度小于 75，胶体率大于 95%。

3. 产品性能与标准

有机膨润土的主要技术性能指标是粒度、颜色、黏度、微针入度、密度、烧失量等。表 9-1 所示为美国 NL 化学品公司部分产品的主要技术指标。表 9-2 所示为浙江丰虹黏土化工有限公司 HFGEL 系列有机膨润土的质量指标。

表 9-1　美国 NL 化学品公司 Benton 产品的主要技术指标

产品牌号	27	34	38	SD-1	SD-2	SD-3
色泽	乳白色	极浅奶黄色	乳白色	极浅奶黄色	极浅奶黄色	极浅奶黄色
外观	细粉	细粉	细粉	细粉	细粉	细粉
含水量（%）	≤3	≤3	≤3			
粒度（μm）				<1	<1	<1
密度（g/cm^3）	1.80	1.70	1.70	1.47	1.62	1.60
松密度（g/cm^3）				0.24	0.12	0.305

表 9-2　HFGEL 系列有机膨润土的质量标准

产品型号	颜色	干粉粒度 200 目≥（%）	烧失量（%）	充分分散细度（μm）	表观密度（g/cm^3）	密度（g/cm^3）	备注
HFGEL-110	米白色	95	≥35	<1	0.45	1.8	广谱活化型
HFGEL-120	白色	95	≥36	<1	0.45	1.9	
HFGEL-127	白色	95	≥38	<1	0.45	1.9	
HFGEL-140	米白色	95	≥39	<1	0.44	1.7	谱、易分散型
HFGEL-160	米白色	95	≥41.5	<1	0.42	1.6	

我国国家标准 GB/T 27798—2011 将有机膨润土产品分成高黏度型、易分散型、自活化型和高纯度型四类。各类有机膨润土按插层剂亲水亲油平衡值不同分为低极性（Ⅰ型）、中极性（Ⅱ型）和高极性（Ⅲ型）三个型号。其主要质量指标要求分别列于表 9-3～表 9-6。

表 9-3　高黏度有机膨润土的质量指标

试验项目		Ⅰ型		Ⅱ型		Ⅲ型	
		一级品	二级品	一级品	二级品	一级品	二级品
表观黏度（Pa·s）	≥	2.5	1.0	3.0	1.0	2.5	1.0
通过率（75μm，干筛）（%）	≥	95					
水分（105℃）（%）	≤	3.5					

表 9-4　易分散有机膨润土的质量指标

试验项目		Ⅰ型	Ⅱ型	Ⅲ型
剪切稀释指数	≥	5.5	6.0	5.0
通过率（75μm，干筛）（%）	≥	95		
水分（105℃）（%）	≤	3.5		

表 9-5 自活化有机膨润土的质量指标

试验项目		Ⅰ型		Ⅱ型		Ⅲ型	
		一级品	二级品	一级品	二级品	一级品	二级品
胶体率（%）	≥	70	60	98	95	95	92
分散体粒度（D_{50}）（μm）	≤	8	15	8	15	8	15
通过率（75μm，干筛）（%）	≥	95					
水分（105℃）（%）	≤	3.5					

表 9-6 高纯度有机膨润土的质量指标

项　目		Ⅰ型		Ⅱ型		Ⅲ型	
		一级品	二级品	一级品	二级品	一级品	二级品
物相		X射线衍射分析中不得检出除有机蒙脱石、石英和方英石以外其他矿物成分					
表观黏度（Pa·s）	≥	2.5		3.0		2.5	
石英含量（%）	≤	1.0	1.5	1.0	1.5	1.0	1.5
方英石含量（%）	≤	1.0	1.5	1.0	1.5	1.0	1.5
通过率（75μm，干筛）（%）	≥	95					
水分（105℃）（%）	≤	3.5					

4. 有机膨润土研究进展

郑水林等[203]用不同的表面活性剂［十二烷基三甲基溴化铵（DDTMA）和十六烷基三甲基溴化铵（HDTMA）］通过离子交换制备了有机改性钙蒙脱石。结果表明，随着有机改性剂用量的增加，蒙脱石的层间距逐渐增大，排列方式逐渐由单层横向排列转变为石蜡型双层排列，表面活性剂的链长及表面活性剂的用量对改性剂分子的排列形态具有显著影响。

王高锋等[204]用非离子型表面活性剂辛基酚聚氧乙烯醚（OP-10）改性蒙脱石作为霉菌毒素吸附剂。在不同的改性剂用量下，改性蒙脱石具有不同的结构、有机碳含量、表面疏水性等特征。将制备的改性蒙脱石用于极性黄曲霉毒素和玉米赤霉烯酮单一和二元污染体系的吸附研究，结果表明，相比于未改性蒙脱石，改性蒙脱石对黄曲霉毒素和玉米赤霉烯酮的吸附能力分别从 0.51mg/g 和 0mg/g 提高到 2.78mg/g 和 8.54mg/g。图 9-8 是未改性蒙脱石和不同改性剂用量的有机改性蒙脱石的 XRD 图谱，可见，随着改性剂用量的增加，蒙脱石 XRD 特征峰峰位明显偏移，且强度升高，蒙脱石层间距显著增大。

王高锋、郑水林等[205]用非离子型表面活性剂辛基酚聚氧乙烯醚（OP-10）改性蒙脱石，并将其用于阳离子型有机染料的吸附研究。结果表明，随着表面活性剂用量的增大，表面活性剂分子在蒙脱石层间的排布方式逐步发生变化，相比于未改性蒙脱石，改性蒙脱石对于阳离子型染料亚甲基蓝的吸附量显著增大。改性蒙脱石对于污染物分子吸附能力的提升是离子交换、特性吸附、氢键吸附以及静电吸附协同作用的结果(图 9-9)。

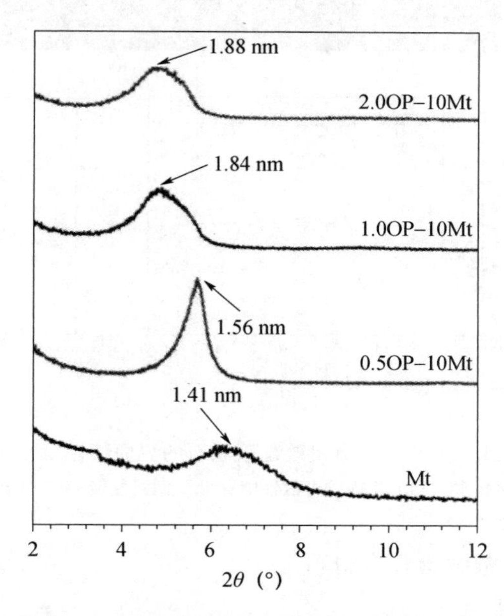

图 9-8　未改性蒙脱石和不同改性剂用量的有机改性蒙脱石的 XRD 图谱

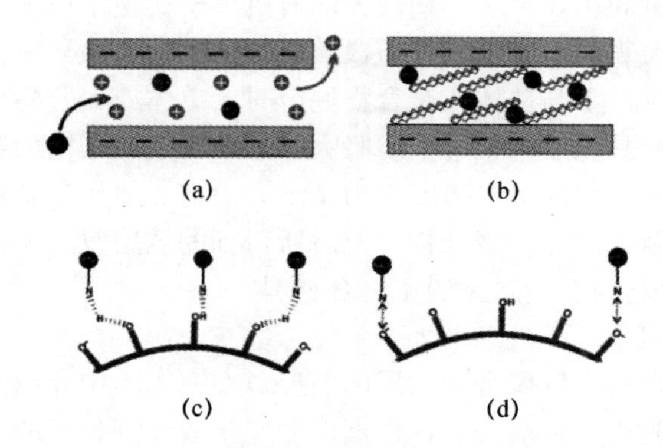

图 9-9　有机改性蒙脱石吸附亚甲基蓝的机理图

(a) 离子交换；(b) 分区吸附；(c) 氢键结合；(d) 静电作用

王高锋、郑水林等[206]采用两性离子表面活性剂（十二烷基二甲基甜菜碱以及氨基酰胺丙基甜菜碱）改性蒙脱石，并对极性黄曲霉毒素及弱极性玉米赤霉烯酮的协同吸附进行了研究。结果表明，改性蒙脱石在结构和表面亲水性发生变化的同时，保持了蒙脱石的介孔特性，对极性黄曲霉毒素以及弱极性玉米赤霉烯酮具有良好的吸附能力(图 9-10)。

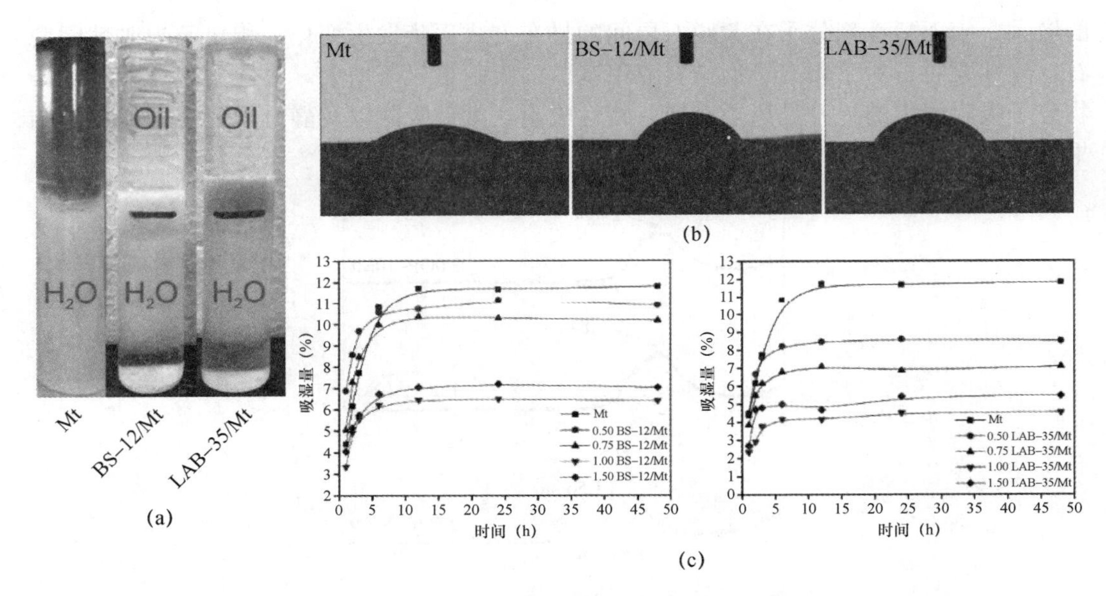

图 9-10　有机改性蒙脱石的界面特性

(a) 样品在水相和油相内的分散性能；(b) 润湿性能；(c) 吸附性能

9.1.2　聚合物插层纳米蒙脱土复合材料

1. 概述

经有机化处理的蒙脱土，由于体积较大的有机离子交换了原来的层间阳离子，层间距离增大，同时因片层表面被有机阳离子覆盖，黏土由亲水性转变为亲油性。当这种有机化的蒙脱土在一定条件下与单体或聚合物混合时，单体或聚合物分子向有机黏土的层间迁移并插入层间，使黏土层间距进一步胀大，蒙脱石层状结构的纳米片层高度分散在聚合物基体中。蒙脱石片层的单层厚度仅为 1nm，具有二维纳米材料的属性，因此，在蒙脱石片层之间的空隙被高分子聚合物填充后所得到的插层复合材料称为聚合物插层纳米蒙脱土复合材料或聚合物/纳米蒙脱土复合材料。

2. 蒙脱土的有机化

蒙脱土的有机化是实现其聚合物插层的前提。在 9.1.1 中介绍的有机膨润土实质上也是一种有机化的蒙脱土。目前来说，根据对蒙脱土改性剂种类的不同大体上可以分为阳离子型表面活性剂、阴离子型表面活性剂、非离子型表面活性剂聚合物单体以及偶联剂等。

(1) 阳离子型表面活性剂

阳离子型表面活性剂可以细分为有机季铵盐类、烷基铵盐类、有机季膦盐类、吡啶盐类、氨基酸类、有机咪唑盐类等。下面对蒙脱土有机插层剂种类作简要介绍。

① 有机季铵盐。有机季铵盐是目前最常用的阳离子有机改性剂，常用十六或十八烷基三甲基铵盐。在改变蒙脱土层间微环境的同时，由于季铵盐体积较大，进入蒙脱土层间使层间距增大，从而削弱了片层间的作用力，有利于插层反应的进行。经有机改性后的蒙脱土层间距增加，层间距增加多少主要依赖于有机季铵盐的结构，季铵盐用量、

碳原子数、烷烃链数等，不同烷基链数的季铵盐阳离子在蒙脱土层间的排列方式有所不同，这主要是取决于有机季铵盐自身结构[207]。

有机季铵盐插层蒙脱土可以获得诸多优良的特性。聚苯乙烯长链端基季铵盐改性蒙脱土，通过熔融共混方法制备的PA6/蒙脱土纳米复合材料，可以显著改善尼龙6（PA6）耐热性耐酸性差、吸水率大等缺点；新型的膨胀型阻燃剂——2-（2-（5，5-二甲基-1，3，2-二氧膦-2-基氨基）乙基-氨基）-N，N，N-三乙基-2-氧代乙胺氯化物，插层于蒙脱土层间，通过原位聚合法制备剥离型有机蒙脱土/聚氨酯纳米复合材料，可以显著提高聚合物的热稳定性及阻燃性；将二甲基辛基乙硫醇溴化铵改性蒙脱土，并通过自由基聚合可以合成聚丙烯酸甲酯和聚苯乙烯纳米复合材料；有机改性后的蒙脱土还是很好的抗菌材料，尤其是含有苄基、吡啶基的季铵盐及双季铵盐改性后的有机蒙脱土，也可用于农药残留物和苯系污染物的处理。

② 烷基铵盐。经过烷基铵盐处理的有机黏土可以稳定地分散在非极性溶剂或有机溶剂中，形成稳定的胶体体系。这是因为烷基铵盐类试剂可以较容易地与层状硅酸盐的层间离子进行交换，使层状硅酸盐片层表面状态由亲水性变为亲油性，聚合物分子的相容性也可以得到相应的提高。烷基铵盐制备有机黏土具有工艺简单、性能稳定等优点，已经成为使用广泛的一种插层剂。

使用此类插层剂处理蒙脱石及其他层状硅酸盐矿物时，首先将烷基胺［结构为：CH_3—（CH_2）$_n$—NH_2］试剂在酸性环境中质子化，使胺基转变为铵离子，得到烷基铵离子［结构为CH_3—（CH_2）$_n$—NH_3^+］；分子式中n的范围介于1～18。烷基铵离子的碳链长度对黏土的有机化处理效果以及聚合物插层纳米黏土复合材料的性能都有显著的影响。碳链越长，有机黏土的层间距越大。研究结果表明，使用碳链长度小于8的烷基铵离子处理层状硅酸盐矿物时，主要得到插层型的纳米复合材料；而使用碳链长度大于8的烷基铵时，更容易得到剥离型的纳米复合材料。

根据原土的阳离子交换容量与烷基铵离子中碳链长度的不同，烷基铵阳离子经交换进入层状硅酸盐的层间后，烷基链会采取不同的空间位置分布在各个片层之间。一般而言，随着黏土CEC的数值由小到大变化，烷基链在层间的空间分布会按以下的顺序变化：单层分布、双层分布、准三层分布以及与石蜡结构类似的层状分布。

③ 有机季膦盐。季膦盐结构类似季铵盐，也可对蒙脱土进行有机改性，插层机理也类似有机季铵盐。最近几年，季膦盐改性蒙脱土用于提高聚合物的热稳定性越来越受到人们的关注。虽然膦盐与铵盐都可以提高聚合物的热稳定性，但是，铵盐改性的蒙脱土在250℃以上不稳定，并且当纳米复合材料温度在200～300℃时就开始分解，所以铵盐并不适用于改性高温工作下的复合材料。而用四丁基膦盐及丁基三苯基膦盐改性的蒙脱土，其分解的起始温度接近300℃，比季铵盐改性的蒙脱土高约100℃，改性后的蒙脱土热稳定性更好。将膦盐改性蒙脱土进一步添加到聚氨酯泡沫中，可以提高其热稳定性及阻燃性能。

④ 吡啶盐。吡啶盐结构类似季铵盐，其插层作用机理也类似季铵盐。吡啶盐改性的蒙脱土具有很好的抑菌活性。李忠恒等[208]采用含有吡啶环的酯季铵盐

（ $H_3CH_2^- C—N^+$ 〈吡啶环〉 $—COOC_nH_{2n+1}^+ Br^-$ ）插入蒙脱土层间，制备出两种有机蒙脱土。蒙脱土的层间距由原来的 1.24nm，分别增加到 1.31nm（n=12）和 1.32nm（n=14）。改性后的蒙脱土疏水性增强。

⑤氨基酸。在氨基酸分子中含有一个氨基（$—NH_2$）和一个羧酸基（—COOH）。在酸性介质的条件下，氨基酸分子中羧酸基团内的一个质子就会传递到氨基基团内，使之形成一个铵基离子（$—NH_3^+$），这个新形成的铵基离子使得氨基酸具备与层状硅酸盐片层间的阳离子进行交换的能力。当氨基酸内的铵离子完成了与层状硅酸盐片层间阳离子的交换后，就可以得到氨基酸化的有机黏土。

许多具有不同碳链长度的 ω-氨基酸［H_3N^+ $(CH_2)_{n-1}COOH$］都被用来制备有机黏土，用 ω-氨基酸处理所得的有机黏土在制备 PA6/纳米黏土复合材料中得到了成功的应用。因为氨基酸中的羧基能与插入层状硅酸盐层间的 ε-己内酰胺反应，参与其聚合过程。

根据插层剂的一般特性，氨基酸分子中碳链越长，越有利于其扩张层状硅酸盐的层间距。图 9-11 给出了使用不同 ω-氨基酸时碳链长度与有机黏土层间距的关系曲线[209]。

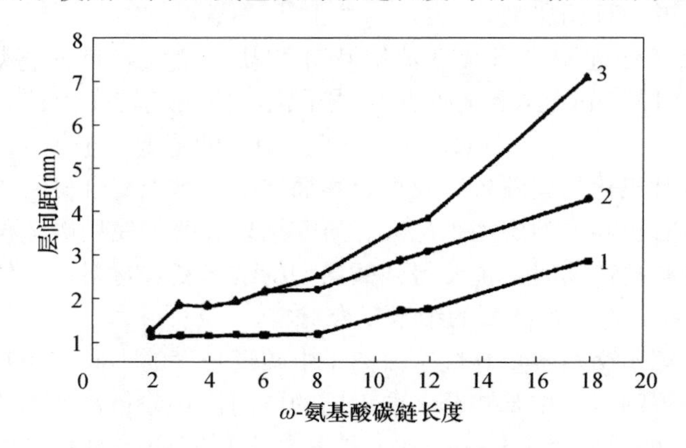

图 9-11　有机黏土层间距与 ω-氨基酸碳链长度的关系

1—ω-氮基酸插层黏土；2—ε-己内酰胺插层有机黏土（25℃）；3—ε-己内酰胺插层有机黏土（100℃）

由图 9-11 可见，随着 ω-氨基酸碳链的增加，有机黏土的层间距随之不断增加。在其中插入己内酰胺单体后，由于己内酰胺单体对层状硅酸盐层间距也有扩张作用，所以黏土的片层间距进一步得到了扩大。

⑥有机咪唑盐。为了提高聚合物/黏土纳米复合材料的热稳定性能，除了使用膦盐、吡啶盐，也可使用有机咪唑盐，尤其表面活性剂含有双键时，可与单体在层间发生原位聚合，原位聚合反应的驱动力使黏土分散于聚合物基体中，而含有乙烯基表面活性剂可使复合材料呈剥离状态。例如，将含有两个双键短链烷基的可聚合 1-乙烯基-3-丙烯基咪唑溴化铵用于改性蒙脱土，进一步与苯乙烯本体聚合制备出聚苯乙烯/蒙脱土复合材料。用 TGA、DTA 对复合材料的热稳定性进行表征的结果表明，聚苯乙烯插层于咪唑盐改性的有机蒙脱土中可使复合材料的热稳定性得到明显提高。

（2）阴离子型表面活性剂

阴离子表面活性剂插层蒙脱土的机理，是由传统的阳离子烷基铵盐插层蒙脱土衍化而来。阴离子表面活性剂吸附和插层的驱动力为：通过离子偶极吸附蒙脱土表面的阳离子，并且替换边缘和夹层的—OH 基团。该机理首次由 Bradley 在不同相对分子质量的聚乙二醇改性蒙脱土中提出来。已经成功进行有机插层的阴离子包括磺酸盐和羧酸盐。羧酸盐改性剂化学性质稳定、成本低、应用广泛，所以改性后的蒙脱土具有广泛的应用。例如采用 $C_{18}H_{35}OO—Na^+$ 和 $C_{12}H_{23}OO—Na^+$ 两种羧酸盐改性蒙脱土，可以很好地分散和插层于整个蒙脱土的层间或吸附于表面，应用于制备聚氨酯/蒙脱土纳米复合材料，可以发现复合材料热稳定性明显提高。采用酸化椰油酰胺基丙基甜菜碱对蒙脱土进行有机改性，制备含羧基的有机蒙脱土，可以发现，层间距由 1.20nm 增加到 2.40nm，将其混合于天然橡胶中，制备天然橡胶纳米复合材料，则发现少量有机蒙脱土可改善天然橡胶的拉伸强度、断裂伸长率，对硫化过程起到促进作用，使得焦烧期缩短。

（3）其他有机插层剂

除了以上两类常用的有机插层剂，使用其他的插层剂制备有机黏土往往是为了在制备聚合物纳米黏土复合材料时改善某些工艺或赋予复合材料一定的功能性。例如在制备 PS/纳米黏土复合材料时，使用氨甲基苯乙烯作为插层剂，可以同时起到扩大层间距和参与苯乙烯原位聚合的作用；使用 4-乙烯基吡啶作为有机插层剂可以赋予制品一定的变色功能；使用偶氮阳离子作为插层剂则可以使有机黏土在光敏材料领域得到一定的应用；而以下几种结构的插层剂则都是具有抗菌功能的有机插层剂，它们分别对葡萄球菌、大肠杆菌、埃希氏菌等多种致病细菌有显著的抑制作用（图 9-12）。

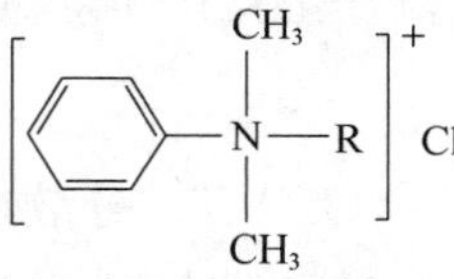

苄烷基氯化铵，基中烷基R的结构为：$C_{12}H_{25}$~$C_{18}H_{37}$

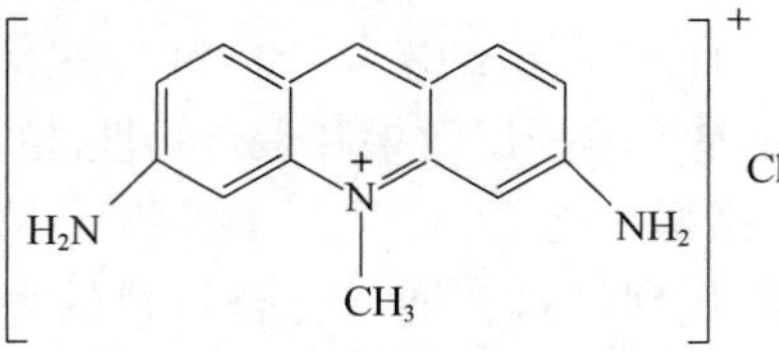

吖啶黄氯化铵

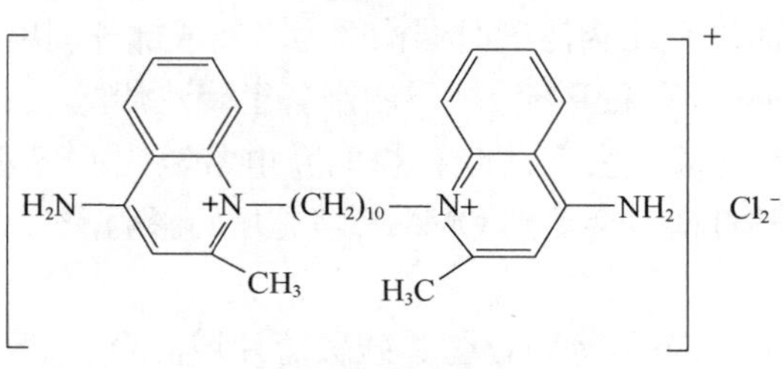

克菌定（商品名）

图 9-12　几种抗菌功能有机插层剂

此外，还有其他结构与功能各异的有机插层剂在实际研究工作中得到了应用，随着对聚合物/纳米黏土复合材料研究的深入，还将会有更多的有机插层剂被开发出来。

3. 聚合物插层蒙脱土制备方法

至今，有报道的插层制备方法主要包括溶液插层法、熔体插层法和原位插层聚合法等常规方法以及一些新方法。根据 MMT 片层的分散情况可将纳米复合材料分为三类，如图 9-13 所示，即相分离型、插层型和剥离型。理论上，剥离型纳米复合材料的性能最为优异，但较难实现。

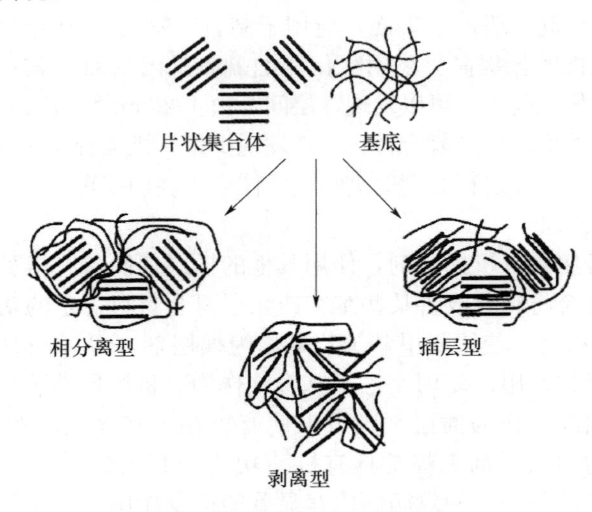

图 9-13 蒙脱土在聚合物中的分散形态

（1）溶液插层法

溶液插层法是将有机改性蒙脱土（OMMT）分散在合适的溶剂中，然后加入聚合物搅拌混合，最后除去溶剂获得纳米复合材料。此方法工艺简单，特别是在溶液浓度比较低时，制备的纳米复合材料性能优异，但是需要大量的溶剂以保证 MMT 的良好分散。溶液插层法更适用于水溶性聚合物制备插层型纳米复合材料。在溶液插层制备过程中，溶剂的选择、OMMT 的种类和用量都是影响插层效果和聚合物性能的重要因素。Shi 等以苯为溶剂，采用溶液插层法制备了聚碳酸丙烯酯（PPC）/OMMT 纳米复合材料。MMT 片层在 PPC 基体中良好分散，呈插层-凝絮结构，纳米复合材料的力学性能和热性能均有提高。Giannakas 等分别以 $CHCl_3$ 和 CCl_4 为溶剂制备了 PS/OMMT 纳米复合料，发现以 $CHCl_3$ 为溶剂时结构为插层型，而以 CCl_4 为溶剂时结构则为剥离或部分剥离型，并表现出更高的热稳定性和阻隔性能。Sengwa 等采用溶液插层法制备了聚乙烯醇（PVA）-聚乙烯基吡咯烷酮（PVP）/OMMT 纳米薄膜，发现薄膜材料的介电常数因 OMMT 的添加而发生逆转，介电性质、物理性能和热性能也会受到 OMMT 填充量的影响。[210-212]

（2）熔体插层法

熔体插层法是在熔融状态下将聚合物和硅酸盐片层混合。Chen 等[213]以月桂酸为相变材料，采用熔体插层法获得了典型插层型结构、形状稳定的相变材料。由于高温下月桂酸分子链仍然被限制在 MMT 片层间，因此材料在固-液相转变过程中始终保持固态。

Hong 等[214]采用熔体吹塑挤出的方法制备了线性低密度聚乙烯（LLDPE）/MMT 纳米复合膜，膜材料表现出较好的氧气阻隔性能和较高的抗菌活性，但由于疏水性的 LL-DPE 与 MMT 纳米颗粒的相容性差，其抗拉强度和水汽渗透性并没有得到提高。熔体插层法作为一种无溶剂的方法要求聚合物与 MMT 片层表面有较好的相容性。适当添加增溶剂是提高 OMMT 在聚合物中的分散程度的有效手段。Lai 等[215]用熔体插层法制备了苯乙烯-乙烯-丁烯-苯乙烯嵌段共聚物（SEBS）/OMMT 纳米复合材料，并比较了使用 SEBS 接枝马来酸酐（SEBS-g-MA）和聚丙烯接枝马来酸酐（PP-g-MA）作为增溶剂时材料的力学性能。结果表明，PP-g-MA 对提高 OMMT 的分散度以及 SEBS/OM-MT 的拉伸强度和剪切强度更为有利。

（3）原位插层聚合法

在原位插层聚合法中，聚合物单体、引发剂和催化剂一起插层到硅酸盐片层中，通过热或化学引发的方式原位完成聚合，硅酸盐片层间聚合物链的增长促使片层剥离，由此制得纳米复合材料。近年来发展出多种原位插层聚合方法，如开环聚合、可控自由基聚合、常规自由基聚合、阳离子聚合和活性阴离子聚合等。Huskic 等[216]以过氧化苯甲酰为引发剂，采用一步原位插层聚合的方式制备了 PMMA/OMMT 纳米复合材料，在此过程中 MMT 的季铵盐改性、聚合反应和聚合物插层同时完成。原位聚合反应，特别是聚合反应产率、PMMA 的摩尔质量平均值和分布受季铵盐改性剂而非 MMT 的影响。Dizman 等[217]通过原位光致交联聚合反应制备了聚砜（PSU）/OMMT 纳米复合材料，其制备过程如图 9-14 所示。形貌观察的结果表明，MMT 片层随机分散于聚合物的交联网状结构中，这使得 PSU/OMMT 获得了较高的热稳定性、机械强度和柔韧性。Fallahi 等[218]采用一种基于双酚 A 的新式可逆加成-断裂链转移剂，通过可控自由基聚合方法制备了 PS/OMMT 纳米复合材料，该复合材料具有分子量精度高和热稳定性高的优点。可见，对于分子量较高、分子链体积较大、结构复杂的聚合物，由于难以直接插层，采用原位插层聚合法是一种适宜的选择，而寻找合适的 MMT 插层剂是该方法的关键。另外，如何控制最佳反应条件、消除副反应的影响，提高目标产物的产率，也是制备过程中需要考虑的问题。

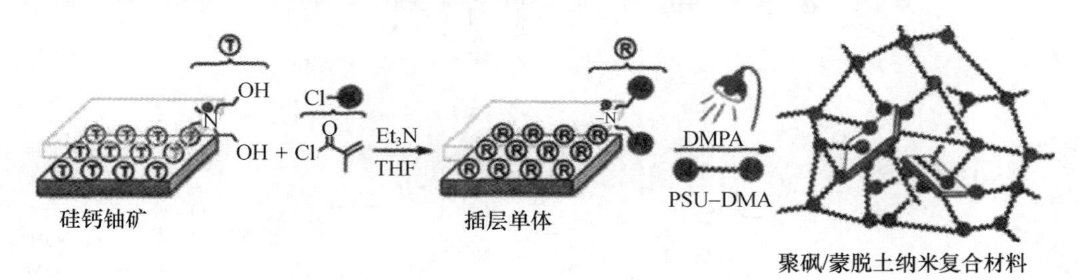

图 9-14　聚砜/蒙脱土纳米复合材料原位光致交联聚合的制备过程

近年来学术界提出了多种制备聚合物/蒙脱土纳米复合材料的新方法，如将聚合反应与点击化学相结合的方法，利用叠氮化合物和端基炔在 Cu（I）复合物的催化下 1，3-偶极环加成反应（图 9-15），得到的聚四氢呋喃（PTHF）/OMMT 纳米复合材料中 MMT 片层高度分散，且热稳定性优于原位插层聚合产物，原因是点击化学方法产率高、反应时间短而温和、副产物少且不受相连其他官能团的影响[219]。

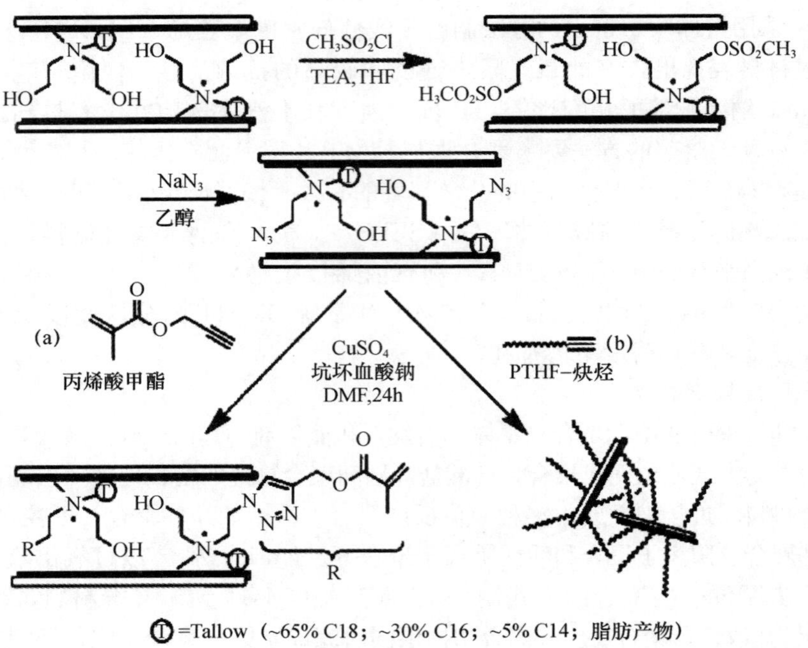

图 9-15　采用原位聚合反应和点击化学制备纳米复合材料的过程

采用连续自重复反应（SSRR）选择性地制备聚（酰胺-酰亚胺）/蒙脱土纳米复合材料（PIM）的方法，其核心过程如图 9-16 所示。与异氰酸酯和羧酸的直接反应合成酰胺相比，SSRR 所需要的温度更低，选择性更强，而且所得到的 PIM 中 MMT 片层间距超过 5.9nm，甚至呈剥离型[220]。

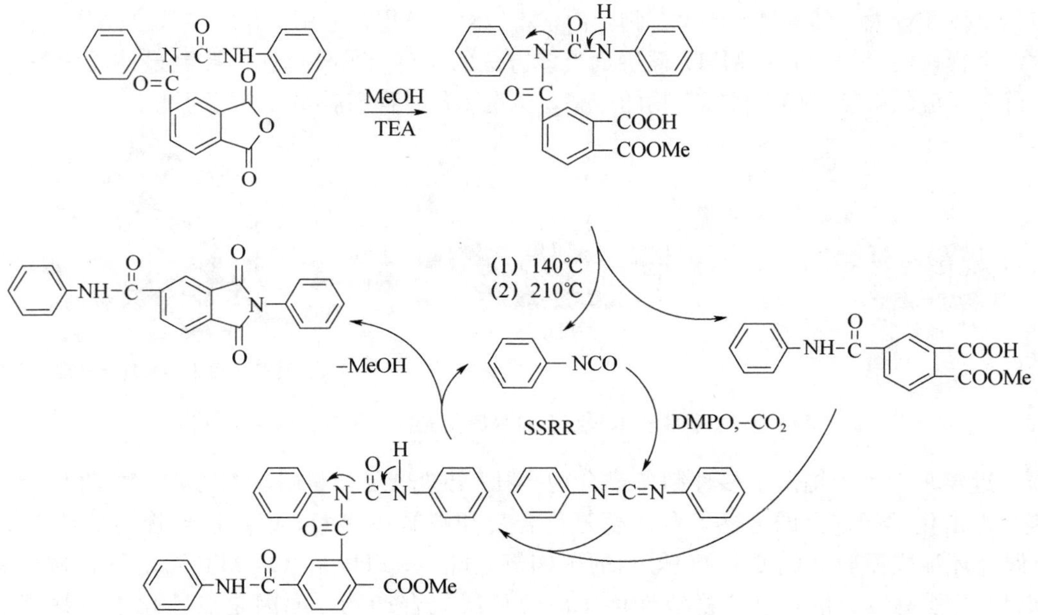

图 9-16　连续自重复反应制备酰胺-酰亚胺化合物的过程

除此之外，还有许多新方法和新技术被应用于特定的聚合物/蒙脱土体系的制备，如原位齐格勒-纳塔聚合，替代溶胀过程、原位封装 MMT 中间颗粒的悬浮聚合技术等。这些新方法选择性好、产率高，克服了常规制备方法的弊端，得到的纳米复合材料中层状硅酸盐粒子分散均匀，片层剥离程度高，所需要的性能得到不同程度的改善，这将推动聚合物/蒙脱土纳米复合材料的发展，使更多新材料的制备成为可能，并拓宽其应用领域。

4. 聚合物插层

在蒙脱土有机化基础上进行聚合物插层制备聚合物/纳米蒙脱土复合材料，蒙脱土层间插层的聚合物或预聚体、可原位聚合的单体主要如下：

（1）直接插层聚合物。烯类均聚物或共聚物，如聚苯乙烯、聚甲基丙烯酸甲酯、聚乙烯、聚丙烯、聚氯乙烯、乙烯/乙酸乙烯酯共聚物等；聚醚类，如聚环氧乙烷、聚环氧丙烷、环氧树脂等；聚酰胺类，如尼龙 6；聚酯类，如聚对苯二甲酸乙二醇酯；弹性体类，如丁苯橡胶等合成橡胶以及天然橡胶。

（2）原位插层聚合的有机单体。氧化还原反应机理聚合的单体：苯胺、吡咯、呋喃、噻吩等阳离子以及阴离子引发聚合的单体和环内酯、内酰胺、环氧烷等环状化合物，这些单体插入黏土层间，用阳离子或阴离子引发剂引发开环聚合，得到插层复合材料。自由基聚合的单体：烯类，如苯乙烯、甲基丙烯酸甲酯、丙烯酸丁酯等丙烯酸系列单体；配位聚合单体：乙烯、丙烯等与催化剂形成配位络合物的单体。

9.1.3　无机物插层膨润土

1. 概述

无机物插层膨润土，又称柱撑膨润土，就是无机柱化剂（或称交联剂）在蒙脱石层间呈“柱状”支撑，增大蒙脱石晶层间距，使其具有大孔径、大比表面积、微孔量高、表面酸性强、耐热性好等特性，是一种新型的类沸石层柱状催化剂[23]。柱撑蒙脱石的合成利用了蒙脱石在极性分子作用下层间距所具有的可膨胀性及层间阳离子的可交换性，将大的有机或无机阳离子柱撑剂或交联剂引入其层间，像柱子一样撑开黏土的层结构，并牢固地连在一起，使膨润土矿物层间域环境改变为呈“柱”状支撑的新型层状铝硅酸盐矿物，形成各种具有一定特殊性能（如选择吸附和催化）的柱撑膨润土[221]。柱撑是在层间的柱化剂对蒙脱石晶片产生了撑开效应，其机理是蒙脱石的体积膨胀性和层间离子的可交换性，支撑柱的前驱体通过离子交换反应进入蒙脱石层间。蒙脱石层间所吸附阳离子与溶液中离子的交换反应遵循以下规律：①等量交换，同电性离子间的等电量交换作用，属化学计量反应，符合质量守恒定律；②可逆性交换与吸附是可逆的平衡；③浓度高的阳离子可以交换浓度低的阳离子，在浓度相等的情况下，离子键强的阳离子可以取代离子键弱的阳离子。

作为新型的耐高温的催化剂及催化剂载体——柱撑蒙脱石必须在一定温度下保持足够的强度，即高温下“柱子”不“塌陷”，也就是热稳定性好，这是衡量柱撑蒙脱石质量的重要指标。柱撑蒙脱石经焙烧后，水化的柱撑体逐渐失去所携带的水分子，形成更稳定的氧化物型大阳离子团，固定于蒙脱石的层间域，并形成永久性的空洞或通道。

柱撑膨润土具有较高的热稳定性和二维孔道结构，可作为微孔催化剂；孔径较沸石大，并且含有较高的L酸和一定的B酸活性位，因而可作为裂解催化剂组分用于催化裂解大分子。由于柱撑膨润土具有孔大小和分布的可调性，在催化剂和催化剂载体、离子交换剂、储氢材料和纳米级复合材料等领域有良好的应用前景[222]。

2. 制备工艺

制备柱撑蒙脱石的原则工艺流程为：原料→浸泡→提纯→改型→交联→洗涤→干燥→焙烧→成品。将蒙脱石矿物提纯，并充分钠化改型；取小于2μm粒级的提纯后的蒙脱石黏土，配成较稀的悬浮液，使蒙脱石在水中充分分散，层间水化膨胀，这样有利于柱化剂的引入；然后在不断搅拌下将聚合羟基阳离子柱撑剂加入蒙脱石悬浮液中进行插层反应，反应完毕后，洗涤、过滤、干燥，最后在一定温度下煅烧制得。

柱撑蒙脱石的热稳定性、孔径分布及吸附、催化活性等特性随着合成条件的不同而改变。

影响柱撑蒙脱石的因素主要是：蒙脱石的组成和结构；阳离子交换能力和特性；聚合羟基阳离子的聚合程度及其在蒙脱石层间转换成氧化物柱体的结构和特性以及聚合羟基阳离子与蒙脱石层间的作用等。因此，为了制备高性能的无机柱撑膨润土，需要优化各个工艺环节，包括：①选择纯度较高、膨胀性较强、离子交换性能较好的膨润土原料；②制备符合柱撑膨润土材料性能要求的适宜的聚合羟基无机金属离子；③调制浓度适宜的膨润土（蒙脱石）悬浮液；④适当的搅拌强度和反应时间；⑤合适的洗涤和干燥条件以及适宜的煅烧温度、时间、气氛。

制备柱化剂时，通常是控制OH与M的摩尔比为2.0～2.4，调节制备温度、滴定和搅拌速度、老化温度和时间等工艺因素，以保证聚合离子溶液中每个聚合离子带有适当的有效正电荷；蒙脱石悬浮液相对稀时能提高蒙脱石的离子交换能力，但过稀易凝聚成胶体而影响柱撑效果；充足的搅拌和放置时间可以使蒙脱石晶层充分解离，使插层尽可能的完全；洗涤旨在降低蒙脱石悬浮液的离子浓度和提高其pH值，使黏土充分膨胀，有利于聚合离子进入黏土矿物片层间。不同的干燥条件可以改善聚合离子在晶层间的排布方式。煅烧的目的是使聚羟基阳离子转化为坚固稳定的氧化物柱。煅烧的气氛不同，氧化物柱与蒙脱石层间的连接方式也不同。总之，影响无机柱撑膨润土性能的因素较多，但柱化剂的制备则是尤为重要的环节。插入层间的水合无机物离子的大小可从定性或定量两方面分析：一是根据XRD衍射谱，由谢乐公式估算层间晶粒的平均大小；二是未经焙烧的柱撑黏土的d_{001}值减去蒙脱石硅氧结构层的厚度0.96nm，即得到聚合羟基阳离子在垂直层面方向的尺寸。

制备无机柱撑膨润土采用的无机阳离子柱化剂，一般是聚合羟基多核阳离子，它包括Al、Zr、Ti、Cr、Fe、Si、Ni、Cu、V、Co、Ce、Ca、Ru、Ta、La，或者是把其中的几种离子复合等[223]。目前研究最多的是具有较大体积和较高电荷的Al和Zr，其聚合羟基阳离子分别为$[Al_{13}O_4(OH)_{24}(OH_2)_{12}]^{7+}$（Al13 Keggin离子）和$[Zr_4(OH)_{14}(H_2O)_{10}]^{2+}$，最常用的柱化剂是Al-柱化剂和多核金属阳离子柱化剂。

Al-柱化剂的制备方法主要有铝盐水解、电解$AlCl_3$溶液、盐酸溶解金属铝等。实验室制备Al-柱化剂通常采用水解铝盐溶液，如用NaOH或Na_2CO_3水解Al^{3+}盐（如

$AlCl_3$)[224]。

多核金属阳离子是比较理想的柱化剂，这种柱化剂是多个金属阳离子携带多个阴离子集团所形成的笼状复合型离子。

自 1997 年 Brindly 和 Sempels 用羟基铝作柱化剂成功研制出柱撑蒙脱石（Al-PILC）以来，多核金属阳离子已成为最主要的柱化剂，先后研制出 Zr-PILC（以羟基锆作柱作剂）、羟基铬、羟基钛、羟基 Al-Cr、羟基 Al-Zr、羟基 Al-M（M 为过渡金属阳离子）、羟基 Al-Ga、羟基 Nb-Ta 等作柱化剂的柱撑黏土复合材料。

表 9-7 为部分膨润土柱撑改性前后层间距的变化。由表 9-7 可知，不同类型柱撑对膨润土的改性效果不同，羟基铝的改性效果最好，羟基铁铝次之，羟基铁最差，原因在于 Fe^{3+} 和 Al^{3+} 与 OH^- 之间的结合力不同，而这对 OH^- 的束缚力也就不同，进而导致改性效果有所差异[225]。

表 9-7　部分膨润土柱撑改性前后层间距的变化

黏土矿物	柱撑类型	层间距 d（nm）		
		改性前	改性后	Δd
蒙脱石	OH—Fe	1.560	1.600	0.040
膨润土	OH—Al	1.270	1.830	0.560
膨润土	OH—Fe	1.270	1.527	0.257
膨润土	OH—Fe—Al	1.270	1.636	0.366
膨润土	OH—Al	1.263	1.906	0.643
蒙脱石	OH—Al	1.251	1.580	0.329

3. 无机插层膨润土的应用

柱撑膨润土的应用主要包括如下方面：

（1）催化剂及催化剂载体。柱撑膨润土分子筛是继沸石分子筛和磷酸盐分子筛后，在催化工业中获得广泛应用的催化剂。20 世纪 30 年代，经酸处理的膨润土就曾被用作石油裂化的催化剂，尤其是近年来得到极大发展的无机柱撑膨润土，具有更大的层间距、更好的高温稳定性、孔径可调至介孔范围，有利于烃类分子的扩散和择形催化，在石油催化裂化领域，尤其是重油裂化，得到了更为广泛的应用。除了作为裂化催化剂外，柱撑膨润土作为酸催化剂可应用于加氢异构化、脱氢脱水、加氢、芳烃化、歧化反应、酯化反应和烷基化反应等化学合成反应中。此外，柱撑膨润土也可作为催化剂载体，如在 ZrO_2 柱撑膨润土上负载 MnO_2 及利用柱撑膨润土作为过渡金属离子及其氧化物（如 Fe_2O_3、Cu^{2+}、CeO_2 等）和贵金属（如 Pt、Ag、Ru 等）及其离子的载体等。负载在柱撑膨润土矿物上的金属离子或金属氧化物同两者的简单混合相比，其催化活性、催化选择性及热稳定性都有不同程度提高。

（2）污水处理功能材料。膨润土经柱撑后，比表面积大大提高，吸附性能显著增强。目前，柱撑膨润土在污水处理方面的应用研究主要集中于对水中有机污染物的吸附与光催化降解和对水中无机污染物如重金属离子的吸附与催化。其中，研究较多的催化型柱撑膨润土材料是钛柱撑膨润土。

（3）NO_x 吸附催化功能材料。NO_x 是空气污染的主要来源，其转化反应所用催化剂如 V_2O_5/TiO_2 基催化剂在气体中存在 H_2O 和 SO_2 时极易失活，Fe/TiO_2 柱撑膨润土不仅在对 NO_x 的去除率上优于 V_2O_5/TiO_2 基催化剂，且在气体中存在 H_2O 和 SO_2 的情况下不会失活。这些特点使柱撑膨润土在该领域中有着良好的应用前景。

（4）择形分子筛。姬海鹏等首次将柱撑绿脱石型膨润土作为气体动力分离（基于气体在柱撑黏土上的停留时间不同）吸附剂，应用于空气及二甲苯同分异构体的分离。研究认为，柱撑黏土中孔的大小不是取决于层间距，而是受柱体间距的控制，且可通过控制离子交换过程中柱体密度调整柱体间距；离子交换过程中，较高的 pH 值、较低的聚合体浓度和竞争阳离子的引入，均能降低柱体密度[226]。

9.2 石墨层间化合物

所谓石墨层间化合物，就是在插层剂的作用下，化学反应物质侵入石墨层间，并在层间与碳原子键合，形成一种并不破坏石墨层状结构的化合物（简称 GIC）。阶数是 GICs 最重要的参数之一，n 阶 GICs 就是指每隔 n 个碳原子层就有一层插入物，如图 9-17 所示。GICs 的性质与 n 息息相关，当 n 越小，石墨片层中的插入物质就越多，石墨就越容易被剥离成更少层的石墨烯。有些 GICs 可以在一定条件下快速膨胀，形成沿 Z 轴高度伸展的蠕虫状石墨，可以显著提高石墨烯的制备效率[227]。

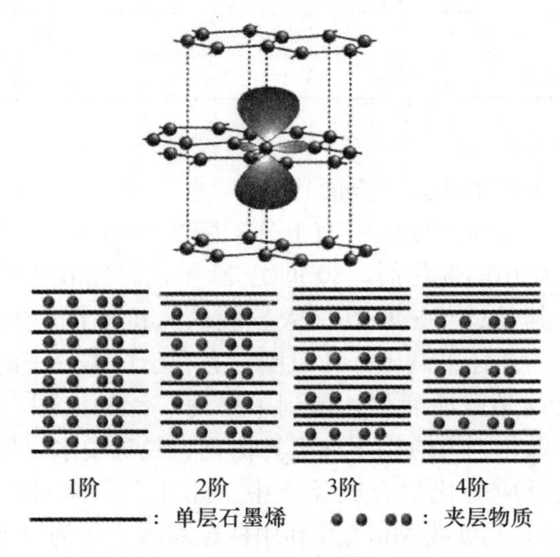

图 9-17　石墨结构及石墨插层化合物

石墨经过化学处理制成的层间化合物，具有优良的耐高温、抗热震、防氧化、耐腐蚀、润滑性、密封性等性能或功能，是制备新型导电材料、电池材料、储氢材料、高效催化剂、柔性石墨、密封材料的原料，其应用范围已扩大到冶金、石油、化工、机械、航空航天、原子能、新型能源等领域。

9.2.1　石墨层间化合物的分类

石墨层间化合物按插层剂的性质及石墨与插层剂之间的作用力，可以分为离子型或传导型、分子型、共价型三类[228]。

（1）离子型或传导型、电荷移动型层间化合物

插层剂与石墨之间有电子得失，可引起石墨层间距离增大，但原结构（碳原子的sp2 轨道）不变。离子型层间化合物又可分为供体型（n 型）和受体型（p 型）两种。供体型是插层剂向石墨提供电子；受体型是插层剂从石墨夺取电子，本身成为负离子，卤素、金属卤化物、浓硫酸和硝酸等属于此类。

（2）分子型

石墨与插层剂间以范德华力结合，如芳香族分子与石墨形成的层间化合物。

（3）共价型或非传导性层间化合物

插层剂与石墨中碳原子形成共价键，碳原子轨道成 sp 杂化。由于共价键结合牢固，石墨失去了电导性，成为绝缘体。石墨层发生了变形，如石墨与氟或氧形成的层间化合物氟化石墨和石墨酸，都形成碳原子 sp 杂化轨道四面体结构。

表 9-8 所列为 GIC 的分类及主要插层物质[229]。经化学药剂处理所形成的石墨层间化合物，除石墨酸和氟化石墨外，大多保持了石墨原有的层状平面结构。

表 9-8　GIC 的分类及主要插层剂

化合键类型	嵌入物电子状态	嵌入物类型	插层剂
离子型	供电子型	碱金属	Li、K、Rb、Cs(Na)
		碱土金属	Ca、Sr、Ba
		稀土金属	Sm、Eu、Yb、Tm
		过渡金属	Mn、Fe、Ni、Co、Cu、Mo
		含碱金属的三元体系	M-NH_3、M-THF、M-$C_6H_6$①
	受电子型	卤素	Br_2、Cl_2、ICl、IBr
		金属卤化物	$FeCl_3$、$AlCl_3$、$NiCl_2$等
		金属氧化物	CrO_3、MoO_3等
		强氧化性酸	HNO_3、H_2SO_4、$HClO_4$、H_3PO_4等
		五氟化物	SbF_5（$SbCl_5$）、AsF_5、NbF_5等
共价键型			F [$(CF)_n$]②、O(OH) [CO(OH)]③

注：①M 为碱金属；②氟化石墨；③氧化石墨

9.2.2　石墨层间化合物的结构

石墨层间化合物的结构特点是插层剂沿着平行于石墨晶体层面方向，在晶体层面之间有规则地插入和有规则地排列，由于插入层间的量和排列方式不同，可用“阶”或“级”来表示插层剂的量和插入方式不同时的结构特点[228]。

I 阶层间化合物：石墨层与插层剂是一层相间，此时插层剂插入量较大。

II 阶层间化合物：每隔两层石墨层插入一层插层剂。

III 阶层间化合物：每隔三层石墨层插入一层插层剂。

其他依次类推，至今已合成 10～15 阶层间化合物，阶数越高，插层剂量越少。层间化合物的存在，使石墨层间距从 3.35Å 增大到几倍、十几倍甚至更多。表 9-9 是不同插层剂插入后石墨层间距的变化。

表 9-9　插层剂插入后石墨层间距的变化

插入物	K	Rb	Cs	Li	H_2SO_4	HNO_3	Br	$FeCl_3$
层间距（Å）	5.41	5.65	5.94	3.70	7.98	7.82	7.0	9.38

形成石墨层间化合物的夹层间可以是一种物质，也可以是多种物质。层间化合物的性质随其阶数、夹层物种类不同而异。例如石墨与钾的 I 阶层间化合物 KC_8 呈金黄色，在极低温度下呈现超导作用；但 II 阶 KC_{24} 呈青色，无超导作用。因此，层间化合物种类繁多，性质各异，可供开发的领域广阔。

9.2.3　石墨层间化合物的表征

膨胀石墨是一种蠕虫状多孔材料，其孔隙结构特性可以通过孔隙度或相对密度、孔隙直径与分布、孔隙形状、比表面积、孔容等参数来表征。传统的表征方法有气体吸附法（BET）、压汞法（MIP）、扫描电镜法（SEM），不同孔隙结构表征技术比较见表 9-10[230]。

表 9-10　孔隙结构表征对比

表征技术	适测孔隙特征参数	适测孔径范围	优点	缺点
气体吸附法（BET 法）	孔径与孔径分布、比表面积	2～100nm	操作简单；适用范围广；不受孔连通性影响	只能测开孔；试验速度较慢（数小时）；无法判断孔形状
压汞法（MIP）	孔径与孔径分布、孔隙度、比表面积、密度	3nm～360μm	所测孔径范围广；适用大孔测量；试验速度较快	假设孔径为“圆柱形”；受“瓶颈”效应影响；对孔隙结构有影响；操作需谨慎，防止汞中毒
扫描电镜（SEM）	孔隙度、孔径、孔隙形貌	＞100nm	可直接观察表面及内部孔隙结构；成像富有立体感	视野小，只能得到局部信息；样品准备步骤复杂
小角度 X 射线散射法（SAXS）	孔径与孔径分布、孔隙形貌、比表面积	2～200nm	适用范围广；试验简单快捷；可获得结构信息多样；可统计平均信息	粒子与孔隙的散射花样相同，不易区分；数据分析方法不完整；干涉效应不易处理
原子力显微镜（AFM）	孔径与孔径分布、孔隙形貌	1～8nm	分辨率高；可提供真实的三维形貌；样品无须特殊处理；可在多种环境中测试	成像范围小；扫描速度相对较低；对仪器针尖有较高的依赖性；对样品表面平整度要求较高

续表

表征技术	适测孔隙特征参数	适测孔径范围	优点	缺点
差式扫描热孔计法（DSCT）	孔径与孔径分布、孔隙率、孔形状和连通性、孔体积	2.6～396nm（以水为介质）	可测量闭孔；样品制备简单，对孔隙结构影响较小	所测孔径范围较小；对设备温度控制及测量精度要求较高
核磁共振冷孔法（NMRC）	孔径与孔径分布、孔隙率、孔径形貌、孔体积	3.88～582nm（以水为介质）	可直接测量开孔体积；测量精度比热孔计法高	孔径测量范围较小；水中 H^+ 可能与样品发生作用，影响测试结果

9.2.4　石墨层间化合物的制备机理

一般认为 GIC 剥离是由于溶剂化的离子和插层分子相互作用引起的。溶剂化的阳离子，如电解质 PC 溶剂化后的 Li^+ 和阴离子如 PC 溶剂化后的 ClO_4^- 或者 DMF 溶剂化的 Cl^-，扩散到石墨层间会削弱单层石墨烯的 π-π 键，降低石墨片层剥离的阻力。未被溶剂化的 Li^+ 的半径大约为 0.09nm，远比石墨的层间距 0.335nm 小得多，电位差可以推动 Li^+ 插层进入石墨层间或者层间的电解质分子中。

GIC 剥离主要有以下影响因素：第一，液体电解质（PC 或者 DMF）和锂盐（Li^+、ClO_4^-、Cl^-）构成的系统；第二，推动 GIC 层间分离的驱动力，有机溶剂中锂盐提供的 Li^+、ClO_4^- 或者 Cl^- 能分散到石墨层间；第三，推动 GIC 层间剥离的驱动力，如电化学、热力学、微波、溶解热或者超声波。此外，通过插层物质热分解产生的气体也能促进 GIC 的膨胀和剥离。由于大部分 GIC 的溶剂都是水溶性的，所以水可以用来去除大部分的石墨烯杂质。

9.2.5　石墨层间化合物的制备工艺

根据石墨层间化合物的制备方法，石墨层间化合物的制备工艺可以分为两类：一种是用于制备离子型层间化合物，主要采用碱金属离子插入法；另一类是用于制备共价型层间化合物，主要采用化学氧化法和电解法[231]。

1. 离子插入工艺

离子插入工艺主要用于制备离子型石墨层间化合物，包括碱金属、卤素及金属卤化物等离子插入生成的石墨层间化合物。离子插入工艺又可以分为蒸气吸附工艺、粉末冶金工艺、浸溶工艺和热混合工艺。

①蒸气吸附工艺：金属盐加热汽化→金属蒸气被石墨吸收→碱金属离子进入石墨层间→石墨盐。控制不同温度，可得不同产物。如金属钾温度控制在 300℃，石墨温度分别控制在 308℃ 和 435℃ 时，即可分别得到Ⅰ阶和Ⅱ阶钾—石墨层间化合物，即 KC_8 和 KC_{24}。所用石墨原料须预先加热和排气处理。最终产物种类和反应速度除与石墨和金属钾的温度有关外，也与容器的结构有关。碱金属、碱土金属、稀有金属及卤素、金属卤化物插层剂均可用类似工艺进行石墨插层。

②粉末冶金工艺：金属和石墨→在真空条件下混合均匀→挤压成型→惰性气体中热

处理。该工艺可以合成Ⅰ～Ⅵ阶层间化合物，例如，Ⅰ阶碳化锂、石墨钡化合物和石墨钠化合物。将钠和石墨混合后，在400℃加热，可制得深紫色NaC_{64}化合物。

③浸溶工艺：金属盐→溶于非水溶剂中→加入石墨粉→浸溶反应。常用的溶剂有液氨、$SOCl_2$和有机溶剂（如苯、萘、菲等芳香烃）、二甲氧基乙烷、二苯甲酮甲萘、苄腈甲萘、甲胺、六甲基磷酰胺等。在碱金属和芳香烃络合物四氢呋喃溶液中可生成碱金属—石墨—有机物三元层间化合物。又如，将石墨粉加入Li、Na的六甲基磷酰胺（HNPA）溶液中浸泡，可制得一种三元层间化合物LiC_{32}（HNPA）和NaC_{27}（HN-PA）。

④加热混合工艺：金属卤化物和石墨→混合均匀→加热反应。如将石墨粉、三氯化铝粉均匀混合，通入氯气加热至265℃时，活化的氯与三氯化铝粉一起进入石墨层间，生成Ⅰ～Ⅳ阶石墨层间化合物，如C_9AlCl_3（Ⅰ阶）、$C_{18}AlCl_3$（Ⅱ阶）、$C_{36}AlCl_3$（Ⅳ阶）。

2. 化学氧化工艺

化学氧化插层工艺采用强酸、强氧化剂、过硫酸铵等作为插层剂，主要用来制备共价型石墨层间化合物。

（1）强酸氧化工艺

用混合比例（1～9）：1（质量比）的浓硫酸和浓硝酸混合浸泡石墨，在石墨层间生成石墨氧化物或氧化石墨；然后将这种石墨氧化物脱酸、洗净、干燥。目前工业上广泛应用的可膨胀石墨（酸化石墨或氧化石墨）主要由此法制得。

（2）强氧化剂工艺

将石墨浸入硝酸盐、铬酸钾、重铬酸钾、高氯酸及其盐类等氧化剂中，经反应生成氧化物插层石墨层间化合物。经过脱酸、洗涤至中性并干燥后即制得氧化石墨产品。

（3）过硫酸铵法

将石墨粉浸入用过硫酸二铵盐类［$(NH_4)_2S_2O_8$］（称过硫铵）和浓硫酸的混合液中浸泡；混合溶液质量配比为（10：90）～（40：60）。浸泡10～60min后即可形成石墨层间化合物。经过脱液、水洗、过滤和干燥即得氧化石墨产品。

3. 电解氧化工艺

上述的强酸和强氧化剂工艺虽然简单，但存在严重的酸性污染。电解氧化工艺如图9-18所示，电解氧化在特制的电解槽内进行。将石墨粉与含层间浸入剂的电解液放入电解槽中，将电极通以直流电，同时搅拌槽内溶液，插层反应即可完成。常用的电解液有硫酸、硝酸、高氯酸、三氯乙酸等。这种方法虽然仍使用强酸，但浓度低，且废酸循环使用，因此污染较小。

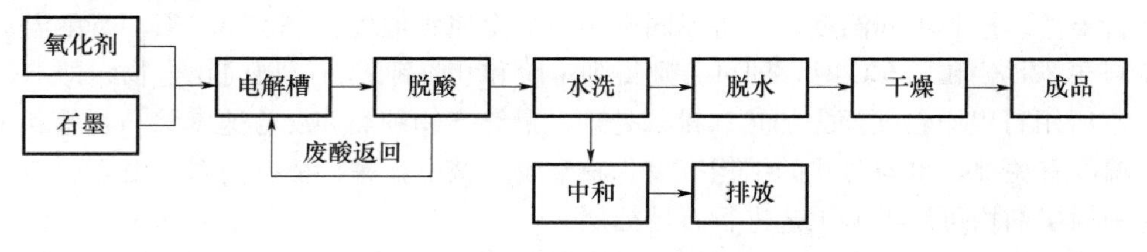

图9-18　电解氧化工艺流程图

电解氧化工艺又可分为阳极氧化剥离和阴极剥离。具体剥离种类和方式如下：

（1）阳极氧化剥离

① 硫酸及盐作为阴离子插层。Parvez 等[232]以不同的硫酸盐溶液作为电解液，例如 $(NH_4)_2SO_4$、Na_2SO_4、K_2SO_4溶液等，获得了层数在 3 层以内，且尺寸超过 5μm 的石墨烯，产率高达 85%。图 9-19 为剥离过程的示意图。随后 Parvez 等又采用 1mol/L 的 H_2SO_4溶液为电解液，在恒定电 10V 下电解阳极石墨棒，该反应迅速，将得到的物质收集后在二甲基甲酰胺（DMF）中超声处理 10min 可得到石墨烯。同时指出硫酸根离子的快速插层可能会得到多层石墨烯。

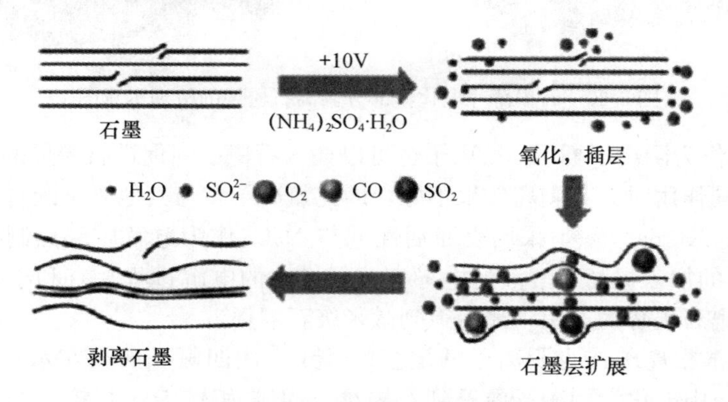

图 9-19　硫酸根离子插层电化学剥离石墨的机理示意图

② 磺酸盐作为阴离子插层。磺酸盐作为一种阴离子表面活性剂也可插入石墨层间，剥离得到石墨烯。其中磺酸盐阴离子起到双重的作用，既可以充当插层剂，又可以作为稳定的表面活性剂，防止了石墨烯片的再次堆叠。Wang 等[233]采用 1mmol/L 的苯乙烯磺酸钠（PSS）溶液作为电解液，首先在恒压 5V 下电解石墨棒 20min，聚苯乙烯磺酸根离子的芳香环和阳极的石墨分子之间形成的离域 π 键加速了离子的嵌入插层，在阳极逐渐出现黑色的粉末，持续剥离 4h 后，得到石墨烯的悬浮液，最后经离心、干燥后得到片径为 1～2μm 的石墨烯，其产率为 15%。

③ 表面活性剂作为阴离子插层。表面活性剂相可以防止石墨烯片层的团聚，稳定其形态以促进还原过程；表面活性剂还可以提高石墨烯表面的润湿性。研究者用 0.1mol/L的十二烷基硫酸钠（SDS）作为电解质，首先以石墨棒作为阳极，SDS 电化学插层进入石墨层间形成 SDS/石墨复合物；然后石墨棒作为阴极形成稳定的 SDS/石墨烯悬浮液；最后在离心机下高速旋转 3h，得到石墨烯粉末。

④ 硝酸盐作为阴离子插层。硝酸盐由于具有平面结构可以被有效地对石墨插层。在较强的酸性溶液下，NO_3^-会自发地形成 NO_2^+，进而氧化石墨边缘，产生含氧基团，打开石墨片层和晶界的边缘，最终剥离阳极石墨得到石墨烯。同时硝酸根离子插层也可以得到氮掺杂石墨烯，为超级电容器研究提供了一个方向。Song 等[234]在 1mol/L 的 KNO_3溶液中电解石墨薄片，采用 1.9V 控制电压，得到了功能化石墨烯。硝酸根离子和水分子插层进入石墨层间，同时产生 O_2 和 CO_2 等气体，有助于剥离得到石墨烯（图 9-20）。

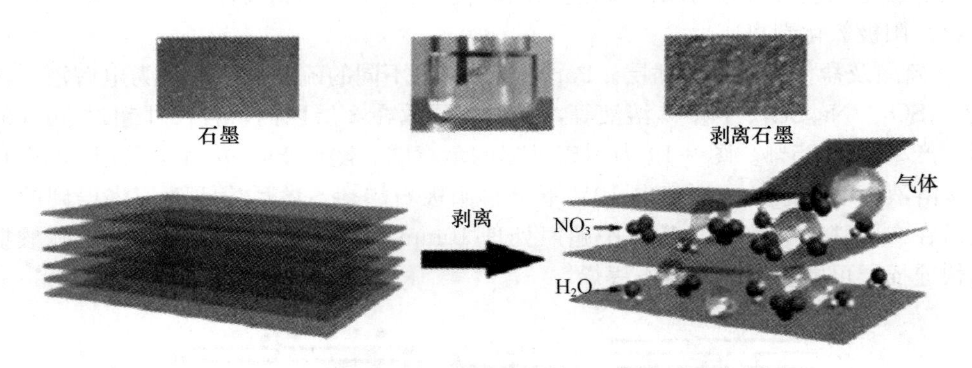

图 9-20　石墨薄片电化学部分剥离石墨烯的机理示意图

⑤ 氯离子作为阴离子插层。氯离子也可以插入石墨层间促进石墨烯的剥离，但在没有其他离子协同作用时，其剥离效果不好，因此氯离子多与其他离子配合使用，以促进大分子的插层。Kumar 等[235]采用表面活性剂与 NaCl 作为电解质剥离制备石墨烯。试验表明，NaCl 的加入提高了溶液的电导率，促进水的电解过程，有利于石墨边缘的氧化，提高了剥离石墨烯的产率，最后得到微米级石墨烯。

⑥ 四氟硼酸根离子作为阴离子插层。Lu 等[236]用四氟硼酸根在水和 Ionic Liquids（ILs）的混合液中电化学剥离石墨得到石墨烯。BF_4^-相较于水有较高的氧化电势，因此在阳极，水会被氧化生成羟基和氧自由基，同时 BF_4^-也扮演插层离子的作用。结果表明，ILs/H_2O 的体积比对石墨的剥离产物有影响，一般增大 ILs/H_2O 之比（>10%）有助于 BF_4^-插层得到石墨烯；反之则得到氧化石墨烯。

另外，磷酸根离子、高氯酸根离子、钨酸根离子、碱性电解液等都可以用来插层石墨，实现剥离过程。总的来说，阳极氧化剥离制备石墨烯具有操作简单、成本较低的优点，但产率较低、产品易团聚。因此制备过程中要严格控制电解液种类和电压大小、电解时间等参数。

（2）阴极剥离

阴极剥离石墨制备石墨烯的基本原理是：在电解液中阳离子向阴极石墨迁移进入石墨层间，同时阴极还原电解水产生氢气（H_2）进一步促使阴极石墨膨胀，在阴离子和 H_2共同作用下导致石墨层面剥离获得石墨烯。与阳极氧化剥离石墨制备石墨烯相比，该方法由于没有引入强氧化剂，是一种不经过氧化直接制备高纯度石墨烯的方法，也是相对环保的制备方法。

以 PC 作为电解质，采用 Li^+ 插层是一种可以大量制备高导电石墨烯的方法。PC 和 Li^+ 能够形成三元复合物促进对阴极石墨的插层，使阴极石墨因片层间压力急剧增加而容易剥落。Wang 等[237]提出了一种阴极剥离石墨制备高纯石墨烯的方法（图 9-21），使用 HOPG 作为阴极，在（15±5）V 下用 $LiClO_4$/PC 的混合液作为电解液，然后在 LiCl/DMF/PC 混合液中超声得到分散性良好的多层石墨烯，其产率高达 70%。

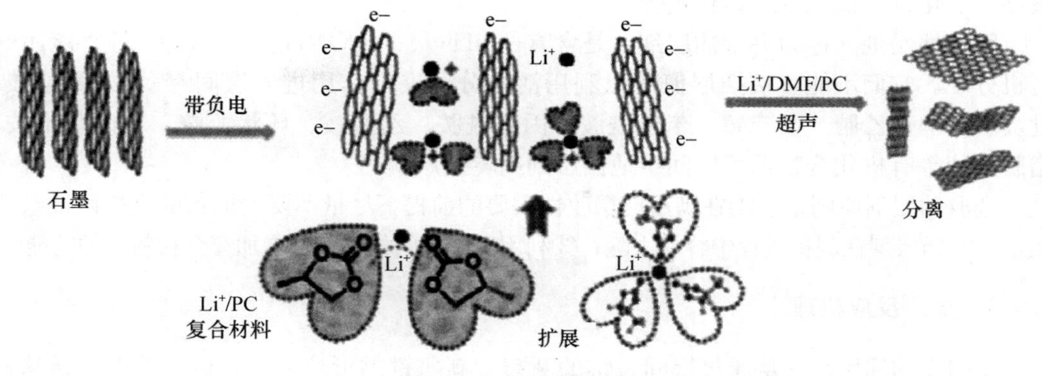

图 9-21　Li^+ 复合物插层剥离石墨

9.3　高岭土的插层改性

9.3.1　概述

高岭土是以高岭石矿物为主的白色黏土。其理论化学式为 $Al_2[Si_2O_5(OH)_4]$，是由 SiO_4 四面体的六方网层与 $AlO_2(OH)_4$ 八面体层按 1∶1 结合的层状结构（图 9-22）。其基本结构单元沿晶体 c 轴方向重复堆叠组成高岭石晶体，相邻的结构单元层通过铝氧八面体的 OH 与相邻硅氧四面体的 O 以氢键相连，晶体常呈假六方片状，易沿（001）方向解理为小薄片。

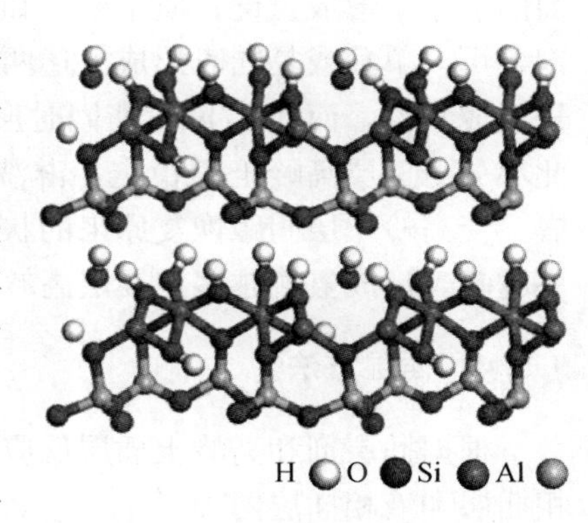

图 9-22　高岭石的晶体结构

由于高岭土单元层间存在—OH 键和 Si—O 键，容易形成氢键，再加上层间距很小，部分极性小分子能够插入其层间，撑大其层间距，并使层间亲水性转变为亲油性，使层间的表面能降低，有利于其他有机大分子通过置换过程进入高岭土层间。

9.3.2　插层剂

极性小分子插层剂根据插层效果主要分为直接插层剂和间接插层剂两种。前者根据与层间作用的不同分为三大类：

（1）含有质子活性的有机分子，与高岭土硅氧层形成氢键的化合物[238]，如尿素、丙三醇、甲酰胺、乙酰胺、肼、N-甲基甲酰胺（NMF）、二甲基甲酰胺（DMF）、N-甲基乙酰胺（NMA）等；

（2）含有质子惰性的有机分子，与高岭土羟基层形成氢键的化合物，如二甲基亚砜（DMSO）、二甲基硒亚砜（DMSeO）、氧化吡啶（PNO）等；

（3）含有短链脂肪酸的一价碱金属盐和碱金属的卤化物，如乙酸钾、丙酸钾、丙烯酸钠、氯化铷、氯化铯、溴化铯等。

间接插层剂又称为夹带插层剂，是含有—NH—、—CONH—、—CO—等官能团的有机分子。它们不能直接插层但可以利用活性分子夹带作用进入层间[239]，如氨基酸、吡啶、甲醇、乙腈、己二胺、苯甲酰胺、丙烯酰胺、乙酸铵、环状亚胺、对硝基苯胺、脂肪酸盐等有机化合物都可以间接地插层到高岭土层间。

选取插层剂原则是：①在满足插层改性需要的前提下尽量不要增加新的官能团或杂质元素；②插层剂在制备过程中容易去除；③利用插层剂的相关特性增加复合材料新的功能。

9.3.3　插层反应机理

高岭土的插层改性是通过层间氢键的断裂和新氢键的形成来实现的，即电子转移机理。在电子转移过程中，质子给体得到一个电子而形成氢键，这类插层剂含有—NH_2、—OH、—COOH 等官能团；质子受体则是失去一个电子而形成氢键，这类插层剂一般含有 C=O、—NO_2、S=O 等官能团；同时具有质子给体和质子受体的官能团，具有得到电子和失去电子的双重能力，能单独或是同时形成氢键，这类插层剂含有—CO—NH_2、—CO—NH—等官能团。对于不同的有机分子，形成的氢键各不相同。质子给体和硅氧面的氧原子形成氢键；质子受体和铝氧层的羟基形成氢键；同时具有两种官能团的插层剂，可以单独或是同时形成上述两种氢键，如尿素在 298K 时，—NH_2和硅氧面的氧原子形成氢键，而在 77K 时能同时形成两种氢键[240]。由于这两类氢键强度都比较弱，因此小分子插层高岭土不稳定，淋洗、在空气中暴露或加热等，都可能会导致小分子脱嵌，使高岭土层间距恢复原来的状态。插层高岭土的稳定性与形成氢键数量有关，插层率越高，形成氢键越多，插层高岭土结构就越稳定。

9.3.4　插层方法

根据插层剂和高岭土插层反应类型的不同，高岭土的插层改性目前大致可归纳为固相插层和液相插层两种。

1. 固相插层

固相插层主要是利用外来的机械力来促进固体插层剂进入高岭土层间，即将高岭土与固体插层剂混合后研磨来完成插层反应。固相插层的机理是通过压缩、剪切、摩擦、延伸、弯曲等手段对插层剂施加机械能而诱发物理化学变化。利用机械力化学方法将尿素和甲酰胺等分子插入高岭土层间的优点是插层效果较好，即使是少量的研磨也能显著地提高高岭土的插层率；缺点是插层时间长，而且过度的研磨会破坏高岭土的晶体结构，降低高岭土的有序度，增加其本身的晶体缺陷[241]。

2. 液相插层

液相插层法主要是指插层剂在液态溶液或是在熔融状态下进行插层反应。根据插层剂进入高岭土层间的驱动力不同分为机械搅拌插层、超声波插层和微波插层。

机械搅拌插层是在一定温度下利用机械搅拌产生的剪切力使插层剂进入高岭土层间，是目前最常用的方法之一。郭善[242]等在室温下搅拌将 DMSO 和乙腈插层到高岭土层间，优点是操作简单，反应条件容易控制，取代作用完全，插层效果好。缺点是插层时间太长，插层效率低。

超声波插层是利用超声波本身空化作用产生的分散解离效应和化学效应将插层剂插入高岭土层间。存在于悬浮液中的微小气泡在超声波作用下会释放巨大的瞬间压力，使悬浮在液体中的高岭土表面结构受到急剧的破坏，主要表现为高岭土反应界面的增大和高岭土层间旧氢键的断裂和新氢键的形成。刘雪宁等[243]采用超声波化学法制备了 DMSO-高岭土插层复合物，使 d_{001} 由原来的 0.78nm 增大到 1.12nm，插层率达 94.3%。该法的优点是插层时间短，操作简单，插层效率高于机械搅拌插层。缺点是与插层剂相应的超声波强度不易控制，取代作用不完全。

微波插层是利用微波作用所产生的高温加速插层剂扩散到高岭土层间。微波在高岭土插层剂混合溶液中产生的高温，增加体系中活化分子的几率，从而使单位时间内有效碰撞次数增多，提高插层反应的反应速率。孙嘉[244]等在微波辐照下用醋酸钾、尿素、二甲亚砜插层剂分别插层高岭土，发现微波对小尺寸、强极性分子的插层效果有很明显的促进作用，对弱极性分子的促进作用则不明显。该法插层效率比机械搅拌插层高，但不如超声波插层，且对插层剂有限制，只能用于小尺寸强极性的插层剂。

根据插层剂的特点和插层反应的步骤可分为直接插层、两步插层、三步插层等。合适的插层剂对插层复合物的制备起关键作用。多步插层一般要经过以下工序：高岭土→高岭土/直接插层复合物→高岭土/夹带插层复合物→高岭土/间接插层复合物。赵艳[245]等利用一步法将甲酰胺插层到高岭土层间，高岭土的 d_{001} 由原来的 0.7272nm 增大到 1.0443nm。宋说讲等[246]利用两步法以 DMSO-高岭土插层复合物作为前驱体，制备了丙二醇/高岭土插层复合物。李学强[247]以 DMSO/高岭土插层复合物作为前驱体，首先将甲醇插入高岭土层间，然后将吡啶插层到高岭土层间。

下面以二甲基亚砜（DMSO）插层高岭土为例，介绍液相插层过程可能的影响因素[238]。

首先是温度的影响。在插层过程中，有机分子进入高岭石层间形成新的键，分子趋向有序化排列，在热力学上是一个熵减的过程，因此，温度对于插层反应速率的影响是比较突出的。常温下，有机分子在液态下缔合形成网状集合体，随着温度的升高，集合结构破坏，自由分子增大，分子热运动速度加快，插层反应向右进行。但是必须注意插层反应温度应低于有机插层剂的挥发和分解温度，DMSO 分子的沸点为 189℃。因此，反应温度在 75℃为宜。

其次是水的影响。少量水的存在对插层作用的进行是有利的，水量过多插层率反而下降。分析认为：一方面，由于水对有机分子的作用促进插层反应，DMSO 在常温下是液态，分子间因氢键缔合成环状，少量的水可以起到催化剂的作用，破坏环氢键，使 DMSO 分子发生解离成为单体，从而有利于插层反应的进行；另一方面，适量的水会引起黏土片层间介电常数的增大，使高岭石晶层间的静电引力减小，从而有利于有机物进入层间。但是水量过多反而起到相反的效果，这可能是由于溶质被溶剂化，自由分子的比例减少，高岭石和溶液对未溶剂化分子的竞争使插层率降低。

还有反应时间的影响。插层反应的时间也是影响插层率的重要因素之一，随着反应时间的递增，插层率是逐渐增大的。但是在温度较低时，反应时间对插层率的影响较大，在 30℃时，插层率随着反应时间的增加呈线性增大，而在温度较高时，插层率随着时间的延长趋于缓和，变化不大。

最后是高岭石固含量的影响。高岭石固含量对插层反应也具有一定的影响，但是相对其他因素对反应过程的影响较小，对这方面的研究也比较少。

3. 其他插层方法

曹秀华等[248]利用甲醇钠强烈的夺氢作用，研究了一种制备插层和无定形高岭土的方法。利用 XRD 为主要检测手段研究了甲醇钠的质量分数、反应温度等因素对反应的影响。结果表明：在反应温度较低、质量分数较低的甲醇钠溶液中，高岭土容易被插层而膨胀，反之高岭土的层状结构被破坏而呈无定形化。提出的醇钠夺氢插层理论如下：$R-ONa+H^+ \longrightarrow R-OH+Na^+$。$Na^+$吸附于高岭土片层表面，使得高岭土在催化剂、阴离子聚合引发剂方面具有潜在的应用价值。

赵顺平等[249]利用不锈钢高压釜产生压力，实现了 DMSO 快速插层高岭土，相比常规方法，缩短了反应时间。室温外电场作用下，高岭土-DMSO 插层复合物表现了铁电性，自发极化强度（Ps）约为 $0.14\mu C/cm^2$，偶极反转可能来自 DMSO 分子在层间的相对位移。通过在无机层状高岭土中插入极性分子的方法，可以制备出一类新的矿物铁电材料。

9.3.5 插层改性高岭土的表征

一般利用红外光谱表征插层后高岭土的特征衍射峰位置变化；利用 X 射线衍射测量高岭土的插层率、层间距、晶型和晶粒尺寸；利用固体核磁共振分析高岭土层间插层剂形态；利用热分析表征热稳定性；利用扫描电镜观察高岭土的微观形貌。

1. 红外光谱（FTIR）

红外光谱羟基伸缩有外羟基（$3695cm^{-1}$、$3670cm^{-1}$、$3650cm^{-1}$ 和 $3685cm^{-1}$）和内羟基（$3620cm^{-1}$）（图 9-23）。内羟基在插层过程中比较稳定，外羟基伸缩振动因高岭土层间的氢键破坏而减弱，峰的分布面积减少甚至消失，并产生新的谱线，插层前后谱线特征变化越大，则插层效果越好。Tamer A. Elbokl 等[250]用环状亚胺插层改性高岭土，对 O—H、C═O、—NH—和 Al—O—H 振动区做了详细的描述。该方法能够准确地分析出各种特征峰的变化，从而判断高岭土层间插层剂的插入情况，除了四个羟基还能表征 C—H、N—H、C═O 等官能团的情况，为插层反应的定性分析提供了相对可靠的保证。

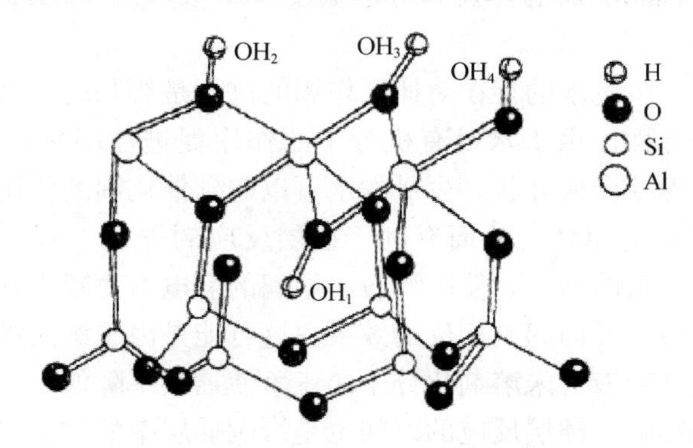

图 9-23 高岭土单位晶胞中的羟基

2. X 射线衍射（XRD）

高岭土插层反应的完全程度一般用插层率来表征。插层率使用高岭土插层前后的（001）晶面所对应的衍射峰强度变化的比值（I. R.）表示。插层作用完全，则产生的衍射峰强度大，而 0.72nm 的衍射峰强度必然会相应减弱。插层率反映的是复合物中有机物进入高岭土层间量的多少，进入量越多，插层率越大。这种方法目前理论最为成熟，已经被学者广泛认同。

X 射线衍射是测试极性小分子插层到高岭土层间域沿 c 轴的膨胀，即 d_{001} 值的增大。根据 Bragg 方程可计算出插层复合物的 d_{001} 值，反映出高岭土层间距的大小。X 射线衍射的表征是目前最重要而且最有说服力的测试表征方法之一。

另外，可以通过 Scherrer 公式计算出插层前后高岭土的晶粒度来反映插层的效果。高岭土插层后晶粒度越大，则说明插层效果越好，层间距越大。这种方法只适用于剥离高岭土晶粒度的表征，如酸浸分解剥离高岭土、快速水洗剥离高岭土等。

3. 固体核磁共振（NMR）

核磁共振谱主要提供高岭土层间插层剂的结构、氢键、键合次序等信息，是目前测定层间插层剂分子结构的最重要的工具之一。通常用插层剂本身化学位移和插层到高岭土层间后的化学位移之间的差异来表征插层剂与高岭土层间的相互作用。高岭土的 NMR 测试一般包括 ^{1}H、^{13}C、^{29}Si、^{15}N 和 ^{27}Al CP/MAS NMR，可以详细研究插层过程中质子化学位移及其变化，反映出其所处化学环境。Tamer A. Elbokl 等利用 NMR 技术对环状亚胺插层改性高岭土做了 ^{13}C、^{29}Si 和 ^{27}Al CP/MAS NMR 测试并给出详细的分析。

4. 热分析（TG-DTA）

插层高岭土的热稳定性主要由热分析来进行表征。热分析主要是利用热重和差热协同来完成，记为 TG-DTA。插层高岭土的失重峰和吸热峰能准确反映出插层剂脱嵌温度和质量等信息。TG-DTA 曲线能详细分析脱嵌过程的热反应动力学过程，为高岭土插层反应机理研究提供了重要的保证。秦芳芳等[251]研究了高岭土/二甲基亚砜脱嵌过程，得出了插层剂脱嵌的动力学方程。不过目前还不能准确地表述插层过程和脱嵌过程的具体联系。

5. 扫描电镜（SEM）

高岭土的形貌是考察高岭土剥离的一种有效方法。高岭土原土通常呈叠片状和棒状的集合体堆垛，由于各个单晶通过层间力结合在一起的原因，晶面较大，颗粒厚度相对较大，粒径基本在 1.0μm 以上，且分布范围广。当高岭土经过插层处理后颗粒直径明显减小，片层厚度也相对变薄，还清晰可见单片层结构，径厚比明显增大。

9.3.6　插层改性高岭土的应用

1. 新型陶瓷材料

以高岭土有机插层复合物为制备陶瓷的原料，可以改善成型条件，降低陶瓷固化的烧结温度，同时可以提高陶瓷的韧性。如在高岭土层间通过插层反应嵌入丙烯腈作为“前驱体”，然后通过层间聚合反应得到高岭土/聚丙烯腈复合物。高岭土/聚丙烯腈复合物经高温烧蚀可得碳纤维，从而制得具有良好的力学性能、热学性能的碳纤维增韧陶瓷。高岭土的结构、组成简单，其 Al/Si 比值接近 β'-Sialon 陶瓷。利用高岭土有机插层反应的原理，先制备高岭土/有机插层复合物，然后进行原位碳化、碳热还原、氮化反应，由于碳化层与高岭土层之间以分子水平接触，碳化反应均匀，碳热还原反应温度低，形成的 β'-Sialon 陶瓷粉体相组成简单，性能好。

2. 新型光学和电学材料

Takenawa 等[252]制备得到高岭土/对硝基苯胺插层复合物，发现对硝基苯胺分子在高岭土层间呈倾斜状排列，复合物表现出了二次非线性光学特性，观察到了二次简谐波，这种特性为高岭土用于制造非线性光学材料提供了可能。Wang 等[253]将高岭土/DMSO 插层复合物分散于二甲基硅油中，制备出电流变液。当剪切压力达到 600Pa（剪切速率 $5s^{-1}$）时电流变效率是纯的高岭土电流变液的 3.14 倍，沉降速率和热稳定性也有了很大的改善。赵艳等[254]研究表明，插层高岭土/改性氧化钛纳米复合颗粒电流变液具有较好的电流变效应，剪切速率为 $103.18s^{-1}$时，电流变效率为 23.7，剪切速率为 $10.89s^{-1}$时电流变效率高达 573.6。这种优良的特性，可以制备出成本低、使用性能好的电流变液材料。

3. 环保材料

高岭土插层复合物具有较好的去除有机污染物的能力，可以取代活性炭用于工业废水的处理和固定污泥中的有机污染物，有望用于制备环保材料和环境修复材料。Gushikem 等[255]研究表明，黏土-MBT 复合体可以通过吸附作用有效去除水溶液中的 Hg^{2+}、Pb^{2+}、Zn^{2+}、Cu^{2+} 和 Cd^{2+} 等。古映莹等[256]研究表明，在制备高岭土-MBT 复合体时，酸的浓度越大，其吸附性能越好；高岭土-MBT 复合体吸附 Pb^{2+} 离子的最佳温度为 25℃，达到吸附最大速率的时间与 Pb^{2+} 离子的原始浓度成正比，最大吸附量为 4.25μmol/g。

9.4 蛭石插层改性

蛭石是一种层状（2∶1 型）硅酸盐矿物，具有与蒙脱石极为类似的晶体结构和性能。与蒙脱石相比，蛭石具有较强的净负电荷，生片蛭石层间可吸附定量的水分子，在 850℃左右，结构水脱失造成体积膨胀，更容易制得插层复合材料。蛭石的扫描电镜图如图 9-24 所示。

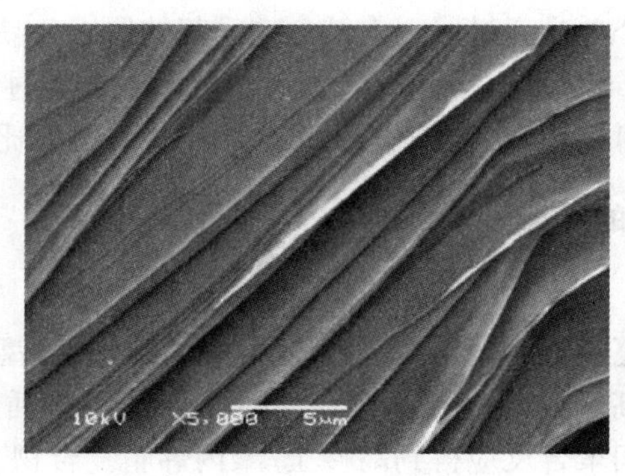

图 9-24 蛭石扫描电镜图

9.4.1　蛭石的无机柱撑

蛭石层间电荷主要源于四面体层中 Al^{3+} 代替 Si^{4+}，且结构稳定性好。有研究表明，铝柱撑蛭石在 800℃ 条件下焙烧后，d_{001} 仍为 1.7nm，比表面积为 $184m^2/g$，微孔容为 $0.057cm^3/g$，显示了良好的热稳定性、高比表面积和微孔容[257]。

Del 等[258]制备出基面间距为 1.8nm 的聚羟基铝柱撑蛭石，得到的柱撑样品具有较好的热稳定性和有序的堆垛排列。其制备过程包括原蛭石的调整和聚羟基铝插层。

Michot 等[259]用 L-鸟氨酸扩孔，交换蛭石后再用聚羟基铝离子插层可以部分柱撑蛭石，制得了 d_{001} =1.75nm（500℃）的 Al_{13} 层柱蛭石。L-鸟氨酸有双重作用，使蛭石晶体膨胀，在煅烧时保护聚羟基铝离子，防止其水解聚合。

王春风等[260]通过对蛭石原矿进行改性，再煅烧活化，采用溶胶法将聚羟基铝离子插入蛭石的层间，经一定温度煅烧后得到无机氧化铝柱撑的蛭石。XRD、SEM、TEM、TG-DSC 等测试技术结果表明聚羟基铝离子柱化在蛭石边缘和层间，在置换了层间阳离子后，蛭石层间间距明显增大。当蛭石在 500℃下煅烧处理后，层间距明显收缩，并且在层间形成了大量纳米微孔。500℃煅烧处理后的样品的 XRD 衍射峰明显比 60℃干燥的样品的衍射峰宽化。插层后的蛭石层间孔隙孔容变小，对流传热途径受阻，使蛭石材料的隔热性能进一步增强；同时插层后的蛭石层间形成的大量均匀的纳米微孔以及特有的无机柱撑能增大其耐压强度，这些使之可能有广泛的潜在应用。

Pastor 等[261]发现蛭石对镧系金属有很强的亲和力，其在酸性环境下对镧系金属的吸附量也大于阳离子交换容量。引入 REE/Al 复合羟基聚合离子可改善柱撑黏土的热稳定性，产生较大孔径，原因可能是形成了聚合镧铝大离子。

9.4.2　蛭石的有机插层

蛭石的有机插层改性主要是通过阳离子交换法实现的。通过阳离子交换，有机阳离子中和蛭石结构层中的剩余负电荷，并降低硅酸盐片层的表面能，进而增加蛭石与有机物之间的亲和性。蛭石的阳离子交换能力与层间阳离子种类有关，根据蛭石样品的化学成分研究，蛭石晶层中可交换性阳离子的种类主要有 K^+、Na^+、Ca^{2+}、Mg^{2+} 等。阳离子电价和水化能越高，与蛭石片层的吸附力越强，越难被交换下来，反之亦然。几种常见阳离子在质量分数相同的条件下，交换能力顺序为 $Li^+<Na^+<K^+<NH^{4+}\leqslant Mg^{2+}<Ca^{2+}<Ba^{2+}$。在各种类型的蛭石中，钠型蛭石的交换性能优异，阳离子交换容量（CEC）大，在水溶液中分散性好。因此对蛭石进行钠化处理后可提高其阳离子交换容量，插层剂对钠化蛭石的有机插层效果较好，所得到的有机化蛭石具有更好的应用前景。

蛭石的有机插层工艺较简单。加入相当于蛭石阳离子交换容量（CEC）不同倍数物质量的表面活性剂，在一定温度下恒温搅拌反应后陈化一定时间，产物过滤、洗涤、烘干即可。

插层机理是有机插层剂在蛭石层间进行离子交换和分子吸附。Williams-Daryn 等[262]认为插层蛭石的表面活性剂有两个作用：中和蛭石层间电荷，提供中性电子对或中性分子以优化疏水性层间域。约 2/3 的表面活性剂用于中和层间负电荷，剩余 1/3 以中性电子对或中性分子形式插层。中性分子以分子间引力堆垛于层间，被极化，受电场力作用。在硅氧面上氢键断裂，释放出 H^+，溶液 pH 值下降。中性电子对是有机化合物不易离解，以电子对形式进入层间，而不会使氢键断裂，溶液 pH 值不变。

Becerro 等[263]以烷基氯化氨（C_nAC）、烷基溴化氨（C_nTAB）插层剂制备有机蛭石。C_nAC 在第二阶段以中性分子形式插层，而 C_nTAB 以电子对形式插层。

罗利明等[264]基于蛭石良好的阳离子交换性和吸附性及层间域的可膨胀性，对新疆尉犁蛭石矿的金云母-蛭石样品采用不同用量的季铵盐进行微波插层处理及插层后样品的乙醇溶液醇洗处理，并对处理后样品进行了 XRD 分析，考察了插层剂用量和乙醇溶液浓度对 CTA^+/蛭石插层复合物最大底面间距的影响。结果表明：蛭石的最大底面间距随着 CTAB 用量的增加而增大，季铵盐阳离子在蛭石层间的排布模式也随用量的增加，发生由单层倾斜→双层倾斜的规律性转化。插层处理后的样品采用浓度为 97%的乙醇溶液醇洗后，蛭石最大底面间距由 5.08～4.35nm 减少至 4nm 左右，季铵盐阳离子在层间全为单层倾斜排布。季铵盐阳离子在蛭石层间域中以单层倾斜排布，倾斜角为 ±53°时最稳定。制备 CTA^+/蛭石复合物及醇洗过程如图 9-25 所示。

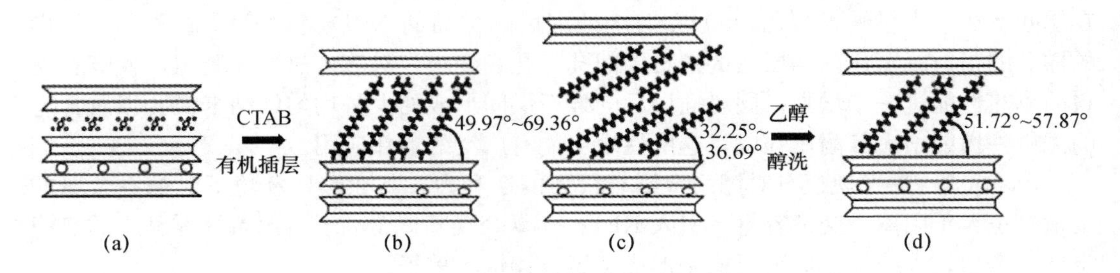

图 9-25　制备 CTA^+/蛭石复合物及醇洗过程与模型示意图

Tiong 等[265]和 Xu 等[266]分别用非极性聚乙烯（PE）和极性聚碳酸丙烯（PPC）直接融化插层蛭石以提高复合物的力学特性。非极性聚合物插层时，先用含金属离子的有机化合物，如马来酐（maleic anhydride，MA）改性蛭石，提高其疏水性，再融化于聚合物中插层。MA 既是聚合物的改性添加剂又是蛭石的膨胀剂；极性聚合物插层也要预处理蛭石，原因是紧密堆垛的蛭石层间距只有 1nm 左右，聚合物进入层间要克服很大的能量障碍，因此先用表面活性剂改性蛭石，再将有机蛭石置于融化状态下插层。表面活性剂的选择很重要，如 HDTMA 可促进聚合物降解。

韩炜等[267]以两倍蛭石阳离子交换容量的十六烷基三甲基溴化铵为插层剂，利用热液搅拌、球磨、煮沸、熔融搅拌 4 种不同的方法对蛭石进行插层处理。X 射线粉晶衍射分析表明，十六烷基三甲基铵离子在蛭石层间具有倾斜双层、倾斜单层、双层平卧、单层平卧的排布。此外，随着处理过程中温度的由低到高、机械力的由弱到强，十六烷基三甲基铵离子在蛭石层间的排布方式由多样向单一转变，插层层间距也有增大的趋势。

黄振宇等[268]对蛭石采用硝酸酸化、600℃煅烧、钠化综合处理法进行结构修饰改性，然后用 CTAB 分别对蛭石原样和结构修饰蛭石进行有机插层，得到了结构修饰及蛭石剩余层电荷变化对结构的影响规律：结构修饰蛭石减少其剩余层电荷，使得 CTA^+ 在其层间的插层量和排列方式改变；插层剂用量小于 5 倍阳离子交换容量时，进入层间的 CTA^+ 减少且呈单层倾斜排列，层间距小且有序度低；插层剂用量为 5 倍阳离子交换容量时，CTA^+ 以双层倾斜方式排列，层间距与未结构修饰的有机蛭石的层间距相等；而插层剂用量达到 10 倍阳离子交换容量后，CTA^+ 以双层倾斜排列，且其层间距比未结构修饰的有机蛭石的还要大。CTA^+ 进入蛭石层间的示意图如图 9-26 所示。

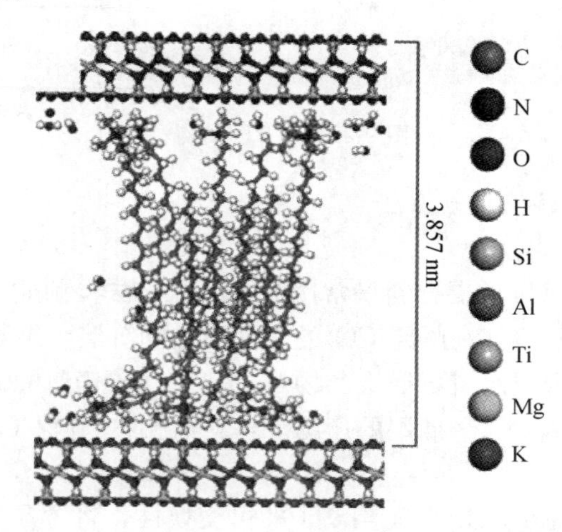

图 9-26　十六烷基三甲基溴化铵插层进入蛭石层间

9.5　其他层状结构粉体的插层

9.5.1　水滑石

水滑石是天然存在的层状阴离子黏土矿，可人工合成，其分子式可表示为 $Mg_6Al_2(OH)_{16}CO_3 \cdot 4H_2O$，其结构类似水镁石，由 MO_6 八面体（M 表示金属）共用棱边而形成主体层板，水滑石可视为水镁石中的 Mg^{2+} 在一定比例范围内被与其半径相近的 Al^{3+} 同晶取代而形成的衍生物。由于 Al^{3+} 同晶取代 Mg^{2+}，使得水镁石主体层板带部分的正电荷，因此层间需填充 $CO_3{}^{2-}$ 以平衡电荷，并同时伴随着水分子填充到层间，形成水滑石。当水滑石主体层板中的 Mg^{2+} 和 Al^{3+} 分别被其他同价金属阳离子全部或部分同晶取代，或层间 $CO_3{}^{2-}$ 被其他阴离子取代所得到的类似结构的化合物被称为类水滑石。因此，水滑石类化合物（简称 LDHs）包括了水滑石和类水滑石，其化学通式为：$[M_{1-x}{}^{2+}M_x{}^{3+}(OH)_2]^{x+}[A^{n-}]_{x/n} \cdot mH_2O$，式中 M^{2+}、M^{3+} 分别为二价和三价金属阳离子，A^{n-} 为不同价态的阴离子，x 为 $M^{3+}/(M^{3+}+M^{2+})$ 的摩尔比，m 为层间结合水分子数。LDHs 的结构如图 9-27 所示。

利用 LDHs 层间阴离子的可交换性，可将不同类型无机阴离子、有机酸阴离子、配合物阴离子、同多和杂多酸阴离子、聚合物阴离子等插入 LDHs 层间，得到同时具备插层阴离子和 LDHs 主体优点的特殊功能材料，此类功能材料在催化、环境保护、生物医药、电子材料等领域具有良好的应用前景[269]。

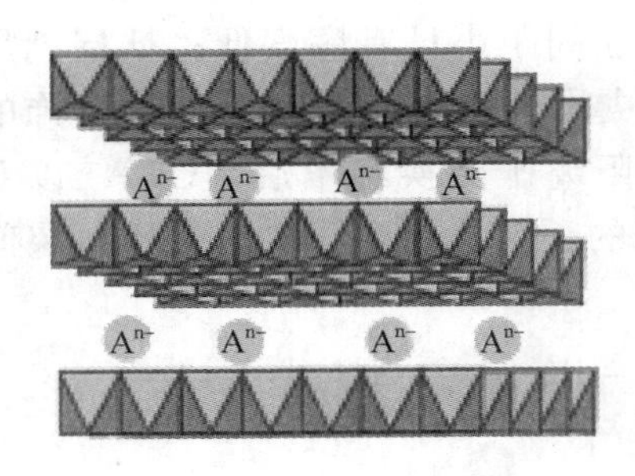

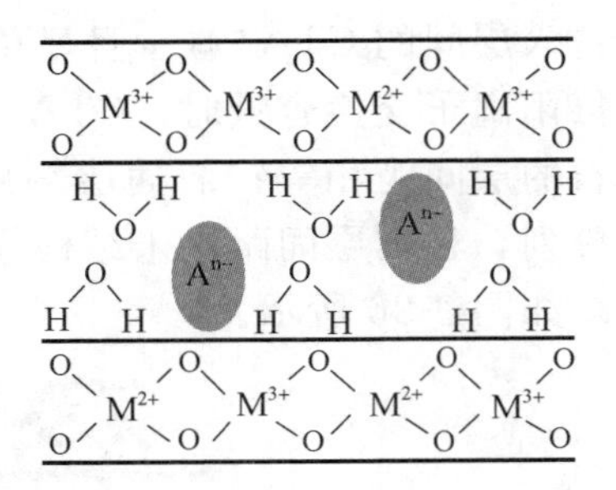

图 9-27　LDHs 结构

1. 阴离子插层 LDHs 的制备方法

（1）共沉淀法

共沉淀法是制备 LDHs 插层材料最常用的方法。该法将预插入的阴离子与含有层板组成金属阳离子的混合盐溶液在隔绝 CO_2 的条件下共同沉淀，组装得到结构规整的插层材料。共沉淀法可一步合成水滑石插层产物，尤其在合成普通的无机阴离子插层 LDHs 时非常方便，但除了制备 CO_3^{2-} 插层的产物外，均需要在 N_2 保护下进行合成。

（2）阴离子交换法

阴离子交换法是利用 LDHs 层间阴离子的可交换性，将含预插层客体阴离子的溶液缓慢滴加到溶解有 LDHs 前驱体的溶液中，使预插层的客体阴离子与 LDHs 层板间的阴离子进行交换，从而获得目标产物。阴离子交换法是合成一些特殊组成的 LDHs 的重要方法，但该方法需要预先制备 LDHs 的前驱体，然后进行离子交换插层，当共沉淀一步合成无法直接获得目标产物时，可以尝试这种合成方法。此外，在离子交换反应中，如果客体阴离子的体积太大，将难以进入层间。

（3）焙烧复原法

焙烧复原法是利用 LDHs 的结构“记忆效应”将 LDHs 在 450～500℃下焙烧得到 LDO。然后将 LDO 加入到待插层客体阴离子溶液中，通 N_2 保护，可以恢复其原有层状结构，并可将阴离子插入层间。焙烧复原法可以制得层间客体为有机大分子的层柱材料，不足之处是该方法容易将空气中的 CO_2 引入层间，此外所得产物中有大量无定形相存在。

（4）返混沉淀法

返混沉淀法是一种新的插层组装方法。该法是将 LDHs 加入一定酸性范围的有机酸溶液使其为澄清溶液，再将此溶液滴加入 NaOH 溶液，由此制得该有机酸插层 LDHs 产物。返混沉淀法适合制备要求将 pH 值控制在较低范围内的插层产物。这种方法不需要 N_2 保护就能合成出无 CO_3^{2-} 干扰、晶相单一的 LDHs 插层组装体。

（5）溶胶凝胶法

溶胶-凝胶法是一种新的制备 LDHs 材料的方法，主要包括水解、沉淀、洗涤、干燥等步骤。将金属烷氧基化合物在 HCl 或 HNO_3 溶液中进行水解，然后进行沉淀，并控制条件得到凝胶，再经干燥、焙烧得到相应的 LDHs 产物。溶胶-凝胶法中的影响因素较多，一般认为，溶液的 pH 值、浓度、反应时间都会影响产物的制备。

2. 阴离子插层 LDHs 的研究进展

李秀悌等[270]以醋酸根型水滑石为前驱体，采用离子交换法合成了聚磷酸根柱撑水滑石（APP-AC-LDHs）。XRD分析显示，当醋酸根阴离子被聚磷酸阴离子取代后，形成的APP-AC-LDHs结晶度下降，但两者的主衍射峰位置接近。DSC-TGA分析结果显示，APP-AC-LDHs中的聚磷酸根分解温度为310～420℃，高于大多数民用塑料的注塑成型温度和塑料制品的燃点，适于用作塑料制品的阻燃添加剂。

雒京等[271]制备了一系列含不同金属离子的磺化Salen金属配合物插层水滑石催化剂用于甘油催化氧化制备二羟基丙酮（DHA）。利用X射线粉末衍射（XRD）、傅里叶变换红外光谱（FTIR）及电感耦合等离子发射光谱（ICP）分析手段对催化剂进行表征。结果表明，含Cr^{3+}及含Cu^{2+}催化剂有利于H_2O_2活化，催化活性较高，含Cu^{2+}催化剂利于甘油脱氢，DHA选择性较高。含Cu^{2+}催化剂用于甘油催化氧化反应时，在pH值为7、温度60℃条件下反应4h，甘油转化率为40.3%，DHA选择性达到52.9%。

李小磊等[272]采用共沉淀法合成类水滑石［$Mg_{1-x}Al_x(OH)_2$］x^+-$(NO_3^-)_x \cdot mH_2O$，通过离子交换法制备出柱撑水滑石［$Mg_{1-x}Al_x(OH)_2$］x^+［$PW_{12}O_{40}]_{x/3}{}^{3-} \cdot mH_2O$化合物。将其用于无羧酸环境下的催化脂肪酸甲酯环氧化反应，结果表明，柱撑水滑石较插层前转化率和选择性都有了明显的提高。

郭海泉等[273]以氟碳表面活性剂全氟辛基磺酸钾为插层剂制备了插层水滑石，并通过原位插层聚合方法，制备了水滑石/氟碳表面活性剂/聚酰亚胺纳米复合材料。X射线衍射、红外光谱和热失重等方法表征结果表明，全氟辛基磺酸钾插层水滑石后，水滑石的层间距由0.76nm增加到2.52nm，在水滑石层间构建了氟碳链的微环境。这种氟化水滑石可剥离分散于聚酰亚胺基体中，改善了纳米复合材料的气体阻隔性能、介电性能和机械性能。

申延明等[274]采用离子交换法制得酒石酸插层MgAl水滑石（MgAl-TA LDHs），考察了MgAl-TA LDHs吸附剂对溶液中Ni^{2+}的吸附能力，探讨了水滑石吸附剂投加量、Ni^{2+}溶液浓度、pH值以及吸附温度对Ni^{2+}吸附率的影响，结果表明，适宜的水滑石投加量为2g/L，pH值以中性为宜，对于Ni^{2+}浓度不超过100mg/L的溶液室温下Ni^{2+}吸附率在60%以上，而高温有利于提高Ni^{2+}吸附率。

许家友等[275]通过马来酸和水滑石（MgAl-CO_3 LDHs）反应制备马来酸根插层水滑石（MgAl-maleate LDHs），并将插层有马来酸根的水滑石填充聚氯乙烯（PVC），研究结果表明：水滑石层间的马来酸根中的双键和PVC降解产生的C=C共轭双键发生Alder-delies加成反应，PVC的初期色泽得到改善，但PVC的长期热稳定性稍有降低；插层改性后的水滑石改善了PVC和水滑石之间的相容性，提高了PVC的力学强度。

潘国祥等[276]采用共沉淀法和离子交换法实现了谷氨酸与Zn/Al水滑石的插层组装，并在模拟胃液和肠液中测试了复合材料中谷氨酸的缓释性能研究。结果表明，合成的水滑石前驱体（LDHs-NO_3）结构规整、晶相单一，层间距为0.879nm；两种方法合成的谷氨酸插层水滑石，其层间距分别增加到1.251nm和1.334nm，可以推测谷氨酸以垂直方式分布于水滑石层间。谷氨酸插层水滑石后，其热稳定性大大提高，热分解温度由 230℃升高至 397～434℃。与物理混合法相比，谷氨酸与水滑石复合后增加了谷氨酸的耐酸性，使其具有更好的缓释性能。

9.5.2　叶蜡石

叶蜡石是黏土矿物的一种，属结晶结构为 2∶1 型的层状含水铝硅酸盐矿物。化学结构式为 $Al_2[Si_4O_{10}](OH)_2$。O. V. Bababan 等[277]研究了锂离子插层叶蜡石过程吉布斯自由能变化、电荷电阻变化以及由锂离子数量引起的声作用对赫姆霍兹层电容的影响。结果表明，所研究的锂离子的扩散系数都异常高。以 x 代表插层动力学的锂插层特征值，则分子式可表示为 $Li_xAl_2(OH)_2[Si_2O_5]_2$；T. N. Bishchaniuk 等[278]直接利用天然矿物叶蜡石进行 Li^+ 插层试验，对吉布斯能量的变化以及客体锂负载量对插层反应熵的影响进行了研究。在锂离子值 $x>0.3$ 时，可以发现 $Li_xAl_2(OH)_2[Si_2O_5]_2$ 有异常高的扩散系数。

9.5.3　云母

白云母晶体呈叶片状、假六方板状、柱状或锥状等多种形状，是一种 2∶1 型层状构造硅酸盐矿物。上下两层四面体六方网层的活性氧与八面体层的（OH）上下相向，阳离子（Al^{3+}、Mg^{2+}、K^+ 等）充填在其所形成的八面体空隙中，形成八面体配位的阳离子层。此种上下两层硅氧四面体，中间夹一层 Al—O 八面体的结构构成了云母的结构层。酸处理可以增强白云母结构中 K^+、Al^{3+} 的活性，使其更容易被 Li^+ 所取代。改性剂的阳离子通过溶液搅拌与 Li^+ 交换，插层到微晶白云母层间，不仅可以改善白云母的层间化学微环境，还能使其层间距增大，为制备白云母层状硅酸盐/聚合物纳米复合材料提供可能。

陈芳等[279]制备了插层型或剥离型的聚合物/层状硅酸盐纳米复合材料，对微晶白云母分别进行热活化处理、酸浸处理和硝酸锂处理，再利用溶液搅拌法，将十六烷基三甲基溴化铵作为插层剂，对其进行有机化改性，结果表明：十六烷基三甲基溴化铵插入到微晶白云母中使其层间距从原始的 1.02nm 最大扩大到 2.99nm。

江曙等[280]在对金云母进行酸处理及热处理后，用十六烷基三甲基溴化铵（HDTMA）对其进行了有机插层改性，结果表明，随着硝酸用量的增加，金云母阳离子交换容量和层间剩余负电荷逐渐减小；硝酸用量也影响有机分子在金云母层间的插层行为，当硝酸用量为 100mL 时，有机分子烷基链在层间呈双层倾斜排列；当硝酸用量为 150mL 时，烷基链在层间呈单层倾斜排列。

李紫谦等[281]采用氧化-离子交换法将黑云母制成蛭石型水钡云母，以十八烷基三甲基氯化铵作为插层剂对水钡云母插层改性，结果表明，当插层剂浓度固定时，反应时间和反应温度均不会影响改性剂在云母中的排列方式；反应温度影响插层速度，当反应温度为 80℃时，插层速度快且耗能低；反应时间影响插层量，反应时间越长插层量越多。

张起等[282]采用加热和酸浸、硝酸锂处理、十六烷基三甲基溴化铵（HDTMA）阳离子交换等多步反应制备了有机绢云母，随后通过原位聚合插层法合成了不同种类的聚酰亚胺（PI）/绢云母复合材料。结果表明，改性反应温度为 180℃，有机阳离子加入量为 15 倍阳离子交换容量（CEC）时插层效果较好，在此条件下，绢云母 d_{002} 晶面间距从 0.99nm 扩大到 2.77nm；PI/有机绢云母复合材料是一种剥离型纳米复合材料，绢云母与 PI 质量比为 5∶100 时，PI/有机绢云母纳米复合材料的拉伸强度、杨氏模量、断裂伸长率是 PI/原样绢云母复合材料相应值的 1.79 倍，1.40 倍和 1.83 倍。

段攀峰等[283]将 3，5-二叔丁基-4-羟基苯基丙酸（AO）插层改性绢云母与聚丙烯（PP）共混挤出注塑制得 PP/改性绢云母复合材料，结果表明，AO 的加入显著提升了材料的拉伸强度、弯曲强度和冲击强度，特别是在老化 35d 后，试样弯曲强度不降反升，由 25.1MPa 提高至 34.0MPa，同时改性绢云母的加入使复合材料的球晶完善度提高。

9.5.4　伊利石

伊利石的晶体结构属于 2∶1 型结构单元层的二八面体型，即由两个硅氧四面体夹一个铝氧八面体（T—O—T）构成，在电子显微镜下单体呈片状形貌。

谢盼盼等[284]采用水合肼溶液浸泡，制备出伊利石/水合肼插层复合物，再经超声波作用，使插层伊利石的片层间进一步松解，然后通过机械研磨，使伊利石片层相互剥离，制得具有一维结构的纳米材料。粒度和 SEM 分析表明，其片径均小于 1μm，厚度一般为 10～50nm，达到了一维纳米材料的技术要求。经增强聚合物试验，纳米伊利石对 PP 具有明显的增强效果。

Zhen 等[285]研究了在超声波作用下从伊利石-有机物插层前驱体中剥离出伊利石片层的过程。用四种插层剂（甘油、肼、二甲基亚砜和尿素）分别进行纯化伊利石、热活化伊利石和酸化伊利石的插层研究，从而制备不同的伊利石-有机物插层复合物。XRD 分析结果表明，热活化和随后的酸化处理实现 H^+ 交换伊利石中 K^+ 对于有机插层是必要条件。在高温超声处理过程中，有机分子从伊利石-有机物插层复合物的中间层脱离，导致伊利石层片的分离。

9.5.5　埃洛石

埃洛石纳米管（HNTs）是一种硅铝酸盐无机纳米管，其分子式为 $Al_2SiO_5(OH)_4 \cdot nH_2O$（$n$=0 或 2）。埃洛石纳米管常为多壁管状结构，由铝氧八面体和硅氧四面体晶格错位卷曲而成，管内壁是铝氧八面体层，外壁是硅氧四面体层，内表面是 Al—OH 基团，外表面则是 O—Si—O 基团，在很宽的 pH 值范围内，其表面呈现负电性。埃洛石纳米管与碳纳米管（CNTs）具有相似的结构形态。

席国喜等[286]用二甲基亚砜取代法制备了硬脂酸/埃洛石插层复合相变材料。结果表明，硬脂酸/埃洛石插层复合物中，埃洛石的层间距由 0.74nm 增大到 3.92nm，插层率达到了 95.4%，埃洛石的内表面羟基与硬脂酸的羰基形成了氢键，其外层硅氧面上的氧与硬脂酸的羟基形成了氢键，复合相变材料的相变温度为 50.3℃，相变焓为 103.9J/g，经过 200 次冷热循环后仍具有较好的兼容性、热稳定性及化学稳定性。

景润芳等[287]根据噻吩易溶于二甲基亚砜（DMSO）的特点，用 DMSO 对 HNTs 插层改性，将 DMSO 固载于 HNTs 中，HNTs 层间距增大，插层率达到 95.95%，对噻吩的吸附率由未改性时的21.67%提高到27.36%，插层后的复合物HNTs-DMSO脱硫率有一定程度的提高，该复合物可用于脱除油品中的有机硫，减少油品的浪费和燃烧对环境污染。

Li等[288]通过差示扫描量热法（TG-DTG-DSC）、X射线衍射（XRD）以及傅里叶变换红外光谱（FTIR）对二甲基亚砜（DMSO）插层埃洛石复合物进行了研究，结果表明，插层复合体的质量损失包含两个主要阶段，分别对应于DMSO分子的脱附和埃洛石的脱羟基过程。

Senia Mellouk等[289]采用$M^{n+}(CH_3COO)_n$（M＝Na^+，$NH_4{}^+$或Pb^{2+}）对埃洛石原矿进行了插层改性，结果表明，$NaCH_3COO$在较长反应时间后插层率可达90%以上。由于Pb（$CH_3COO)_2$和NH_4CH_3COO的插层，埃洛石的层间距分别扩展了5.5Å和6.3Å。FTIR结果证明$M^{n+}(CH_3COO)_n$与埃洛石内表面羟基发生反应。

Cheng等[290]对埃洛石-醋酸钾插层复合物的结构和热分解过程进行了研究。结果显示，醋酸钾插入埃洛石层中使层间距从1.00nm增加到1.41nm左右，在300℃和350℃时完成部分脱羟基和脱水反应，而内羟基即使在500℃左右结构仍然保持较为完整。

附　录

常用聚合物缩写词

A

AAS acrylonitrile-acryloid-styrene　AAS（共聚物）；丙烯腈-丙烯酸酯-苯乙烯（共聚物）
ABR acrylonitrile-butadiene rubber　丁腈橡胶
ABS acrylonitrile-butadiene-styrene　ABS 树脂；丙烯腈-丁二烯-苯乙烯共聚物
ACM ethylacrylate and 2-chloroethyl vinyl ether copolymer　丙烯酸乙酯和 2-氯乙基·乙烯醚共聚物
ACS acrylonitrile-chlorizate ethylene-styrene　ACS（共聚物）；丙烯腈-氯化乙烯-苯乙烯（共聚物）
AE cellulose aminoethylcellulose　氨乙基纤维素
AER anion exchange resin　阴离子交换树脂
ANM ethyl or butyl acrylate and acrylonitrile copolymer　乙基或丁基丙烯酸和丙烯腈共聚物
APP atactic polypro pylene　无规立构聚丙烯
AR acrylic rubber　丙烯酸酯橡胶
AS resin acrylonitrile-styrene resin　丙烯腈-苯乙烯树脂（AS 树脂）
AU polyester type of urethane rubber　聚酯型聚氨酯胶

B

BD/AN butadiene-acrylonitrile rubber　丁腈橡胶
B. V. P. butadiene vinyl pyridine rubber　丁吡橡胶

C

CCA cellular cellulose acetate plastics　乙酸纤维泡沫塑料
CDR chemical derivative of rubber　橡胶的化学衍生物
CER cation exchange resin　阳离子交换树脂
CFM polychlorotrifluoroethylene　聚氯三氟乙烯
CIR coumarone-indene resin　古马隆-茚树脂
cis-BR；cis-PB（d）；cis-PBR cis-polybutadiene rubber　顺式聚丁二烯橡胶

CLR chlorinated rubber　氯化橡胶
CM cellulose carboxymethyl cellulose　羧甲基纤维素
CMC carboxymethyl cellulose　羧甲基纤维素
CN cellulose nitrate　硝酸纤维素
CO；ECO polyepichlorohlydrin　聚环氧氯丙烷
CPBR cis-polybutadiene rubber　顺式聚丁二烯橡胶
CPE chlorinated polyethylene　聚氯化聚乙烯
CPI cis-polyisoprene rubber　顺（式）聚异戊二烯橡胶
CPVC chlorinated polyvinyl chloride　氯化聚氯乙烯
CR chloroprene rubber　氯丁橡胶
CR cold rubber　低温丁苯橡胶
CRE cold rosin-extended rubber　松香皂法低温丁苯胶
CRMB cyclized rubber masterbatch　环化橡胶母炼胶
CSM chloro-sulfonyl-polyethylene　氯磺化聚乙烯橡胶
CSP chlorosulfonated polyethylene　氯磺化聚乙烯橡胶

D

DCPD dicyclopentadiene　二聚环戊二烯
DPR depolymerized rubber　解聚橡胶
D-SN deuterio rubber　氘橡胶；重氢橡胶

E

EA polyethylacrylate　聚丙烯酸乙酯
E-BR emulsion polybutadiene rubber　乳液丁二烯橡胶
EEA ethylene-ethylacrylate copolymer　乙烯-丙烯酸乙酯共聚物
EGA ethylene glycoladipate polyster　聚己二酸乙二醇酯
EHA polyethylhexylacrylate　聚丙烯酸乙基己基酯
EMA polyethylmethacrylate　聚甲基丙烯酸乙酯
Eot thiolkol B　聚硫橡胶 B
EPC ethylene-propylene copolymer　乙丙共聚物
EPDR ethylene-propylene-diene rubber　三聚乙丙橡胶
EPM ethylene-propylene copolymer　乙丙共聚物
EPM viton；kel-F　氟橡胶
EPR ethylene propylene rubber　二元乙丙橡胶
EPT ethyiene propylene terpolymer　三元乙丙橡胶
ET thiokol A　聚硫橡胶 A
EU polyether type of urethane rubber　聚醚型聚氨酯橡胶
EVA ethylene-vinyl acetate copolymer　乙烯-乙酸乙烯酯共聚物

F

FEP fluorinated ethylene propylene copolymer　氟化乙丙烯共聚物
FEP fluorinated ethylene propylene（rubber）　氟化乙丙（橡胶）
FEP fluorethylene polymer　氟化乙烯共聚物
FPM vinylidine fluoride and hexafluoropropylene copolymer　六氟丙烯亚乙烯基共聚物
FVS silastic LS fluorosilicone　LS 硅氟橡胶

G

GPR general purpose rubber　通用橡胶
GR-A government rubber-acrylonitrile　丁腈橡胶
GR-I government rubber-isobutylene　丁基橡胶
GR-M government rubber-monovinyl-acelylene　氯丁橡胶
GR-P government rubber-polysulfide　聚硫橡胶
GR-P government rubber-styrene　丁苯橡胶
GRS government rubber-styrene　丁苯橡胶
GSR government syntheic rubber　合成橡胶［美］

H

HDPE high density polyethylene　高密度聚乙烯
HHR high hysteresis rubber　高滞后橡胶；耐滑橡胶
HMR high modulus rubber　高定伸橡胶
HMWPE high molecular weight polyethylene　高分子量聚乙烯
HN high nitrile rubber　高腈（含量）橡胶
HNP high nitrile rubber powder　粉状高腈橡胶
HMR hydrogenated natural rubber　氢化天然橡胶
HPT hydrogenated propylene tetramer　氢化丙烯共聚物
H rubber Hevea rubber　天然橡胶
H-SN rubber Hevea-synthetic/natural rubber　聚异戊二烯橡胶
HIPS high impact polystyrene　高冲击强度聚乙烯
HTP high-temperature polymer　1. 热聚丁苯胶；2. 高温聚合物；热聚橡胶

I

ICR initial concentrated rubber　初浓度（凝固）橡胶
IIR isobutylene-isoprene rubber　丁基橡胶
IM polyisobutene　聚异丁烯
IR isoprene rubber　异戊二烯橡胶
I. R. India rubber　天然橡胶

LDPE low density polyethylene 低密度聚乙烯
LHR low hysteresis rubber 低滞后橡胶
LPE liner polyethylene 线型聚乙烯
L. S. rubber latex-sprayed rubber 喷雾法橡胶

M

MA polymethylacrylate 聚丙烯酸甲酯
MLN medium low nitrile rubber 中低腈（含量）丁腈橡胶
MM；MMA (poly) methylmethacrylate （聚）甲基丙烯酸甲酯
MN medium nitrile rubber 中腈（含量）丁腈橡胶
MMVS methoxymethyl vinyl sulfide polymer 甲氧基甲基硫化乙烯聚合物
MPM methyl polymethacrylate 甲基聚丙烯酸甲酯
M. R. ；MRX mineral rubber 矿质橡胶
MVPK methyl-vinyl-pyridine rubber 丁吡橡胶［前苏联］

N

NBR nitrile-butadiene rubber 丁腈橡胶；丁二烯丙烯腈共聚橡胶
NBR-C acrylonitrile-butadiene rubber with carboxyl group 羧基丁腈橡胶
NCR nitrile-chloroprene rubber 腈基氯丁橡胶
NR natural rubber 天然橡胶
NSR nitrile silicane rubber 腈硅橡胶

O

OEP oil-extended polymer 油充橡胶
OER oil-extended rubber 油充橡胶

P

PA polyacrylate 聚丙烯酸酯
PA polyamide 聚酰胺
PAA polyacrylamide 聚丙烯酰胺
PAA polyacrylic acid 聚丙烯酸
PAC polyaluminum chloride 聚合氯化铝
PAM polyacylamide 聚丙烯酰胺
PAN polyacrylonitrile 聚丙烯腈
PAN polyarylnitrile 聚芳基腈
PAPA polymethyl polyphenylamine 聚甲基聚苯胺
PB polybutadiene 聚丁二烯
PB；PBD polybutylene 聚丁烯

PBAA polybutadiene-acrylic acid　聚丁二烯丙烯酸
PBAN polybutadiene-acrylonitrile　（聚）丁腈橡胶
PBD polybutadiene rubber　聚丁二烯橡胶
PBGS polybutylene glycol succinate　聚丁二醇丁二酸酯
PBI polybenzimidazole　聚苯并咪唑
PBI polyisobutylene　聚异丁烯
PBR pyridine-butadiene rubber　丁吡橡胶
PBS polybutadiene styrene　丁苯橡胶
PBS poly-1，4-butylene succinate　丁二酸-1，4-丁二醇聚酯
PBT polybenzothiazde　聚苯并噻唑
PC polycabonate　聚碳酸酯
PC；PCP；P. C. P. polychloroprene　氯丁橡胶
PCC polymer-cement concrete　聚合物水泥混凝土
PCL polycaprolactam　聚己内酰胺
PCTFE polychloro trifluoroethylene　聚三氟氯乙烯
PDA poly diaryl amine　聚二芳基胺
PDEGS polydiethylene glycol succinate　聚二甘醇丁二酸酯
PDEGA polydiethylene glycol adipate　聚二甘醇己二酸酯
POMS polydimethylsiloxane　聚二甲基硅氧烷
PDPGA polydipropylene glycol adipate　聚二丙甘醇己二酸酯
PE；P/E polyethylene　聚乙烯
PEG polyethylene glycol　聚乙二醇
PEGA polyethylene glycol adipate　聚乙二醇己二酸酯
PEGMa polyethylene glycol maleate　聚乙二醇马来酸酯
PEGS polyethylene glycol succinate　丁二酸乙二醇聚酯
PEI polyethylene imine　聚 1，2-亚乙基亚胺
PEI cellulose polyethylene imine cellulose　聚亚乙基亚胺纤维素
PET；PE TP　polyethylene terephthalate　聚对苯二甲酸乙二醇酯
PEP/VF perfluoropropylene vinylidene fluoride copolymer　全氟丙烯氟化偏乙烯共聚物
PI polyimide　聚酰亚铵
PI polyisocyanate　聚异氰酸酯
PI polyisoprene　聚异戊二烯
PIB polyisobutylene　聚异丁烯
PIBI polyisobutylene-isoprene　丁基橡胶
PIC polymer-impregnated concrete　聚合物浸渍混凝土
PMA polymethacrylate　聚甲基丙烯酸酯
PMA polymethyl acrylate　聚丙烯酸甲酯

PMAN polymethacrylonitrile　聚甲基丙烯腈
PMM；PMMA　polymethylmethacrylate　聚甲基丙烯酸甲酯
PNPGA polyneopentyl glycol adipate　聚新戊二醇己二酸酯
PO polyolefin　聚烯烃
Poly I-C polyinozinic acid-polycytidylic acid　多聚肌苷酸多聚胞苷酸
Poly-P polyphosphate　聚磷酸酯
Poly（U）polyuridylic acid　多聚尿苷酸
POM polyoxymethylene　聚甲醛
PP polypropylene　聚丙烯
PP A polypropylene adipate　聚己二酸丙烯酯
PPG polypropylene glycol　聚丙二醇
PPI polymeric polyisocyanate　聚异氰酸酯
PPMS polyphenylmethvlsilioxane　聚苯基甲基硅氧烷
PPO polyphenylene oxide　聚苯醚
PP rubber；PPR　pertialy purified rubber　半纯化橡胶
PPS polypropylene sebacate　聚癸二酸丙烯酯
PPS polypropylene sulfide　聚亚苯基硫醚
PS；PSt polystyrene　聚苯乙烯
PTFCE polytrifluoromonochloroethylene　聚三氟氯乙烯
PTFE；p. t. f. e.　polytetrafluoroethylene　聚四氟乙烯
PU；PUR polyurethane　聚氨基甲酸酯；聚氨酯
PU polyurethane rubber　聚氨酯橡胶
PVA polyvinyl acetate　聚乙酸乙烯酯
PVA polyvinyl alcohol　聚乙烯醇
PVAc.　polyvinyl acetate　聚乙酸乙烯酸
PValc.　polyvinyl alcohol　聚乙烯醇
PVB polyvinyl butyral　聚乙烯醇缩丁醛
PVC polyvinyl chloride　聚氯乙烯
PVCAc polyvinyl chloride acetate　聚氯乙烯-乙酸乙烯酯
PVdc；PVDC polyvinyl dichloride　聚二氯乙烯
PVDF polyvinylidene fluoride　聚偏氟乙烯
PVF polyvinyl fluovide　聚氟乙烯
PVF polyvinyl formal　聚乙烯醇缩甲醛
PVI polyvinyl isobutyl　聚乙烯异丁基醚
PVK；PIVVC poly（N-vinylcarbazole）　聚乙烯基咔唑
PVM；PVME polyvinyl methyl ether　聚乙烯甲基醚
PVP polyvinyl pyrrolidone　聚乙烯基吡咯烷酮

R

RC rubber-cement　橡胶-胶浆

S

SAB styrene-acrylonitrile-butadiene terpolymer　苯乙烯-丙烯腈-丁二烯三聚物（ABS树脂）

SAN styrene-acrylonitrile　苯乙烯-丙烯腈（共聚物）

SB styrene-butadiene　苯乙烯-丁二烯（共聚物）

SBR styrene-butadiene rubbers　苯乙烯-丁二烯橡胶；丁苯橡胶

SBRs styrene-butadiene rubbers　丁苯橡胶（复）

SCR styrene-chloroprene rubber　苯乙烯氯丁橡胶

SDEB styrene-diethylenebenzene（copolymer）　苯乙烯二乙烯苯（共聚物）

SKB sodium-butadiene rubber　丁钠橡胶

SI silicone　硅树脂

SIR styrene-isoprene rubber　苯乙烯异戊二烯橡胶

SKB sodium-butadiene rubber　丁钠橡胶

SKBM lithium-catalyzed polybutadiene　丁锂橡胶

SKD cis-polybutadiene　顺式聚丁二烯橡胶

SKEP ethylene-propylene rubber　乙丙橡胶

SKI cis-1，4 polyisoprene rubber　聚异戊二烯橡胶

SKLD lithium cis-polybutadiene　顺式丁锂橡胶

SKMS 2-methyl-butadiene-styrene rubber　2-甲基丁基苯橡胶，2-甲基丁二烯苯乙烯橡胶

SKN nitrile rubber　丁腈橡胶

SKP polypiperylene（pentadiene）rubber　聚异戊二烯橡胶

SKS styrene-butadiene rubber　丁苯橡胶

SKT silicone rubber　硅橡胶

SK（VM）P butadiene-vinylpyridine rubber　丁吡橡胶

SMR standard Malasian rubber　标准马来西亚橡胶

SNR syntheticnatural rubber　合成天然橡胶（聚异戊二烯橡胶）

S. P. A. sodium polyacrylate　聚丙烯酸钠（增稠剂）

SR synthetic rubber　合成橡胶

S. R softend rubber　软化橡胶

SR-A synthetic rubber-acrylonitrile　丁腈橡胶

STPP sodium fripolyphosphate　三聚磷酸钠

T

TFC　　polymonochlorotrifluoroethylene　聚氯三氟乙烯
TFE polytetra fluoro ethylene　聚四氟乙烯
TPI；T. P. I.　trans-polyisoprene　反式聚异戊二烯橡胶
TPP tripolyphosphate　三聚磷酸盐

U

nPVC unplasticized　PVC 无增塑的聚氯乙烯
UR urethane rubber　聚氨酯橡胶

参考文献

[1] 李光亮．有机硅高分子化学［M］．北京：科学出版社，1998.

[2] LAWRENCE B. COHEN. 41st Annual Conference Reinforced Plastics/composites Insitute，The society of the Plastic Industry，Inc. January 27-31，1986 SESSION 26-A/1.

[3] 冯胜玉，张洁，李美江，等．有机硅高分子及其应用［M］．北京：化学工业出版社，2004：1-8.

[4] 骆心怡，朱正吼，卢翔，等．高能球磨制备纳米 CeO_2/Al 复合粉末［J］．热加工工艺，2003（2）：14-16.

[5] 周婷婷，冯彩梅．高速气流冲击法制备制备 NB 包覆 TiB_2 复合粉末［J］．武汉理工大学学报，2004，8（26）：1-3.

[6] 刘杰，郑水林，张晓波，等．煅烧高岭土与钛白粉的湿法研磨复合工艺研究［J］．化工矿物与加工，2009，38（8）：14-16.

[7] 侯喜峰，丁浩，李燚，等．硅灰石/TiO_2 复合颗粒材料的制备及表征［J］．中国非金属矿工业导刊，2010（6）：26-28.

[8] 姜伟，丁浩，李渊．水镁石/TiO_2 复合颗粒材料的制备及颜料性能研究［J］．中国非金属矿工业导刊，2010（5）：36-39.

[9] 薛强，杜高翔，丁浩，等．煅烧硅藻土/氧化铁红复合颜料的制备工艺研究［J］．非金属矿，2010（5）：45-47.

[10] 王亭杰，堤敦司，金涌．用石蜡-CO_2 超临界流体快速膨胀在流化床中进行细颗粒包覆［J］．化工学报，2001，52（1）：50-55.

[11] Hongming Cao，Guangjian Huang，Shaofeng Xuan，et al. Synthesis and Characterization of Carbon-coated Iron Core/shell Nanostructure［J］. Journal of Alloys and Compounds，2006，13：1-5.

[12] Mitchell T D，Jr and Jonghc L C. Processing and properties of particulate composites from coated powders［J］. J. Am. Ceram. Soc.，1995，78：199-204.

[13] 赵旭，杨少凤，赵敬哲，等．氧化锌包覆超细二氧化钛的制备及其紫外屏蔽性能［J］．高等学校化学学报，2000，21（11）：1617-1620.

[14] 盖国胜．超微粉体技术［M］．北京：化学工业出版社，2004.

[15] Li H Y，Chen Y F，Ruan C X. Preparation of organic-inorganic multifunctional nanocomposite coating via sol-gel routes［J］. Journal of Nanoparticle Research，2001，(3)：157-160.

[16] Hyung Bock Lee，Young Min Yooa，Young-Hwan Han. Characteristic Optical Properties and Synthesis of Gold-silica Core-shell Colloids［J］. Scripta Materialia，2006，55：1127-1129.

[17] Young L J，Heun L J，Hyeon H S，et al. Coating of TiO_2 nanolayer on spherical Ni particles using a novel sol-gel route［J］. Materials Research Society，2004，19：1669-1675.

[18] 田彦文，邵忠财．化学镀法制备 Ni 包覆 ZrO_2 微粉［J］．腐蚀科学与防护技术，1998，10（6）：355-357.

[19] 郑水林，袁继祖．非金属矿加工技术与应用手册［M］．北京：冶金工业出版社，2005：599-606.
[20] 朱利中，陈宝梁．有机膨润土及其在污染控制中的应用［M］．北京：科学出版社，2006.6：40-55.
[21] 吴平霄．黏土矿物材料与环境修复［M］．北京：化学工业出版社，2004.8：168-175.
[22] 徐国财，张立德．纳米复合材料［M］．北京：化学工业出版社，2002：226-233.
[23] 吴平宵．无机插层柱撑蒙脱石功能材料的微结构变化研究［J］．现代化工，2003，23（7）：34-36.
[24] 姚铭，刘子阳，王凯雄，等．层柱临安蒙脱土不同方法合成及催化裂解性能研究［J］．非金属矿，2005，27（3）：6-10.
[25] 丛兴顺．无机柱撑蒙脱石的柱化机理及应用研究进展［J］．枣庄学院学报，2007，24（5）：104-106.
[26] 王林江．碳酸钙超细粉碎与表面改性一体化工艺原理［J］．桂林工学院学报，2000，20（4）：395-397.
[27] Oyama H T，Sprycha R，Xie Y，et al. Coating of Uniform Inorganic Particles with Polymers［J］. Journal of Colloid & Interface Science，1993，160（2）：298-303.
[28] 林玉兰，王亭杰，覃操，等．硅铝氧化物二元包覆钛白粉颗粒的有机改性［J］．高等学校化学学报，2001；22（1）：104-107.
[29] 王世荣，财春隆．银白色云母钛珠光颜料的研究［J］．涂料工业，1995（3）：9-12.
[30] 姜友青，梁鄂平．云母钛珠光颜料的制备及其在塑料装饰材料中的应用［J］．化学建材，1991，（2）：8-12.
[31] 吴一善，龚宪政．云母钛珠光颜料工艺的研究［J］．非金属矿，1995，（1）：33-36.
[32] 韩丽荣，鲁安怀，陈从喜，等．有机膨润土制备条件及其吸附有机污染物性能的影响［J］．矿物岩石学杂志，2001，20（4）：455-459.
[33] 郑水林．非金属矿加工工艺与设备［M］．北京：化学工业出版社，2009.8：165-173.
[34] 郑水林．非金属矿物粉体表面改性技术进展［J］．中国非金属矿工业导刊，2010（1）：4-10.
[35] 郑水林，骆剑军，刘董兵，等．非金属矿物粉体连续表面改性技术［J］．化工矿物与加工，2007，36（增刊）：11-15.
[36] 郑水林，李杨，骆剑军．SLG 型连续式粉体表面改性机应用研究［J］．非金属矿，2002，25（增刊）：25-27.
[37] 骆剑军，郑水林．连续粉体表面改性机．中国专利：ZL200920299497.6［P］.
[38] 耿孝正，张沛．塑料混合及设备［M］．北京：中国轻工业出版社，1993：123-126.
[39] 田中贵将，菊地雄二，小野宪次，等．高速气流冲击式粉体表面改性装置—HYBRIDIZATION 系统及应用等［J］．化工进展，1994（4）：10-20.
[40] 郑水林．超细粉碎工艺设计与设备手册［M］．北京：中国建材工业出版社，2002：224-236.
[41] 王绍良．化工设备与基础［M］．北京：化学工业出版社，2002：203-215.
[42] 刘英俊，刘伯元．塑料填充改性［M］．北京：中国轻工业出版社，1998：64-68.
[43] 沈钟，王果庭．胶体与表面化学［M］．2 版．北京：化学工业出版社，1997：316-318.
[44] 陈烨璞，刘俊康，高其君，等．ADDP 改性碳酸钙及其在软 PVC 中的应用［J］．中国塑料，2001，15（5）：75-77.
[45] 袁世平，袁斌，徐凛然，等．活性硅灰石粉新型填料的研制以及在 PVC 电缆料上的应用［J］．塑料工业，1994（1）：46-48.

[46] 冯胜玉，张洁，李美江，等．有机硅高分子及其应用［M］．北京：化学工业出版社，2004：1-8.

[47] 沈健，嵇根定，胡柏星，等．填充聚乙二醇包覆硅灰石对聚丙烯性能的影响［J］．功能材料，1992，23（6）：367-371.

[48] 杜仕国．塑料的改性及其表征［J］．塑料工业，1994（2）：48-51.

[49] 陈烨璞，刘俊康，高其君，等．ADDP改性纳米碳酸钙的研究［J］．化工矿物与加工，2001（10）：5-7.

[50] 胡留明，刘长让，卢月梅，等．超细活性碳酸钙的制备研究［J］．河南化工，1992（3）：11-15.

[51] 卢寿慈，翁达．界面分选原理及应用［M］．北京：冶金工业出版社，1992：26-75.

[52] 潘鹤林，徐志珍．碳酸钙表面处理工艺研究及机理探讨［J］．无机盐工业，1997（4）：13-14.

[53] 廖凯荣，陈学信．二核铝酸酯对碳酸钙的改性作用及应用研究［J］．高分子材料科学与工程，1993（3）：24-29.

[54] S. J. Monte，G. Sugerman. 41st Annual conference Reinforced plastic/composites Institute，The society of the plastic Industry，Inc. January 27-31. 1986. I/SESSION-B.

[55] Tang Z，Cheng G，Chen Y，et al. Characteristics evaluation of calcium carbonate particles modified by surface functionalization［J］. Advanced Powder Technology，2014，25（5）：1618-1623.

[56] 郑水林，吴翠平．一种可显著降低碳酸钙吸油值的表面改性剂配方．中国专利：ZL 201110387649. X［P］.

[57] 吴翠平，郭永昌，魏晨洁，等．人造石材用重质碳酸钙填料的表面改性研究［J］．非金属矿，2016，39（4）：21-34.

[58] 曾新强．高岭土及其在化学建材中的应用［J］．化学建材，1993（4）：40-44.

[59] 方圆，赵晓阳，胡文琼．高岭土的表面改性处理［J］．材料科学与工程，1992，10（3）：46-51.

[60] 陆银平，刘钦甫，牛胜元，等．硅烷偶联剂改性纳米高岭土的研究［J］．非金属矿，2008，31（5）：9-11.

[61] 王庆．表面改性高岭土在EPDM橡胶中的性能［J］．电线电缆译丛，1989，5（3）：20-25.

[62] 王定芝，张育祥．高岭土功能性填料和体质颜料［J］．非金属矿，1990，（2）：30-24.

[63] 郑水林，陈洋，杜鑫，等．一种聚磷酸铵/高岭土复合阻燃剂的制备方法．中国专利：ZL201510575192. 3［P］.

[64] L. J. Morgam，S. M. Levine. Proceeding of Inter. Symp. on Advance in Fine Particle Processing. U. S. A Ohio University 1991.

[65] 汪涛，郝佳瑞，严春杰．高岭土干法有机改性及效果评价［J］．非金属矿，2009，32（2）：51-53.

[66] 王彩丽，郑水林，王丽晶，等．硅灰石表面改性及其在聚丙烯中的应用［J］．中国粉体技术，2009，15（3）：21-24.

[67] Wang C L，Zheng S L，Liu G H，et al. Preparation of wollastonite coated with nano-aluminium silicate and its application in filling PA6［J］. Surface Review and Letters，2010，17（2）：265-270.

[68] 李珍，彭继荣，沈上越，等．机械力化学改性硅灰石/聚丙烯性能的研究［J］．塑料工业，2003，31（9）：35-36.

[69] 顾善发．硅灰石表面有机改性及对颗粒分散性的影响［J］. 2017，23（1）：14-18.

[70] 沈健，嵇根定，胡柏星，等．填充聚乙二醇包覆硅灰石对聚丙烯性能的影响［J］．功能材料，1992，23（6）：367-371.

[71] 袁世平，袁斌，徐凛然，等．活化硅灰石粉新型填料的研制以及在 PVC 电缆料上的应用［J］．塑料工业，1994（1）：46-48.

[72] 孟明锐，窦强．庚二酸处理硅灰石填充改性聚丙烯［J］．高分子材料科学与工程，2008，24（11）：153-154.

[73] 王丽君，张风梧，林岚．轿车用滑石粉填充聚丙烯［J］．塑料工业，1993（4）：22-24.

[74] 宋亚美，黄山秀，李鹏举，等．表面改性对滑石粉理化性质的影响［J］．硅酸盐通报，2016，35（12）：3959-3963.

[75] 刘最芳．磷酸酯包覆滑石粉填充聚丙烯的结构和性能［J］．塑料工业，1995（1）：18-22.

[76] FRANCIS J. KOLPAK. 41st Annual Conference Reinforced plastic/composites Institute，The society of the plastic Industry Inc，January 27-31，1986，SESSION26-C/1.

[77] 谭相坤，王鉴，刘富龙，等．云母/聚丙烯复合材料的制备与性能研究［J］．化学工程师，2018（7）：83-85.

[78] 刘菁，汪灵，叶巧明，等．微晶白云母的钛酸酯表面改性研究［J］．矿物岩石，2006，26（1）：13-16.

[79] 刘菁，汪灵，叶巧明，等．一种硼酸酯与氨基硅烷复合改性微晶白云母粉的方法．中国专利：CN200910060089. X［P］.

[80] 王凡非，冯启明，王维清，等．硅烷偶联剂 KH550 对超细石英粉的改性［J］．材料导报 B：研究篇，2014，28（9）：70-73.

[81] 王艳玲，郑水林．巯基硅烷偶联剂对白炭黑物化性质的影响研究［J］．无机盐工业，2006，38（12）：18-20.

[82] Oyama H T，Sprycha R，Xie Y，et al. Coating of Uniform Inorganic Particles with Polymers［J］. Journal of Colloid & Interface Science，1993，160（2）：298-303.

[83] 沈钟，邵长生，谢爱娟，等．新型活性白炭黑的制备及其在橡胶中的应用［J］．江苏化工，1995，23（4）：13-16.

[84] 杜高翔，郑水林，李杨．超细氢氧化镁粉的表面改性及其高填充聚丙烯的性能研究［J］．中国塑料，2004，18（7）：75-79.

[85] 王正洲，瞿保钧，范维澄，等．表面处理剂在氢氧化镁阻燃聚乙烯体系中的应用［J］．功能高分子学报，2001，14（1）：45-48.

[86] 李国珍，祁正兴，赵江英，等．不同表面改性剂对普通氢氧化镁改性效果研究［J］. 2018，34（2）：4-6.

[87] 刘立华，宋云华，陈建铭，等．硬脂酸钠改性纳米氢氧化镁效果研究［J］．北京化工大学学报，2004，31（3）：31-34.

[88] 温晓炅，包建军，刘艳．$Mg(OH)_2$表面处理对 LDPE 力学性能及加工性的影响［J］．塑料工业，2006，34（4）：40-43.

[89] 潘建强，虞振声．叶蜡石表面改性的初步研究［J］．非金属矿，1991（3）：36-39.

[90] 付振彪．改性剂品种对无机阻燃剂/EVA 复合材料性能的影响［D］．中国矿业大学（北京），2010.

[91] 薛恩钰，曾敏修．阻燃科学及应用［M］．北京：国防工业出版社，1988.

[92] 任碧野，罗北平，徐颂华．海泡石的表面有机改性及其对橡胶的补强［J］．化学世界，1997（11）：563-566.

[93] 赵志刚，汤庆国，杨爽，等．海泡石改性及其对三元乙丙橡胶性能的影响［J］．河北工业大学学报，2017，46（3）：78-82.
[94] 刘庆丰．凹凸棒石粘土的改性及其在天然橡胶中的应用［J］．弹性体，2008，18（1）：31-34.
[95] 姚超．纳米凹凸棒石表面硅烷偶联剂改性研究［J］．非金属矿，2007，30（6）：1-3.
[96] 蒋运运．凹凸棒改性用作橡胶填料的试验研究［D］．中国矿业大学（北京），2011.
[97] 赵鸣，曲剑午．改性粉煤灰对橡胶补强作用的研究［J］．煤炭加工与综合利用，1999（4）：42-45.
[98] 陈泉水．粉煤灰表面改性工艺研究［J］．化工矿物与加工，2001，（2）：8-10.
[99] 刘吉洲．改性粉煤灰在废水中的应用［J］．化工时刊，2013，27（9）：25-28.
[100] 李玉俊，马智，奂锡彦．白云石粉的表面处理及其在橡胶中的应用性能［J］．橡胶工业，1992，39（5）：265.
[101] 杜玉成，郑水林．超细改性白云石粉的制备及应用研究［J］．非金属矿（增刊），1997（9）：45-47.
[102] 张云灿，陈瑞珠，刘素良．玻璃纤维增强 PP 性能、界面及基体晶态研究［J］．复合材料学报，1994（2）：97-105.
[103] 郑静，王国宏，王志刚．纳米 Fe_2O_3 的表面改性及表征［J］．涂料工业，2007，37（7）：22-25.
[104] 郑水林，张清辉，李杨．超细氧化铁红颜料的表面改性研究［J］．矿冶，2003，12（2）：69-73.
[105] 张凤仙，郭翠梨．重晶石粉的表面改性［J］．无机盐工业，1999，31（1）：31-32.
[106] 张恽文，杜梁艳，卢晓峰．硫酸钡、硫酸锌和立德粉有机化改性的表面性质［J］．江苏石油化工学院学报，2000，12（1）：5-10.
[107] 胡春艳，周志明，刘兴隆．硬脂酸系列对天然重晶石粉末的表面改性［J］．应用化工，2010，39（2）：237-239.
[108] 张德，梅劲．重晶石表面改性及其在丁苯橡胶中的应用［J］．非金属矿，2001，24（增刊），9-11.
[109] 杜玉成，张红．某低品位硅藻土提纯及作为污水处理剂的改性研究［J］．非金属矿，2001，24（1）：44-45.
[110] 罗道成，刘俊峰．改性硅藻土对废水中 Pb^{2+}、Cu^{2+}、Zn^{2+} 吸附性能的研究［J］．中国矿业，2005，14（7）：69-71.
[111] 高保娇，姜鹏飞，安富强，等．聚乙烯亚胺表面改性硅藻土及其对苯酚吸附特性的研究［J］．高分子学报，2006，（1）：70-75.
[112] 詹树林，方明晖，林俊雄，等．一种有机聚合物-硅藻土复合混凝剂的制备方法［P］．中国专利：CN101041478A.
[113] 李增新，王国明，孟韵，等．壳聚糖改性硅藻土处理实验室有机废液［J］．实验技术与管理，2009，26（8）：23-25.
[114] 杨伏生，葛岭梅，周安宁，等．神府 3-1 煤机械力化学改性及表征［J］．应用化工，2001，30（3）：31-33.
[115] 杨伏生，周安宁，葛岭梅，等．神府 3-1 煤微粉化与化学改性［J］．西安科技学院学报，2001，21（3）：221-223.
[116] 刘杰．陶土和贫煤橡胶填料的表面改性配方研究［D］．中国矿业大学（北京），2008.
[117] 曾汉民．高技术新材料要览［M］．北京：中国科学技术出版社，1993.

［118］ 刘立新，田海山，郑水林，等．硅烷/铝酸酯复合改性水菱镁石粉填充 EVA 性能研究［J］．硅酸盐通报，2016，35（9）：2950-2955.

［119］ 刘立新，田海山，杜鑫，等．硬脂酸用量对表面改性水菱镁石粉体特性的影响，中国粉体技术［J］. 2016，22（5）：1-5.

［120］ 郑水林，田海山，刘立新，等．一种超细活性水菱镁石阻燃填料的制备方法．中国专利：CN106220890A［P］.

［121］ 郑水林，田海山，刘立新，等．一种填充不饱和聚酯树脂的水菱镁石填料的制备方法．中国专利：ZL201610593369. 7［P］.

［122］ 王利剑，郑水林，舒峰．硅藻土负载二氧化钛复合材料的制备与光催化性能［J］．硅酸盐学报，2006，34（7）：823-826.

［123］ 王彩丽，郑水林．粉煤灰空心微珠表面包覆硅酸铝的工艺研究［J］．化工矿物与加工，2007（增刊）：87-91.

［124］ Li J F，Yao L Z，Ye C H，et al. Photoluminescence enhancement of ZnO nanocrystallites with BN Capsules. Journal of Crystal Growth［J］. 2001，223（4）：535～538.

［125］ 苑金生．云母钛珠光颜料在人造石中的应用［J］．石材，2011（9）：45-47.

［126］ 曾珍，徐卡秋，卢二凯，等．稀土掺杂对钴着色云母钛珠光颜料的性能影响［J］．中国稀土学报，2015，33（6）：731-736.

［127］ Gao Q，Wu X，Ma Y，et al. Effect of Sn^{4+} Doping on the Photoactivity Inhibition and Near Infrared Reflectance Property of Mica-titania Pigments for a Solar Reflective Coating［J］. Ceramics International，2016，42（15）：17148-17153.

［128］ Topuz B. B.，Güngör Gündüz，Mavis B，et al. The effect of tin dioxide（SnO_2）on the anatase-rutile phase transformation of titania（TiO_2）in mica-titania pigments and their use in paint［J］. Dyes & Pigments，2011，90（2）：123-128.

［129］ Yuan L，Han A，Ye M，et al. Preparation，characterization and thermal performance evaluation of coating colored with NIR reflective pigments：$BiVO_4$ coated mica-titanium oxide［J］. Solar Energy，2018（163）：453-460.

［130］ Yuan L，Han A，Ye M，et al. Synthesis and characterization of novel nontoxic $BiFe_{1-x}Al_xO_3$/mica-titania pigments with high NIR reflectance［J］. Ceramics International，2017，43（18）：16488-16494.

［131］ Wang Y，Liu Z，Lu X，et al. Facile synthesis of high antistatic mica-titania@graphene composite pearlescent pigment at room temperature［J］. Dyes & Pigments，2017（145）：436-443.

［132］ Gao Q，Wu X，Fan Y，et al. Low temperature synthesis and characterization of rutile TiO_2-coated mica-titania pigments［J］. Dyes and Pigments，2012，95（3）：534-539.

［133］ 郑水林，张清辉，邹勇，等．一种表面包覆型复合无机阻燃剂的制备方法．中国专利：ZL200510112649. 3［P］.

［134］ 四季春．PVC 用超细活性无机复合阻燃填料的研究［D］．中国矿业大学（北京），2005.

［135］ 郑水林，吴良方，四季春．一种具有阻燃和电绝缘功能的无机复合超细活性填料的制备方法．中国专利：CN101392107A［P］.

［136］ 四季春，郑水林，路迈西．无机复合阻燃填料在软质聚氯乙烯中的应用研究［J］．机械工程材料，2004，28（12）：26-28.

［137］ 四季春，郑水林，路迈西，等．超细活性无机复合阻燃填料在 PVC 中的应用研究［J］．中国塑料，2005，19（1）：83-85.

[138] 郑水林，四季春，路迈西，等．无机复合阻燃填料的开发及阻燃机理研究［J］．材料科学与工程学报，2005，23（1）：60-63.

[139] 张清辉，郑水林，张强．氢氧化镁/氢氧化铝复合阻燃剂的制备及其在 EVA 材料中的应用［J］．北京科技大学学报，2007，29（10）：1027-1030.

[140] 杨玲．羟基锡酸锌包覆氢氧化镁对软质 PVC 燃烧性能的影响［J］．消防科学与技术，2010，29（8）：685-688.

[141] 郑水林，刘超，宋贝，等．一种氢氧化镁包覆碳酸钙无机复合阻燃填料的制备方法．中国专利：CN103773082A［P］.

[142] 张清辉．无机包覆型复合无卤阻燃剂的制备及在 EVA 中的应用［D］．北京：北京科技大学，2006.

[143] 王利剑．纳米 TiO_2/硅藻土复合材料的制备及应用［D］．北京：中国矿业大学（北京），2006.

[144] 王利剑，郑水林，舒锋．纳米 TiO_2/硅藻土复合光催化材料的制备与表征［J］．过程工程学报，2006，6（增刊 2）：165-168.

[145] Zhang G，Wang B，Sun Z，et al. A comparative study of different diatomite-supported TiO_2 composites and their photocatalytic performance for dye degradation［J］. Desalination & Water Treatment，2015：1-11.

[146] 汪滨．TiO_2/硅藻土复合材料的金属掺杂与光催化性能研究［D］．北京：中国矿业大学（北京），2015.

[147] Li C Q，Sun Z M，Ma R X，et al. Fluorine doped anatase TiO_2 with exposed reactive（001）facets supported on porous diatomite for enhanced visible-light photocatalytic activity［J］. Microporous and Mesoporous Materials，2017（243）：281-290.

[148] 郑水林，孙志明，胡志波．一种硅藻土负载氮掺杂纳米 TiO_2 光催化材料的制备方法．中国专利：CN102698785A［P］.

[149] 郑水林，孙青，胡小龙，等．提高 TiO_2/硅藻土复合材料可见光催化活性及抗菌性能的方法．中国专利：CN104001537A［P］.

[150] 孙青．纳米 TiO_2/多孔矿物的表面特性与光催化性能研究［D］．北京：中国矿业大学（北京），2015.

[151] Sun Q，Li C，Yao G，et al. In situ generated g-C_3N_4/TiO_2 hybrid over diatomite supports for enhanced photodegradation of dye pollutants［J］. Materials & Design，2016（94）：403-409.

[152] 孙志明，郑水林，张广心，等．BiOCl-TiO_2/硅藻土光催化剂及其制备方法．中国专利：CN105854906A［P］.

[153] 刘月．N 掺杂纳米 TiO_2/凹凸棒石复合材料的制备及应用［D］．北京：中国矿业大学（北京），2009.

[154] 李春全，艾伟东，孙志明，等．V-TiO_2/凹凸棒石复合光催化材料的制备与研究［J］．人工晶体学报，2016，45（3）：655-660.

[155] 郑水林，李扬．电气石粉体的表面 TiO_2 包覆改性增白方法．中国专利：ZL02156763.8［P］.

[156] 高如琴，郑水林，王海荣，等．一种镧掺杂纳米 TiO_2/电气石复合材料及其制备、应用．中国专利：CN103464129A［P］.

[157] 汪靖，程晓维，徐孝文，等．一种纳米二氧化钛/沸石复合光催化材料及其制备方法．中国专利：CN200510027382.8［P］.

[158] 郑水林，胡小龙，孙志明，等．一种可见光响应的纳米 TiO_2/沸石复合材料的制备．中国专

利：CN105032471A［P］.

［159］　胡小龙，孙青，徐春宏，等．TiO_2-沸石光催化材料对水中Cr（Ⅵ）和甲醛的共降解研究［J］．中国粉体技术，2015，21（5）：69-71.

［160］　Hu X，Sun Z，Song J，et al. Facile synthesis of nano-TiO_2/stellerite composite with efficient photocatalytic degradation of phenol［J］. Advanced Powder Technology，2018，29：1644-1654.

［161］　贺洋，郑水林，沈红玲．纳米TiO_2/海泡石复合粉体的制备及光催化性能研究［J］．非金属矿，2010，33（1）：67～69.

［162］　郑水林，张广心，孙志明．一种金属掺杂纳米TiO_2/海泡石复合材料及制备方法．中国专利：CN106925252A［P］.

［163］　Hu X，Sun Z，Song J，et al. Synthesis of novel ternary heterogeneous BiOCl/TiO_2/sepiolite composite with enhanced visible-light-induced photocatalytic activity towards tetracycline［J］. Journal of Colloid and Interface Science，2019（533）：238-250.

［164］　刘超，郑水林，宋贝，等．纳米TiO_2/蛋白土复合材料的制备与表征［J］．人工晶体学报，2013，42（4）：695-700.

［165］　汪滨，郑水林，文明，等．煅烧对纳米TiO_2/蛋白土复合材料光催化性能的影响及机理［J］．无机材料学报，2014，29（8）：795-800.

［166］　徐春宏，郑水林，张广心，等．均匀沉淀法制备纳米TiO_2/膨胀珍珠岩复合材料［J］．人工晶体学报，2014，43（8）：1991-1997.

［167］　郑黎明．纳米TiO_2/蛇纹石尾矿渣复合材料的制备及光催化性能研究［D］．北京：中国矿业大学（北京），2011.

［168］　Li C，Sun Z，Song A，et al. Flowing nitrogen atmosphere induced rich oxygen vacancies overspread the surface of TiO_2/kaolinite composite for enhanced photocatalytic activity within broad radiation spectrum［J］. Applied Catalysis B Environmental，2018（236）：76-87.

［169］　Li C，Sun Z，Dong X，et al. Acetic acid functionalized TiO_2/kaolinite composite photocatalysts with enhanced photocatalytic performance through regulating interfacial charge transfer［J］. Journal of Catalysis，2018（367）：126-138.

［170］　Li C，Sun Z，Zhang W，et al. Highly efficient g-C_3N_4/TiO_2/kaolinite composite with novel three-dimensional structure and enhanced visible light responding ability towards ciprofloxacin and S. aureus［J］. Applied Catalysis B Environmental，2018（220）：272-282.

［171］　古朝建，彭同江，孙红娟，等．TiO_2/蒙脱石纳米复合材料结构组装过程与表征［J］．人工晶体学报，2012，41（3）：231-238.

［172］　孙志明，郑水林，李春全，等．g-C_3N_4/TiO_2@蒙脱石光催化剂及其制备方法．中国专利：CN105107542A［P］.

［173］　刘幼璋，林素文．致密硅包膜TiO_2颜料［J］．涂料工业，1982（5）：16-19.

［174］　蔡林清．我国钛白后处理工艺流程及设备选型［J］．涂料工业，1993（3）：21-25.

［175］　Dong X，Sun Z，Jiang L，et al. Investigation on the film-coating mechanism of alumina-coated rutile TiO_2 and its dispersion stability［J］. Advanced Powder Technology，2017（28）：1982-1988.

［176］　Dong X，Sun Z，Liu Y，et al. Insights into effects and mechanism of pre-dispersant on surface morphologies of silica or alumina coated rutile TiO_2 particles［J］. Chemical Physics Letters，2018（699）：55-63.

[177] 樊世民，杨玉芬，盖国胜，等．矿物颗粒表面纳米化修饰及其在PP复合材料中的应用［J］．复合材料学报，2005，22（1）：68-73.
[178] 王彩丽，郑水林，刘桂花，等．硅酸铝-硅灰石复合粉体材料的制备及其在聚丙烯中的应用［J］．复合材料学报，2009，26（3）：35-39.
[179] 黄佳木，吴美升，盖国胜．纳米SiO_2包覆硅灰石粉填充改性聚丙烯的研究［J］．化学建材，2003（3）：30-32.
[180] 白志强，郑水林，沈红玲，等．三氧化二锑-硅灰石复合填料的制备及在聚丙烯中的填充性能［J］．中国粉体技术，2010，16（4）：54-57.
[181] 杨少凤，王子忱，赵敬哲，等．不同粒度硅灰石的纳米TiO_2/硅灰石复合体结构及性能对比［J］．吉林大学自然科学学报，2000（3）：73-75.
[182] 贺洋，沈红玲，白志强，等．SnO_2/硅灰石抗静电材料的制备及性能［J］．硅酸盐学报，2012，40（1）：121-125.
[183] 李珍，彭继荣，沈上越，等．机械力化学改性硅灰石/聚丙烯性能的研究［J］．塑料工业，2003，31（9）：35-36.
[184] 王彩丽．硅灰石表面改性及其在高分子材料中的应用研究［D］．北京：中国矿业大学（北京），2011.
[185] 林海．超细煤系煅烧高岭土颗粒表面包覆二氧化钛膜的工艺研究［J］．中国矿业，2000，9（4）：61-64.
[186] 郭奋，高立东，刘润静，等．高岭土/钛白粉复合粉体的制备与表征［J］．材料科学与工艺，2001（9）：427-430.
[187] 戴厚孝．煤系高岭土颗粒表面包覆二氧化钛实验研究［J］．煤质技术，2002（6）：35-36.
[188] 沈红玲．二氧化钛/煅烧高岭土复合粉体材料的紫外光透过性能［J］．非金属矿，2009，32（4）：8-10.
[189] 龚兆卓，郑水林，吕芳丽，等．纳米氧化锌-煅烧高岭土复合材料的制备［J］．中国粉体技术，2010，16（4）：58-60.
[190] 吴龙，周竹发，申益兰．二氧化钛包覆高岭土复合粉体的工艺研究［J］．中国粉体工业，2008，（1）：24-27.
[191] 陈培，许红亮，张敏捷，等．纳米Fe_3O_4/高岭土复合粉体制备及其对亚甲基蓝吸附性能研究［J］．人工晶体学报，2015，44（3）：711-716.
[192] 赵骧．催化剂［M］．北京：中国物资出版社，2001.
[193] 梁靖，李春全，孙志明，等．煅烧温度对ZnO/辉沸石复合材料结构与性能的影响［J］．非金属矿，2017，40（3）：44-46.
[194] 邹艳丽，黄宏，储鸣，等．天然及$CaCl_2$改性沸石对四环素的吸附［J］．环境工程学报，2012，6（8）：2612-2618.
[195] 林建伟，王虹，詹艳慧，等．氢氧化镧-天然沸石复合材料对水中低浓度磷酸盐的吸附作用［J］．环境科学，2016，37（1）：208-219.
[196] 郭俊元，王茜，罗力，等．氧化镁改性沸石去除猪场废水中氨氮的性能及机理［J］．环境工程学报，2015，9（10）：4903-4909.
[197] 王树江，杨永恒，温春阳，等．纳米银/伊利石复合材料的制备及其性能研究［J］．无机材料学报，2018，33（5）：570-576.
[198] 孙志明，李雪，马建宁，等．类石墨氮化碳/伊利石复合材料的制备及其可见光催化性能［J］．复合材料学报，2018，35（6）：1558-1565.

［199］ 胡春联，陈元涛，张炜，等．磁性伊利石复合材料的制备及其对 Co（Ⅱ）吸附性能的影响［J］．化工进展，2014，33（9）：2409-2414.
［200］ 朱利中，陈宝梁．有机膨润土及其在污染控制中的应用［M］．北京：科学出版社，2006.
［201］ 张黎，常晓峰，张洁．超声波改性有机膨润土的制备及性能研究［J］．非金属矿，2016，39（4）：76-79.
［202］ 李树白，姚培，刘媛，等．表面接枝改性有机膨润土的制备及其对苯酚吸附［J］．硅酸盐通报，2018（4）：1447-1454.
［203］ Zheng S，Sun Z，Park Y，et al. Removal of bisphenol A from wastewater by Ca-montmorillonite modified with selected surfactants［J］. Chemical Engineering Journal，2013（234）：416-422.
［204］ Wang G，Lian C，Xi Y，et al. Evaluation of nonionic surfactant modified montmorillonite as mycotoxins adsorbent for aflatoxin B1 and zearalenone［J］. Journal of Colloid and Interface Science，2018（518）：48-56.
［205］ Wang G，Wang S，Sun Z，et al. Structures of nonionic surfactant modified montmorillonites and their enhanced adsorption capacities towards a cationic organic dye［J］. Applied Clay Science，2017（148）：1-10.
［206］ Wang G，Xi Y，Lian C，et al. Simultaneous detoxification of polar aflatoxin B1 and weak polar zearalenone from simulated gastrointestinal tract by zwitterionic montmorillonites［J］. Journal of Hazardous Materials，2019（364）：227-237.
［207］ 谢友利，张 猛，周永红．蒙脱土的有机改性研究进展［J］．化工进展，2012，31（4）：844-851.
［208］ 李忠恒，周丽梅．酯季铵盐插层蒙脱土的制备与表征［J］．广州化工，2011（3）：101-102，125.
［209］ 张玉龙，高树理．纳米改性剂［M］．北京：国防工业出版社，2004.
［210］ Shi X，Gan Z. Preparation and characterization of poly（propylene carbonate）/montmorillonite nanocomposites by solution intercalation［J］. New Chemical Materials，2011，43（12）：4852-4858.
［211］ Giannakas A，Spanos C G，Kourkoumelis N，et al. Preparation，characterization and water barrier properties of PS/organo-montmorillonite nanocomposites［J］. European Polymer Journal，2008，44（12）：3915-3921.
［212］ Sengwa R J，Sankhla S，Choudhary S. Dielectric characterization of solution intercalation and melt intercalation poly（vinyl alcohol）-poly（vinyl pyrrolidone）blend-montmorillonite clay nanocomposite films［J］. Indian Journal of Pure & Applied Physics，2010，48（3）：196-204.
［213］ Chen M. Melting Intercalation Method to Prepare Lauric Acid/Organophilic Montmorillonite Shape-stabilized Phase Change Material［J］. Journal of Wuhan University of Technology-Mater. Sci. Ed. 2010，25（4）：674-677.
［214］ Hong S I，Rhim J W. Preparation and properties of melt-intercalated linear low density polyethylene/clay nanocomposite films prepared by blow extrusion［J］. Food Science and Technology，2012，48（1）：43-51.
［215］ Lai S M，Chen C M. Preparation，structure，and properties of styrene-ethylene-butylene-styrene block copolymer/clay nanocomposites：Part II fracture behaviors［J］. European Polymer Journal，2008，44（11）：3535-3547.
［216］ Huskic M，Agar E，Igon M. The influence of a quaternary ammonium salt and MMT on the in situ intercalative polymerization of PMMA［J］. European Polymer Journal，2012，48（9）：

1555-1560.

[217] Dizman C, Ates S, Uyar T, et al. Polysulfone/Clay Nanocomposites by in situ Photoinduced Crosslinking Polymerization [J]. Macromolecular Materials & Engineering, 2011, 296 (12): 1101-1106.

[218] Fallahi H, Koohmareh G A. Preparation of polystyrene/MMT nanocomposite through in situ RAFT polymerization by new chain transfer agent derived from bisphenol A [J]. Journal of Applied Polymer Science, 2013 (127): 523-529.

[219] Tasdelen M A, Camp W V, Goethals E, et al. Polytetrahydrofuran/Clay Nanocomposites by In Situ Polymerization and "Click" Chemistry Processes [J]. Macromolecules, 2008, 41 (16): 6035-6040.

[220] Lin H L, Chang H L, Juang T Y, et al. Nonlinear optical poly (amide-imide) -clay nanocomposites comprising an azobenzene moiety synthesized via sequential self-repetitive reaction [J]. Dyes and Pigments, 2009, 82 (1): 76-83.

[221] 姚铭，刘子阳，王凯雄，等．层柱临安蒙脱土不同方法合成及催化裂解性能研究 [J]．非金属矿，2005，27 (3)：6-10.

[222] MITCHELL I V. Pillared Layered Structure. London : Elserter Applied Science, 1990.

[223] 丛兴顺．无机柱撑蒙脱石的柱化机理及应用研究进展 [J]．枣庄学院学报，2007，24 (5)：104-106.

[224] 吴平宵，张惠芬，郭九皋．羟基铁铝柱撑蒙脱石 Keggin 结构的稳定性 [J]．矿物学报，1999，19 (2)：132 -138.

[225] 雷明婧，朱健，王平，等．粘土矿物无机柱撑改性及其吸附研究进展 [J]．中南林业科技大学学报，2012，32 (12)：67-71.

[226] 姬海鹏，陈建，田倩倩，等．柱撑膨润土制备方法的研究进展及其应用 [J]．工业催化，2011，19 (11)：35-40.

[227] 裴久阳，常艺，周苏生，等．液相剥离宏量制备石墨烯研究进展 [J]．化工新型材料，2018 (5)：1-6.

[228] 郑水林．非金属矿加工与应用 [M]．3 版．北京：化学工业出版社，2009.

[229] 田金星，丁荣芝．石墨层间化合物的开发与应用前景 [J]．国外非金属矿选矿，1994 (1)：20-26.

[230] 张岳，吕晓猛，慕晓刚，等．由石墨直接制备石墨烯的工艺研究进展 [J]．化工新型材料，2018，46 (3)：45-48.

[231] 郑水林，袁继祖．非金属矿加工技术与应用手册 [M]．北京：冶金工业出版社，2005.

[232] Parvez K, Li R, Puniredd S R, et al. Electrochemically Exfoliated Graphene as Solution-Processable, Highly Conductive Electrodes for Organic Electronics [J]. Acs Nano, 2013, 7 (4): 3598-606.

[233] Wang G, Wang B, Park J, et al. Highly efficient and large-scale synthesis of graphene by electrolytic exfoliation [J]. Carbon, 2009, 47 (14): 3242-3246.

[234] Song Y, Xu J L, Liu X X. Electrochemical anchoring of dual doping polypyrrole on graphene sheets partially exfoliated from graphite foil for high-performance supercapacitor electrode [J]. Journal of Power Sources, 2014, 249 (1): 48-58.

[235] Kumar M K P, Srivastava C. Synthesis of Graphene from a Used Battery Electrode [J]. JOM, 2016, 68 (1): 1-10.

[236] Lu J, Yang J X, Wang J, et al. One-pot synthesis of fluorescent carbon nanoribbons, nanoparticles, and graphene by the exfoliation of graphite in ionic liquids. [J]. Acs Nano, 2009, 3 (8): 2367-2375.

[237] Wang J, Manga K K, Bao Q, et al. High-yield synthesis of few-layer graphene flakes through electrochemical expansion of graphite in propylene carbonate electrolyte [J]. Journal of the American Chemical Society, 2011, 133 (23): 8888-8891.

[238] 张印民，刘钦甫，伍泽广，等．高岭石/二甲基亚砜插层复合物的制备及影响因素［J］．硅酸盐学报，2011，39（10）：1637-1643.

[239] 张博．聚合物/高岭土插层复合材料的研究［D］．兰州大学，2007.

[240] Frost R. L., Kristof Janos, Rintoul Llewellyn. Raman spectroscopy of urea and urea-intercalated kaolinites at 77K. Spectrochimica Acta PartA, 2000, 56 (9): 1681-1691.

[241] Sánchez-Soto P J, Jiménezde-Haro M C, Pérez- Maqueda L A, et al. Effects of dry grinding on the structural changes of kaolinite powders. J. Am. Ceram. Soc., 2000, 83 (7): 1649-1657.

[242] 郭善，林金辉，魏双风．高岭土-乙腈插层复合材料的制备与表征［J］．化工新型材料，2008，36（5）：60-62.

[243] 刘雪宁，张洪涛，杨治中，等．苯乙烯-马来酸酐共聚物/高岭土纳米复合材料的制备及其表征［J］．科学通报，2005，50（4）：331-335.

[244] 孙嘉，徐政．微波对不同插层剂插入高岭石的作用与比较［J］．硅酸盐学报，2005，33（5）：593-595.

[245] 赵艳，王宝祥，赵晓鹏．插层高岭土/改性氧化钛纳米复合颗粒及其电流变液性能［J］．功能材料，2006，5（37）：684-686.

[246] 宋说讲，冯丽，王彬果，等．超声波法制备1，2-丙二醇插层高岭土复合物的研究［J］．化工新型材料，2007，35（9）：5-7.

[247] 李学强．高岭土/有机插层纳米复合材料研究［D］．武汉：中国地质大学，2003.

[248] 曹秀华，王炼石，周奕雨．一种制备插层和无定形高岭土的新方法［J］．化工矿物与加工，2003，32（7）：10-12.

[249] 赵顺平，郭玉，徐衡，等．高压釜法制备高岭土插层复合物及其铁电性质研究［J］．安庆师范大学学报（自然科学版），2013（2）：83-85.

[250] Tamer A. Elbokl, Christian Detellier. Intercalation of cyclic imides in kaolinite [J]. J. Colloid Interface Sci., 2008: 338-348.

[251] 秦芳芳，何明中，崔景伟，等．高岭土/二甲基亚砜插层复合物脱嵌反应热动力学［J］．高等学校化学学报，2007，28（12）：2343-2348.

[252] Ryoji Takenawa, Yoshihiko Komori, Shigenobu Hayashi, et al. Intercalation of Nitroanilines into Kaolinite and Second Harmonic Generation [J]. Chemistry of Materials, 2001, 13 (10): 3741-3746.

[253] WANG B X, ZHAO X P. Electrorheological behavior of kaolinite-polar liquid intercalation composites [J]. Journal of Materials Chemistry, 2002, 12 (6): 1865-1869.

[254] 赵艳，王宝祥，赵晓鹏．插层高岭土/改性氧化钛纳米复合颗粒及其电流变性能［J］．功能材料，2006，37（5）：684-689.

[255] GUSHIKEM Y, POLITO W L. Mercaptobenzothiazole clay as matrix for sorption and preconcentration of some heavy metals from aqueous solution [J]. Analytica Chimica Acta, 1995, 306 (1): 167-172.

[256] 古映莹，廖仁春，吴幼纯，等．高岭土-MBT复合材料的制备及其对 Pb^{2+} 的吸附性能［J］．贵州化工，2001，26（3）：23-25.

[257] 黄世明，肖金凯，刘灵燕．层柱粘土研究的现状与进展［J］．岩石矿物学杂志，2002，21（1）：76-88.

[258] Del F J Rey-Perez-Caballero，Poncelet G. Microporous 18 A Al-pillared vermiculites：Preparation and characterization［J］. Microporous and Mesoporous Materials，2000，37（3）：313-327.

[259] Michot L J，Tracas D，Lartiges B S，et al. Pons C H. Partial pillaring of vermiculite by aluminium polycations［J］. Clay Minerals，1994，29（1）：133-136.

[260] 王春风，顾华志，周飞．无机柱化蛭石的制备研究［J］．稀有金属材料与工程，2011（s1）：73-76.

[261] Pastor Pa Ol，Enrique Rodriguez-Castellon，Aurora Ro-driguez Garcia. Uptake of lant hanides by vermiculite［J］. Clays and Clay Minerals，1988，36（1）：68-72.

[262] William S Daryn，Thomas R K，Castro M A，et al. The structures of complexes of a vermiculite intercalated by cationic surfactants，a mixture of cationic surfactants，and a mixture of cationic and nonionic surfactants［J］. Journal of Colloid and Interface Science，2002（256）：314-324.

[263] Becerro A I，Castro M A，Thomas R K. Solubilization of toluene in surfactant bilayers formed in the interlayer space of vermiculite［J］. Colloids and Surfaces A：Physicochemical and Engineering Aspects，1996（119）：189-194.

[264] 罗利明，彭同江，古朝建．CTA+/蛭石插层复合物在乙醇水溶液中一维结构的变化研究[J]．矿物学报，2013，33（3）：433-439.

[265] Tiong S C，Meng Y Z. Preparation and characterization of melt-compounded polyet hylene/vermiculite nanocomposites［J］. Journal of Polymer Science，Part B：Polymer Physics，2003，41（13）：1476-1484.

[266] Xu J. Meng Y Z. Preparation of poly（propylene carbonate）/organo-vermiculite nanocomposites via direct melt intercalation［J］. European Polymer Journal，2005，41（4）：881-888.

[267] 韩炜，张尧，刘炜．不同工艺有机插层蛭石的制备及表征［J］．硅酸盐学报，2006，34（1）：98-101.

[268] 黄振宇，廖立兵．蛭石的结构修饰及有机插层试验［J］．矿产保护与利用，2005（2）：17-21.

[269] 霍彦杉，祝琳华，杨劲，等．水滑石类阴离子型插层材料的结构、性质、制备及其在催化领域的应用［J］．硅酸盐通报，2013，32（3）：429-433.

[270] 李秀悌，顾圣啸，叶瑛．聚磷酸柱撑水滑石的合成与表征［J］．材料科学与工程学报，2013，31（6）：823-826.

[271] 雒京，李洪广，赵宁，等．磺化Salen金属配合物插层水滑石选择性催化氧化甘油制备二羟基丙酮的研究［J］．燃料化学学报，2015，43（6）：677-683.

[272] 李小磊，蒋平平，卢云，等．12-磷钨杂多酸根柱撑水滑石合成及催化脂肪酸甲酯环氧化［J］．化学学报，2012，70（5）：544-550.

[273] 郭海泉，马晓野，金日哲，等．基于氟碳表面活性剂插层水滑石的聚酰亚胺纳米复合材料的制备与性能［J］．高等学校化学学报，2016（2）：403-408.

[274] 申延明，赵晓蕾，张僖，等．酒石酸柱撑水滑石吸附水中的 Ni^{2+} 的特性研究［J］．功能材料，2015，46（14）：14077-14082.

[275] 许家友，周细濠，叶常青，等．聚氯乙烯/插层水滑石的热稳定性和力学性能［J］．硅酸盐学

报，2013，41（4）：516-520.

[276] 潘国祥，曹枫，郑卫红，等．谷氨酸插层水滑石组装、包裹及缓释性能研究［J］．矿物学报，2012，32（3）：455-460.

[277] Balaban O V，Hryhorchak I I，Kondyr A I. Effect of Ultrasonic Treatment on the Properties of Pyrophyllite and Thermodynamic and Kinetic Regularities of its Intercalation with Lithium［J］. Materials Science，2014，50（1）：109-116.

[278] Bishchaniuk T N，Grygorchak I I. Thermodynamics and kinetics of electrochemical Li^+ intercalation in pyrophyllite［J］. Russian Journal of Physical Chemistry A，2014，88（6）：1047-1052.

[279] 陈芳，朱晓东，徐立，等．有机白云母的制备与表征［J］．成都大学学报（自然科学版），2018（3）：316-318.

[280] 江曙，廖立兵．金云母结构修饰及有机改性实验［J］．矿物学报，2012，32（1）：9-13.

[281] 李紫谦，危钰，孟鹏，等．反应温度和反应时间对黑云母柱撑的影响［J］．武汉工程大学学报，2016，38（5）：461-464.

[282] 张起，李笃信，赖登旺，等．聚酰亚胺/绢云母复合材料的制备及表征［J］．高分子学报，2014（3）：369-377.

[283] 段攀峰，刘先龙，白琪俊，等．PP/MM 复合材料的抗老化性能［J］．塑料工业，2017，45（1）：32-35.

[284] 谢盼盼，余志伟．伊利石插层剥片及增强 PP 研究［J］．非金属矿，2016，39（2）：65-67.

[285] Zhen R，Jiang Y S，Li F F，et al. A study on the intercalation and exfoliation of illite［J］. Research on Chemical Intermediates，2017，43（2）：679-692.

[286] 席国喜，路宽．硬脂酸/埃洛石插层复合相变材料的制备及其性能研究［J］．硅酸盐通报，2011，30（5）：1155-1159.

[287] 景瑞芳．埃洛石纳米管及高岭土纳米管脱硫性能的研究［D］．天津大学，2013.

[288] Yaqiong L，Yinmin Z，Junmin S，et al. Thermal behavior analysis of halloysite-dimethylsulfoxide intercalation complex［J］. Journal of Thermal Analysis & Calorimetry，2017，129（2）：985-990.

[289] Mellouk S，Cherifi S，Sassi M，et al. Intercalation of halloysite from Djebel Debagh（Algeria）and adsorption of copper ions［J］. Applied Clay Science，2009，44（3-4）：230-236.

[290] Cheng H，Liu Q，Yang J，et al. Thermal analysis and infrared emission spectroscopic study of halloysite-potassium acetate intercalation compound［J］. Journal of Thermal Analysis & Calorimetry，2011，511（1）：124-128.